U0170426

控制理论
若干瓶颈问题

Some Bottleneck Problems in
Control Theory

《控制理论若干瓶颈问题》项目组

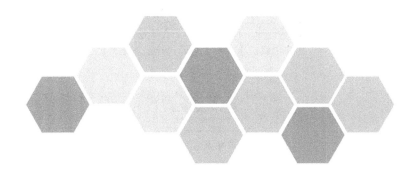

科学出版社

北 京

内 容 简 介

本书主要针对控制理论的一些重要分支,分析了当前存在的瓶颈问题,展望了其发展趋势和面临的一系列挑战. 全书共分为17章,分别为:优化控制研究的概述与关键问题分析、逻辑控制系统中的未解问题、系统与控制中优化理论与应用的挑战与瓶颈、分布参数系统控制、数据驱动控制系统、自抗扰控制中的若干未解问题、非线性控制的几个瓶颈问题、时间与事件驱动的采样系统控制、系统辨识在信息时代的挑战和一些瓶颈问题、自适应控制的瓶颈问题、预测控制理论的瓶颈问题、随机控制系统中的若干瓶颈问题、不连续控制系统的现状及开问题、时滞系统控制的瓶颈问题、控制系统分析设计的一个隐性瓶颈问题、鲁棒控制的瓶颈问题、怎样的受控对象更好控制;最后以附录的形式列出了征集到的部分开问题.

本书可供高等院校和科研院所从事控制领域研究的科研人员以及研究生选用.

图书在版编目(CIP)数据

控制理论若干瓶颈问题/《控制理论若干瓶颈问题》项目组编著.
—北京:科学出版社,2022.9
ISBN 978-7-03-072861-6

Ⅰ.①控⋯　Ⅱ.①《控⋯　Ⅲ.①自动控制理论　Ⅳ.①TP13

中国版本图书馆 CIP 数据核字(2022)第 144311 号

责任编辑:牛　玲　崔慧娴/责任校对:贾伟娟
责任印制:李　彤/封面设计:有道文化

科 学 出 版 社 出版
北京东黄城根北街 16 号
邮政编码:100717
http://www.sciencep.com

北京中科印刷有限公司 印刷
科学出版社发行　各地新华书店经销

*

2022 年 9 月第 一 版　开本:720×1000　1/16
2022 年 11 月第二次印刷　印张:21 1/2
字数:350 000
定价:168.00 元
(如有印装质量问题,我社负责调换)

《控制理论若干瓶颈问题》
项目组

组　　长：张纪峰

成　　员：

陈　杰	陈积明	陈彭年	陈通文	程代展	邓飞其
段海滨	管晓宏	郭宝珠	侯忠生	黄　一	姜　斌
姜钟平	李济炜	李少远	刘　挺	刘淑君	刘腾飞
孟　斌	那　靖	秦化淑	史大威	唐怀宾	王乐一
王金枝	王培进	王庆林	吴宏鑫	席裕庚	辛　斌
杨　莹	殷　刚	余星火	翟桥柱	张焕水	张卫东
赵东亚	赵千川	郑鹏远	周克敏	朱全民	邹　云

前　言

随着当代科学技术不断面临极端条件和系统复杂性的挑战，传统方法所设计的控制系统在精度、速度和可靠性等方面都难以满足更新更高的要求了。同时，云计算、网络化控制、通信、互联网、物联网、智能化系统、大数据等也给传统的系统控制带来了新的挑战和机遇。本书主要针对控制理论的一些重要分支，分析当前存在的瓶颈问题，展望其发展趋势和面临的一系列挑战。最后，我们列出了征集到的部分开问题。

针对系统优化控制理论，第 1 章从优化问题和优化方法两个角度概述了控制系统当前的研究热点与难点，并重点从智能优化和极值优化两个方面对国内外的相关优化控制方法与应用研究进行了介绍和分析，指出了优化控制研究中的核心问题与瓶颈问题。

研究以布尔网络为代表的逻辑动态控制系统是目前控制理论发展的一个新生长点，既具有广泛的应用背景，在理论上又极具重要性和前沿性。第 2 章讨论了其中若干未解决的重大问题，包括计算复杂性与聚类，状态空间与反馈不变子空间，能观性、观测器的设计与应用，演化博弈的建模与学习模型，微分博弈的有限分割与多目标优化，以及合作博弈中分配的计算和它在控制中的应用。

针对系统与控制中优化理论与应用的若干挑战与瓶颈问题，第 3 章分析了若干瓶颈问题，主要涉及优化模型降维、变换、随机规划建模等方面。

针对分布参数系统控制，第 4 章分析了其中存在的难点和瓶颈问题，具体包括控制和测量的位置问题、采样控制问题、最优控制的数值计算问题、耦合系统的控制、分布控制和分布量测问题、不稳定和不确定系统的控制、随机分布参数控制问题以及非线性问题.

针对数据驱动控制, 第 5 章分析了数据驱动方法理论在数据驱动动态建模与控制器结构、数据驱动优化、数据驱动控制, 以及数据驱动控制的稳定性、收敛性和鲁棒性等方面所面临的艰巨挑战. 针对简单系统数据驱动控制和大数据环境下数据驱动控制, 提出了数据驱动控制理论和方法迫切需要解决的问题和可能的发展趋势.

自抗扰控制已发展为一种可处理大范围和复杂结构 (如时变、非线性、耦合等) 不确定动态系统控制问题的新方法, 它突破了许多现有理论和方法的局限性, 同时也对控制理论研究提出了许多新挑战. 第 6 章主要从自抗扰控制的适用条件以及自抗扰控制的理论分析两个方面讨论了其中的一些未解问题.

针对非线性控制, 第 7 章结合其理论研究中刚刚起步的几个理论研究方向, 简要阐述了相关瓶颈问题, 具体包括混杂系统的非线性动态网络的稳定性、量化非线性控制、非线性系统的事件驱动控制.

针对时间与事件驱动的采样系统控制, 第 8 章着眼于采样控制系统的结构特点、性能需求和设计难点, 简要介绍了时间与事件驱动采样控制系统的一般构成和发展现状, 并分析了事件驱动采样系统中尚待解决的瓶颈问题和相关交叉应用.

在当前信息时代, 系统辨识也遇到了新的挑战。第 9 章从系统辨识如何适应新信息时代发展的角度, 以问题的广泛性、困难度及影响力为出发点提出了系统辨识领域中值得关注的一些瓶颈问题.

针对自适应控制, 第 10 章通过列举航空航天控制的实例, 分析了实际应用领域对自适应控制的需求, 提出由此带来的理论问题, 并对未来的发展进行了展望.

针对预测控制理论, 第 11 章分析了鲁棒预测控制、混杂预测控制、随机预测控制和经济预测控制几个分支的研究进展和面临的难点问题, 指出如何为预测控制的实际应用提供既具有稳定性和性能保证同时又能在不确定环境下鲁棒运行的预测控制算法. 此外, 为预测控制算法应用中参数设定等提供理论指导是预测控制理论应该也必须要解决的问题.

　　针对随机控制系统，第 12 章讨论了其面临的一系列瓶颈问题，特别是一些长期存在并且悬而未决的难题，主要讨论了受控扩散模型、非线性滤波、部分可观测的随机控制问题、数值方法和维数灾难问题，并给出了扩散过程的一些变形和若干在新兴应用中出现的模型.

　　针对不连续控制系统，第 13 章从时间及空间角度进行分类，将它们的共性及特性进行分析比较，并对现有的不连续控制系统理论及应用进行了总结，提出未来的发展方向及开问题.

　　针对时滞系统控制，第 14 章综述了时滞线性系统最优控制、最优估计及反馈镇定研究近几十年来的主要进展，并对于代表性的结果给出了具体描述；同时阐述了时滞系统控制所面临的几个挑战性问题，包括时滞系统反馈镇定. 时滞系统随机控制、随机延迟系统的控制以及最大时滞界问题. 这些挑战性来自于数学工具或者控制理论工具的局限性，也来自于所采用研究方法的局限.

　　控制系统分析与设计过程中存在的一个隐性瓶颈问题即是计算复杂性问题，第 15 章重点关注离散状态和决策空间的"非线性"和"非光滑"控制系统的分析与设计中的计算复杂性问题，探讨在计算机和网络平台上求解控制科学问题若干有待突破的核心难题.

　　现代鲁棒控制是反馈控制发展的一个重要里程碑. 它正在和将要在很多领域开花结果，包括复杂互联系统、混合系统、多智能体系统、信号处理、通信系统、智能电网、生物系统，等等. 第 16 章主要分析了阻碍鲁棒控制应用中的真正瓶颈问题，论述了阻碍现代鲁棒控制理论与方法在实际工程中应用的几个关键方面，即现代鲁棒控制教学，鲁棒控制系统建模与鲁棒控制算法实现.

　　第 17 章讨论了怎样的受控对象（亦称作被控对象）更好控制. 介绍了问题的背景、问题的一般描述、问题的两个猜想、猜想的研究框架以及猜想的研究进展与展望.

　　附录部分为征集到的部分开问题.

《控制理论若干瓶颈问题》项目组

目　　录

第1章 优化控制研究概述与关键问题分析

陈 杰[1]，刘淑君[2]，辛 斌[3, 4]

（1．同济大学；2．四川大学数学学院；3．北京理工大学自动化学院；4．复杂系统智能控制与决策国家重点实验室）

摘 要：本章从优化问题和优化方法两个角度概述了控制系统的优化面临的若干问题和当前的研究热点与难点，并重点从智能优化和极值搜索两个方面对国内外的相关优化控制方法与应用研究进行了介绍和分析.

关键词：优化控制，智能优化，极值搜索

1.1 引 言

对于任何系统，只要在设计开发或运行管理等方面有指标要求，就必然有优化问题存在. 将优化方法应用于控制系统的各个环节和层面来实现控制系统的分析、设计与管理，我们称之为优化控制（optimized control）. 与最优控制（optimal control）相比，二者的主要差别在于，优化控制不纯粹追求最优性（optimality），而是注重有限时间的可解性和解的满意度. 而且，最优控制在一般意义上指的是控制策略的优化，这一研究方向的发展过程基本上是沿着贝尔曼（R. R. Bellman）、庞特里亚金（L. S. Pontryagin）、卡尔曼（R. E. Kalman）这三位学者在 20 世纪 50 年代的开创性研究发展的. 我们把这种通过对控制策略的优化而实现的控制称为狭义优化控制，而把更一般的控制系统的优化控制称为广义优化控制. 当系统采用的方法（无论是优化方法还是控制方法）属于智能方法时，称为智能优化控制（intelligent optimized control）. 文献 [1] 对智能优化控制的相关研究进行了介绍，并分析了智能优化、智能控制、智能优化

控制、优化控制这些基本概念之间的联系与区别.

无论是控制系统中的优化问题,还是其他领域中更一般的优化问题,其求解思路总体上都可以分为三种典型类型:

(1)理想情况下通过最优性条件可以得到解析最优解;

(2)在难以得到解析解的情况下可以通过搜索的方法得到最优解或满意解;

(3)当难以得到解析解且存在较强的计算实时性要求时,可以利用问题领域知识建立构造性方法直接构造出可行解.

另外,优化问题的求解还与优化问题的建模密切相关,通过模型的变换、逼近、简化等手段使问题可以采用较为成熟的优化方法进行求解也是一种典型的思路,如非线性函数分段线性化或凸化、整数变量松弛为实数等. 但其具体实现也可以归结为上述三类思路.

我们可以根据优化问题的三要素——"优化变量""目标函数"和"约束",对各种优化问题进行分类,控制系统中的优化问题也不例外.

从优化变量来看,问题的解可以是连续变量或离散变量,甚至是二者的混合形式,对应的优化问题分别称作连续优化、离散优化、混合变量优化. 在控制系统中,与控制器、传感器、执行器相关的参数设计主要是连续优化问题,而系统中各种资源的部署、分配、调度等决策层面的问题则往往体现为离散优化或者混合变量优化,复杂系统中的优化控制问题往往同时包含连续变量与离散变量的优化. 在最优控制问题中,问题的解往往以泛函形式体现,通过变分法、极大值原理等分析工具确定最佳控制策略,从而得到解析最优解. 但是,在工程实际中,随着对象和任务环境的复杂化、非线性与不确定性程度的增加,这种通过解析方法确定最优控制器的方法往往难以实现. 因此,将控制器参数化并在此基础上确定最优或满意的控制器参数成为一种可行的研究方法.

从目标函数来看,根据目标函数的性态,可以将其分为单模态函数或多模态函数,单模态函数只有唯一的局部最优解(即全局最优解),多模态函数则包含多个甚至大量局部最优解. 对于单模态函数,可以采用梯度搜索方法得到最优解;而对于多模态函数,当问题规模较大、模态高度复杂时,一般方法难以在有限时间内保证最终解的最优性. 在实际系统的优化控制中,我们经常遇到多模态函数,多模态特性是造成系统优化控制复杂性的一个重要因素.

根据目标函数是单个函数还是多个函数，可以将优化问题分为单目标优化和多目标优化. 多目标优化的核心在于找到不被任何解支配（nondominated）的帕累托最优（Pareto optimality）解，由于不同目标之间的冲突，帕累托最优解往往不唯一，因此需要得到帕累托最优解集并最终根据决策者的偏好做出适当的选择，其复杂性往往高于单目标优化. 当系统涉及的目标数量很多时，不同解之间很明显地体现出互不支配的关系，因此比较解的优劣更加困难，这导致算法难以收敛，而且解的多目标可视化展现也成为难点. 复杂系统的控制往往包含了大量的冲突目标，如效率与成本这两个最基本的目标是绝大多数控制系统不得不进行协调和权衡的，决策者必须在二者之间做出某种程度的折中.

从约束来看，优化问题可以分为约束优化和无约束优化，约束的存在使得一些解变成无法接受的不可行解，因此约束满足是约束优化中的一个重要问题，约束优化问题求解的目标是获得满足约束的最优可行解. 与此相比，无约束优化则可以把整个搜索过程集中到最优解的搜索上. 绝大多数实际问题都是存在约束的，甚至包含很强的约束，这导致获得问题的可行解变得非常困难. 强约束的存在会明显增加问题的求解难度，甚至成为系统优化控制的瓶颈. 从技术手段方面来讲，在对问题有清晰认识的基础上，目标函数与约束可以相互转化，以便更有效地处理.

根据问题本身是否包含不确定因素，可以将问题分为不确定性优化和确定性优化. 优化问题的三个要素都可能包含不确定性，对于不确定性优化问题，我们需要考虑不确定性带来的决策风险，因而需要建立适当的策略来评价不确定性对优化过程造成的影响. 其求解目标是获得某种风险意义下的最优解.

根据目标函数或/和约束函数是否随时间变化，可以将问题分为静态优化和动态优化，静态优化问题的最优解是不变的，而动态优化问题不仅要得到最优解而且还要跟踪最优解的变化. 显然后者的难度更高，但在工业过程控制、航天航空控制、交通网络控制等复杂的控制系统中，动态优化问题非常普遍. 问题的快速时变特性往往是造成系统优化控制困难的一个重要瓶颈.

根据上述分析，最基础的优化问题是单模态（unimodal）、无约束（unconstrained）、单目标（single-objective）、静态（static）、确定性（deterministic）的连续优化（continuous optimization）问题（简称 UUSSDCO）. 与此相比，

多模态（multimodal）、强约束（strongly constrained）、多目标（multi-objective）、动态（dynamic）、不确定性（uncertain）的混合变量优化（hybrid-variable optimization）问题（简称 MSMDUHO）则是最困难的. 这是优化问题难度谱系里的两个极端情况.

从实际问题来看，除上述因素外，造成问题难解性的因素还包括问题的维度、问题的计算复杂度（包括时间复杂度和空间复杂度）以及问题求解的实时性等，甚至很多实际问题在建模方面也存在困难. 通常，问题的规模越大，解空间的维度越高，问题涉及的计算量就越大，问题的求解难度也越高. 问题的计算复杂度反映了问题求解的时空代价随问题规模的变化规律. 我们希望能够在较大的规模范围内以可接受的代价实现问题的最优求解，因此问题的计算复杂度不能太高. 对于计算复杂度高的问题，往往只能牺牲解的质量，在限定时间和资源内尽可能找到较优的解. 问题求解的实时性是与具体求解任务密切相关的，如果问题的计算复杂度很高，即使问题规模不是很大时，找到最优解的计算时间也可能就已经超出了人们可忍受的范围. 人们可忍受的范围是一个相对概念，与问题的应用背景和实际情形有关，可以是 1 年、1 个月、1 周、1 天、1 小时、1 分钟、1 秒钟甚至更小. 而且，这个范围也可能是动态变化的. 这个可忍受的范围越小意味着对问题求解的实时性要求越高，因此问题的求解难度也会相应增加. 因为计算实时性的限制，在解决很多实际问题时，我们不得不在求解质量和计算代价之间做出平衡和折中.

在一般意义上，优化问题的求解涉及问题、人、机器（包括硬件和算法）三个方面，这三个方面及其相互关系甚至构成了优化研究的哲学体系. 关于优化的多数研究只关注问题与机器这两个方面，其中问题层面侧重建模，而机器层面则更多集中于优化算法的研究. 在决策科学的范畴内，人的因素被更多地考虑和研究. 鲜有学者将三者纳入到统一的框架下进行更为系统和全面的研究，而实际上复杂系统的控制往往与这三个方面都存在着紧密的联系.

下面将从两类优化控制方法的角度对相关研究进行论述和分析，这两类方法分别是智能优化控制和基于极值搜索的优化控制. 前者的范畴更广一些，具体的方法种类繁多；而极值搜索是控制理论领域产生的一种典型优化方法，近十年来在系统控制相关的研究中得到了广泛的应用.

1.2　智能优化控制

文献[1]根据优化方法在控制系统中的应用位置对不同的智能优化控制方法进行了分类. 控制系统包括辨识器、滤波器、估计器、传感器、执行器、控制器、故障诊断器、规划器、决策辅助器等, 其中规划器和决策辅助器处于控制系统的高层, 而其余环节在控制系统中处于较低层次. 根据优化方法作用的环节在控制系统中所处的层次, 将智能优化控制分为高层智能优化控制和低层智能优化控制.

控制器的优化是智能优化控制最基本的形式, 属于低层智能优化控制, 可以进一步细分为控制器的智能优化、智能控制器的优化、智能控制器的智能优化三种类型. 在控制器的智能优化中, 控制系统的主通道里未采用智能控制, 但其运行调节采用了智能优化方法, 如 Sahu 等采用萤火虫算法与模式搜索的混合优化算法对模糊比例-积分-微分 (PID) 控制器进行优化调节, 实现了多区域的电力系统负载频率控制[2]. 在智能控制器的优化中, 控制器采用了智能方法 (如模糊控制器、神经网络控制器), 但优化过程未采用智能优化方法. 在智能控制器的智能优化中, 控制方法和优化方法都是智能的, 如 Marinaki 等采用多目标差分进化算法对模糊控制器进行优化, 实现了一种灵巧结构的振动抑制[3].

系统规划和辅助决策层面的优化属于高层智能优化控制, 如 Li 等采用无中心的自适应模糊控制实现航天器用大型空间桁架结构的振动控制, 其中采用了遗传算法优化传感器和执行器的布局[4].

根据智能控制方法的典型分类, 智能优化控制可以分为模糊优化控制、神经网络优化控制、模糊神经网络优化控制、单纯依靠优化方法的智能优化控制 (不采用其他智能控制方法) 以及其他智能优化控制类型. 对于模糊推理系统而言, 通常从规则的数量、类型以及具体的参数 (如隶属度函数的参数) 的角度对系统进行优化. 对于神经网络方法而言, 通常采用优化算法对网络的参数、结构和学习规则进行优化调节. 单纯依靠优化方法实现的最典型的智能优化控制是利用优化方法对 PID 控制器的参数进行优化调节. 优化方法在其他类型的控制器优化设计中也得到了广泛应用, 如一般的固定结构控制器、预测控制器、滑模控制器、自适应控制器、鲁棒控制器等. 优化方法还常用于解决复杂系统控制中所涉及的各种资源规划、分配、调度等优化问题，这些问题与复杂系统的控制有着密切的关系. 另外，自适应动态规划（adaptive dynamic programming，ADP）方法也是解决非线性系统最优控制问题的一类常见优化方法，其实现方式多样，限于篇幅这里不作详述，感兴趣的读者可参考文献[5].

除了建立在某一种经典智能控制基础上的智能优化控制，智能优化控制还包括混合智能优化控制，具体分为以下三种类型.

（1）采用多种智能控制方法分别处理控制系统中的不同问题，优化方法只解决系统中的某个子问题；

（2）控制中采用了一种智能方法，但优化方法不针对这种智能方法引入参数的调节问题，也不直接用于控制器的优化；

（3）控制中采用了一种智能方法，优化方法直接用于控制器的优化，但不针对智能方法引入参数的调节问题.

1.3　基于极值搜索的优化控制

极值搜索（extremum seeking，ES）是一种自适应控制方法，也是一种基于非模型的实时优化方法，这种方法可用于解决含有极值的非线性控制或优化问题. 简单地说，如果系统模型或优化目标函数的形式对于设计者来说是未知的，但已知系统输出或目标函数具有极值，那么可以利用的信息是系统的输入和量测输出，利用极值搜索方法可以设计出控制器或算法动态地搜索到最优输入（使得输出保持在极值）或目标函数的极值点. 极值搜索可作为一种优化动态系统的稳态输入输出行为的控制方法，也常称为极值搜索控制（extremum seeking control，ESC）.

1922 年 Leblanc 在研究电气铁路的功率传输机制时，提出了一种如何保持理想的最大功率传输的控制机制[6]，这被普遍认为是最初的极值搜索思想. 第二次世界大战期间，苏联出现了一些关于极值搜索的研究工作（如文献[7]和[8]）. 1951 年 Drapper 和 Li 给出了具体的极值搜索算法，并用该算法解决了内燃机最佳点火时间的问题[9]. 1954 年我国著名的控制学前辈钱学森先生在他的《工程控制论》一书中用一章篇幅详细介绍了极值搜索方法及思想[10]. 20 世纪 60

年代，极值搜索得到了一些学者的关注（如文献［11］～［20］），开始出现了极值搜索控制稳定性的初步研究[21].20 世纪 70～90 年代，虽然主流的自适应控制已经将研究重点转向了其他方法[22]，但仍有一些有关极值搜索的研究，其中最有代表性的是 Sternby[23] 指出极值搜索缺乏稳定性保证和清晰的设计指导，以及 Åström 和 Wittenmark[24] 指出极值搜索是最有前途的（promising）自适应控制方法之一.

2000 年，Krstic 和 Wang[25] 第一次给出了极值搜索控制的严格稳定性证明，从此关于极值搜索方法的研究引起了众多学者们的广泛关注.目前，不论在方法的应用方面还是在进一步的方法理论发展方面都获得了丰富的成果（如文献[26]～[58]）.关于极值搜索方法的研究，按激励信号的类型大致可以分为两类：确定性极值搜索[26, 27, 29, 30, 35~37] 和随机极值搜索[39, 46~49]；按算法设计方式可以分为：连续时间极值搜索方法[25, 34, 38, 40~43, 46] 和离散时间极值搜索方法[27, 29, 39, 42, 57].极值搜索在许多不同的工程系统中已经得到成功应用，比如，生物过程的优化[34, 45]、粒子加速器和等离子体控制[36, 37].

搜索极值（寻优可看作为广义的极值搜索）是优化的基本问题，有很多经典的数学优化方法，但是现实的优化问题往往是在一定条件下进行的，这里关注的是在不能精确知道优化目标函数（参考到输出映射）的条件下的极值搜索，其又可以分为完全无模型的和基于一定模型的极值搜索，如未知参数化非线性模型[31, 53~56]，而这里更多的是指基于非模型的（狭义）极值搜索，它本质上是一种可以从未知目标函数或参考到输出映射中抽取出梯度信息的"梯度搜索"方法.

1.3.1　极值搜索控制

考虑一个一般的单输入单输出非线性模型

$$\dot{x} = f(x, u)$$
$$y = h(x)$$

其中，$x \in \mathbb{R}^n$ 是状态；$u \in \mathbb{R}$ 是输入；$y \in \mathbb{R}$ 是输出；$f : \mathbb{R}^n \times \mathbb{R} \to \mathbb{R}^n$ 和 $h : \mathbb{R}^n \to \mathbb{R}$ 是光滑函数.假设已知一个光滑控制律 $u = \alpha(x, \theta)$ 含有数量值参数 θ，使得对应的闭环系统 $\dot{x} = f(x, \alpha(x, \theta))$ 含有参数化的平衡点.考虑下面的假设：

假设 1-3-1: 存在一个光滑函数 $l : \mathbb{R} \to \mathbb{R}^n$，使得 $f(x, \alpha(x, \theta)) = 0 \Leftrightarrow x = l(\theta)$.

假设 1-3-2：对每个 $\theta \in \mathbb{R}$，闭环系统的平衡点 $x = l(\theta)$ 是局部指数稳定的，且具有关于 θ 一致的衰减和超调常数.

假设 1-3-3：存在 $\theta^* \in \mathbb{R}$，使得 $(h \circ l)'(\theta^*) = 0$ 且 $(h \circ l)''(\theta^*) < 0$.

根据这些假设，我们知道输出平衡映射 $y = h(l(\theta))$ 在 $\theta = \theta^*$ 有一个极大值. 我们的目标是发展反馈机制来最大化输出 y 的稳态值，但是不需要极大值点 θ^*、函数 h 和 l 的信息.

极值搜索反馈控制机制如图 1-3-1 所示：

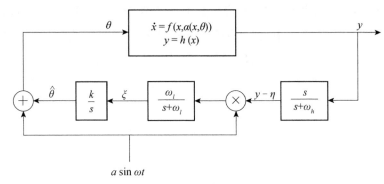

图 1-3-1 极值搜索的反馈机制

具体用系统形式表示出来为

$$\dot{x} = f(x, \alpha(x, \hat{\theta} + a\sin\omega t)) \tag{1-3-1}$$

$$\dot{\hat{\theta}} = k\xi \tag{1-3-2}$$

$$\dot{\xi} = -\omega_l \xi + \omega_l (y - \eta) a\sin\omega t \tag{1-3-3}$$

$$\dot{\eta} = -\omega_h \eta + \omega_h y \tag{1-3-4}$$

参数选择如下：

$$\omega_h = \omega \omega_H = \omega\delta\omega'_H = O(\omega\delta)$$

$$\omega_l = \omega \omega_L = \omega\delta\omega'_L = O(\omega\delta)$$

$$k = \omega K = \omega\delta K' = O(\omega\delta)$$

其中，ω 和 δ 是小的正常数，ω'_H，ω'_L 和 K' 是正常数.

引入下面的误差变量：

$$\tilde{\theta} = \hat{\theta} - \theta^*$$

$$\tilde{\eta} = \eta - h \circ l(\theta^*)$$

于是，在时间尺度变换 $\tau = \omega t$ 下，系统（1-3-1）—（1-3-4）可重新写为下面形式：

$$\omega \frac{\mathrm{d}x}{\mathrm{d}\tau} = f(x, \alpha(x, \theta^* + \tilde{\theta} + a\sin\tau))$$

$$\frac{\mathrm{d}\tilde{\theta}}{\mathrm{d}\tau} = \delta K' \xi$$

$$\frac{\mathrm{d}\xi}{\mathrm{d}\tau} = -\delta\omega_L'\xi + \omega_L'(h(x) - h \circ l(\theta^*) - \tilde{\eta})a\sin\tau$$

$$\frac{\mathrm{d}\tilde{\eta}}{\mathrm{d}\tau} = -\delta\omega_H'\tilde{\eta} + \omega_H'(h(x) - h \circ l(\theta^*))$$

对极值搜索控制系统（1-3-1）—（1-3-4）的稳定性分析，可采用平均方法和奇异扰动方法来分析，最终可得到下面的结论.

定理 1-3-1　考虑反馈系统（1-3-1）—（1-3-4）在假设 1-3-1、假设 1-3-2 和假设 1-3-3 下，存在围绕点 $(x, \hat{\theta}, \xi, \eta) = (l(\theta^*), \theta^*, 0, h \circ l(\theta^*))$ 的球 B_0 和常数 $\bar{\omega}, \bar{\delta}, \bar{a} > 0$，使得对任意的初始条件 $(x(0), \hat{\theta}(0), \xi(0), \eta(0)) \in B_0$ 和任意的参数 $\omega \in (0, \bar{\omega})$，$\delta \in (0, \bar{\delta})$，$a \in (0, \bar{a})$，闭环系统的解 $(x(t), \hat{\theta}(t), \xi(t), \eta(t))$ 指数收敛到点 $(l(\theta^*), \theta^*, 0, h \circ l(\theta^*))$ 的 $O(\omega + \delta + a)$ 邻域，而 $y(t)$ 收敛到 $h \circ l(\theta^*)$ 的 $O(\omega + \delta + a)$ 邻域.

关于确定性极值搜索的研究，主要有如下代表性的工作. 2000 年美国加州大学圣迭戈分校的 Krstic 教授与其合作者给出了第一个关于确定性连续时间极值搜索稳定性的严格证明[25]，随后他又给出了离散时间极值搜索算法及稳定性分析，并应用极值搜索方法解决了燃气轮机燃烧不稳定、压缩机不稳定等工业中的问题[26]. 澳大利亚墨尔本大学的 Nesic 教授及其合作者研究了确定性极值搜索控制的非局部稳定性问题[35]和全局稳定性问题[40]，并且结合已有的优化方法考虑了极值搜索控制问题[51, 52]. 美国加州大学圣巴巴拉分校的 Teel 教授及其合作者基于数值优化的思想研究了非光滑极值搜索等问题[27]. 澳大利亚墨尔本大学的 Moase 教授及其合作者研究了基于牛顿法的极值搜索算法[41, 42]，从而改进了传统的基于梯度的极值搜索算法. 美国伊利诺伊大学香槟分校的 Stipanovic 教授及其合作者研究了带量测噪声的极值搜索算法及其应用问题[43, 44]，其所采用的激励信号还是确定性的周期信号，由于考虑了随机噪声，采用随机逼近理论研究了算法的收敛性. 加拿大女王大学的 Guay 教授及其合作者研究了基于模型（含有不确定参数非线性系统）的自适应极值搜索控制问题[31]，以及时变极值搜索控制问题[53, 54]. 美国俄亥俄州立大学的 Pan 教授及其合作者研究了滑模极值搜索控制及其应用问题[32, 33]. 在应用方面，得克萨斯大学达拉斯分校的 Gans 教授研究了极值搜索控制在机器人系统中的应用[58, 59].

1.3.2 随机极值搜索

在确定性极值搜索算法中，可采用周期（正弦）函数作为激励信号来探索非线性函数并估计它的梯度方向，从而达到搜索非线性函数极值的目的. 然而，（确定性的）周期信号有它的局限性：一方面，在人造的信号源搜索系统中，周期性搜索往往表明某种可预见性，与随机性搜索相比更易于跟踪，这可能使得搜索者（如机器人、导弹等）很脆弱；另一方面，当系统的维数较高时，算法对周期扰动向量的正交性要求会给算法的执行带来巨大挑战. 从仿生学的角度，生物系统中很少采用这种周期性的路线来寻找食物，如大肠杆菌的趋化现象[60, 61]. 这种单细胞生物由一个细胞体和用于推进的多个鞭毛构成，它通过切换"直线运动"（run）和"转动"（tumble）这两种行为，向着营养物质浓度较高的方向移动. 行为"run"意为细菌通过逆时针（从细菌后面看过去）旋转鞭毛做直线运动，而行为"tumble"意为细菌暂停向前运动，通过顺时针旋转鞭毛做旋转，行为"tumble"显示出明显的随机性特点，虽然细菌的整个运动不完全是随机的，但在营养物质浓度较高的地方，它的运动是随机的. 此外，在搜索极值过程中，需要通过不断地量测输出来调整搜索路径，而量测数据往往带有随机误差，确定性的方法是无法给出这种带随机量测误差问题的恰当分析. 因此，在随机的框架下考虑极值搜索问题无疑是更有意义也更符合实际需要的.

在随机极值搜索方面，澳大利亚墨尔本大学的 Chris 做了最早的尝试[39]，但是仅限于静态映射，而且收敛性条件非常强，很难验证. 四川大学刘淑君博士跟随 Krstic 教授做博士后研究工作期间，开启了随机极值搜索方法的研究，建立了有限维空间中连续时间随机极值搜索方法的理论框架[49]，给出了随机极值搜索算法及其收敛性分析[46]，并进一步给出了随机极值搜索算法在运动导航[42]和非合作动态博弈中的重要应用[48]. 为了进一步完善随机极值搜索的研究，同时也为了方便在计算机上实现算法，刘淑君博士和 Krstic 教授还研究了离散时间的随机极值搜索的算法设计与分析问题[57]. 随机极值搜索与确定性极值搜索有本质的区别，不论是算法设计还是收敛性等分析都有本质的区别，目前还没有现成的理论分析（主要是算法收敛性和极值搜索控制的稳定性）工具，已有的相关理论所要求的条件或者太强或者不易验证，不适合问题的分析需要. 为此，首先需要发展一系列的理论分析工具来完成随机极值搜索算法的设计及分析，随机极值搜索控制的研究更具挑战性.

1.4　优化控制研究的核心问题与瓶颈问题分析

优化控制是将优化方法和控制方法进行有机结合来解决控制系统设计问题的有效途径. 从优化的角度看，为了增强智能优化控制方法的有效性和实用性，更好地解决实际问题，以下核心问题仍然需要深入研究.

1）全局优化指标与局部优化指标之间的协调问题

从现有的研究来看，优化方法主要作用于控制系统的某个或某些环节，相应的优化指标建立在这些环节的功能和性能基础上，很少有方法从全局角度对不同环节的优化过程进行协调. 当控制系统各个环节的优化与整个控制系统的优化之间完全协调一致时，整体的优化可以分解为各部分的独立优化；否则，为了保证优化过程对系统全局性能的改进，应当建立协调机制使各个环节的优化与全局优化指标关联.

2）计算实时性与最优性的均衡问题

受现有平台计算能力和问题计算复杂性的限制，规模大的问题往往难以在线优化. 另外，很多控制系统对优化控制有较强的实时性要求，即使问题的计算复杂性不高、规模也不大，较高的实时性要求仍然会造成计算实时性与解的最优性之间的矛盾. 因此，在实时性要求较高的情形中，算法的设计应当与计算平台的选择或设计一同进行. 对于很多优化难度高的问题，少量的优化计算无法保证最终解的最优性，算法设计者应当在有限的计算时间内充分利用计算资源实现高效的优化求解，尽可能提高最终解的质量.

在很多复杂对象的控制中，模型导致的计算复杂性往往明显高于算法引入的复杂性，因此，各种模型近似方法常用来代替复杂的模型. 例如，Benito等采用一种基于高阶奇异值分解得到的简化模型来代替复杂的模型方程，既有利于结合任何智能算法，又能提供足够高的精度[62].

3）算法的探索与开发能力的均衡问题

探索（exploration）和开发（exploitation）分别对应于广度搜索和深度搜索，在实现广泛问题求解的意义下，二者的权衡是所有优化算法设计的共性核心问题. 无免费午餐定理（no free lunch theorem，NFLT）指出：各种算法在求解数学意义上所有可能的问题时的平均性能是相同的，不存在在求解所有问题时都能保持最优性能的万能的算法[63]. NFLT 揭示的意义虽然深刻，但是NFLT 对算法的设计没有直接的指导作用. 在此方面，最优压缩定理（optimal contraction theorem，OCT）迈出了重要一步[64]，揭示了算法与问题之间的关系，决定了算法极限性能的本质因素以及最佳的探索开发权衡方式与问题优化难度之间的关系，指出了优化难度对于最佳搜索策略的决定作用. 对于实际中大量的灰箱优化问题，OCT 强调了利用特定问题的领域知识和结构信息来压缩搜索空间、降低问题优化难度的重要性，这一点对于设计优化算法求解工程实际中的多数优化问题而言具有重要的指导意义.

4）算法的通用性和专用性的均衡问题

优化算法的设计要求存在两面性：一方面，期望建立具有通用性的方法来解决大范围内的问题；另一方面，现实中提高特定问题求解效率的要求又使得我们不得不充分利用问题的结构信息和领域知识，降低问题的求解难度，提高问题的求解效率，因而难免会降低算法的通用性. 在实际优化问题的求解中，算法设计者不得不在通用性和专用性之间建立一种均衡. 所谓的通用性一般是指蕴含某种设计思想的算法框架，专用性则是指在这个框架下结合问题特点建立针对特定问题的专用算法.

5）极值搜索的瓶颈问题

极值搜索控制的主要缺点是缺乏瞬时性能保障，在确定性极值搜索算法中有三个关键性参数：激励信号的幅度、激励信号的频率和梯度算法的增益. 在实际问题中为了保证收敛到未知最优值的邻域，这三个参数必须谨慎设计[53]. 激励信号的幅度必须充分大以保证充分的激励，但因为收敛半径与激励信号幅度正相关, 为确保收敛到最优值的充分小的邻域里, 激励信号的幅度又不能太大. 激励信号的频率作为奇异扰动参数必须足够小以确保慢时间尺度和快时间尺度在统一考虑时稳定性不会改变. 梯度算法中的梯度增益不能任意调整, 因为极值搜索控制的收敛性依赖于稳态量测输出的未知黑塞矩阵 (Hessian matrix) 的强度. 虽然已有一些工作在改进极值搜索方法的这个局限[26], 但是在实际应用中, 参数的选择仍然不简单, 需要在各个性能指标下进行平衡.

在一般性条件下, 极值搜索控制一般只能得到局部稳定性. Tan 及其合作者研究了极值搜索的非局部稳定性 (半全局实用稳定性)[35]和全局稳定性问题[40], 为了能得到这些稳定性, 需要对系统施加一些较难验证的条件. 比如, 快系统在平稳流形上是一致全局渐近稳定的, 或者输入输出平稳映射需要满足除具有极值点外的其他条件, 这些要求在实际应用中很难满足或者有很大的局限性. 如果从优化方法的角度来看, 可以认为极值搜索方法是一种理论上可以证明局部收敛性的方法, 尽管在实际应用中它的收敛性比局部收敛性要好.

随机极值搜索方法目前能得到的稳定结果是一种弱稳定性, 这种弱稳定性有三层含义. 第一层含义是, 这种稳定性有别于一般 (平衡) 解的稳定性. 对确定性极值搜索而言, 由于采用周期激励信号, 可以考虑静态映射优化问题或者极值搜索控制的闭环系统的周期解的性质, 从而分析稳定性, 但对随机极值搜索问题没有平衡解, 要分析优化算法的收敛性或极值搜索控制的稳定性, 只能借助于弱稳定性 (在随机扰动下的稳定性) 的概念. 第二层含义是, 就稳定性本身而言是一种较弱的稳定性 (弱于通常意义下的几乎必然稳定或依概率稳定), 这主要是因为我们所考虑问题的条件很弱 (满足实际问题需要), 对于优化指标或者系统没有过高要求, 随机平均理论只能在局部利普希茨条件下考虑, 于是得到的稳定性较弱, 但如果条件放宽, 确实可以得到很好的稳定性[65]. 第三层含义是, 随机奇异扰动理论在局部利普希茨条件下分析非常困难, 很难有可用的结论, 这造成了随机极值搜索控制的整个闭环系统的分析还不够完整. 这是一个需要攻克的方向.

1.5　结　束　语

未来, 随着人工智能研究不断取得新的进展, 新的智能范式和方法将不断涌现, 智能控制和智能优化的方法将不断增多, 智能优化控制的实现方式也将越来越丰富, 应用范围不断扩大. 另外, 通过控制系统各个环节的优化与协调来实现复杂系统的优化控制将成为一个重要的研究方向, 综合不同智能方法的优点建立的混合智能优化控制方法在复杂系统的优化控制中将会成为一个重要的研究内容. 可以预见, 智能优化控制在面向工程实际的控制系统设计中将发挥越来越重要的作用.

目前国内外越来越多的学者开始关注极值搜索方法. 在理论方面, 不断有新的改进和思想涌现, 许多优化方法思想也被应用到极值搜索中, 改进了以往的极值搜索方法, 有些条件过强无法验证 (如闭环假设、随机过程的期望条件), 有些方法还是无法改变极值搜索的瓶颈问题. 但总体来说, 关于极值搜索的理论研究还是非常有意义的, 而且对自适应控制和优化方法的发展有深远的影响; 在应用方面, 极值搜索从一开始就是个不错的方法, 能解决的实际问题也越来越多, 是一个真正可用的优化方法.

相对于确定性极值搜索的丰富的研究成果, 随机极值搜索方法的研究还亟待完善. 四川大学刘淑君博士及合作者正致力于建构起随机极值搜索完整的理论框架, 并研究该方法在实际问题中的应用, 争取为随机优化算法提供新的内容和解决一些实际应用问题, 同时也为极值搜索在工程、经济等领域中的具体应用提供了新的方向和思路.

致　　谢

该研究得到国家自然科学基金的资助 (61673058、61621063、61720106011、61174043、61322311、U1609214).

参 考 文 献

[1] 辛斌, 陈杰, 彭志红. 2013. 智能优化控制: 概述与展望. 自动化学报, 39(11): 1831-1848.

[2] Sahu R K, Panda S, Pradhan P C. 2015. Design and analysis of hybrid firefly algorithm-pattern search based fuzzy PID controller for LFC of multi area power system. International Journal of Electrical Power & Energy Systems, 69: 200-212.

[3] Marinaki M, Marinakis Y, Stavroulakis G E. 2015. Fuzzy control optimized by a multi-objective differential evolution algorithm for vibration suppression of smart structures. Computers & Structures, 147: 126-137.

［4］ Li D X, Liu W, Jiang J P, et al. 2011. Placement optimization of actuator and sensor and decentralized adaptive fuzzy vibration control for large space intelligent truss structure. Science China-Technological Sciences, 54(4): 853-861.

［5］ Wang F Y, Zhang H G, Liu D R. 2009. Adaptive dynamic programming: An introduction. IEEE Computational Intelligence Magazine, 4(2): 39-47.

［6］ Leblanc M. 1922. Sur l'electrification des Chemins de fer au moyen de courants alternatifs de frequence elevee. Revue Generale de l'Electricite, 12187:275-277.

［7］ Kazakevich V V. 1943. Technique of automatic control of different processes to maximum or to minimum. Avtorskoesvidetelstvo, (USSR Patent), No 66335.

［8］ Kazakevich V V. 1944. On extremum control. PhD Thesis, Moscow High Technical University.

［9］ Drapper C S, Li Y T. 1951. Principles of optimalizing control systems and an application to the internal combustion engine. ASME, 160:1-16//Oldenburger R , 1966, Optimal and Self-Optimizing Control. Boston, MA: MIT Press.

［10］ Tsien H S. 1954. Engineering Cybernetics. New York: McGraw-Hill.

［11］ Blackman P F. 1962. Extremum-seeking regulators//Westcott J H , An Exposition of Adaptive Control. New York: Macmillan.

［12］ Frey A L, Deem W B, Altpeter R J. 1966. Stability and optimal gain in extremum-seeking adaptive control of a gas furnace. London: Proceedings of the Third IFAC World Congress, vol. 48A.

［13］ Jacobs O L R, Shering G C, 1968: Design of a single-input sinusoidal-perturbation extremum-control system. Proc. IEE 115,115(1): 212-217.

［14］ Kazakevich V V. 1960. Extremum control of objects with inertia and of unstable objects. Soviet Physics, 1(5): 658-661.

［15］ Krasovskii A A. 1963. The Dynamics of Continuous Selfadaptive Systems. Moscow: Gos. Izdat.Fiz.-Mat. Lit.

［16］ Meerkov S M. 1967. Asymptotic methods for investigating quasistationary states in continuous systems of automatic optimization. Automation Remote Control, 11: 126-1743.

［17］ Meerkov S M. 1967. Asymptotic methods for investigating a class of forced states in extremal systems. Automation Remote Control, 12: 1916-1920.

［18］ Morosanov I S. 1957. Method of extremum control. Automation Remote Control, 18: 1077-1092.

［19］ Ostrovskii I I. 1957. Extremum regulation. Automation Remote Control, 18: 900-907.

［20］ Pervozvanskii A A. 1960. Continuous extremum control system in the presence of random noise. Automation Remote Control, 21: 673-677.

［21］ Meerkov S M. 1968. Asymptotic methods for investigating stability of continuous systems of automatic optimization subjected to disturbance action. Avtomatikai Telemekhanika, 12:

14-24.

[22] Tan Y, Moase W H, Manzie C, et al. 2010. Extremum seeking from 1922 to 2010. Proceedings of the 29th Chinese Control Conference: 14-26.

[23] Sternby J. 1980. Extremum control systems: An area for adaptive control. Preprints of the Joint American Control Conference, WA2-A.

[24] Åström K J, Wittenmark B. 1995. Adaptive Control. 2nd ed., New York: Addison-Wesley, Reading, MA.

[25] Krstic M, Wang H H. 2000. Stability of extremum seeking feedback for general nonlinear dynamic systems. Automatica, 36: 595-601.

[26] Krstic M. 2000. Performance improvement and limitations in extremum seeking control. Systems & Control Letters, 39: 313-326.

[27] Teel A R, Popovic D. 2001. Solving smooth and nonsmooth multivariable extremum seeking problems by the methods of nonlinear programming, Proceedings of American Control Conference, 3: 2394-2399.

[28] Pan Y D, Ozguner U. 2002. Discrete-time extremum seeking algorithms. Proceedings of 2002 American Control Conference: 3147-3152.

[29] Choi J Y, Krstic M, Ariyur K B, et al. 2002. Extremum seeking control for discrete-time systems. IEEE Transactions on Automatic Control, 47(2): 318-323.

[30] Ariyur K B, Krstic M. 2003. Real-Time Optimization by Extremum Seeking Control. Hoboken, N J: Wiley-Interscience.

[31] Guay M, Zhang T. 2003. Adaptive extremum seeking control of nonlinear dynamic systems with parametric uncertainties. Automatica, 39: 1283-1293.

[32] Pan Y D, Ozguner U, Acarman T. 2003. Stability and performance improvement of extremum seeking control with sliding mode. International Journal of Control, 76(9/10): 968-985.

[33] Pan Y D, Ozguner U. 2004. Sliding mode extremum seeking control for linear quadratic dynamic game. Proceedings of the 2004 American Control Conference, Boston, Massachusetts: 614-619.

[34] Guay M, Dochain D, Perrier M. 2004. Adaptive extremum seeking control of continuous stirred tank bioreactors with unknown growth kinetics. Automatica, 40: 881-888.

[35] Tan Y, Nesic D, Mareels I. 2006. On non-local stability properties of extremum seeking control. Automatica, 42(6): 889-903.

[36] Schuster E, Morinaga E, Allen C K, et al. 2006. Optimal beam matching in particle accelerators via extremum seeking. Proceedings of 2006 American Control Conference, Minneapolis, Minnesota, USA: 1962-1967.

[37] Ou Y, Xu C, Schuster E, et al. 2008. Design and simulation of extremum-seeking open-loop optimal control of current profile in the DIII-D tokamak. Plasma Physics and Controlled

Fusion, 50: 1-24.

[38] 胡云安，左斌，李静. 2008. 极值搜索控制系统的一体化设计研究. 控制与决策，23 (11): 1267-1271.

[39] Manzie C, Krstic M. 2009. Extremum seeking with stochastic perturbations. IEEE Transactions on Automatic Control, 54(3): 580-585.

[40] Tan Y, Nesic D, Mareels I M Y, et al. 2009. On global extremum seeking in the presence of local extrema. Automatica, 45(1): 245-251.

[41] Moase W H, Manzie C, Brear M J 2009. Newton-like extremum-seeking part I: Theory. Proceedings of the 48th IEEE Conference on Decision and Control. Shanghai, China: 3839-3844.

[42] Moase W H, Manzie C, Brear M J. 2009. Newton-like extremum-seeking part II: Simulation and experiments//Proceedings of the 48th IEEE Conference on Decision and Control. Shanghai, China: 3845-3850.

[43] Stankovic M S, Stipanovic D M. 2009. Stochastic extremum seeking with applications to mobile sensor networks//Proceedings of the 2009 American Control Conference. St. Louis, Missouri, USA: 5622-5627.

[44] Stankovic M S, Stipanovic D M. 2009. Discrete time extremum seeking by autonomous vehicles in stochastic environment. Proceedings of the 48th IEEE Conference on Decision and Control. Shanghai, China: 4541-4546.

[45] Bastin G, Nesic D, Tan Y, et al. 2009. On extremum seeking in bioprocesses with multi-valued cost functions. Biotechnology Progress, 25(3): 683-690.

[46] Liu S J, Krstic M. 2010. Stochastic averaging in continuous time and its applications to extremumseeking. IEEE Transactions on Automatic Control, 55(10): 2235-2250.

[47] Liu S J, Krstic M. 2012. Stochastic Averaging and Stochastic Extremum Seeking. London: Springer.

[48] Liu S J, Krstic M. 2010. Stochastic source seeking for nonholonomic unicycle. Automatica, 46(9): 1443-1453.

[49] Liu S J, Krstic M. 2011. Stochastic Nash equilibrium seeking for games with general nonlinear payoffs. SIAM Journal on Control and Optimization, 49(4): 1659-1679.

[50] Shekhar R C, Moase W H, Manzie C. 2013. Semi-global stability analysis of a discrete-time extremum-seeking scheme using LDI methods. Proceedings of 52nd IEEE Conference on Decision and Control, Florence, Italy: 6898-6903.

[51] Khong S Z, Nesic D, Tan Y, et al. 2013. Unified frameworks for sampled-data extremum seeking control: Global optimization and multi-unit systems. Automatica, 49: 2720-2733.

[52] Khong S Z, Nesic D, Manzie C, et al. 2013. Multidimensional global extremum seeking via the DIRECT optimization algorithm. Automatica, 49: 1970-1978.

[53] Guay M, Dhaliwal S, Dochain D. 2013. A time-varying extremum-seeking control approach.

Proceedings of 2013 American Control Conference, Washington, DC, USA: 2643-2648.

[54] Guay M. 2014. A time-varying extremum-seeking control approach for discrete-time systems. Journal of Process Control, 24: 98-112.

[55] Guay M, Dochain D. 2014. A proportional integral extremum-seeking control approach. Preprints of the 19th World Congress. The International Federation of Automatic Control, Cape Town, South Africa: 377-382.

[56] Guay M, Dochain D. 2014b. A minmaxextremum-seeking controller design technique. IEEE Transactions on Automatic Control, 59(7): 1874-1886.

[57] Liu S J, Krstic M. 2015. Stochastic averaging in discrete time and its applications to extremum seeking. IEEE Transactions on Automatic Control, 61(1): 90-102.

[58]Zhang Y H, Shen J L, Rotea M, et al. 2011. Robots looking for interesting things: extremum seeking control on saliency maps. Proceeding of 2011 IEEE/RSJ International Conference on Intelligent Robots and Systems, San Francisco, CA, USA: 1180-1186.

[59] Zhang Y.H., Gans, N. 2013. Extremum seeking control of a nonholonomic mobile robot with limited field of view. Proceedings of 2013 American Control Conference, Washington D C: 2765-2771.

[60] Berg H. 2003. *E. coli* in Motion. New York: Springer.

[61] Berg H, Brown D A. 1972. Chemotaxis in *E. coli* analyzed by three-dimensional tracking. Nature, 239(5374): 500-504.

[62] Benito N, Arias J R, Velazquez A, et al. 2011. Real time performance improvement of engineering control units via higher order singular value decomposition: Application to a SI engine. Control Engineering Practice, 19(11): 1315-1327.

[63] Wolpert D H, Macready W G. 1997. No free lunch theorems for optimization. IEEE Transactions on Evolutionary Computation, 1(1): 67-82.

[64] Chen J, Xin B, Peng Z H, et al. 2009. Optimal contraction theorem for exploration-exploitation tradeoff in search and optimization. IEEE Transactions on Systems, Man, and Cybernetics, Part A: Systems and Humans, 39(3): 680-691.

[65] Liu S J, Krstic M. 2010C. Continuous-time stochastic averaging on infinite interval for locally Lipschitz systems. SIAM Journal on Control and Optimization, 48: 3589-3622.

第2章 逻辑控制系统中的未解问题

程代展，刘 挺

（中国科学院数学与系统科学研究院系统科学研究所）

摘 要：本章讨论逻辑动态（控制）系统中的若干未解决的重大问题，包括①计算复杂性与聚类；②状态空间与反馈不变子空间；③能观性、观测器的设计与应用；④演化博弈的建模与学习模型；⑤微分博弈的有限分割与多目标优化；⑥合作博弈中分配的计算和它在控制中的应用．

关键词：逻辑动态系统，布尔网络，演化博弈，代数状态空间表示，纳什均衡

2.1 引 言

大至宇宙，小至粒子，自然界和人类社会都在不断地运动和变化．但大千世界的演化，大致只有两类：一类是动力学过程，如行星运动、导弹运行、机械臂工作；另一类是逻辑过程，如布尔网络、博弈、战场决策、离散事件系统等．前者已有许多成熟的数学工具，如微分方程、差分方程等．利用这些工具，卡尔曼提出控制系统的状态空间方法，为动力学系统控制提供了一个有效工作平台．逻辑过程的特点是，它具有离散型的（有限）状态．例如，布尔网络，其结点只能取 {0,1} 两个可能的值，而它的演化过程是用逻辑运算来表达的．近年来，笔者和团队以矩阵半张量积为工具，提出并发展了一套逻辑动态系统的代数状态空间方法[1, 2]．状态空间方法应用于逻辑过程，为逻辑动态系统的分析与控制设计提供了一个方便的工作平台．

本章将对问题背景——逻辑动态系统的代数状态空间方法作一简单介绍．

为了叙述的方便，我们先明确一些记号：

（1）$(M)_{m×n}$：$m×n$ 维实矩阵集合，当 $m=n$ 时简记为 M_n.

（2）Col(A)（Row(A)）：矩阵 A 的列（行）集合；$\text{Col}_i(A)$（$\text{Row}_i(A)$）为 A 的第 i 列（行）.

（3）记 $D_k := \{d_1, d_2, \cdots, d_k\}$，这里的元素 d_i 没有确切意义，只表明 $|D_k| = k$. 故将其简记为 $D_k := \{1, 2, \cdots, k\}$.

（4）δ_n^i：单位阵 I_n 的第 i 列.

（5）$\Delta_n = \{\delta_n^i | i = 1, 2, \cdots, n\}$.

（6）$L \in M_{m×r}$ 称为一个逻辑矩阵，如果 $\text{Col}(L) \subset \Delta_m$，$m×r$ 逻辑矩阵全体记作 $L_{m×r}$.

（7）设 L 为一逻辑矩阵，即 $L \in L_{m×r}$，那么 $L = [\delta_m^{i_1} \ \delta_m^{i_2} \cdots \delta_m^{i_r}]$. 为简洁计，将它记作

$$L = \delta_m[i_1 \ i_2 \cdots i_r]$$

（8）$\varUpsilon_k := \left\{(r_1, r_2, \cdots, r_k)^{\mathrm{T}} \in \mathbb{R}^k \mid r_i \geqslant 0, \sum_{i=1}^k r_i = 1\right\}$.

（9）$\varUpsilon_{m×n} \subset M_{m×n}$，同时 $A \in \varUpsilon_{m×n}$ 当且仅当 $\text{Col}(A) \subset \varUpsilon_m$.

本章感兴趣的主要是状态有限的情况. 一个典型例子是布尔网络. 布尔网络是一个有 n 个结点的网络，每个结点只取 0，1 两个值. 它首先是由哈夫曼（S. A. Kaffman）在 1969 年引入的，用来刻画基因调控网络[3, 4].

一个布尔网络可表示成

$$\begin{cases} x_1(t+1) = f_1(x_1(t), \cdots, x_n(t)) \\ x_2(t+1) = f_2(x_1(t), \cdots, x_n(t)) \\ \qquad\qquad \vdots \\ x_n(t+1) = f_n(x_1(t), \cdots, x_n(t)) \end{cases} \qquad (2\text{-}1\text{-}1)$$

这里 $x_i \in D_2$，表示第 i 个结点在 t 时刻的状态；$f_i: D_2^n \to D_2$ 是逻辑函数，$i = 1, \cdots, n$.

例 2-1-1 图 2-1-1 是一个布尔网络图，网络的演化方程见式（2-1-2）

图 2-1-1 一个布尔网络的网络图

$$\begin{cases} A(t+1) = B(t) \wedge C(t) \\ B(t+1) = \neg A(t) \\ C(t+1) = B(t) \vee C(t) \end{cases} \tag{2-1-2}$$

一个布尔网络如果具有输入-输出结构，则变为一个布尔控制网络. 它可表示成

$$\begin{cases} x_1(t+1) = f_1(x_1(t),\cdots,x_n(t),u_1(t),\cdots,u_m(t)) \\ x_2(t+1) = f_2(x_1(t),\cdots,x_n(t),u_1(t),\cdots,u_m(t)) \\ \qquad\qquad\qquad \vdots \\ x_n(t+1) = f_n(x_1(t),\cdots,x_n(t),u_1(t),\cdots,u_m(t)) \\ y_j(t) = h_j(x_1(t),\cdots,x_n(t)), \quad j=1,\cdots,p \end{cases} \tag{2-1-3}$$

例 2-1-2　图 2-1-2 是一个布尔网络图，网络的演化方程见式（2-1-4）.

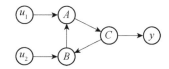

图 2-1-2　一个布尔控制网络的网络图

$$\begin{cases} A(t+1) = B(t) \wedge u_1(t) \\ B(t+1) = C(t) \vee u_2(t) \\ C(t+1) = A(t) \\ y(t) = \neg C(t). \end{cases} \tag{2-1-4}$$

定义 2-1-1

（1）如果系统（2-1-1）［系统（2-1-3）］中 $x_i \in D_k$（$x_i, u_j, y_s \in D_k$），$k > 2$，则称其为 k 值逻辑动态（控制）系统；

（2）如果系统（2-1-1）［系统（2-1-3）］中 $x_i \in D_{k_i}(x_i \in D_{k_i}, u_j \in D_{\alpha_j}, y_s \in D_{\beta_s})$，则称其为多值逻辑动态（控制）系统.

我们将逻辑变量 $i \in D_k$ 表示为向量形式：$i \sim \delta_k^i$，那么，多值逻辑映射 $f: \prod_{i=1}^n D_{k_i} \to D_{k_0}$ 可转化为 $f: \prod_{i=1}^n \Delta_{k_i} \to \Delta_{k_0}$. 在这种向量形式下，我们可以将逻辑动态(控制)系统转化为普通的离散时间线性（双线性）系统[5].

定理 2-1-1

（1）考虑多值逻辑系统（2-1-1），则存在唯一的逻辑矩阵 $L \in L_{K \times K}$（这里

$\kappa = \prod_{i=1}^{n} k_i$ ），使得（2-1-1）可表示为

$$x(t+1) = Lx(t) \qquad (2\text{-}1\text{-}5)$$

这里 $x(t) = \ltimes_{i=1}^{n} x_i(t)$.

（2）考虑多值逻辑控制系统（2-1-3），则存在唯一的逻辑矩阵 $\boldsymbol{L} \in L_{\kappa \times \kappa \alpha}$（这里 $\alpha = \prod_{j=1}^{m} \alpha_j$）以及 $\boldsymbol{H} \in L_{\beta \times \kappa}$（这里 $\beta = \prod_{s=1}^{p} \beta_s$）使得式（2-1-3）可表示为

$$\begin{cases} x(t+1) = Lu(t)x(t) \\ y(t) = Hx(t) \end{cases} \qquad (2\text{-}1\text{-}6)$$

这里 $u(t) = \ltimes_{\alpha=1}^{m} u_\alpha(t)$， $u(t) = \ltimes_{\alpha=1}^{m} u_\alpha(t)$， $y(t) = \ltimes_{\beta=1}^{p} y_\beta(t)$.

这种表达形式后来被称为代数状态空间表示（algebraic state space representation）.

注 2-1-1

（1） k 值逻辑是经典二值逻辑的推广[6]. 它可以看作 k 值动态（控制）系统的物理背景.

（2）有限博弈，当不同玩家的策略数不同时，其演化模型是一个多值逻辑形式，其代数状态空间描述可见文献［7］.

定义 2-1-2 如果系统（2-1-1）系统（2-1-3）中 $x_i \in \Upsilon_{k_i}$（$x_i \in \Upsilon_{k_i}$, $u_j \in \Upsilon_{\alpha_j}$, $y_s \in \Upsilon_{\beta_s}$），则称其为混合逻辑动态（控制）系统. 当 $k_i = k$，$\forall i$（$k_i = k$，$\forall i$，$a_j = k$，$\forall j$，$\beta_s = k$，$\forall s$）时，它变为 k 值混合逻辑动态（控制）系统.

注 2-1-2

（1）混合逻辑动态（控制）系统有天然的向量空间表示，因此，它们直接就有（2-1-5）（2-1-6）的表达形式，只是其中 $L \in \Upsilon_{\kappa \times \kappa \alpha}$（$L \in \Upsilon_{\kappa \times \kappa \alpha}$ 且 $H \in \Upsilon_{\beta \times \kappa}$）.

（2）当 $k=2$ 时，k 值混合逻辑动态系统就是普通的模糊逻辑动态系统[8, 9].

（3）一般混合逻辑动态系统的物理模型是混合策略演化博弈[10]，它的代数状态空间描述可见文献［11］.

代数状态空间方法为逻辑动态（控制）系统提供了一个有效的数学框架，成为目前逻辑动态系统研究的主流方向之一. 以上只是一个简介，相关内容与进展可参见综述[12].

2.2　未解问题

2.2.1　计算复杂性与聚类

计算复杂性是网络研究所面临的共同难题. 例如, 对于布尔网络拓扑结构分析, 特别是不动点与极限环（统称吸引子）的计算极为重要. 文献［1］给出了一个一般计算公式：考察布尔网络（2-1-5）, 记 N_s 为长度为 s 的极限环（ $s=1$ 为不动点）, 则

$$\begin{cases} N_1 = \mathrm{tr}(L) \\ N_s = \dfrac{\mathrm{tr}(L^s) - \sum\limits_{k \in P(s)} k N_k}{s}, & 2 \leqslant s \leqslant 2^n \end{cases} \qquad (2\text{-}2\text{-}1)$$

这里 $P(s)$ 为 s 的真因子集.

但是, 由于计算复杂性, 当 $n > 20 \sim 30$ 时, 用公式（2-2-1）在个人微机上计算就很困难了.

文献［13］指出："在社会化问题中研究策略互动时面临的最大挑战是由网络带来的计算复杂性, 如果不考虑博弈中的一些特殊结构, 则很难得到有用的结果."（The main challenge that faced in studying strategic interaction in social settings is the inherent complexity of networks. Without focusing on specific structures in terms of the games, it is hard to draw any conclusions.）基于这种思想, 文献［14］提出了一种聚类的方法：将一个大的网络进行聚类分割, 使聚类后的（以组为结点）粗图无圈（图 2-2-1）. 在这种聚类下, 计算吸引子将大大加速. 例如, 文献［14］考虑了系统生物学中的著名例子——T 细胞受体的布尔网络模型. 用经典的 Genysis 算出全部吸引子需要 20.7 分钟[15], 但他们只用了 0.126 秒, 速度提高了近 1 万倍.

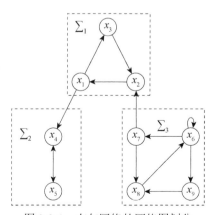

图 2-2-1　布尔网络的网络图划分

聚类对于简化网络的计算复杂性十分有效. 但目前对聚类的研究还很少. 首先是聚类的类型: 我们需要知道, 不同的问题需要什么样的相应聚类. 例如, 文献 [14] 用无圈聚类 (聚类图无圈) 计算吸引子. 我们还知道, 树状聚类可用于能控性等. 但是, 对不同问题的相应聚类还是一个未解问题. 其次是聚类的可行性: 不是所有的网络对应于其相关问题都可以由聚类得到简化. 那么, 如何判断可行性就是一个必须解决的重要问题. 最后是聚类的优化问题: 聚类太细或太粗都可能影响效果. 那么什么是最优聚类?

2.2.2 子空间与不变子空间

在逻辑动态系统的代数状态空间表示中, 状态空间及其子空间的定义与运算是极其重要的. 考虑系统 (2-1-1) 或系统 (2-1-3)[12] 定义其状态空间为

$$X = F_L(x_1, \cdots, x_n) \tag{2-2-2}$$

这里 $F_L(\{x_i\})$ 表示 $\{x_i\}$ 上的所有逻辑函数.

定义 2-2-1 设 $y_1, \cdots, y_s \in X$,

$$Y := F_L(y_1, \cdots, y_s)$$

称为由 $\{y_1, \cdots, y_s\}$ 生成的子空间.

显然, 一个子空间可以用一个逻辑矩阵表示, 即

$$y = Qx \tag{2-2-3}$$

这里, $y = \ltimes_{i=1}^s y_i$, $x = \ltimes_{i=1}^n x_i$, $Q \in L_{2^s \times 2^n}$ (当不是布尔值时, 要做适当调整). 当 $s = n$ 且 Q 可逆时, $\psi : (x_1, \cdots, x_n) \mapsto (y_1, \cdots, y_n)$ 称为一个坐标变换.

定义 2-2-2 由 $\{y_1, \cdots, y_s\}$ 生成的子空间 Y 称为一个正规子空间, 如果存在 $\{y_{s+1}, \cdots, y_n\}$, 使得 $\psi : (x_1, \cdots, x_n) \mapsto (y_1, \cdots, y_n)$ 为一个坐标变换.

一个正规子空间 Y (或其结构矩阵 Q) 称为 A–不变子空间 (这里 $A := L$, 见系统 (2-1-5)), 如果存在逻辑矩阵 $\eta \in L_{2^s \times 2^s}$, 使得

$$QL = \eta Q \tag{2-2-4}$$

(A, B)-不变子空间在线性控制系统理论中 (特别是对解耦问题) 极为重要. 在逻辑控制系统中如何定义其相应的能控或反馈不变子空间? 它在解耦等控制问题中的应用如何? 这些都是逻辑控制系统理论中未解决的问题.

　　另一个关于子空间的有趣的问题是：设系统有一个已知的极限环，能否找到一个正规子空间，使该极限环位于这个子空间内？当然，希望这个正规子空间是最小的一个. 这个问题关系到系统的状态空间解耦.

　　状态空间解耦可能是简化布尔网络的一条途径，但目前该方向的研究成果甚少.

　　将布尔网络的状态空间及子空间的结构分析推广到一般逻辑状态（控制）系统中去也是一个亟待解决的问题.

2.2.3　观测器与基于观测器的反馈控制

　　与布尔网络的能控性不同，布尔网络的能观性在很长一段时间内一直没有得到彻底解决. 根据文献［16］和［17］，前期的能观性定义主要有四种.

　　定义 2-2-3[18]　一个布尔控制网络被称为能观的，如果对任意的初始状态 x_0，存在一个控制序列 $\{u_0, u_1, \cdots\}$，使得对任意的状态 $\overline{x}_0 \neq x_0$，相应的输出序列 $(y_0, y_1, \cdots) \neq (\overline{y}_0, \overline{y}_1, \cdots)$.

　　定义 2-2-4[19]　一个布尔控制网络被称为能观的，如果对任意两个初始状态 $x_0 \neq \overline{x}_0$，存在一个有限长度的控制序列 $\{u_0, u_1, \cdots, u_p\}$，$p \in \mathbb{Z}_+$，使得相应的输出序列 $(y_0, y_1, \cdots, y_p) \neq (\overline{y}_0, \overline{y}_1, \cdots, \overline{y}_p)$.

　　定义 2-2-5[20]　一个布尔控制网络被称为能观的，如果存在一个有限长度的控制序列 $\{u_0, u_1, \cdots, u_p\}$，$p \in \mathbb{Z}_+$，使得对任意两个初始状态 $x_0 \neq \overline{x}_0$，相应的输出序列 $(y_0, y_1, \cdots, y_p) \neq (\overline{y}_0, \overline{y}_1, \cdots, \overline{y}_p)$.

　　定义 2-2-6[21]　一个布尔控制网络被称为能观的，如果对任意两个初始状态 $x_0 \neq \overline{x}_0$，对任意的控制序列 $\{u_0, u_1, \cdots\}$，相应的输出序列 $(y_0, y_1, \cdots) \neq (\overline{y}_0, \overline{y}_1, \cdots)$.

　　图 2-2-2 给出了四种定义的蕴含关系. 其中"×"表示不蕴含.

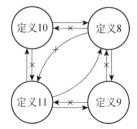

图 2-2-2　定义 8～定义 11 的蕴含关系

在文献［22］和［17］中，研究者利用有限自动机理论给出了充要条件. 受他们的启发，文献［23］给出了代数形式的充要条件.

能观性问题解决了之后，一个重要的后续研究就是构造观测器并利用观测器构造反馈控制. 由于布尔网络的最优控制也是状态反馈型的[11, 14]，因此用观测器实现最优控制是一个十分合理的逻辑判断. 当然，对混合逻辑动态系统的情况，如在演化博弈中寻找最优混合策略，从能观性到最优控制，可能会有很长的路要走.

2.2.4 演化博弈的学习模型

网络演化博弈可能是目前最具挑战性的一种逻辑动态系统[24, 25]. 我们介绍文献［17］中给出的动力学模型. 它为博弈控制论[26]提供了一个有效的建模方法.

定义 2-2-7 一个网络演化博弈，记作 $((N,E),G,\Pi)$，由三部分组成：

（1）网络图 (N,E)：记 $U_d(i)$ 为 i 的 d 邻域，即 $j\in U_d(i)$，当且仅当有一条不长于 d 的路径连接 i，j，$U_0(i)=\{i\}$. $U(i):=U_1(i)$.

（2）本网络博弈 G：G 是个二人对称游戏，$S_1=S_2$，即二人的策略集相同. 当 $(i,j)\in E$ 时，i 和 j 进行 G 博弈. 以 $x_i(t)$ 记玩家 i 在 t 时刻的策略.

（3）基于邻域信息的策略更新规则 Π.

如果只考虑利用邻域上一时刻的信息，则有

$$x_i(t+1)=g_i\left(x_j(t),c_j(t)|j\in U(i)\right),\quad t\geqslant 0,\ i\in\mathbb{N} \qquad (2\text{-}2\text{-}5)$$

又因为支付 $c_j(t)$ 是由 $\xi\in U(j)$ 的策略 $x_\xi(t)$ 决定的. 于是（2-5）可改写成

$$x_i(t+1)=f_i\left(x_j(t)|j\in U_2(i)\right),\quad t\geqslant 0,\ i\in\mathbb{N} \qquad (2\text{-}2\text{-}6)$$

这是局势演化方程. 它给出对网络演化博弈的完整刻画. 那么，怎样建立该方程呢？它是由策略更新规则决定的. 常用的策略更新规则有①无条件模仿（unconditional imitation）[27]；②费米法则（Fermi rule）[28, 29]；③莫锐法则（Moran rule）[30, 31]；④近视最佳反应调整（myopic best response adjustment）[32]；等等.

以无条件模仿为例：设

$$j^*=\operatorname{argmax}_{j\in U(i)}c_j(x(t)) \qquad (2\text{-}2\text{-}7)$$

即 j^* 是 t 时刻的邻域中收益最高的. 那么,

$$x_i(t+1) = x_{j^*}(t) \qquad (2\text{-}2\text{-}8)$$

这就是说, i 在 $t+1$ 时取 j^* 在 t 时的策略为自己的策略.

下面举一个简单例子.

例 2-2-1　考虑两个人的猜谜博弈, 表 2-2-1 是基本博弈的收益矩阵, 使用无条件模仿的策略更新规则.

表 2-2-1　猜谜博弈的收益矩阵

$P_1\backslash P_2$	1	2
1	-1, 1	1, -1
2	1, -1	-1, 1

如果 $x_1(t)$ 和 $x_2(t)$ 已知, 那么 $x_i(t+1) = f_i(x_1(t), x_2(t))$ 就可以通过计算得到, 见表 2-2-2.

表 2-2-2　针对各种策略的应对策略

$s(t+1)\backslash s(t)$	11	12	21	22
c_1	-1	1	1	-1
c_2	1	-1	-1	1
f_1	1	1	2	2
f_2	1	1	2	2

如果 $1 \sim \delta_2^1$, $2 \sim \delta_2^2$, 那么

$$x_i(t+1) = \delta_2[1,1,2,2]x_1(t) \ltimes x_2(t)$$

前面举的策略更新规则, 都可以表示成逻辑演化方程 (2-2-6) 的形式. 于是, 代数状态空间方法可以用于网络演化博弈的分析与优化.

有一类策略更新规则称为学习策略[33]. 这类更新规则被证明在应用上是十分有效的. 但这类更新规则如何用相应的逻辑演化方程来刻画、分析和控制, 目前还不知道.

例如, 一种著名的学习策略称为虚拟行动 (fictitious play)[34]. 它的基本原理是: 建立一个加权函数, 对对手的策略频率进行统计, 即这里 $s_{-i} \in S_{-i} = \prod_{j \neq i} S_j$, $s_{-i}(t)$ 指 (除 i 自己外) 其他人在 t 时刻的策略. 然后, 由频率数估

计概率，即假定对手采取策略 s_{-i} 的概率为

$$p_t^i(s_{-i}) := \frac{k_t^i(s_{-i})}{\sum\limits_{\xi_{-i} \in S_{-i}} k_t^i(\xi_{-i})}$$

然后根据这个概率分布去寻找最优反应策略 BR，从而选择下一时刻策略

$$x_i(t+1) \in BR(p_t^i)$$

如果考虑这个加权函数，那么，得到的演化（控制）方程（2-1-5）（方程（2-1-6））中的 L 将变为时变的. 这时，已有的代数状态空间方法的结论恐怕都不能用了.

另一个例子是扩充博弈（expanded game）[10]. 此种博弈带有一个玩家可以公共观测到的随机变量，基于扩充博弈的演化博弈常常可达到优于纳什均衡的相关均衡（correlated equilibrium）. 如果公共信息的随机变量是独立同分布的，扩充演化博弈的演化方程应不难得到. 如果它是个随机过程 [如马尔可夫过程（Markov process）]，甚至是依赖于博弈策略演化的，则演化方程的建立会遇到与虚拟行动类似的困难.

2.2.5　多目标优化

考虑一个线性系统

$$\dot{x} = Ax + Bu \tag{2-2-9}$$

给定目标函数 J，我们的目的是要选择控制以最小化目标函数：

$$\min_u J := \min_u \int_0^\infty \left[\boldsymbol{x}^{\mathrm{T}} Q x + \boldsymbol{u}^{\mathrm{T}} R u \right] \mathrm{d}t \tag{2-2-10}$$

最优控制为

$$u^* = -R^{-1} \boldsymbol{B}^{\mathrm{T}} P x \tag{2-2-11}$$

这里 $P \geqslant 0$ 满足代数 Riccati 方程：

$$PA + A^{\mathrm{T}} P = Q - PBR^{-1}B^{\mathrm{T}}P = 0 \tag{2-2-12}$$

下面考虑一个多输入系统

$$\dot{x} = Ax + B_1 u_1 + B_2 u_2 \tag{2-2-13}$$

的多目标优化问题，即控制 u_i 的目的是最小化 J_i，$i = 1, 2$，

$$\min_{u_i} J_i := \min_{u_i} \int_0^\infty \left(x^{\mathrm{T}} Q_i x + u^{\mathrm{T}} R_i u \right) \mathrm{d}t, \quad i = 1, 2 \tag{2-2-14}$$

这时，最合理的控制就是纳什均衡点[35]

$$\begin{cases} u_1^* = -R_1^{-1} B_1^{\mathrm{T}} P_1 x \\ u_2^* = -R_2^{-1} B_2^{\mathrm{T}} P_2 x \end{cases} \tag{2-2-15}$$

这里 $P_i > 0$，$i = 1, 2$，满足耦合 Riccati 方程：

$$\begin{cases} P_1 (A - B_2 R_2^{-1} B_2^{\mathrm{T}} P_2) + (A - B_2 R_2^{-1} B_2^{\mathrm{T}} P_2)^{\mathrm{T}} P_1 \\ \quad + Q_1 - P_1 B_1 R_1^{-1} B_1^{\mathrm{T}} P_1 = 0 \\ P_2 (A - B_1 R_1^{-1} B_1^{\mathrm{T}} P_1) + (A - B_1 R_1^{-1} B_1^{\mathrm{T}} P_1)^{\mathrm{T}} P_2 \\ \quad + Q_2 - P_2 B_2 R_2^{-1} B_2^{\mathrm{T}} P_2 = 0 \end{cases} \tag{2-2-16}$$

至于更一般的情况，如非线性系统、非二次性能指标等，类似的讨论会导致耦合的 Hamilton-Jacobi-Bellman 方程. 这方面的讨论很多[36, 37, 38, 39]. 但是，求解这类方程实际上是十分困难的，这当然也是未解问题.

最近，有人试图用状态空间的有限分割将连续系统的博弈问题转化为有限博弈问题，然后，对有限博弈求最优解（纳什均衡）[40]. 将微分对策问题转化为逻辑动态系统的多目标优化问题，这种方法可望为一般的微分对策问题找出一条可行的求解方法.

2.2.6　合作博弈与控制

博弈论大致可分为两类：非合作博弈与合作博弈. 本节介绍合作博弈及其在控制问题中的应用. 关于合作博弈，可参考文献［41］和［42］.

定义 2-2-8　一个合作博弈可表示为 $G = \{N, v\}$，这里

- $N = \{1, 2, \cdots, n\}$ 表明博弈有 n 个玩家；
- 2^N 为 N 的子集族. $S \in 2^N$（也就是 $S \subset N$）称为一个联盟. $v : 2^N \to \mathbb{R}$ 称为特征函数. $v(S)$，$S \subset N$，表示联盟 S 的价值，$v(\varnothing) = 0$.

一个合理的特征函数还应满足超可加性，即设 $U, V \in 2^N$ 且 $U \cap V = \varnothing$. 那么，

$$v(U) + v(V) \leqslant v(U \cup V) \tag{2-2-17}$$

有些文献将满足（2-2-17）的特征函数定义为特征函数.

定义 2-2-9 $x: N \to \mathbb{R}$ 称为一个分配,它满足

(1)个体合理性:

$$x(i) \geqslant v(\{i\}), \quad i = 1, \cdots, n \tag{2-2-18}$$

(2)群体合理性:

$$\sum_{i=1}^{n} x(i) = v(N) \tag{2-2-19}$$

通常将一个分配表示成一个向量形式:

$$x = (x_1, x_2, \cdots, x_n)$$

这里,$x_i = x(i)$,$i = 1, \cdots, n$.

合作博弈的核心问题是找到一个大家都满意的合理的分配. 对于非合作博弈,纳什均衡被公认为是一个合理的解. 但对于合作博弈,至今尚未有一个公认为合理的分配. 目前常见的分配有:①核心(core);②稳定集(stable set);③ 核仁(nucleolus);④ 核(kernel);⑤谈判集(bargaining set);⑥ Shapley 值(Shapley value),等等.

Shapley 值是讨论最多的一种,它不仅满足①有效性公理;②对称性公理;③可加性公理,而且有唯一性.

类似布尔函数,我们可以用向量表示一个集合. 设 $S \in 2^N$,我们定义

$$s_i = \begin{cases} \delta_2^1, & i \in S \\ \delta_2^2, & i \notin S, \quad i = 1, \cdots, n \end{cases}$$

于是,可用 $s = \ltimes_{i=1}^{n} s_i$ 来表示集合 S. 对每个特征函数 v 都可以找到一个向量 $V_v \in \mathbb{R}^{2^n}$,使得

$$v(S) = V_v s(S), \quad S \in 2^N \tag{2-2-20}$$

这里,$s(S)$ 是 S 的向量表示.

构造一组列向量

$$\begin{cases} \ell_1 = \begin{bmatrix} 1 \\ 0 \end{bmatrix} \in \mathbb{R}^2 \\ \ell_{k+1} = \begin{bmatrix} \ell_k + 1_{2^k} \\ \ell_k \end{bmatrix} \in \mathbb{R}^{2^{k+1}}, \quad k = 2, 3, \cdots \end{cases}$$

利用 ℓ_k，我们构造一个列向量 $\zeta_k \in \mathbb{R}^{2^k}$，如下：

$$\zeta_k^i = \left(\ell_k^i\right)!\left(k - \ell_k^i\right)!, \quad i = 1, \cdots, 2^k \tag{2-2-21}$$

再定义一个向量

$$\eta := \zeta_{n-1}$$

然后将 η 等分成 k 块

$$\eta = \begin{bmatrix} \eta_k^1 \\ \eta_k^2 \\ \vdots \\ \eta_k^k \end{bmatrix}, \quad k = 1, 2, 2^2, \cdots, 2^{n-1}$$

可以证明式（2-2-2）

定理 2-2-1[43]　合作博弈 (N, v)（这里 $|N| = n$）的 Shapley 值（记作 $\varphi(v)$），可计算如下：

$$V_v \varXi_n = \varphi(v) \tag{2-2-22}$$

这里 $\varphi(v)$ 为 v 的 Shapley 值，$\varXi \in M_{2^n \times n}$ 为

$$\varXi_n = \frac{1}{n!} \begin{pmatrix} \eta_1 \\ -\eta_1 \end{pmatrix} \begin{pmatrix} \eta_2^1 \\ -\eta_2^1 \\ \eta_2^2 \\ -\eta_2^2 \end{pmatrix} \begin{pmatrix} \eta_4^1 \\ -\eta_4^1 \\ \eta_4^2 \\ -\eta_4^2 \\ \eta_4^3 \\ -\eta_4^3 \\ \eta_4^4 \\ -\eta_4^4 \end{pmatrix} \cdots \begin{pmatrix} \eta_{2^{n-1}}^1 \\ -\eta_{2^{n-1}}^1 \\ \eta_{2^{n-1}}^2 \\ -\eta_{2^{n-1}}^2 \\ \vdots \\ \eta_{2^{n-1}}^{2^{n-1}} \\ -\eta_{2^{n-1}}^{2^{n-1}} \end{pmatrix} \tag{2-2-23}$$

受上述定理的启发，我们很容易想到一个问题：给定一个合作博弈 (N, v)（这里 $|N| = n$），设 I 是一个分配. 那么，是否一定存在一个转换矩阵 $\varXi_n^I \in M_{2^n \times n}$，使得相应的式（2-2-22）成立? 即

$$V_v \Xi_n^l = I(v)$$

这里 $I(v)$ 是分配值向量. 如果这是对的, 则以后研究分配, 只要研究其相应的转换矩阵就行了.

合作博弈在控制中有许多应用, 如用 Shapley 值设计效用函数, 从而构造控制系统的势函数[44], 电力系统与电力网络优化的博弈论方法[45, 46], 网络合作优化[47]等.

冗余控制是控制理论中近期探讨的一个有意义的课题[48]. 单目标冗余控制的本质可以看作是一个合作博弈问题. 应用合作博弈的理论求得任务最佳分配是一个极具挑战性的问题. 一个相关的问题就是协同作战的问题[49].

最后, 将合作博弈与非合作博弈结合并用于控制设计是一个可能的有效途径[44].

2.3　结　束　语

逻辑动态系统的分析与控制, 特别是代数状态空间方法, 是近几年发展起来的一个新的控制分支. 这是一块人们刚刚登陆的处女地, 有大量的新问题尚待解决. 本章提出的六个方面的问题是笔者认为比较重要的一些问题, 它们是否可称为瓶颈问题尚有待探讨. 也许, 这个学科分支本身还没有成熟到形成瓶颈问题的程度. 笔者相信, 这是控制领域的一个新的生长点. 它不仅有重大的理论意义, 而且有极其广泛的应用前景.

致　　谢

感谢北京大学黄琳院士课题组对文章内容及编写的指导和帮助; 相关研究得到国家自然科学基金 (G60334040, G60674022, 62334040, 61074114, 61273013, 61333001) 的支持, 特此致谢!

参　考　文　献

[1] Cheng D, Qi H. 2010. A linear repesentation of dynamics of Boolean networks. IEEE Trans. Aut. Contr., 55 (10): 2251-2258.

[2] Cheng D, Qi H. 2011. State space analysis of Boolean networks. IEEE Trans. Neural Netw,

21(4): 584-594.

［3］Kauffman S A. 1969. Metabolic stability and epigenesis in randomly constructed genetic nets. J. Theoretical Biology, 22 (3): 437-467.

［4］Kauffman S A. 1993. The Origins of Order - Self-Organization and Selection in Evolution. New York: Oxford Univ Press: 203-241.

［5］Cheng D, Qi H, Li Z. 2011. Analysis and Control of Boolean Networks: A Semi-tensor Product Approach. London: Springer.

［6］罗铸楷，胡谋，陈廷槐. 1992. 多值逻辑的理论及应用. 北京：科学出版社.

［7］Cheng D, He F, Qi H, et al. 2015. Modeling, analysis and control of networked evolutionary games. IEEE Trans. Aut. Contr., 60(9): 2402-2415.

［8］Cheng D, Feng J, Lv H. 2012. Solving fuzzy relational equations via semi-tensor product. IEEE Trans. Fuzzy Systems, 20(2): 390-396.

［9］Dubois D, Prade H, Eds.2000. Fundamentals of Fuzzy sets. Boston: Kluwer Acad Pub: 630-637

［10］Fudenberg D, Tirole. 1991. Game Theory. Cambridge: The MIT Press: 43-49.

［11］Cheng D, Zhao Y, Xu T. 2015. Receding horizon based feedback optimization for mix-valued logical networks. IEEE Trans. Aut. Contr., 60(12):3362-3366.

［12］程代展，齐洪胜. 2014. 逻辑系统的代数状态空间方法的基础、现状及其应用. 控制理论与应用，31 (12)：1632-1639.

［13］Jackson M, Zenou Y. 2014. Games on networks. //Young P, Zamir S. Handbook of Game Theory. Elsevier Science: Available at SSRN: http://ssrn.com/abstract=2136179.

［14］Zhao Y, Kim J, Filippone M. 2013. Aggregation algorithm towards large -scale Boolean network analysis. IEEE Trans. Aut. Contr., 58(8): 1976-1985.

［15］Garg A, Xenarios I, Mendoza L, et al. 2007. An efficient method for dynamic analysis of gene regulatory networks and *in silico* gene perturbation experiments. //Huang T. Research in Computational Molecular Biology: Berin: Springer: 62-76.

［16］Zhang K, Zhang L. 2014. Observability of Boolean networks: A unified approach based on the theories of finite automata and formal languages. Proc. 33rd CCC, Nanjing: IEEE, 6854-6861

［17］Zhang K, Zhang L. 2014. Observability of Boolean control networks: A unified approach based on the theories of finite automata and formal languages. arXiv:1405.6780.

［18］Cheng D, Qi H. 2009. Controllability and observability of Boolean control networks. Automatica, 45 (7): 1659-1667.

［19］Zhao Y, Qi H, Cheng D. 2010. Input-state incidence matrix of Boolean control networks and its applications. Sys. Contr. Lett., 59(12): 767-774.

［20］Laschov D, Margaliot M, Even G. 2013. Observvbility of Boolean networks: A graph-theoretic approach. Automatica, 49 (8): 2351-2362.

［21］Fornasini E, Valcher M E. 2013. Observability, reconstructibility and state observers of Boolean control networks. IEEE Trans Aut Contr, 58 (6): 1390-1401.

［22］Zhang K. 2015. On some control-theoretic and dynamical problems of logical dynamical systems. Ph.D. Dissertation, Harbin Engineering University: 30-59.

［23］Cheng D, Qi H, Liu T, et al. 2015. A note on observability of Boolean control networks. Proc. 10th ASCC, Sabah, Malaysia, 1570071969.

［24］王龙, 伏锋, 陈小杰等. 2007. 复杂网络上的演化博弈. 智能系统学报, 2 (2): 1-10.

［25］汪小帆, 李翔, 陈关荣. 2012. 网络科学导论. 北京: 高等教育出版社.

［26］Gopalakrishnan R, Marden J R, Wierman A. 2011. An architectural view of game theoretic control. Performance Evalution Review, 38 (3): 31-36.

［27］Nowak M A, May R M. 1992. Evolutionary games and spatial chaos. Nature, 359(6357): 826-829.

［28］Szabo G, Toke C. 1998. Evolutionary prisoner's dilemma game on a square lattice. Phys. Rev. E, 58 (1): 69-73.

［29］Traulsen A, Nowak M A, Pacheco J M. 2006. Stochastic dynamics of invasion and fixation. Phys. Rev., E, 74 (1): 011909.

［30］Kirchkamp O. 1999. Simultaneous evolution of learning rules and strategies. J Econ Behav Organ, 40 (3): 295-312.

［31］Roca1 C P, Cuesta1 J A, Sanchez A. 2009. Effect of spatial structure on the evolution of cooperation. Phys. Rev., E, 80 (4): 46106.

［32］Young H P. 1993. The evolution of conventions. Econometrica, 61 (1): 57-84.

［33］Fudenberg D, Levine D K. 1998. The Theory of Learning in Games. Cambridge: The MIT Press: 29-49

［34］Monderer D, Shapley L S. 1996. Fictitious play property fo games with identical interests. J. Economic Theory, 68 (1): 258-265.

［35］年晓红, 黄琳. 2004. 微分对策理论及其应用研究的新进展. 控制与决策, 19 (2): 128-133.

［36］Engwerda J C. 1998. Computational aspects of the open-loop Nash equilibrium in linear quadratic games. J. Econ. Dyn. Contr., 22 (8-9): 1487-1506.

［37］Friedman A. 1974. Differential Games. Rhode Island: American Math Society: 1-25.

［38］Lewis F L, 2012. Optimal Control. New Jersey: John Wiley& Sons: 438-460.

［39］Lukoyanov N Y. 2000. A Hamilton-Jacobitype equation in control problems with hereditary information. J. Appl. Math. Mech., 64 (2): 243-253.

［40］Marden J R, Arslan G, Shamma J S. 2009. Cooperative control and potential games. IEEE Trans. Sys., Man, Cybernetcs, Part B, 39 (6): 1393-1407.

［41］Branzei R, Dimitrov D, Tijs S. 2005. Models in Cooperative Game Theory. Berlin: Springer: 1-66.

[42] 谢政. 2010. 博弈论导论. 北京: 科学出版社.

[43] 程代展, 刘挺, 王元华. 2014. 博弈论中的矩阵方法. 系统科学与数学, 34 (11): 1291-1305.

[44] Gopalakrishnan R, Marden J R, Wierman A. 2011. An architectural view of game theoretic control. Perform. Evalu. Review, 38 (3): 31-38.

[45] Ferrero R W, Shahidehpour S W, Ramesh V C. 1997. Transaction analysis in deregulated power systems using game theory. IEEE Trans Power Sys, 12 (3): 1340-1347.

[46] Mei S, Wang Y, Liu F, et al. 2012. Game approaches for hybrid power system planning. IEEE Trans. Sustain. Energy, 3 (1): 506-517.

[47] Nedic A, Bauso D. 2013. Dynamic coalitional TU games: Distributed bargaining among players' neighbors. IEEE Trans. Aut. Contr., 58 (6): 1363-1376.

[48] Duan Z, Huang L, Jiang Z P. 2012. On the effects of redundant control inputs in discrete-time systems. J. Sys. Sci. & Math Scis, 32 (10): 1193-1206.

[49] 崔乃刚, 郭继峰, 韦常柱. 2010. 导弹协同作战编队队形最优保持控制器设计. 宇航学报, 31 (4): 1043-1050.

第3章 系统与控制中优化理论与应用的挑战与瓶颈

管晓宏，翟桥柱

（西安交通大学系统工程研究所，
智能网络与网络安全教育部重点实验室）

摘　要： 介绍了当前系统与控制中优化理论与应用的若干挑战与瓶颈问题，主要涉及优化模型降维、变换、随机规划建模等方面，以便为研究人员和工程实践者进一步了解和解决这些问题提供线索.

关键词： 优化理论与应用，数学模型，随机规划

3.1 引　言

　　优化理论与方法是系统与控制、数学、管理等学科领域的重要学科方向，也是控制科学与工程（一级学科）所包含的系统工程（二级学科）的核心基础. 随着能源、环境、制造、生物、医药、信息技术、交通运输、人工智能等领域在 21 世纪的迅速发展，很多具有新结构、新特点及重要应用的复杂优化问题不断被提出. 这些新问题或者不能归于经典优化模型，或者由于规模过于庞大，无法应用经典优化算法有效求解. 为此，本章结合本章作者自身研究优化理论与应用的成果和经验，介绍了当前系统与控制中优化理论与应用的若干挑战与瓶颈问题，以期为研究人员和工程实践者进一步了解和解决这些问题提供线索.

　　总体上看，我们认为这些挑战与瓶颈问题的核心集中在优化问题的恰当建模及模型分析变换方面，特别是如何通过高超的建模技术、模型分析变换

技术，使得最终用于求解的是一个足够简单、易于处理的数学问题. 本章指出了七个挑战及瓶颈问题，主要涉及优化模型降维、变换、随机规划建模等方面.

3.2　挑战与瓶颈问题

3.2.1　非传统优化问题建模和等价性

经典连续优化问题的理论通常以研究最优解的必要条件、充分条件和以获取最优解为目标的优化算法设计为核心内容，这在线性规划、非线性规划、网络优化等优化理论及对偶优化理论中尤为明显[1-4]. 最优性条件的意义在于为算法设计指明方向，即在迭代中如何尽快满足最优性或近似最优性条件. 目前，经典优化问题中最优性条件的理论已比较成熟，在各种经典优化算法设计中发挥了重要作用.

但是，系统与控制领域的很多重要优化问题，不能描述为经典优化问题，如当优化问题包含多时间尺度耦合、离散与连续变量共存、包含随机（分布信息已知）及不确定（分布信息不完全可知）变量和参数、优化目标甚至约束中包含 min-max 或者 min-max-min 结构、优化模型中包含集值映射等，这些均不能归结为现有的经典优化问题，因此经典最优性条件和优化算法并不适用. 这些非经典优化问题的最优性条件可能需要新的数学理论及工具来解决.

然而，文献中报道的一些成功应用案例揭示了解决这类问题的另一途径，即将非经典优化问题等价变换为经典优化问题[5-7]，如一类含积分约束的动态系统非经典优化问题可成功转换成凸优化问题[7]；动态系统积分指标可行性问题可成功转换成最优控制问题[8].

事实上，对于实际应用中提出的优化问题和其他相关问题，如可行性问题，如何经过等价变换转化为目前已经能够有效求解的优化问题模型，或者研究其可否转换为更便于求解的等价形式，这些问题都可以称为模型本身的优化. 这个问题之所以重要，原因在于它来自工程实际的优化问题，一般可用不同方式建立形式差异较大的多种优化模型. 这些模型在理论上相互等价或者近似等价，但可否直接求解或求解效率可能存在巨大差异. 目前的优化理论与方法研究的重点是求解算法，但模型本身的优化变换常常被忽略. 因此，我们提出优化理论研究中面临的问题.

挑战及瓶颈问题一：优化模型的等价变换理论.

从较高的层次看，可以认为整数规划中的割平面、有效不等式理论及线性和非线性规划中的对偶理论方法都是在对原始的优化模型进行等价变换以便求解，寻求优化模型的最简等价形式有可能发展为具有无限可能的新方向.

凸优化是最重要的一类优化问题，近年来受到广泛关注的半定规划与凸性密切相关. 如果一个优化问题能够等价变换为凸规划时，问题的求解一般比较容易. 近年来，特定结构优化问题的等价凸变换取得了令人惊讶的结果 [7, 9]，但较一般的优化问题能否等价变换成更有利于求解的问题结构，特别是能否变换为凸规划问题，目前还没有一般性结果.

3.2.2 优化模型降维

能源、环境、制造等系统控制领域的实际优化问题通常规模巨大，决策变量和约束动辄上万、十万，甚至百万、千万，且包含离散决策变量，具有NP-Hard 计算复杂性，一般不可能在有限时间内获得最优解或满意解.

但是，如此多的变量及约束对优化问题最优解的影响存在巨大差异. 实际问题中出于安全及可靠性考虑，在规划设计阶段即留有充分的安全裕度，系统内部及子系统耦合环节的很多约束不可能同时张紧（active）. 实际上可能只有很少数约束对最优解有决定性影响，有很多约束去掉后不会影响可行域和最优解，此类约束为冗余约束. 因此，如果能快速识别并剔除大量冗余约束，鉴别出可能对最优解有影响的关键约束，或用少数约束等价代替其他巨量约束，对于降低问题规模、提高求解效率有重要意义. 目前，针对特定的优化问题结构，已有成功进行冗余约束快速约减的应用案例 [10, 11]. 因此，我们提出两个有某种"对偶性"的问题.

挑战及瓶颈问题二：大规模优化问题的冗余约束识别.

挑战及瓶颈问题三：大规模优化问题的约束等价合并、替代及变量约减.

3.2.3　全场景可行和有限分布信息的随机优化问题

近年来，包含大量随机及不确定因素的大规模优化问题正变得至关重要. 例如，当能源电力系统包含大量风能、太阳能等可再生能源时，系统的生产能力具有高不确定性，系统的优化调度面临前所未有的不确定性挑战. 由于系统规模巨大，控制理论领域常用的动态规划、马尔可夫决策规划等随机动态优化方法面临无法避免的"维数灾难"的挑战.

目前比较常用的处理大规模随机及不确定优化问题的方法有两种，分别是基于情景（树）的随机规划方法[12]（仅考虑有限多个实现情景）和基于所有情景或预算约束下所有情景的鲁棒优化方法（可以考虑无穷多个实现情景）[13, 14]，要求优化问题的解必须满足所有情景下的约束，优化目标为所有情景下的平均性能最优或者其他指标下最优. 然而，如果随机因素中包含连续型随机变量，可能实现情景必然是无穷多，仅考虑有限多个实现情景的随机规划模型所得到的解是否能应对实际的无限情景，这本身就是需要深入研究的问题. 因为如果回答是否定的，在某些情景下不能满足系统的运行关键约束，实际应用中可能带来严重的安全隐患.

鲁棒优化模型虽然考虑了全场景下解的可行性，但最大的问题是以所谓"最坏实现情景"下的成本/性能指标作为目标函数，衡量解的性能，即寻求最坏情景实现下的最好决策. 由于"最坏情景"在实际中出现的概率可能非常低，鲁棒优化所得到的解一般比较"保守"，与物理意义明确的期望值最优解相去甚远，严重影响系统的经济性. 此外，目前的鲁棒优化算法基于连续与离散决策变量分解和多层迭代，计算复杂性很高.

因此，我们提出

挑战及瓶颈问题四：全情景可行随机优化模型与算法.

其不仅能够保证所有情景下的可行性，同时能够寻求具有明确物理意义的概率或期望意义下的优化目标.

基于情景的随机优化方法一般需要知道完整的随机分布，实际应用中概率分布信息的缺失将严重影响模型的精度及性能. 鲁棒优化模型虽然不依赖随机因素的分布信息，但只能考虑"最坏情景"的目标. 实际应用中更常见的情形是随机因素分布信息部分可知，或称为有限分布信息. 有限分布信息报童模型的成功应用[15]，促使我们提出更一般性的挑战性问题.

挑战及瓶颈问题五：基于有限分布信息的随机规划模型及方法.

该问题的解决需要新的随机优化建模和求解算法理论支撑.

3.2.4　多尺度、多级随机优化决策与控制

如前所述，很多实际系统的状态或参数具有高不确定性. 系统控制和决策优化问题具有多尺度和多级特点. 例如，包含"水（水电）、火（火电）、风（风能）、光（太阳能）"电源能源的电力系统优化调度与控制是典型的多尺度和多级随机优化决策与控制问题，如图 3-2-1 所示，其中与水电调度直接相关的流域水资源长期规划调度一般以年度为时间窗口；基于可再生新能源预测的短期优化调度与匹配一般以天为时间窗口；基于可再生新能源预测的超短期调度与匹配以 1～4 小时为时间窗口；而实时控制（自动发电控制）的控制与匹配是确定的，而且系统能源供应与需求必须精确匹配.

对于系统中包含水库、专用储能装置等能量存储设备，时间尺度又如此悬殊的多尺度决策问题，系统状态或参数包含高不确定性. 例如，超过 4 小时的可再生能源预测误差可能超过 20%. 目前尚没有系统化的建模和求解方法可保证整个决策窗口内的发电能耗或费用最小，这具有极大的挑战性. 因此，我们提出

挑战及瓶颈问题六：多尺度、多级随机优化决策与控制问题建模与方法.

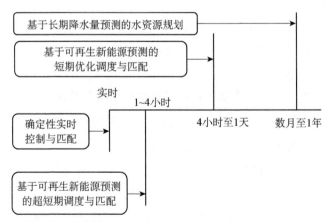

图 3-2-1　能源电力系统的多尺度、多级随机决策与控制

3.2.5　系统安全脆弱性分析中的优化问题

很多工程系统和基础设施的优化运行与系统安全密切相关. 系统安全是优化运行必须要满足的条件. 系统故障或安全攻击事件在网络化系统中可能发生连锁式传播. 如果原始故障或事件引起进一步的故障或事件, 不断蔓延, 就可能使故障或事件的影响从局部传播到全局, 甚至导致系统崩溃. 因此, 研究故障或事件的传播范围, 分析系统安全的脆弱性具有重要意义.

由于系统运行环境的多变性及运行规律的复杂性, 对系统运行状态进行全情景分析和仿真, 找出所有可能影响安全的故障演变状态, 进而分析系统安全的脆弱性, 这几乎是不可能的. 以传统的电网 $N\text{-}k$ 安全分析为例[16, 17]（如有 N 条线路的网络中 k 条线路发生故障）, 即便是比较小的 k 个故障组合, 对应的计算复杂性都是目前难以承受的, 相应的安全分析不可能实现.

如果将安全故障或事件传播和影响范围看成目标函数, 以最终后果的严重程度作为优化目标, 造成最严重后果的故障组合就可以建模成优化问题, 模型的最优解即对应于最严重的事故组合. 将安全脆弱性分析建模为优化问题的主要优点是求解优化问题可能只需少量迭代, 在少数解之间进行比较, 而无需在海量事故组合中以枚举比较的方式识别严重事故组合. 然而, 将安全故障或事件传播和影响范围作为目标函数显然是非传统优化问题, 优化模型中必须能准确反映每一个单一事故及其组合以连锁式传播对系统安全的影响, 因此我们提出

挑战及瓶颈问题七: 发现对系统安全影响最严重的安全事件组合.

如果考虑安全事件可能由人为攻击造成, 优化模型中还必须考虑更为复杂的攻防因素, 包含攻防博弈问题.

3.3　结　束　语

优化是系统与控制领域中的核心理念之一. 在工业 4.0 时代, 随着能源、环境、制造、生物、医药、信息技术、交通运输、人工智能等领域的迅速发展, 大量结构和规模都迥异于传统工程优化问题的新型优化问题不断出现, 这些优化问题需要用创新的理论与方法来解决. 在解决这些问题时, 建立一个

"好模型"是关键. 好模型的标准应该包括: 规模小、结构简单、精度高（能准确反映实际）、性态（如凸性等）好、求解复杂度低等. 好模型的获得一般需要遵循以下步骤: 第一步, 在深入分析问题的物理背景的基础上, 建立一个正确的基本模型; 第二步, 结合物理原理和数学工具, 对基本模型进行等价变换和化简, 得到好模型. 在某些情况下, 特定的最优性条件、可行性条件可以融入模型中, 以使最终用于求解的优化模型更为紧凑有效.

致　　谢

本书受到国家重点研发计划(2016YFB0901904)、国家自然科学基金重点项目(U1301254)等资助.

参 考 文 献

［1］Luenberger D G, Ye Y Y. 2008. Linear and Nonlinear Programming. Nashua: Springer.

［2］Bertsekas D P. 1999. Nonlinear Programming. 2nd Edition. Athena Scientific, Belmont, MA.

［3］Korte B, Vygen J. 2014. 组合最优化: 理论与算法. 越民义, 林诒勋, 姚恩瑜, 等译. 北京: 科学出版社.

［4］Bertsekas D P. 网络优化: 连续和离散模型. 王书宁, 牟晓牧, 李星野译. 北京: 清华大学出版社.

［5］Williams, H. 2002. Model Building in Mathematical Programming. New York: John Wiley& Sons, Inc.

［6］Zhai Q Z, Guan X H, Gao F. 2010. Optimization based production planning with hybrid dynamics and constraints. IEEE Transactions on Automatic Control, 12 (55): 2778-2792.

［7］Guan X, Zhai Q, Feng Y, et al. 2009. Optimization based scheduling for a class of production systems with integral constraints. Science in China, Series E. Technological Sciences. 5,2 (12): 3533-3544.

［8］Guan X, Gao F, Svoboda A. 2000. Energy delivery capacity and generation scheduling in the deregulated electric power market. IEEE Transactions on Power Systems, 15(4): 1275-1280.

［9］Toriello A, Vielma J P. 2012. Fitting piecewise linear continuous functions. European Journal of Operational Research, 219: 86-95.

［10］Zhai Q, Guan X, Cheng J et al. 2010. Fast identification of inactive security constraints in SCUC problems. IEEE Trans. Power Syst., 25(4): 1946-1954.

［11］Ardakani A, Bouffard F. 2013. Identification of umbrella constraints in DC-based security-constrained optimal power flow. IEEE Transactions on Power Systems, 28 (4): 3924-3934.

［12］Birge J R, Louveaux F. 1997. Introduction to Stochastic Programming. New York:

Springer-Verlag New York Inc.

[13] Bertsimas D, Sim M. 2004. The price of robustness. Operations Research, 52: 35-53.

[14] Roy B. 2010. Robustness in operational research and decision aiding: A multi-faceted issue. European Journal of Operational Research，200(3): 629-638.

[15] Qin Y, Wang R X, Vakharia A J，et al. 2011. The newsvendor problem: Review and directions for future research. European Journal of Operational Research, 213(2): 361-374.

[16] Davis C M, Overbye T J. 2011. Multiple element contingency screening. IEEE Transactions on Power Systems, 26(3): 1294-1301.

[17] Bienstock D, Verma A. 2010. The n-k problem in power grids: New models, formulations, and numerical experiments. SIAM Journal of Optimization, 20(5): 2352-2380.

第4章 分布参数系统控制

郭宝珠

（中国科学院数学与系统科学研究院）

摘 要： 分布参数系统描述同时由时间和空间演化系统控制，因此其状态空间是无穷维的. 本章简要叙述了分布参数系统控制的起源、特点，以及无穷引起的困难；着重叙述了分布参数系统控制的几个理论瓶颈问题.

关键词： 分布参数系统，无穷维，控制与量测

4.1 引 言

分布参数系统主要研究状态空间维数为无穷的系统的控制. 这些系统主要由偏微分方程、泛函微分方程、积分微分方程、积分方程，Banach 或 Hilbert 空间中的抽象微分方程描述. 无论历史上还是在将来，分布参数始终是控制理论中极其重要的理论和应用分支.

分布参数系统之所以重要的原因是物理世界的许多现象是由偏微分方程描述的，其控制问题的研究大都具有强烈的实际背景. 物理学家杨振宁曾说在科学原理层次上最伟大的成就是发现了几个支配自然规律的方程，而其中的很多方程如流体力学中的 Navier-Stokes 方程、量子力学的 Schrödinger 方程、电磁学中的 Maxwell 方程等就是分布参数系统控制研究的对象. 事实上，分布参数系统广泛应用于热工、化工、导弹、航天、航空、核裂变、核聚变等工程系统，以及生态系统、环境系统、社会系统等. 在我国应用得最有名的例子也许是人口问题. 人口密度函数可以用一阶偏微分方程来描述，如果控制变量是总和生育率（一个只与时间有关的控制变量，大致描述每位妇女一生所生

的孩子总数），就可以证明在生育年龄以内（如60岁）的人口年龄结构是近似可控的，但在生育年龄以外就不可控. 这个结果一方面说明我国人口政策的合理性，另一方面也说明仅仅调节总和生育率必然会引起老龄问题[1].

历史上，分布参数几乎和现代控制理论同时诞生. 早在 1954 年，钱学森在他的《工程控制论》的书中就讨论了热传导过程的分布参数系统问题[2]，最早使用了无穷阶传递函数的概念. 20 世纪 60 年代初期，受 Pontryagin 极大值原理（Pontryagin maximal principle）的启发，研究集中于各种分布参数系统的最优控制问题. 后来，法国数学家 J. L. Lions 的加入使得分布参数系统最优控制的研究从泛函分析和偏微分方程的角度系统化、抽象化[3]. 苏联的 A. G. Butkovskii、Yu V. Egorov，美国的 H. O. Fattorini、D. L. Russell、A. V. Balakrishnan、法国的 J. L. Lions、A.Bensoussan[4]（随机偏微分方程的最优控制），加拿大的 N. U. Ahmed 是分布参数系统最优控制理论早期的代表性人物[5]. 直到今天，最优控制理论仍然是分布参数系统控制研究的主要课题之一[6]. 复旦大学在李训经教授的带领下，形成了复旦学派[7].

马克思主义认为普遍原理和基本规律的发现是由特殊上升到普遍，由具体上升到一般，由现象上升到本质，方向是由低到高的上行方向. 分布参数的探讨离不开这一普适的原则. 大部分情况下，分布参数是关于具体偏微分方程的可控、可观、镇定、最优控制等的研究，研究人员也以数学背景的人员居多，因为分布参数系统控制是公认的运用数学最多的控制分支. 例如，解存在的唯一性在有穷维系统中是个经常忽略不计的问题，但在无穷维系统中则是一个专门的问题. 典型的如关于线性无穷维系统的算子半群理论，即使从数学的观点看，也是一个特别的研究课题. 还有解的正则性，在有穷维系统中的导数就是古典的导数，但在无穷维系统中，导数经常是分布意义上的弱导数，于是正则性问题如果不够的话，就会带来离散格式的不收敛，而在有限维系统几乎不存在这样的问题[8]. 但有研究也发现，像滑模控制这样的不连续控制如果要推广到无穷维系统的话，导数又得回到古典导数. 此时即使讨论解存在的唯一性，也是艰难的数学问题，因为这种不连续的解需要在菲利波夫（Filippov）意义下来理解[9]，而菲利波夫并没有讨论他的解在偏微分方程中的意义.

分布参数系统的实质是无穷. 例如，如果一个系统的算子的特征函数构成状态空间的直交基，那么这个算子是简单矩阵在无穷维的推广，其谱点全部位于左半平面，但我们却不能说系统一定指数稳定，因为那些谱点可能会在无穷远点再次向虚轴靠拢. 所以即使是线性分布参数系统也难以用一个统一的框架加以描述，因控制算子和输出算子无界的程度不同而不同. 控制算子的过分无界，会使轨道跑出先前的状态空间. 从偏微分方程的角度看，抛物方程、双曲方程、椭圆方程的性质各不一样，讨论的方法有时也完全不同. 在抽象的框架中，控制算子和观测算子可以无界，以包括偏微分方程的许多对象，但是过分的无界导致了数学的困难而无法进行. 即使将最简单的一些有穷维系统的经典理论推广到无穷维也会有完全不同的形式. 简单如极点配置问题. 一个可控的有穷维线性系统的极点可以用状态反馈任意配置极点，但无穷系统反馈后可以没有任何的极点. 一个只有低阶扰动的二维波动方程，虽然极点全部离开虚轴位于左半平面，但系统却可能会指数增长[10]. 另一个例子是经典的判定线性有穷维系统可控的 Hautus 引理，如果直接推广到无穷维线性系统，通常只对近似可控有用[11]，而精确可控需要更为复杂的形式，还难以得到充分必要条件. 从这个意义上说，分布参数系统控制虽然有很大的发展，但远没有到完美的地步，即使线性系统理论也是如此.

即使在纯理论的层面上，也可以提出许多不同的分布参数控制理论的新命题. 例如，从推广有穷维系统理论到无穷维系统理论就可以源源不断地找到新的源泉. 但控制理论终究是一种面向应用的技术科学，当我们放眼可能的潜在应用时，就可以在旧的理论基础上提出新的研究方向，这些新的问题结合应用前景和分布参数系统的固有特性，使得分布参数系统控制能发挥自己的独特效用，而不是跟随在集中参数的理论后面亦步亦趋. 例如，观测器的问题，本意是要用输出估计状态，而很多情况下输出可能是有限维的，这在一维问题的边界控制中经常遇到，但由于状态是无穷维，观测器就不能有限维. 直观的，无限维的观测器难以工程实现，其实并非如此. 20 世纪 90 年代 H. T. Banks[12] 提出用激励振动 Euler-Bernoulli 梁来反向抵消噪声从而达到控制噪声的目的，而 Euler-Bernoulli 梁就是个无穷维系统. 因此无穷维系统可以跳出有穷维模式的认识向前发展.

4.2　几个理论问题

本部分讨论分布参数系统控制理论的几个重要问题.

4.2.1　控制和测量的位置问题

可控性（包括精确可控性和近似可控性）和可观性（包括精确可观性和近似可观性）永远是控制理论的首要问题. 在分布参数中（其实在集中参数也一样）只要控制的变量和观测的状态足够多，系统总是可控可观的. 但是太多的控制量和观测量显然是一种浪费. 假如反馈和优化是控制理论的永恒主题，可控可观也涉及优化的问题. 也许这个问题用一维边界控制的物理模型更容易理解. 究竟需要一个端点的控制还是两个端点的控制？位移测量后究竟需不需要再测量速度？这要依照控制的目的而定. 例如，如果是镇定的话，系统不可观一般不行. 有穷维线性系统中，达到镇定只需要输出可检测，但在无穷维系统中，可检测难以定义和不易验证. 如果只是辨识系统的未知参数，一般来说，输出只需要能达到近似可观就可以了. 物理上容易测到，没有多余但使得系统可观是最经济的测量输出. 如果系统中有来自外部的干扰，系统的精确可观可能需要这样定义：当干扰为零时，系统是通常意义上的精确可观；而干扰可以认为是外部的扰动，系统的输出只需要辨识干扰即可. 传统上，分布参数系统的可控可观已经需要非平凡的数学，所以优化的控制和测量输出基本没有触及. 由偏微分方程描述的人口控制只需调一个变量（总和生育率），这是最理想的控制情况，但可观性就没有一个满意的结果[13]. 如果能有正好的测量输出使得人口精确可观，则全国性的人口统计就可以少做或者不做，由此可见使得分布系统可控可观的巨大意义.

由于分布参数系统控制有空间变量的存在，就存在控制器和传感器的位置问题，这也许是分布参数控制显著区别于集中参数系统的一大特色. 传统上，分布参数的大部分文献（特别是关于镇定的）是基于无源性原理的同位控制. 这表示控制和传感器在同一位置，并具有对偶性[14]. 分布参数系统控制的研究一直有重分析和轻设计的问题，这与控制这样一门设计艺术的科学有很大的距离. 这或许是由于分析的数学困难，把研究人员的注意力吸引到分析上去的缘故. 但控制和传感器的位置是个十分复杂的问题，集中参数没有传感器的位置问题. 在关于移动传感器的名义下有不少的研究[15]. 直到 2015 年, 才有和区域优化结合的关于热传导方程最优时间和最优控制能量的研究[16]. 区域优化本身是最优控制的一种, 其中控制是区域. 区域优化也是古老的数学问题. 如果控制问题变为制造问题, 那么区域优化的重要性不言而喻. 一般的区域优化问题研究最优解的存在性, 也有关于实际求出最优区域计算的研究[17]. 不过最后的目标仍然是移动区域问题——测量和控制在不同时刻、不同区域内进行. 例如, 空间飞行器的振动控制, 随飞行器的姿态和位置调整控制和观测的位置. 这个问题涉及几何（区域优化）与控制的结合, 背后有着精深的数学理论, 是十分难解的理论问题, 有着巨大的应用需求, 也是分布参数特有的控制问题.

4.2.2 采样控制问题

假如, 我们认为控制研究的终极目标是应用的话, 无穷维的有穷维逼近, 以及数字化就是不可避免的问题. 过去的逼近基本上是对线性二次型（LQ）问题导致的 Riccati 方程的有穷维逼近和无穷维观测器的逼近. 对采样控制的研究少有触及. 已经有的采样控制的研究都集中在抛物系统上. 这里边的原因十分明显, 以线性的抛物系统镇定为例：系统的算子是一个解析的半群, 而解析半群只有有限个不稳定极点, 所以这类系统本质上是有限维的, 因为无穷远处不需要控制. 自然的, 采样控制对这类系统就可以过得去[18]. 可是对于双曲系统, 情况就完全不一样. 系统有无限多个不稳定的极点位于虚轴上, 这样一来就遇到实质性的困难. 文献中有许多例子, 为了验证控制的有效性, 给出一些数值的例子加以佐证. 这看上去不错, 但实质上是离散的过程已经将无限维的系统变成了有穷的系统, 所以并不能说明背后的实质. 事实上已有文献证明, 如果连续的输出反馈使得系统稳定, 而离散的输出也能使得系统稳定的话, 系统本身的谱在任何右半平面必须是有限的, 即连续无穷维系统一定是抛物类型的系统[19]. 实际上, 一个稳定的输出反馈, 如果系统有无穷多个极点在虚轴上, 那么输出有任意小的时间延迟, 系统就变得不稳定, 这是一个一般定理[20]. 而采样控制在某一时刻用到的只能是前一时刻的测量输出, 所以时间延迟是采样控制首先遇到的问题.

当系统只有简单的输出时间延迟时, 可以重新设计控制克服双曲系统的这个问题：一个观测器加预估的算法，适用于所有系统[21]. 可是第一，这个算法对高维的偏微分方程的收敛性是一个还没有数学证明的问题. 第二，时间延迟离采样控制还有很大的距离. 所以对双曲系统这样的实质是无穷维的分布参数系统的采样控制必须找出另外的办法. 这些问题，在有穷维系统中根本不成问题，这是无穷带来的实质困难.

4.2.3　最优控制的数值计算问题

分布参数控制数值近似的问题是现代科学数字化发展趋向的关键环节. 在分布参数最优控制的研究中，对 Pontryagin 极大值原理、Bellman 动态规划原理有着持久的研究热情，后者是直接导致偏微分方程黏性解产生的数学上的大事件. 这两个工作的根本目标是寻求最优控制律以及最优的反馈控制，而寻求最优反馈的控制律毫无疑问是最优控制理论梦寐以求的目标. 遗憾的是，无论应用 Pontryagin 极大值原理还是 Bellman 动态规划原理，真正解析求出的最优反馈控制律的一般系统只有线性系统的 LQ 或线性二次型高斯（LQG）问题及其少量个别例子. 对 Pontryagin 极大值原理来说，不只是用其求出的最优控制系统很少，而且如有研究者指出的："这些复杂的必要条件几乎对理解最优控制的结构没有多少用处"[22]. 特别对分布参数系统而言，这种问题尤为突出. 更为严重的是，即使用 Pontryagin 极大值原理能求出最优控制，一般也不具有反馈的形式，即最优控制是开环的.

于是数值求解最优控制成为唯一可能的出路. 无论如何，Pontryagin 极大值原理与 Bellman 动态规划原理仍然是数值解法的理论基础. 应用 Pontryagin 极大值原理数值求解最优控制在过去几年里有很大的进展[23]. 应用 Bellman 动态规划原理可以导出一族最优控制系统的值函数满足一类称为 Hamilton-Jacobi-Bellman（HJB）方程的特殊非线性偏微分方程. 理论上，只要求出 HJB 方程的解及其梯度，就可以容易地综合出最优反馈控制律. M. G. Crandall 和 P. L. Lions 在 1980 年早期引进的黏性解理论证明：值函数是最优控制问题对应的 HJB 方程的黏性解，且对许多问题来说，黏性解还是唯一的. 黏性解理论开辟了最优控制，特别是最优反馈控制崭新的研究方向. 黏性解方法也可以处理无穷维系统的最优控制问题[24]. 黏性解方法具有根本的优越性，它可得到具有反馈形式的最优控制，这一点对无穷维系统来说，以往的方法是不可想象的. 可是收敛性却是一个极端困难的问题[25]. 原因在于，一个 n 维的最优控制问题所对应的 HJB 方程的黏性解，表面上需要知道 $n+1$ 维平面上所有 HJB 方程的解，才能求得最优控制，但这 $n+1$ 维空间的全部数值究竟是不是一定需要，却是现在还不能确定的问题.

4.2.4　耦合系统的控制

中国文化向来有以毒攻毒的说法，对付无穷系统的控制也许得用无穷维. 其实，过去多年理论上的研究已经在很多情况下遇到这样的问题，一个含有时间延迟的有限维系统是一个最简单的分布参数系统，可是描述时间延迟需要用无穷维动态. 这样一来，时间延迟系统本质上是无穷维的，虽然这是无穷维系统中最简单的一种. 传统上探讨时间延迟问题，数学复杂的不大容易理解，现在则只需要把时间延迟看成是无穷维的动力系统，就产生一个耦合的系统，其中的时间延迟看作控制的话（时间延迟有时起正方向的作用），反而是有穷维系统、无穷维控制[26]. 其实，一个无穷维系统，如果用输出，例如边界测量输出，通过观测器恢复状态，其观测器往往是无穷维的. 控制器是无穷维并不意味着物理就一定不能实现，但这并不是一个大的问题. 前面提到的 H.T.Banks 在 20 世纪 90 年代提出的控制噪声就是一个例子[12]. 于此，耦合的偏微分方程控制系统很多的时候可以把其中的一个看作其他系统的控制器[11]，只不过偏微分方程控制的研究人员更愿意从数学的角度考察耦合问题. 从应用的角度讲，工业上大部分问题是温度控制，而温度是用热传导的偏微分方程描述的. 研究发现可以用控制温度的办法，通过边界的传递来控制一些系统（如振动的梁）. 所以根本问题在于如何理解偏微分方程控制器的问题. 单纯的边界连接产生一些根本的数学困难. 过去的方法（如能量乘子）难以奏效，因为在能量的导数中只出现温度. 在这类耦合系统中，热本身是作为控制器来使用的，并不和其耦合的系统对等[27]. 这其中的数学问题很多，大部分是极其困难的，还需要大量的个体研究才能看得清楚.

4.2.5　分布控制和分布量测问题

过去几十年来分布参数控制的主流是点控制、点测量，或者是一般的边界控制、边界量测，主要原因是基于物理实现的考虑. 分布的控制和量测被认为难以实现，因此对其研究甚少，虽然在理论上分布的控制更为强大．一般我们称这样的装置为主动控制．可是在工程实践中（例如，对大型建筑、桥梁振动的控制）并非如此．一旦大的自然灾害来临，电源被切断，任何的主动控制都无能为力，所以土木工程的科学家主要就是要解决这样的问题．一个典型的例子是台北的 101 摩天大楼中的防震结构．在大厦的第 96～98 层之间，用四组钢丝绳悬吊起一个重达 660 吨的大铁球，这样，在大厦晃动的时候，铁球的惯性会把大厦拉向相反的方向，减小大厦晃动的幅度．更深层次的，由于智能材料（天然材料、合成高分子材料、人工设计材料之后的第四代材料）的应用，分布控制和测量成为可能．其实随着现代化的进程的推进，许多的控制问题必将变为制造业的问题，而被动控制是把控制问题变为制造问题的最佳方式．可是这里的控制问题非常突出：我们不能把控制对象都变成智能材料，所以在哪里和在多大的区域上使用智能的材料是非常有趣的研究课题，对应用有不可估量的前景 [28]．这实际上导出了偏微分方程控制的另一个问题，数学模型的建立．过去的研究方法大部分是对已有的偏微分方程建立控制理论，可是被动控制还有一个数学模型的问题．过去有和土木工程人员合作成功建立模型的先例 [29]，在中国也有控制论学者从航天实践、中国人口实践中成功提炼数学模型的先例 [30]．

4.2.6　不稳定和不确定系统的控制

传统的分布参数系统一般研究本身是保守的系统的控制．对这类系统的控制有时是不必要的，因为系统本身的内部阻尼可能足以使系统保持稳定．可是在燃气轮机有重要应用的里克管中，靠近燃烧面的地方会发生声波的不稳定甚至反稳定 [31]，于是控制成为必需．对这样的系统，同位控制已经不能应对．过去十多年来，将非线性系统的反步（backstepping）方法应用到偏微分方程控制系统 [32]，对某些方程，如一阶的热方程、二阶的波动方程，非常成功．但许多其他的系统，如欧拉-伯努利（Euler-Bernoulli）梁系统，高维的偏微分方程系统控制还没有相应地推广．这种传统可以追溯到集中参数的非线性系统反馈线性化方法．可是，即使是一维的线性分布参数系统，还是难以找到从复杂系统到简单系统的可逆变换．背后的机理和数学基础不甚明了．也许这需要从泛函分析算子理论从根本上研究才能理得清楚．

对不确定偏微分方程系统控制的研究很少. 有少数研究是基于观测器估计状态和干扰设计的内模原理[33], 其干扰有特定的类型. 但内模将干扰在线估计, 进而在反馈环节抵消, 是非常经济的控制策略. 把这一思想发扬光大的是自抗扰控制技术[34]. 自抗扰控制技术的核心理念是通过扩张状态观测器将系统的总扰动（包括系统内部动态的不确定性和外部扰动）在其对系统响应造成影响之前估计出来, 并通过控制信号加以抵消. 这个技术能够成功应用于集中参数系统的主要原因是集中参数的线性系统有极点配置的优势. 虽然分布参数线性系统的极点配置在我国有过相当长时间的研究, 在国际上沿着相似的路线也有很好的研究[35], 并启发了对分布参数系统 Riesz 基的研究[36]. 但线性分布参数系统的极点配置在许多情况下几乎没有或者极其困难. 这可以从无穷维系统中的谱确定增长假设（即系统的指数衰减率不一定等于谱的实部的上确界）中看出. 这样一来, 对分布参数系统输出反馈的自抗扰方法就难以应用. 一个可能的办法是, 把不确定性从系统中分离出来, 在一个相对"好的"系统中加以估计再消除[37].

在不确定分布参数系统的控制中, 分析虽然仍然困难, 但控制设计处于比系统分析更加重要的地位. 这些在传统的分布参数系统控制中极少出现. 许多复杂的数学理论成为不可或缺的工具. 但是我们还没有看到像自抗扰控制技术、高增益控制处理大不确定性的非线性系统一样来处理分布参数系统. 问题在于分布参数系统控制的复杂多变. 例如, 对镇定问题, 我们不能期望通过边界的控制消除方程中的非其次不确定, 通过分布的控制没有办法消除通过边界进入系统的外部干扰, 所以分布参数多数研究集中在方程个体化的现象是由问题的本质所决定的. 但无论如何, 不确定系统没有引起足够的重视是一个严重的问题. 因为控制的本质在于其能处理这样或那样的不确定性.

在本节的最后, 需要指出的是：分布参数控制的理论研究中, 大多数限制在可控、可观、镇定、最优控制几个课题方面. 但控制的一般形式, 或者说反馈的主要功能在于输出调节和输出跟踪. 可是对分布参数的输出跟踪鲜有研究, 这是一个非常奇怪的情形. 实际上输出跟踪远比镇定要广泛得多, 当目标信号和干扰信号为零时, 输出跟踪才是镇定问题. 除去基于内模原理的有穷维推广外[33], 仅有少量的工作触及输出跟踪问题[38].

4.2.7　随机分布参数控制问题

虽然自然界的物理现象有许多是由偏微分方程描述的，但对环境的不确定性的合适描述是随机干扰，如航天和海上作业的许多工业系统所面对的不确定性干扰. 于是随机偏微分方程系统控制是诱人的研究领域. 事实上，过去多年在金融等领域已经取得许多成果. 但总的来说，随机分布参数系统控制还刚刚起步, 涉及许多困难、前沿的数学问题和现代数学工具. 其核心困难在于，作为其研究基础的随机偏微分方程等数学工具（与确定性偏微分方程相比）远未成熟[39]. 实际上，即使是简单的随机偏微分方程，如果时空有噪声，则在空间维数较高时，定义解都有困难. 许多对确定性行之有效的办法到随机偏微分方程控制时不能奏效. 如自抗扰控制技术可以对总扰动进行估计，但我们不能对维纳过程（Wiener process）的外部干扰进行估计，这样的随机干扰应该是设计具有滤波功能的反馈控制. 实际上，随机分布参数系统的结构性理论中的能控性、能观性、稳定性与反馈镇定还相当粗糙，其主要困难在于：①正向问题的能控性一般需要建立非常困难的关于某种倒向方程的能观性估计，目前尚缺乏有效的工具；②方程的解关于含噪声的变量没有正则性，即便对常系数的线性问题且初始资料充分光滑也如此. 最优控制理论的已有结果大体上是（取值于有限维空间的）随机系统和确定性分布参数系统部分结果的平行推广，对于扩散项含控制的随机分布参数系统的最优控制问题尚无研究. 后者的主要困难在于如何建立一般的向量值尤其是算子值的倒向随机发展方程理论. 至于对随机分布参数控制系统的计算问题研究更是一片空白. 随机分布参数系统控制很有可能是相当一般的控制系统了[40].

4.2.8　非线性问题

在相当严格的意义上，非线性问题才是大量的. 当系统的形变是小形变且构成系统的材料是线性弹性的，才可以用线性系统近似. 对非线性分布参数系统控制研究的主要困难是，传统的对线性问题能给出整体结果的分析工具，对非线性系统只能给出局部结果. 数学理论更为复杂，一些结果表明黎曼几何是能对非线性系统给出整体结果的几个有效工具之一，这是因为截面曲率可以联系局部与整体的关系，是十分有意义的研究课题[41].

4.3 结 束 语

本章就分布参数系统控制扼要地介绍了其起源、无穷引起的特点，以及与其他控制理论分支的异同. 着重介绍了分布参数系统控制理论的几个理论瓶颈问题，包括控制和测量的位置问题、采样控制问题、最优控制的数值计算问题、耦合系统的控制、分布控制和分布量测问题、不稳定和不确定系统的控制、随机分布参数控制问题、非线性问题等，并特别说明研究了这些问题中的数学困难.

参 考 文 献

［1］于景元，郭宝珠，朱广田. 1999. 人口分布参数控制理论. 武汉：华中理工大学出版社.

［2］Tsien H S. 1954. Engineering Cybernetics. New York：McGraw-Hill Book Company.

［3］Lions J L.1972. Optimal control of systems governed by partial differential equations. New York-Berlin: Springer-Verlag.

［4］Bensoussan A, Viot M. 2006. Optimal control of stochastic linear distributed parameter systems. SIAM J. Control, 13(4): 904-926.

［5］Ahmed N U, Teo K L. 1981. Optimal Control of Distributed Parameter Systems. New York-Amsterdam: North-Holland Publishing Co.

［6］Fattorini H O. 1999. Infinite Dimensional Optimization and Control Theory. Cambridge：Cambridge University Press.

［7］Li X J. 1980. Time optimal boundary control for systems governed by parabolic equations (Chinese). Chinese Annals of Mathematics, 1(3-4): 453–458.

［8］Bugariu F, Micu S, Roventa I. 2014. Approximation of the controls for the beam equation with vanishing viscosity. Mathematics of Computation, 85(301): 2257-2303.

［9］Filippov A F. 1998. Differential Equations with Discontinuous Righthand Sides. Dordrecht: Kluwer Academic Publishers.

［10］Renardy M. 1993. On the type of certain C^o-semigroups. Communications in Partial Differential Equations, 18(7): 1299- 1307.

［11］Feng H Y, Guo B Z. 2015. On stability equivalence between dynamic output feedback and static output feedback for a class of second order infinite-dimensional infinite-dimensional systems. 53(4): 1934-1955.

［12］Banks H T, Smith R C. 2017. Feedback control of noise in a 2-D nonlinear structural acoustics model. SIAM Journal on Control and Optimization, 1 (1): 119-149.

［13］Zhao Z X, Guo B Z. 2012. An algorithm for determination of age-specific fertility rate from initial age structure and total population. Journal of Systems Science and Complexity, 25(5): 833-844.

[14] Russell D L. 1974. Exact boundary value controllability theorems for wave and heat processes in star-complemented regions.Differential games and control theory，ed. Roxin，Liu, Stembery，Marcel Dekker，New York.

[15] Yoshii K, Hakomori K. 2002. Feedback stabilization of linear diffusion systems with periodically scanning sensors. IEEE Trans. Automat. Control, 37: 1019-1022.

[16] Guo B Z, Yang D H. 2015. Optimal actuator location for time and norm optimal control of null controllable heat equation. Mathematics of Control, Signals, and Systems, 27(1): 23-48.

[17] Tiba D. 2011. Finite element approximation for shape optimization problems with Neumann and mixed boundary conditions. SIAM Journal on Control and Optimization, 49(3): 1064-1077.

[18] Logemann H, Rebarber R, Townley S. 2003. Stability of infinite-dimensional sampled-data systems. Trans. Am. Math. Soc., 355(8): 3301-3328.

[19] Tarn T　J, Zavgren J　R, Zeng X. 1988. Stabilization of infinite-dimensional systems with periodic feedback gains and sampled output. Automatica, 24(1): 95-99.

[20] Logemann H, Rebarber R, Weiss G. 1996. Conditions for robustness and nonrobustness of the stability of feedback systems with respect to small delays in the feedback loop. SIAM J. Control Optim., 34(2): 572-600.

[21] Guo B Z, Xu C Z, Hammouri H. 2012. Output feedback stabilization of a one-dimensional wave equation with an arbitrary time delay in boundary observation. ESAIM Control Optim. Calc. Var., 18(1): 22-35.

[22] Rubio E. 1986. Control and Optimization, The Linear Treatment of Nonlinear Problems. Manchester: Manchester University Press.

[23] Yan N, Liu W. 2008. Adaptive Finite Element Methods for Optimal Control Governed by PDEs. Beijing: Science Press.

[24] Barron E N. 1990. Application of viscosity solutions of infinite-dimensional Hamilton-Jacobi-Bellman equations to some problems in distributed optimal control. J.Optim. Theory Appl., 64(2): 245-268.

[25] Guo B Z, Wu T. 2010. Approximation of optimal feedback control:A dynamic programming approach. Journal of　Global Optimization, 46(3): 395-422.

[26] Wang J M, Guo B Z, Krstic M. 2011. Wave equation stabilization by delays equal to even multiples of the wave propagation time. SIAM J. Control Optim., 49(2): 517-554.

[27] Wang J M, Ren B, Krstic M. 2011. Stabilization and Gevrey regularity of a Schrödinger equation in boundary feedback with a heat equation. IEEE Trans. Automat. Control, 57(1): 179-185.

[28] Tzou H S, Ding J H. 2004. Optimal control of precision paraboloidal shell structronic systems. Journal of Sound and Vibration, 276 (1): 273-291.

[29] Chen G, Delfour M C, Krall, A M，et al. 1987. Modeling, stabilization and control of serially connected beam. SIAM J.Control Optim., 25(3): 526-546.

[30] 王康宁. 1986. 分布参数控制系统. 北京：科学出版社.

[31] Krstic M. 2010. Adaptive control of an anti-stable wave PDE. Dynamics of Continuous, Discrete and Impulsive Systems Series A: Mathematical Analysis, 17(2010), 853-882.

[32] Krstic M, Smyshlyaev A, Boundary Control of PDEs: A Course on Backstepping Designs. Philadelphia： SIAM, PA, 2009.

[33] Paunonen L，Pohjolainen S. Internal model theory for distributed parameter systems. SIAM J. Control Optim., 48: 4753-4775.

[34] 韩京清. 2008. 自抗扰控制技术：估计补偿不确定因素的控制技术. 北京：国防工业出版社.

[35] Xu C Z, Sallet G. 1996. On spectrum and Riesz basis assignment of infinite-dimensional linear systems by bounded linear feedback. SIAM J. Control Optim., 34(2): 521-541.

[36] Guo B Z. 2001. Riesz basis approach to the stabilization of a flexible beam with a tip mass. SIAM J.Control Optim., 39(6): 1736-1747.

[37] Feng H Y P, Guo B Z. 2017. A new active disturbance rejection control to output feedback stabilization for a one-dimensional anti-stable wave equation with disturbance. IEEE Trans. Automat. Control, 62(8): 3774-3787.

[38] Guo W, Guo B Z. 2016. Performance output tracking for a wave equation subject to unmatched general boundary harmonic disturbance. Automatica, 68: 194-202.

[39] Glimm J. 1991. Nonlinear and stochastic phenomena: The grand challenge for partial differential equations. SIAM Rev. , 33 (4): 626-643.

[40] Tang S, Zhang X. 2009. Null controllability for forward and backward stochastic parabolic equations. SIAM J. Control Optim., 48(4): 2191-2216.

[41] Yao P F. 2010. Boundary controllability for the quasilinear wave equation. Appl. Math. Optim., 61(2): 191-233.

第5章 数据驱动控制系统

侯忠生

（青岛大学）

摘　要： 本章包括5部分内容. 5.1介绍基于模型控制理论存在的问题和面临的挑战，数据驱动控制定义、研究对象、研究目标、研究地位，以及存在的必要性. 5.2介绍数据驱动控制方法的分类以及简要综述；5.3给出非线性系统动态线性化方法及其特点和性质. 5.4以无模型自适应控制理论与方法为例，介绍了两种数据驱动无模型自适应控制方法的设计及现状；5.5给出数据驱动控制的研究内容、面临的挑战、可能有希望的研究方向，以及大数据环境下数据驱动控制理论与方法研究相关话题.

关键词： 基于模型的控制，数据驱动控制，无模型自适应控制

控制科学属于技术科学的范畴，是系统自动化的基础理论. 控制科学有别于一般自然科学之处在于它更侧重于认识系统基础上的系统改造. 控制科学不仅具有"理论科学"的特征，更强调"实际可应用性"，是一种"使能技术"[1-2]. 因此，本章内容仅涉及数据驱动控制理论与方法相关话题，上从"实际可应用性"角度而非从数学严谨性和完美性方面，来展开评述. 探讨仅是对数据驱动控制发展瓶颈问题的一个窥视.

5.1 现代控制理论与数据驱动控制理论

5.1.1 现代控制理论面临的问题与挑战

卡尔曼在1960年提出的状态空间方法[3-4]标志了现代控制理论与方法的萌芽和诞生. 现代控制理论是基于受控对象数学模型或标称模型精确已知这

个基本假设，并按数学科学模式在大量数学家参与支持下建立和发展起来的，因此，又被称为是基于模型控制（model-based control，MBC）理论．随着现代控制理论的主要分支（线性系统理论、系统辨识、最优控制、自适应控制、鲁棒控制以及滤波与估计理论等）的蓬勃发展，MBC 理论在实际中得到了广泛应用，尤其是在航空航天、国防等领域更是取得了无可比拟的辉煌成就．然而，世界上任何事情都有两面性，状态空间方法也是如此，带来好处的同时，也带来了方法本身的局限性和缺点．随着科学与技术的发展和进步，系统和企业的规模越来越大，工艺和过程越来越复杂，产品生产越来越多样化，质量要求越来越高，这些都给基于状态空间方法发展起来的 MBC 理论研究和实际应用带来了许许多多前所未有的挑战．

系统建模主要有两种方法：机理建模和系统辨识建模．机理建模是指根据物理或化学定律建立的被控对象动力学方程，并通过一系列试验来标定动态系统参数的建模方法．系统辨识建模是事先给定模型集合，然后利用被控对象的在线或离线量测数据从模型集合中寻找与这些采样数据最贴近的输入输出模型．预先给定的模型集合必须能覆盖真实系统才能使辨识模型在一定程度偏差下很好地逼近原有真实系统．

MBC 方法设计步骤是：先利用系统采样数据建立系统模型，然后基于所获得的数学模型进行控制器设计、控制系统分析．控制器结构、闭环系统分析方法，以及所得结论等都由系统模型和假设决定．MBC 理论设计框图如图 5-1-1 所示．从图 5-1-1 中可以看出，系统模型和假设既是 MBC 控制系统设计与分析的起点，也是 MBC 控制系统设计和分析的归宿．

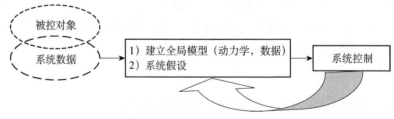

图 5-1-1　MBC 理论设计框图

目前线性系统和非线性系统的控制方法几乎都是 MBC 方法．MBC 理论与方法假设系统模型可以完全真实地表征实际系统．然而，由于实际系统内部和外部的复杂性，无论是机理建模还是系统辨识方法建立的模型都仅仅是对真实

系统带有一定偏差的近似描述. 换句话说, 未建模动态是不可避免的. 进一步,
基于模型设计的控制系统一定是运行在某个具体的外部环境中, 而环境与控制
系统之间的相互影响在建模阶段是无法完全考虑的. 因此, 基于不精确数学模
型设计的控制器, 外加外部环境因素不确定性的影响, 必然使其在实际应用中
会出现各种各样的问题. 未建模动力学因素以及各种外部扰动等原因可能引起
闭环控制系统鲁棒性差, 有时甚至会引起失稳或者安全事故[5-8].

为处理未建模动力学、不确定性以及鲁棒性问题, 科学家们提出了鲁棒
控制理论, 研究了多种描述方法对未建模动力学和不确定性进行刻画, 如对
噪声、模型误差的加性描述、乘性描述、甚至建模, 或假设这些不确定性的
上界已知等, 进而设计了许多鲁棒控制方法. 然而, 鲁棒控制方法仍然应用
标称模型来设计, 本质上仍是 MBC 方法, 另外, 上述不确定性描述没有系统
理论支撑以及实际系统验证等[9], 实际应用时其控制效果和安全性仍然可能
得不到保障[5].

虽然可以尽努力建立受控系统精确的数学模型 (包括模型不确定性建
模), 在此基础上再进行 MBC 系统设计, 最后进行实际应用. 然而, 这种思
路却面临理论和实际的多重困难.

首先, 未建模动态和鲁棒性是一对孪生问题, 在传统 MBC 理论框架下不
能同时得到解决. 理论上讲, 实际系统都是复杂非线性系统. 复杂非线性系统
建模理论是一个极具挑战性的难题. 受控系统精确建模有时比控制系统设计
自身更难. 如果系统结构包含时变的或者快时变参数, 则现有数学工具很难
对其建模和进行系统分析与设计.

其次, 模型越精确就越复杂, 依此精确模型所设计的控制器也会越复
杂. 复杂控制器会使闭环系统的鲁棒性和可靠性变差, 也会使控制系统的实
现及应用变得更困难. 强非线性高阶模型必定会导致控制器也具有强非线性
和高阶数, 从而导致控制系统分析、设计、应用、监控和维护等变得更具挑
战性. 高阶复杂模型不适用于实际控制器设计. 实际中, 为了得到简单实用的
控制系统, 必须要对复杂高阶数学模型或者高阶控制器进行额外的模型简约
或控制器简约. 这是一对矛盾, 一方面为了提高被控对象的性能需要建立精
确的高阶复杂模型; 另一方面为了得到低阶简单控制器又需要进行模型简
约. 系统建模精确性与实际系统控制器简单性之间的不对称性是 MBC 方法所
面临的本质理论矛盾.

再次，在系统闭环控制过程中如何保障系统输入信号具有持续激励条件也是难点．闭环控制无法保障信号的充分激励性，缺乏持续激励输入就无法得到系统参数收敛到真值的结论．因此，基于不准确模型很难保证闭环控制系统达到其理论分析得到的控制效果[5-9]．持续激励条件与闭环控制之间的矛盾在传统 MBC 框架下也是很难得到解决的．

最后，MBC 方法控制器设计是基于受控系统数学模型给出的．典型线性系统控制器设计方法有零极点配置、线性二次型调节器（LQR）设计、最优控制等．对非线性系统，基本控制系统分析和设计方法是基于 Lyapunov 函数方法，这些方法都是基于模型的．MBC 设计方法对系统模型的依赖不仅体现在对被控系统的设计和分析中，而且还存在于控制系统评价、监控和诊断的各个环节．由于 MBC 控制系统中嵌入了受控系统模型结构和系统参数，因此其精确性，以及为了得到期望结论所作的关于系统模型非工程实际的数学假设，外加实际受控对象本身的复杂非线性、建模误差、结构老化和磨损引起的参数漂移，实际工程系统运行的恶劣工况等，都时刻挑战着 MBC 方法正确性和可实际应用性．

5.1.2　数据驱动控制理论存在的必要性

许多实际过程，如化工、冶金、机械制造、运输与物流等，生产规模越来越大，设备工艺越来越复杂，从而使得对这些过程进行机理建模或者辨识建模变得越来越困难，因此利用传统 MBC 理论来解决这些实际过程的控制问题就变得更加具有挑战性．此外，工业过程中每时每刻都产生并储存大量过程数据，数据中包含了关于过程运行和设备状态的全部信息．由于信息获取技术和计算机软硬件技术的发展，不断提升的计算机技术为我们提供了强大的实时数据处理能力．因此，在无法获取过程精确模型的情况下，如何利用这些离线或在线数据直接进行控制器设计，实现对过程的有效控制、监测、预报、诊断和评估等，并将其提炼升华为数据驱动控制（data driven control，DDC）理论和方法，是一项具有重要理论意义和应用价值的研究工作．

1）数据驱动控制

DDC 是指，控制器设计不显含受控过程的数学模型信息，仅利用受控系统在线或离线输入输出量测数据以及经过数据处理而得到的知识来设计控制器，并在一定假设下有收敛性、稳定性保障和鲁棒性结论的控制理论与方法[10]．

DDC 方法框架结构如图 5-1-2 所示.

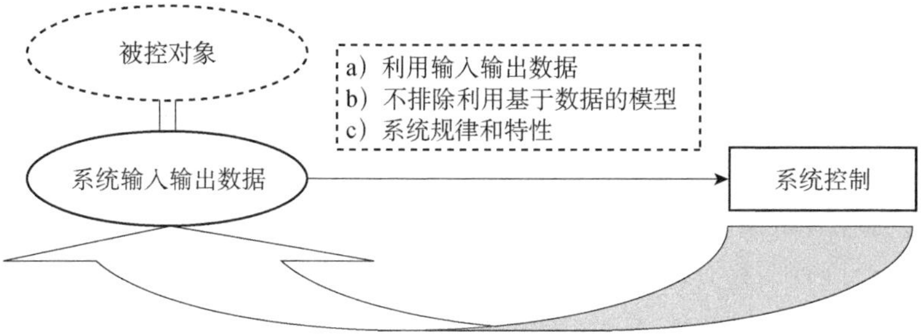

图 5-1-2　DDC 方法框架

2）数据驱动控制应用对象

各种实际系统按照对象模型可分为如下四类[10]：

C1：机理模型或辨识模型可精确获取；

C2：机理模型或辨识模型可获取但不精确，含有限程度的不确定性；

C3：机理模型或辨识模型可获取，但非常复杂、阶数高、非线性性强、时变性强；

C4：机理模型或辨识模型很难建立，或不可获取.

粗略讲，MBC 理论与方法可以很好地处理 C1 和 C2 两类被控对象. 对于 C1 类对象，已有很多成熟方法可使用，如零极点配置、基于 Lyapunov 稳定性理论的控制器设计反步（backstepping）方法和反馈线性化等. 对于 C2 类对象，如果不确定项可参数化，或者不确定性因素的上界可获取或者假设已知，则可使用自适应控制和鲁棒控制方法来处理. 当然，从理论上讲，这类问题还没有得到彻底解决，尤其是非仿射非线性系统.

对于 C3 类对象，虽然高精度机理模型或辨识模型可以获取，但系统模型可能由成千上万状态变量和方程组成，阶数高、非线性强. 对这类非线性系统的控制问题，控制器设计和控制系统分析都是一件非常困难的事情. 众所周知，高阶非线性模型一定会导致高阶非线性的控制器. 过于复杂的高阶非线性控制器会给控制器设计、分析、实现、应用和维护带来巨大困难. 从这个角度上看，C3 类对象和 C4 类对象一样，到目前为止还没有很好的方法来解决.

针对上述四类被控对象，已有 MBC 理论和方法只能较好地处理其中一半或不到一半的对象．然而，无论哪类受控对象，系统输入输出数据总是可获取的．DDC 控制就是研究受控对象数学模型不可获取情况下如何仅利用数据直接设计控制系统的系统控制理论与方法．

如果系统模型不可获取，或者受控对象不确定性太大，则 DDC 方法就是必然的选择．如果系统模型虽有不确定性，但不确定性描述比较准确，则既可用 MBC 方法，也可以应用 DDC 方法．DDC 方法和相应的研究对象之间的关系如图 5-1-3 所示.

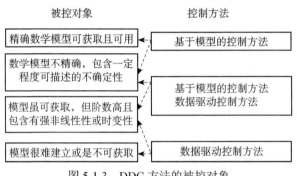

图 5-1-3　DDC 方法的被控对象

3）数据驱动控制方法科学目标

DDC 方法科学目标是，在精确数学模型或系统不确定性描述不可获取情况下，如何仅利用数据解决实际系统的各种控制问题．换句话说，DDC 理论与方法就是充分利用系统运行数据，直接进行控制器设计和控制系统分析的控制理论与方法，并且能克服 MBC 方法建模困难、鲁棒性差等根本难题．DDC 摆脱了控制系统设计对受控系统数学模型的依赖，传统 MBC 方法中无可回避的，诸如未建模动态和鲁棒性问题、精确建模和模型简约问题、鲁棒设计与不确定性定性和定量描述不可获取问题、理论结果好与实际应用效果差等问题在 DDC 方法框架下不再存在.

4）数据驱动控制方法地位

完整的控制理论与方法应该包含能处理上述四种被控对象控制问题的所有控制理论与方法．因此，DDC 理论与方法与 MBC 理论与方法应该是一个完整控制理论与方法不可缺少的两部分，它们相互依存、相互融合、优势互补.

5）数据驱动控制理论与方法必要性

从控制理论本身发展、控制理论应用、控制理论发展历程和数据应用四个层面的历史和现状也能说明 DDC 理论与方法存在的必要性.

从理论角度讲：①MBC 理论和方法总是不可避免地会出现未建模动态和鲁棒性这种在 MBC 框架下难以解决的问题. 没有模型，MBC 方法就无能为力；而建模又面临着未建模动态和鲁棒性问题，从而形成了一个无法打破的怪圈. ②数学模型的复杂结构决定了控制器的复杂结构. 复杂高阶的非线性系统模型势必导致复杂高阶的非线性控制器，控制器的简化和降阶问题以及鲁棒性问题变成了不可逾越的设计问题. ③鲁棒控制器设计需要已知不确定性的定性、定量描述或者上界，然而理论上的建模方法又不能提供有关不确定性的任何定性、定量或者上界描述的相关结果. ④MBC 理论和方法，从理论层面上讲还不能处理现实世界存在的所有系统控制问题. 因此，发展 DDC 理论与方法是必要的.

从应用角度来看：①很多实际系统，如化工过程、生产过程系统等，多数都要求低成本且能满足决策者控制目标的自动化系统和装置. 而建立系统机理模型和全局数学模型需要很多专家以及高水平研究人员，成本高. 例如间歇过程，有不同批次不同产品不同周期，不可想象对每一批次、每个产品和每个周期都进行建模以提高产品的产量和质量，更何况并不是每个系统都能建立起准确数学模型. ②对复杂系统来说，由于系统本身的复杂性，以及受到各种外部应用环境的干扰，建立系统全局数学模型不太可能，即使建立局部模型也不是很准确，因此 MBC 理论和方法在解决实际问题时就显得苍白无力. 理论结果丰富可实际应用的控制方法少，信息量大但知识匮乏，已经成为很多过程工业、复杂系统管理和控制的共同问题. ③复杂高深数学知识及专业技能的需求使得控制工程师在设计和维护控制系统时，尤其是在进行复杂系统的控制时，显得力不从心和缺乏自信. 理论和实际之间的距离越来越大，制约了控制理论的健康发展. 因此，DDC 理论与方法的存在是十分重要的.

从控制理论发展历程上来看，控制理论的发展依次经历了不需要数学模型的简单调节装置，PID 控制，基于传递函数模型的经典控制理论，基于受控系统状态空间模型的 MBC 理论，基于规则模型、网络模型和专家系统等的依赖系统专业领域知识的控制理论与方法，以及目前为了摆脱对受控系统数学模型依赖的数据驱动控制理论与方法，整个过程是螺旋式的发展历程. DDC 理论与方法，能够直接基于数据设计控制器，符合进化发展螺旋式上升演变的趋势.

另外，从数据应用角度上讲，也能论述数据驱动控制方法存在的必要性. 随着传感技术、通信技术、计算机技术的高速发展和普遍应用，实际过程或系统中每时每刻都产生海量的反映系统或设备运行状态的数据，这些数据中蕴含着关于系统或设备运行的所有信息，现有硬件存储能力、计算能力和传输能力可高速地完成这些海量数据处理，甚至可使以往只能离线计算的任务在线来完成. 这提示我们，以往 MBC 方法仅利用离线数据建立模型，然后基于模型进行控制器设计、分析、应用这个思路是有问题的. 问题在于，有了模型之后，后续过程或系统运行的数据都弃置不用，显然这是错误的. 提出 DDC 方法的目的就是要充分利用系统或过程所有的离线和在线数据，直接设计控制器以克服 MBC 方法的缺点.

6）数据驱动控制与基于模型控制方法之间的差别

DDC 方法与 MBC 方法的目标都集中于解决实际系统的控制问题，但方法之间有本质不同，包括：被控对象、系统假设、控制器结构和设计、稳定性分析手段与分析方法、鲁棒性，等等.

5.2 数据驱动控制研究现状

5.2.1 数据驱动控制研究大事件

DDC 理论仍处于萌芽状态，但已经吸引了许多学者的关注，尤其是近些年，其关注程度更是前所未有. 具有历史意义的大事件如下：①明尼苏达大学数学及应用研究所（The Institute for Mathematics and Its Applications，IMA）在 2002 年举办了一次名为"IMA Hot Topics Workshop: Data-driven Control and Optimization"的研讨会，共 49 位专家出席该会议，有 12 位专家做了主题发言，但会议内容仅是一些领域话题泛泛的一般性研讨，没有关于 DDC 理论与技术的概念和实质性内容 [11]，也未引起控制理论界的充分重视. ②中国国家自然科学基金委员会（NSFC）信息科学部 2008 年批准了该方向的第一个重点项目"基于数据驱动的控制理论及在大型复杂系统中的应用";2008 年 11 月在北京西郊宾馆召开了题目为"Data-based Control，Decision，Scheduling，and Fault Diagnostics"的第 33 届"双清论坛"."双清论坛"的报告内容包含了许多中国学者在 DDC 领域的实质性工作和思路. ③2010 年 11 月国家自然科学基金委员会和北京交通大学联合召开了名为"International Workshop on Data Based Control，Modeling and Optimization"的国际学术研讨会，进一步研讨数据驱动控制相关的技术和理论研究内容. ④国家自然科学基金委员会于 2011 年批准的名称为"基于数据的系统控制、调度、故障诊断与动态感知"的重点项目群，更是将中国学者的 DDC 研究热情推向了一个新高度. ⑤从 2009 年至今，国内外控制领域著名期刊《自动化学报》（2009 年）、*IEEE Transactions on Neural Networks*（2011 年）、*Information Sciences*（2013 年）、*IEEE Transactions on Industrial Informatics*（2013 年）、*IEEE Transactions on Industrial Electronics*（2015/2017 年）和 *IET Control Theory & Applications*（2015/2016 年）等均出版了 DDC 的专刊，更是将 DDC 研究推向了国际系统与控制学术界. ⑥2017 年由 IFAC Task Force Committee 组织撰写的战略研究报告，"Systems & Control for the future of humanity，research agenda：Current and future roles，impact and grand challenges"，其中多处提及或论及 DDC 方面的内容和话题［Annual Reviews in Control，43，pp1-64，2017］. ⑦《自动化学报》2009 年发表了题目是"数据驱动控制理论及方法的回顾和展望"的中文综述文章；2013 年 *Information Sciences* 发表了题为"From Model Based Control to Data Driven Control：Survey，Classification and Perspective"的英文综述文章. 以上这些重要事件，较大地影响和推动了 DDC 研究领域的进展.

5.2.2　数据驱动控制方法分类与综述

到目前为止，典型的 DDC 方法有：PID 控制、无模型自适应控制（MFAC）、迭代反馈整定（IFT）、虚拟参考反馈整定（VRFT）和迭代学习控制（ILC）等十余种.

根据使用数据方法的不同，DDC 方法可归纳为三类：基于在线数据的 DDC 方法，基于离线数据的 DDC 方法和基于在线/离线数据的 DDC 方法.

根据控制器结构的确定，DDC 方法也可分为两类：控制器结构已知的 DDC

方法和控制器结构未知的 DDC 方法.

以下将根据这两种不同的分类方法对已有 DDC 方法做一个简要的综述. 由于作者本人知识水平的限制, 此处仅列出时域范围内的 DDC 方法. 关于频域范围内的 DDC 方法敬请读者参见相关文献.

5.2.2.1 基于数据使用方法的分类

1) 基于在线数据的 DDC 方法

（1）基于同步扰动随机逼近（simultaneous perturbation stochastic approximation，SPSA）的直接逼近控制器方法由美国学者 J. C. Spall 教授于 1993 年提出[11]. 基于 SPSA 的控制方法假设被控对象非线性动态模型未知, 控制器是一种结构固定、参数可调的函数逼近器, 如神经元网络或多项式等. 然后, 设计一个以控制器参数为优化变量的控制性能指标函数, 应用 SPSA 方法以及系统在线输入输出数据来估计指标函数关于控制输入的梯度信息[12-15], 最小化该性能指标函数, 既可实现控制器的设计. 该方法仅使用闭环系统量测数据来调整控制器参数, 且控制器结构不依赖于被控对象的数学模型, 因此是 DDC 方法. 基于 SPSA 的控制算法已被应用于交通控制[16]和工业控制中[17].

（2）无模型自适应控制（model-free adaptive control，MFAC）由中国学者侯忠生教授于 1994 年提出[18-22]. 该方法针对一般未知离散时间非线性系统（包括 SISO/MISO/MIMO）, 基于非线性系统动态线性化技术, 以及被称为是伪偏导数（pseudo-partial derivative，PPD）/伪梯度/伪 Jacobian 矩阵的新概念, 在闭环系统每个动态工作点处建立一个与原非线性系统虚拟等价的动态线性化数据模型（包括紧格式/偏格式/全格式三种形式）, 然后基于此等价虚拟的数据模型设计不同（包括最优控制、预测控制、迭代学习控制等）的控制器, 并进行控制系统的理论分析, 进而可实现模型未知非线性系统的参数和结构自适应控制. PPD 参数仅使用被控对象在线的 I/O 量测数据进行估计, 其估计方法可是梯度投影类或最小二乘等估计方法等. 到目前为止, MFAC 已经发展成具有理论体系（包括四个维度：不同被控对象, 不同动态线性化格式, 不同参数估计算法, 不同控制器设计方法）的系统性工作. 与传统自适应控制方法相比, MFAC 方法具有如下几个优点, 使其更加适用于实际系统的控制问题. 第一, MFAC 仅依赖于被控系统实时量测的数据, 不依赖受控系统任何的数学模型信息，是一种典型的数据驱动控制方法. 第二，MFAC 方法不需要任何外在的测试信号或训练过程，而这些对于基于神经网络的非线性自适应控制是必需的. 第三，MFAC 方法简单、计算负担小、易于实现且鲁棒性强. 第四，在一些实际假设的条件下，可严谨证明基于紧格式动态线性化数据模型和基于偏格式动态线性化数据模型的 MFAC 方案跟踪误差的单调收敛性和 BIBO 稳定性. 第五，结构最简单的基于紧格式动态线性化数据模型的 MFAC 方案已在 150 余个不同领域实际系统以及仿真系统中得到成功应用，如化工过程、线性电机控制、注模过程、pH 值控制、电力系统、人工肌肉、风力发电等[21, 22].

（3）去伪控制（unfasified control，UC）由美国学者 M.G. Safonov 教授于 1995 年提出[23-25]. 该方法事先假定存在一个控制器集合能很好地处理被控对象的控制问题，然后，通过递归证伪的方式从候选控制器集合中筛选出满足指定性能要求的控制器作为当前控制器. 该方法仅根据被控对象的输入输出测量数据进行控制器的选择. 本质上，UC 属于一种切换控制方法，但不同于传统的切换控制. 去伪控制方法能在控制器作用于闭环反馈系统之前，可有效地剔除伪控制器，即不能镇定控制系统的控制器，表现出较好的瞬态响应. 去伪控制由三个要素组成：可逆控制器组成的候选控制器集合、评价控制器的性能指标和控制器切换机制. 改进形式的去伪控制可参见文献[26-32].

2）基于离线数据的 DDC

（1）迭代反馈整定（iterative feedback tuning，IFT）由瑞典学者 H. Hjalmarsson 教授于 1994 年提出. 该方法本质上是一种数据驱动的控制器参数整定方法[33]，假定控制器结构已知，然后迭代估计控制性能指标相对于控制输入的梯度信息来寻找反馈控制器的最优参数. 在每次迭代估计梯度时需要收集两次实验数据：一是来自闭环系统正常试验的运行数据；二是来自特定试验的数据. 在适当的假设下，上述算法可以使控制性能指标达到局部最小值. IFT 方法改进、推广结果，及在工业或实验室条件下的应用结果可参见文献 [34-39].

（2）基于相关性的整定方法（correlation-based tuning，CbT）由瑞士学者 A.Karimi、L. Miskovic 和 D. Bonvin 于 2002 年提出. 该方法也是一种数据驱动的控制器参数整定方法[40]，其主要思想来源于系统辨识中的相关性分析方法，通过最小化闭环系统的输出误差与外部激励信号或外部参考信号的相关性准则函数，来迭代整定控制器的参数. 值得指出的是，IFT 和 CbT 是两种相近的方法，二者的主要区别体现在用于控制器设计的目标函数和获取梯度估计值的方法不同. 文献 [41] 将 CbT 方法推广到多入多出系统，文献 [42, 43] 将其应用于悬浮系统.

（3）虚拟参考反馈整定（virtual reference feedback tuning，VRFT）由意大利学者 G. O. Guardabassi 及 S. M.Savaresi 教授于 2000 年提出[44]. 该方法假定控制器结构已知，然后通过引入虚拟参考信号将控制器设计问题转化成控制器参数辨识问题. VRFT 和 IFT 属于同一类控制器设计方法，但它们又截然不同：IFT 是一种基于梯度下降准则的控制器参数迭代整定算法，而 VRFT 则是一种寻找性能指标全局最小值的一次性（非迭代）的批量方法，所利用是被控对象的一组输入输出数据，而不需要进行特定的试验[45-47]. 文献 [48] 介绍了针对非线性系统的 VRFT 方法. VRFT 的成功应用见文献 [46, 49].

3）基于在线/离线数据的 DDC

（1）PID 控制是实际中应用最广泛的控制技术，可以找到大量关于 PID 控制方法的研究文献. 到目前为止，工业过程中有 95%以上的工业回路都是 PID 类控制方法. 值得指出的是，PID 控制可以被认为是最早的 DDC 方法[29]. PID 控制器的参数整定方法和技术仍在不断发展[30-32].

（2）迭代学习控制（iterative learning control，ILC）由日本学者 M. Uchiyama 于 1978 年提出[50]，由于用日语发表，发表后未能引起学术和工业界的足够注意. 真正推动 ILC 广泛研究和成功应用的是 1984 年的另一篇文献[51]. 对于在有限时间区间执行重复控制任务的系统而言，ILC 是一种理想的控制方法. 该方法利用前次循环的系统输出误差和控制输入信号构建当前循环的控制输入信号，以获得比前次循环更好的控制效果. ILC 控制器结构非常简单，本质上是一种迭代域的积分器. ILC 是系统性工作，并有典型的分析手段和方法保障学习误差在迭代域上收敛. 文献[52-54]对近些年 ILC 研究的最新结果做了系统的总结和综述. 大多数关于 ILC 的理论研究都是以压缩映射方法作为主要分析手段[55]. 此外，ILC 也广泛地应用于很多实际领域，参见文献[53]. 与其他 DDC 方法相比，ILC 可以更充分系统地利用收集的各种数据，包括在线的和离线的数据. 值得指出的是，ILC 方法并不是使用数据做控制器参数整定，而是用迭代控制算法直接逼近最优的控制输入信号.

懒惰学习（lazy learning，LL）是一种有监督的机器学习算法. 1994 年美国学者 S. Schaal 和 C. G. Atkeson 首先将懒惰学习算法应用于控制领域[56]. 与其他有监督的机器学习算法一样，懒惰学习的目的是：从一组由输入输出数据对组成的训练数据集中找到输入输出的映射关系. 基于懒惰学习的控制方法利用历史数据在线建立受控系统局部线性模型，然后基于每个时刻的局部线性模型设计局部控制器. 由于历史数据的实时更新，使得懒惰学习控制方法具有先天的自适应特性，但其计算量较大. 另外，懒惰学习控制方法的稳定性分析还缺乏相应的理论研究[57]. 类似的工作参见文献 [58-61].

5.2.2.2　基于控制器结构的 DDC 分类

本节将按照控制器结构是否已知为原则对前述各种 DDC 方法再次进行分类，目的是使读者能更好地理解这些方法.

1）控制器结构已知的 DDC 方法

该类方法假设事先已知控制器结构，而控制器未知参数则是通过受控对象的 I/O 量测数据，利用数学优化的方法获取. 优化方法包括批量算法或递推算法. 换句话说，该类 DDC 方法本质上是将控制器参数设计问题转化为控制器参数的辨识问题. 属于该类方法的有：PID、IFT、VRFT、UC、基于 SPSA 的控制、CbT 等. 这些方法不涉及对象模型的任何显式信息，但其难点在于如何事先确定合理的控制器结构. 一般而言，对特定对象尤其是非线性系统，如何合理地设计出带有未知参数的控制器是十分困难的，有时候其难度相当于对受控系统进行精确建模. 这类 DDC 方法的另一个局限在于缺乏闭环系统的稳定性分析方法和结论.

2）控制器结构未知的 DDC 方法

（1）模型相关的 DDC 方法. 表面上看，这类 DDC 方法仅依赖于受控对象的 I/O 量测数据，但其控制器结构设计则隐含地用到了系统模型结构，因此该类 DDC 方法控制器结构的合理性问题已经根据. 另外，这类 DDC 方法的控制系统设计和理论分析基本技巧和应用工具都与 MBC 方法类似. 典型代表是直接自适应控制方法和子空间预测控制方法等.

（2）模型无关的 DDC 方法. 此类 DDC 方法，其控制器结构设计仅使用对象的 I/O 量测数据，不隐含或显含受控系统的任何模型信息，能统一处理线性系统和非线性系统的控制问题. 此类 DDC 方法另一个重要特征是, 设计过程包括控制器结构设计、控制器参数整定, 以及稳定性分析方法和结论, 并且一般都具有系统框架. 该类数据驱动控制代表性方法有 ILC 和 MFAC.

实际上还有几种其他类型的 DDC 方法, 如基于近似动态规划理论的方法等, 这里不加评述.

5.2.3 小结

为了让读者能对 DDC 方法有整体的了解, 下面给出关于 DDC 方法的简要总结.

（1）从理论上讲, ILC、SPSA、UC 和 MFAC 都是针对非线性系统的控制问题而提出的; 其他 DDC 方法, 如 IFT 和 VRFT 等都是基于线性时不变系统给出的, 然后再推广到非线性系统.

（2）SPSA、MFAC、UC 和 LL 都具有自适应的特点, 而其他 DDC 方法都是非自适应的工作方式. 除了 MFAC 方法之外, 其他 DDC 方法的适应性会受到系统结构变化或参数变化的影响.

（3）SPSA、IFT 和 VRFT 方法本质上都是控制器参数辨识方法, 其中 VRFT 方法仅需要一次试验收集的系统输入输出数据对, 而 IFT 需要两次或多次实验收集数据, 然后通过离线优化方法直接辨识控制器参数, 是离线方法. 基于 SPSA 的方法则是在线控制方法.

（4）MFAC 和 LL 都是基于动态线性化的方法. 具体而言, 针对 SISO、MISO 和 MIMO 非线性系统, MFAC 有系列的动态线性化数据模型, 以及系统的控制器设计策略, 并有基于压缩映射的闭环系统稳定性分析方法和误差收敛性结论. 而 LL 控制方法则没有理论体系.

（5）除了 PID、ILC 和 VRFT 外, 大多数 DDC 方法都需要利用量测 I/O 数据估计梯度. SPSA、IFT 和基于梯度的 UC 需要计算某种值函数关于控制器参数的梯度值, 而基于动态线性化的 MFAC 和 LL 则是利用系统输入输出数据在线地估计系统输出关于输入的梯度值.

（6）针对控制器设计和性能分析, ILC 与 MFAC 有较完整的系统分析框架, 其他 DDC 控制方法的稳定性分析还需要进一步地研究.

（7）除了 MFAC、LL 以外, 上述数据驱动控制方法几乎都假设控制器结构已知，然后进行控制器参数整定. 控制器参数整定有在线方法，如 UC 和 SPSA；另一部分则是离线整定. DDC 方法区别于基于模型控制方法的关键在于其控制器结构是否依赖于被控对象数学模型. 相对于其他 DDC 方法，MFAC 和 LL 方法控制器结构是基于动态线性化数据模型和某种优化指标进行设计的，其合理性由优化理论保障. 其他方法控制器结构则事先假设已知.

（8）控制器参数整定问题本质上是数学优化问题，而 DDC 控制器设计中的优化与传统优化是截然不同的. DDC 控制器设计过程中系统模型未知，而 MBC 方法中其数学模型则已知. 由此可以看出，MFAC、SPSA 和 IFT 这三种 DDC 方法的突出之处在于，这些方法给出了在目标函数未知情况下利用受控系统输入输出数据计算或估计梯度信息的技术. 不同之处在于，MFAC 和 IFT 使用确定性方法，而 SPSA 则应用随机逼近方法.

（9）区别一个控制系统是 DDC 方法还是 MBC 方法的关键之处在于，其控制器是否是基于受控系统输入输出数据来设计的，受控系统动力学模型结构信息或者动力学方程本身（包括其他形式的表述，如神经元网络、模糊规则、专家知识等）是否嵌入到控制器结构当中. 如果仅用受控系统 I/O 数据进行设计，且不包含系统模型结构信息和动力学方程本身，则该种方法就是 DDC 方法，否则就是 MBC 方法. 更简单的方式就是，如果控制器结构依赖于被控对象模型，也即一定是解析结构的控制器，这就是 MBC 方法；如果控制器结构独立于被控对象，也即一定是简单具有迭代结构的控制器，这就是 DDC 方法. 控制器参数整定则既可是基于模型的方法（如果模型可获取），也可以是基于数据的方法（如果模型不可获取）. 其他区别可参见本章 5.3 节内容.

下面将以典型 DDC 方法之一 MFAC 理论为例，详细说明上述各章的讨论内容.

5.3 非线性系统的动态线性化方法

针对一般离散时间非仿射非线性系统的动态线性化方法是 MFAC 理论与方法的基础. 实际上，很多非线性系统控制器设计和分析方法本质上都是将所研究非线性系统问题，显式或隐式地利用各种数学技巧，转化为线性或类似线性的问题来处理，MFAC 方法也是如此.

本部分仅以一般 SISO 离散时间非线性系统为例，介绍动态线性化方法. 实际上，该类动态性化方法也有相应的 MISO、MIMO 非线性系统形式，具体参见文献 [22, 23].

一般 SISO 离散时间未知非仿射非线性系统：

$$y(k+1) = f(y(k),\cdots,y(k-n_y),u(k),\cdots,u(k-n_u)),\qquad (5\text{-}3\text{-}1)$$

其中，$u(k) \in R$，$y(k) \in R$ 分别表示 k 时刻系统的输入和输出；n_y，n_u 是两个未知的正整数；$f(\cdots): R^{n_u+n_y+2} \mapsto R$ 是未知的非线性函数.

系统（5-3-1）满足如下假设或类似假设，利用微分中值定理，经过严谨数学推导 [72-73]，可得到如下三种形式的动态线性化数据模型表述.

5.3.1 紧格式动态线性化数据模型

假设 5-3-1 除有限时刻点外，$f(\cdots)$ 关于第 $(n_y + 2)$ 个变量的偏导数是连续的.

假设 5-3-2 除有限时刻点外，系统（5-3-1）满足广义 Lipschitz 条件，即对任意 $k_1 \neq k_2$，$k_1, k_2 \geqslant 0$ 和 $u(k_1) \neq u(k_2)$ 有

$$\left| y(k_1+1) - y(k_2+1) \right| \leqslant b \left| u(k_1) - u(k_2) \right|$$

其中，$y(k_i + 1) = f(y(k_i),\cdots,y(k_i-n_y),u(k_i),\cdots,u(k_i-n_u)), i = 1,2$；$b > 0$ 是一个常数.

定理 5-3-1 对满足假设 5-3-1 和假设 5-3-2 的非线性系统（5-3-1），当 $|\Delta u(k)| \neq 0$ 时，一定存在一个被称为伪偏导数（Pseudo Partial Derivative，PPD）的时变参数 $\phi_c(k) \in R$，使得系统（5-3-1）等价地转化为如下紧格式动态线性化数据模型（Compact Form Dynamic Linearization，CFDL），

$$\Delta y(k+1) = \phi_c(k)\Delta u(k),\qquad (5\text{-}3\text{-}2a)$$

且 $|\phi_c(k)| \leqslant b$ 对任意时刻 k 成立. 其中 $\Delta y(k+1) = y(k+1) - y(k)$，$\Delta u(k) = u(k) - u(k-1)$ 为相邻两个时刻的输出输入变化.

5.3.2 偏格式动态线性化数据模型

定义 $\boldsymbol{U}_L(k) \in R^L$ 为滑动时间窗口 $[k-L+1,k]$ 内所有控制输入信号组成的向量

$$\boldsymbol{U}_L(k) = [u(k), \cdots, u(k-L+1)]^{\mathrm{T}},$$

且满足当 $k \leqslant 0$ 时，有 $\boldsymbol{U}_L(k) = \boldsymbol{0}_L$，其中整数 L 为控制输入线性化长度常数（linearization length constant，LLC）；$\boldsymbol{0}_L$ 是维数为 L 的零向量. 并记 $\Delta \boldsymbol{U}_L(k) = \boldsymbol{U}_L(k) - \boldsymbol{U}_L(k-1)$.

假设 5-3-3　除有限时刻点外，$f(\cdots)$ 关于第 (n_y+2) 个变量到第 (n_y+L+1) 个变量分别存在连续偏导数.

假设 5-3-4　除有限时刻点外，系统（5-3-1）满足广义 Lipschitz 条件，即对任意 $k_1 \neq k_2$，$k_1, k_2 \geqslant 0$ 和 $\boldsymbol{U}_L(k_1) \neq \boldsymbol{U}_L(k_2)$ 有

$$\left| y(k_1+1) - y(k_2+1) \right| \leqslant b \left\| \boldsymbol{U}_L(k_1) - \boldsymbol{U}_L(k_2) \right\|,$$

其中，$y(k_i+1) = f(y(k_i), \cdots, y(k_i-n_y), u(k_i), \cdots, u(k_i-n_u)), i=1,2$；$b>0$ 是一个常数.

定理 5-3-2　满足假设 5-3-3 和假设 5-3-4 的非线性系统（5-3-1），给定控制输入线性化水平常数 L，当 $\|\Delta \boldsymbol{U}_L(k)\| \neq 0$ 时，一定存在一个被称为伪梯度（Pseudo Gradient，PG）的时变参数向量 $\boldsymbol{\phi}_{p,L}(k) \in R^L$，可使得系统（5-3-1）等价地转化为如下偏格式动态线性化数据模型，

$$\Delta y(k+1) = \boldsymbol{\phi}_{p,L}^{\mathrm{T}}(k) \Delta \boldsymbol{U}_L(k), \tag{5-3-2b}$$

且对于任意时刻 k，$\boldsymbol{\phi}_{p,L}(k) = [\phi_1(k), \cdots, \phi_L(k)]^{\mathrm{T}}$ 是有界的. 其中 $\boldsymbol{U}_L(k) = [u(k), \cdots, u(k-L+1)]^{\mathrm{T}}$.

5.3.3　全格式动态线性化数据模型

定义 $\boldsymbol{H}_{L_y, L_u}(k) \in R^{L_y+L_u}$ 为输入相关滑动时间窗口 $[k-L_u+1, k]$ 内的所有控制输入信号以及输出相关滑动时间窗口 $[k-L_y+1, k]$ 内的所有系统输出信号组成的向量，即

$$\boldsymbol{H}_{L_y, L_u}(k) = [y(k), \cdots, y(k-L_y+1), u(k), \cdots, u(k-L_u+1)]^{\mathrm{T}},$$

且满足当 $k \leqslant 0$ 时有 $\boldsymbol{H}_{L_y, L_u}(k) = \boldsymbol{0}_{L_y+L_u}$，其中整数 L_y，L_u（$0 \leqslant L_y \leqslant n_y$，$1 \leqslant L_u \leqslant n_u$）称为系统的伪阶数，或分别称为控制输出线性化长度常数和控制输入线性化长度常数. 并记 $\Delta \boldsymbol{H}_{L_y, L_u}(k) = \boldsymbol{H}_{L_y, L_u}(k) - \boldsymbol{H}_{L_y, L_u}(k-1)$.

假设 5-3-5　除有限时刻点外，$f(\cdots)$ 关于各个变量都存在连续偏导数.

假设 5-3-6 除有限时刻点外，系统满足广义 Lipschitz 条件，即对 $k_1 \neq k_2$, $k_1, k_2 \geqslant 0$ 和 $\boldsymbol{H}_{L_y, L_u}(k_1) \neq \boldsymbol{H}_{L_y, L_u}(k_2)$ 有

$$\left| y(k_1+1) - y(k_2+1) \right| \leqslant b \left\| \boldsymbol{H}_{L_y, L_u}(k_1) - \boldsymbol{H}_{L_y, L_u}(k_2) \right\|,$$

其中，$y(k_i+1) = f(y(k_i), \cdots, y(k_i - n_y), u(k_i), \cdots, u(k_i - n_u)), i = 1, 2$，$b > 0$ 是一个常数.

定理 5-3-3 满足假设 5-3-5 和假设 5-3-6 的非线性系统（5-3-1），给定系统伪阶数 $0 \leqslant L_y \leqslant n_y$ 和 $1 \leqslant L_u \leqslant n_u$，当 $\left\| \Delta \boldsymbol{H}_{L_y, L_u}(k) \right\| \neq 0$ 时，一定存在一个被称为伪梯度的时变参数向量 $\boldsymbol{\phi}_{f, L_y, L_u}(k) \in R^{L_y + L_u}$，使得系统（5-3-1）等价地转化为如下全格式动态线性化数据模型，

$$\Delta y(k+1) = \boldsymbol{\phi}_{f, L_y, L_u}^{\mathrm{T}}(k) \Delta \boldsymbol{H}_{L_y, L_u}(k), \tag{5-3-2c}$$

且对任意时刻 k，$\boldsymbol{\phi}_{f, L_y, L_u}(k) = [\phi_1(k), \cdots, \phi_{L_y}(k), \phi_{L_y+1}(k), \cdots, \phi_{L_y+L_u}(k)]^{\mathrm{T}}$ 是有界的. 其中 $\boldsymbol{H}_{L_y, L_u}(k) = [y(k), \cdots, y(k-L_y+1), u(k), \cdots, u(k-L_u+1)]^{\mathrm{T}}$.

5.3.4 动态线性化方法性质

此种动态线性化数据模型与原未知非线性系统在输入输出数据行为上是等价的、精确的，未损失任何信息. 该数据模型是随工作点变化而变化的动态数据模型而非静态近似模型. 该数据模型中不包含受控系统的数学模型、阶数、时滞等先验知识. 由于系统所有动力学行为信息都隐含在系统的输入输出数据中，因此该数据模型中没有传统意义下的未建模动态.

在控制理论研究中，有很多非线性系统线性化方法，如泰勒线性化、反馈线性化、输入输出线性化、多项式逼近线性化、正交函数逼近线性化，等等. 然而，泰勒线性化方法需要舍弃高阶项，因此是近似模型，这样会给后面的理论分析带来本质困难. 反馈线性化和输入输出线性化方法则需要已知系统的精确模型，这种假设在实际控制系统设计中是很难满足. 多项式逼近线性化和正交函数逼近线性化方法则会带来遗传性的过多逼近参数，这势必会导致基于此模型设计的控制器复杂和参数过多，进而不易设计、分析、应用、维护、诊断等. 然而，此处给出的动态线性化方法与上面提到的线性化方法有本质的不同. 该类动态线性化方法是面向控制系统设计的动态线性化方法，或

可称为是**控制器设计模型**. 该动态线性化数据模型具有模型简单、不丢失任何信息、包含参数少、具有增量形式等特点, 是数据模型; 而非机理模型, 没有任何的物理意义, 仅虚拟存在于计算机系统中.

该动态线性化数据模型是线性时不变系统有限脉冲模型或 ARMA 模型在非线性系统情形下的一种推广形式.

线性时不变系统

$$A(q^{-1})y(k) = B(q^{-1})u(k), \tag{5-3-3}$$

其中, $A(q^{-1}) = 1 + a_1 q^{-1} + \cdots + a_{n_a} q^{-n_a}$ 和 $B(q^{-1}) = b_1 q^{-1} + \cdots + b_{n_b} q^{-n_b}$ 是关于单位延迟算子 q^{-1} 的多项式; $a_1, \cdots, a_{n_a}$ 和 $b_1, \cdots, b_{n_b}$ 是常系数.

假设多项式 $A(q^{-1})$ 的根都在单位圆内, 则 (5-3-3) 可写成

$$y(k+1) = \frac{B(q^{-1})}{A(q^{-1})q^{-1}} u(k) \doteq H(q^{-1})u(k), \tag{5-3-4}$$

其中, $H(q^{-1}) = h_0 + h_1 q^{-1} + \cdots + h_{n_h-1} q^{-n_h+1}$ 是控制对象的有限脉冲响应多项式. 当 n_h 充分大时, 模型 (5-3-4) 可很好地近似原来的真实系统 (5-3-3).

根据 (5-3-4) 容易得到

$$\Delta y(k+1) = H(q^{-1})\Delta u(k) = \boldsymbol{\phi}_{n_h}^{\mathrm{T}} \Delta \boldsymbol{U}_{n_h}(k), \tag{5-3-5}$$

其中, $\boldsymbol{\phi}_{n_h} = [h_0, h_1, \cdots, h_{n_h-1}]^{\mathrm{T}} \in \mathbb{R}^{n_h}$; $\Delta \boldsymbol{U}_{n_h}(k) = [\Delta u(k), \Delta u(k-1), \cdots, \Delta u(k-n_h+1)]^{\mathrm{T}} \in \mathbb{R}^{n_h}$.

比较 (5-3-5) 式和偏格式动态线性化数据模型 (5-3-2b) 可知: 当 $L \geqslant n_h$ 时, PFDL 数据模型伪梯度就变为一个时不变的向量 $\boldsymbol{\phi}_{p,L}(k) = [h_0, \cdots, h_{n_h-1}, 0, \cdots, 0]^{\mathrm{T}}$; 而当 $L < n_h$ 时, 即使系统 (5-3-3) 是时不变的, 伪梯度也是时变的, 因为有限脉冲响应系数 $h_0, \cdots, h_{n_h-1}$ 都被归结到伪梯度的 L 个分量 $\phi_1(k), \cdots, \phi_L(k)$ 中.

当 n_h 充分大, 那么在 $h_0, \cdots, h_{n_h-1}$ 和 $\phi_1(k), \cdots, \phi_L(k)$ 之间一定存在线性关系. 也就是说, 对于稳定的线性时不变系统, 有限脉冲响应系数 $h_0, \cdots, h_{n_h-1}$ 是 PFDL 数据模型中参数 $\phi_1(k), \cdots, \phi_L(k)$ 的很好的逼近值. 从相反角度上看, 伪梯度 $\boldsymbol{\phi}_{p,L}(k)$ 是线性时不变系统有限脉冲响应系数在非线性离散时间系统中的推广.

对于线性时不变系统 (5-3-3), 如果将其改写为

$$y(k+1) = \bar{A}(q^{-1})y(k) + B(q^{-1})u(k), \qquad (5\text{-}3\text{-}6)$$

其中，$\bar{A}(q^{-1}) = -a_1 q^{-1} - \cdots - a_{n_a} q^{-n_a}$.

根据（5-3-6）容易得到

$$\Delta y(k+1) = \bar{A}(q^{-1})\Delta y(k) + B(q^{-1})\Delta u(k) = \phi_{n_a,n_b}^{\mathrm{T}} \Delta \boldsymbol{H}_{n_a,n_b}(k), \qquad (5\text{-}3\text{-}7)$$

其中 $\boldsymbol{\phi}_{n_a,n_b} = [a_1, \cdots, a_{n_a}, b_1 \cdots, b_{n_b}]^{\mathrm{T}} \in \mathbb{R}^{n_a+n_b}$；$\Delta \boldsymbol{H}_{n_a,n_b}(k) = [\Delta y(k), \cdots, \Delta y(k-n_a),$ $\Delta u(k), \cdots, \Delta u(k-n_b)]^{\mathrm{T}} \in \mathbb{R}^{n_a+n_b}$.

比较式（5-3-7）和 FFDL 数据模型（5-3-2c）可见，当 $L_y \geqslant n_a$ 且 $L_u \geqslant n_b$ 时，FFDL 数据模型中伪梯度可以选择为一个时不变的向量 $\phi_{f,L_y,L_u}(k) = [a_1, \cdots,$ $a_{n_a}, 0, \cdots, 0, b_1 \cdots, b_{n_b}, 0, \cdots, 0]^{\mathrm{T}}$；而当 $L_y < n_a$ 或 $L_u < n_b$ 时，即使系统（5-3-3）是时不变的，伪梯度也是时变的.

线性化长度常数或伪阶数的引入可以避免高阶控制器的设计问题. 高阶复杂受控对象模型一定导致高阶复杂控制器，而高阶复杂控制器会使控制技术在实际中的应用增加困难.

事实上，伪偏导数 $\phi_c(k)$、伪梯度 $\boldsymbol{\phi}_{p,L}(k)$ 和 $\boldsymbol{\phi}_{f,L_y,L_u}(k)$ 都与到采样时刻 k 为止的系统输入输出信号有关，它是某种意义下的一种微分信号. 特别地，当 $L=1$ 时，非线性系统 PFDL 数据模型就变为 CFDL 数据模型. 当常数 $L_y=0$ 和 $L_u=L$ 时，非线性系统 FFDL 数据模型就变为 PFDL 数据模型；而当常数 $L_y=0$ 和 $L_u=1$ 时，FFDL 数据模型就变为 CFDL 数据模型.

显然，相比于 CFDL 数据模型，PFDL 方法综合考虑了第 $k+1$ 时刻输出变化和在固定长度滑动时间窗口 $[k-L+1, k]$ 内的控制输入变化之间的关系，而非笼统地将所有未知非线性因素压缩融入一个纯量时变参数 $\phi_c(k)$ 中. PFDL 数据模型中参数 $\phi_{p,L}(k)$ 的维数虽然增加了，但可降低 CFDL 数据模型中伪偏导数 $\phi_c(k)$ 的复杂性，伪梯度 $\phi_{p,L}(k)$ 中每个分量的动态行为会变得简单. 在应用 PFDL 数据模型设计控制系统时，更容易设计和选择参数估计算法来估计 $\phi_{p,L}(k)$ 的值. FFDL 是最一般形式的动态线性化方法. 在实际中，可以选择不同的伪阶数从而得到不同形式的动态线性化模型. 一般而言，复杂系统需要伪阶数较高的 FFDL 数据模型，而伪阶数较低的 FFDL 数据模型更适合简单系统. 显然，相比于 PFDL 数据模型，FFDL 方法考虑了 $k+1$ 时刻系统输出变化与控制输入相关固定长度滑动时间窗口 $[k-L_u+1, k]$ 内的控制输入变化，以及与系统输出相关固定长度滑动时间窗口 $[k-L_y+1, k]$ 内系统输出变化之间的关系. FFDL 数据模型中伪梯度向量的维数最高，但也增强了动态线性化方法的可适用性，降低了动态线性化数据模型中伪梯度向量分量的复杂行为.

选择不同控制输入线性化长度常数 L 以及伪阶数 L_y 和 L_u，可以得到不同的数据模型，可提高动态线性化数据模型对原非线性系统进行等价描述时的灵活性. 如果系统阶数 n_y 和 n_u 是已知的，则有理由选择伪阶数满足 $L_y = n_y$ 且 $L_u = n_u$. 在实际应用中，n_y 和 n_u 的值一般是未知的，有时甚至是时变的，因此 n_y 和 n_u 很难确定. 在这种情况下可选取与系统阶数接近的值作为 FFDL 数据模型的伪阶数. 另一方面，当系统阶数很大时，有必要选择大小合适的伪阶数以得到较低维的动态线性化数据模型，这样有助于在进行闭环系统控制时减轻计算负担. 因此，适当地选取动态线性化数据模型线性化长度常数或伪阶数，可以避免对模型进行简约或对控制器进行简约这一基于模型控制理论和方法所必需的设计步骤.

从动态线性化数据模型（5-3-2）中可以看出，系统变化除了受系统输入输出变化的影响外，另外的关键因素就是系统伪偏导数和伪梯度参数. 而它们本质上是系统输出变化相对于系统输入变化的某种导数信息. 因此，系统时变，诸如参数、结构、阶数和时滞的时变，甚至快时变等，动态线性化数据模型中伪偏导数或伪梯度向量的动态数值变化一般来讲是不明显的；然而，这些时变性在机理模型的表述则需要显式表达. 机理模型中时变特性的显式表达会给基于机理模型的控制器设计和分析带来本质困难，这也是为什么现代控制理论到目前几乎所有结果都是基于时不变线性系统作出的根本原因. 对非线性系统的控制问题就更是如此.

动态线性化数据模型是虚拟的动态线性增量模型，因此基于模型的控制理论和方法很多技巧和手段都可以引入到 MFAC 的分析和设计中. MFAC 有系列的控制系统设计方法和分析手段，这是 MFAC 相对其他数据驱动控制方法的明显优点.

动态线性化数据模型描述受控系统输入输出之间的关联关系，它不是受控系统动力学描述的因果关系. 数据模型没有实际物理意义，仅表示闭环系统控制输入量变化和受控输出量变化之间数量上的虚拟关系. 由于系统运行所有信息，包括受控系统本身动力学因素、受控系统运行环境因素、闭环运行工作点等，都包含在运行的输入输出数据中，因此传统未建模动力学概念在这种表述中不存在，在此意义下，该模型鲁棒性是极强的. 另外，由于该数据模型结构简单、参数少且可调、时变增量形式，是一种面向控制系统设计的模型.

5.3.5　小结

现代控制理论研究主要思路是，首先建立受控系统机理或系统辨识模型，然后基于此机理或系统辨识模型进行控制器设计、控制系统分析，最后将此基于模型的控制系统应用到实际系统中. 优点是，有完美的数学分析工具和控制系统稳定性研究结论；缺点是，理论上存在诸如系统未建模动态与鲁棒性、准确建模与系统模型简约或控制器简约、鲁棒设计与未知不确定性上界无法理论获取等理论难题. 应用上存在不易实际应用、控制效果不好、鲁棒性差、安全性无法保障，以及理论结果与实际应用之间的鸿沟等问题.

从典型控制系统设计方法本质上讲，非线性控制系统基于 Lyapunov 稳定性理论分析设计的反馈线性化方法、反步方法等，都是利用某些数学分析技巧千方百计地利用系统数学模型结构和形式将受控系统控制输入变量显式地表述出来，这个过程本质上实现的是对控制输入的线性化，也就是说，基于模型控制理论与方法本质上也是某种"线性化方法". 基于这一观察，MFAC方法本质上与基于模型方法的设计思路是一样的，只是 MFAC 方法起始于基于未知非线性受控系统的等价动态线性化方法.

另外，该动态线性化方法是设计数据驱动控制系统的一个基本工具，它能够建立同一系统不同采样时刻系统输入输出之间的动态数据关系. 除此之外，如针对理想控制器进行动态线性化[89-93]，甚至将该动态线性化方法应用于不同循环次数之间，即迭代轴上[80-88]，即可相应地得到直接型 MFAC，以及数据驱动迭代学习控制. 具体可参见上述文献.

5.4　无模型自适应控制

已存在 DDC 方法中，只有 ILC[55] 和 MFAC[20-22] 方法具有比较完整的理论体系，并有典型的系统稳定性、收敛性和鲁棒性. 然而，从理论上讲，ILC是针对有限时间重复运行系统的一种前馈控制方法，其理论框架和分析方法不具有广泛的移植性. 本节将以 MFAC 为例，详细阐述数据驱动控制中的一些基本描述、基本工具、基本控制系统设计和相应理论结果，以及进一步的 DDC 方法相关话题和内涵.

MFAC 的研究对象是一类未知离散时间 SISO、MISO、MIMO 非仿射非线性系统. 该方法基于非线性系统动态线性化方法及伪偏导数（PPD）（或伪梯度；或伪 Jacobian 矩阵）的新概念，在闭环系统每个动态工作点处建立一个与原非线性系统输入输出行为等价的虚拟动态线性化数据模型. 动态线性化数据模型中的 PPD 参数（或伪梯度；或伪 Jaccobian 矩阵）仅使用被控对象闭环 I/O 量测数据进行在线估计. 然后基于此虚拟等价的数据模型设计控制器，并进行控制系统的理论分析，进而实现非线性系统的参数和结构自适应控制.

MFAC 是一种新体制的控制理论与方法[21-23]，经过 24 年的努力，该方法已经发展成系统的理论. 内容结构框架可参见图 5-4-1.

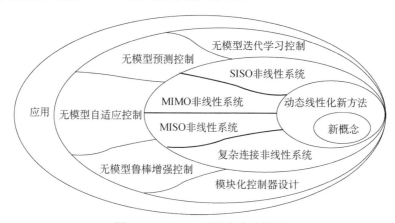

图 5-4-1　MFAC 理论内容结构图

MFAC 内容体系是如下 4 维度形成的矩阵式结构，它们之间不同的组合方案将产生不同的 MFAC 控制方法.

受控对象：离散时间 SISO、MISO、MIMO、复杂连接非线性系统、重复运行非线性系统；

动态线性化数据模型：紧格式动态线性化（CFDL）数据模型、偏格式动态线性化（PFDL）数据模型、全格式动态线性化（FFDL）数据模型；

伪偏导数、伪梯度、伪 Jacobian 矩阵估计方法：梯度投影方法、最小二乘算法，等；

控制器设计方法：最优控制、预测控制、迭代学习控制、鲁棒增强控制、与基于模型及其他数据驱动控制方法的模块化设计等.

MFAC 与传统自适应控制方法相比的优势在于，第一，MFAC 仅依赖于被控系统实时量测的数据，不依赖受控系统任何数学模型信息；第二，MFAC 方法不需要任何外部测试信号、试验或训练过程；第三，MFAC 方法简单、计算负担小、易于实现、鲁棒性强. 第四，在一些实际假设条件下，MFAC 方案可以保证闭环系统跟踪误差的单调收敛性和 BIBO 稳定性；第五，结构最简单的基于紧格式动态线性化的 MFAC 方案，到目前为止，已在 150 余个各类实际系统中得到应用. 仅 2015 年以来就有近 20 个不同领域的实际应用，如多晶硅棒温度控制、固体氧化物燃料电池、微电网控制、网络控制系统、电动汽车等实际应用[62-67]. 基于 FFDL 的 MFAC 方法的应用实例：广域电网系统[65]、视频流图像处理[68]. 尤其是在图像处理领域的成功应用更能从另一个侧面说明该类方法的广泛适用性.

以下仅以 SISO 系统的 MFAC 方法为例来简要介绍 MFAC 的主要内容，关于 MISO、MIMO 系统的相应结果敬请参考相关文献［21, 22］.

5.4.1 无模型自适应控制

针对受控系统（5-3-1），基于上述三种数据模型，利用受控系统输入输出 I/O 数据和加权一步向前控制输入准则函数，以及改进梯度投影算法，即可得到如下的原型 MFAC 方案.

基于紧格式动态线性化数据模型的 MFAC 方案：

$$\hat{\phi}_c(k) = \hat{\phi}_c(k-1) + \frac{\eta \Delta u(k-1)}{\mu + \Delta u(k-1)^2}\Big[\Delta y(k) - \hat{\phi}_c(k-1)\Delta u(k-1)\Big] \quad (5\text{-}4\text{-}1a)$$

$$\hat{\phi}_c(k) = \hat{\phi}_c(1)，如果 \left|\hat{\phi}_c(k)\right| \leqslant \varepsilon 或 \left|\Delta u(k-1)\right| \leqslant \varepsilon$$

$$或 \operatorname{sign}\big(\hat{\phi}_c(k)\big) \neq \operatorname{sign}\big(\hat{\phi}_c(1)\big) \quad (5\text{-}4\text{-}1b)$$

$$u(k) = u(k-1) + \frac{\rho \hat{\phi}_c(k)}{\lambda + \left|\hat{\phi}_c(k)\right|^2}\Big[y^*(k+1) - y(k)\Big] \quad （5\text{-}4\text{-}1c）$$

其中，$\lambda > 0, \mu > 0, \rho \in (0,1], \eta \in (0,1]$；$\varepsilon$ 是一个充分小的正数；$\hat{\phi}_c(1)$ 是 $\hat{\phi}_c(k)$ 的

初值.

基于偏格式动态线性化数据模型的 MFAC 方案:

$$\hat{\boldsymbol{\phi}}_{p,L}(k) = \hat{\boldsymbol{\phi}}_{p,L}(k-1) + \frac{\eta \Delta \boldsymbol{U}_L(k-1)\left(y(k) - y(k-1) - \hat{\boldsymbol{\phi}}_{p,L}^{\mathrm{T}}(k-1)\Delta \boldsymbol{U}_L(k-1)\right)}{\mu + \left\|\Delta \boldsymbol{U}_L(k-1)\right\|^2}$$

$$(5\text{-}4\text{-}2a)$$

$$\hat{\boldsymbol{\phi}}_{p,L}(k) = \hat{\boldsymbol{\phi}}_{p,L}(1) \text{ 如果 } \left\|\hat{\boldsymbol{\phi}}_{p,L}(k)\right\| \leqslant \varepsilon \text{ 或 } \left\|\Delta \boldsymbol{U}_L(k-1)\right\| \leqslant \varepsilon$$

$$\text{或 } \mathrm{sign}\left(\hat{\phi}_1(k)\right) \neq \mathrm{sign}\left(\hat{\phi}_1(1)\right) \qquad (5\text{-}4\text{-}2b)$$

$$u(k) = u(k-1) + \frac{\rho_1 \hat{\phi}_1(k)\left[y^*(k+1) - y(k)\right]}{\lambda + \left|\hat{\phi}_1(k)\right|^2} - \frac{\hat{\phi}_1(k)\sum_{i=2}^{L}\rho_i \hat{\phi}_i(k)\Delta u(k-i+1)}{\lambda + \left|\hat{\phi}_1(k)\right|^2}$$

$$(5\text{-}4\text{-}2c)$$

其中,$\lambda > 0, \mu > 0, \eta \in (0,2), \rho_i \in (0,1], i = 1,2,\cdots,L$；$\varepsilon$ 为一个小正数；$\hat{\boldsymbol{\phi}}_{p,L}(1)$ 为 $\hat{\boldsymbol{\phi}}_{p,L}(k)$ 的初始值.

类似地可以给出基于全格式动态线性化数据模型的 MFAC 方案.

注释:

(1) 上述 MFAC 方案中(5-4-1)或(5-4-2),由于仅利用闭环受控系统在线量测 I/O 数据进行控制器设计,不显含或隐含任何关于受控系统动态模型的结构和参数信息,且伪偏导数或伪梯度信息和控制律是交互迭代地实现,因此,被称为是无模型自适应控制,或数据驱动无模型控制方法.

(2) 由于 MFAC 方案(5-4-1)或(5-4-2)中的伪偏导数 $\phi_c(k)$(或伪梯度),对时变参数、时变结构、时变相位、甚至时变滞后等都不敏感,且其数据模型中不包含系统未建模动力学,因此 MFAC 方案具有极强的适应性和鲁棒性(传统意义下),而这在基于模型的控制系统设计框架下是很难达到的.

(3) 增量型的 PID 控制器可以表示为上述基于全格式动态线性化数据模型的 MFAC 方案的特例,即特殊选取系统的伪阶数即可得到 PID 控制器结构.具体过程读者可以自己得出.

(4) MFAC 与传统自适应控制有本质不同,这一点可以从被控对象、假设和系统的稳定性分析方法三个层面来区别.从被控对象上看,传统自适应控制的被控对象是已知模型结构且带有未知时不变或慢时变参数的线性时不变系统，控制器中包含受控对象模型的所有信息，其控制律结构和形式也完全由被控对象的数学模型而确定. 而 MFAC 的被控对象则是一般未知非线性系统，无论系统结构和参数是否时变、慢时变还是快时变，系统是线性还是非线性；从系统假设上看，传统自适应控制的数学假设都是基于被控对象模型给出的，并且要求系统模型最高阶数已知，而 MFAC 方法则是基于系统的输入输出数据给出的. 主要假设就是系统满足广义 Lipschitz 条件，而这个条件的物理意义还非常明显，即要求系统满足有限控制输入能量变化不能引起系统输出信号能量的无限增长. 另外一个条件则是要求系统的控制方向已知，这一点与传统自适应控制一样. 从系统稳定性分析方法和结论上看，传统自适应控制的稳定性分析方法是基于 Lyapunov 稳定性理论及关键技术引理，结论是系统跟踪误差的渐进收敛性，而 MFAC 方法的稳定性收敛性分析方法则是基于压缩映射方法，稳定性结论是跟踪误差的单调收敛性. 其他差别还有：①基于紧格式动态线性化的 MFAC 有一个在线调整的参数；偏格式有 L 个在线调整参数；全偏格式有 L_u+L_y 个在线调整参数，且这些参数数量可根据具体被控对象的复杂程度由设计者设定. 而传统自适应控制器在线调整的参数则是由系统模型阶数所确定；②系统输入信号不需要满足持续激励条件，只要保证伪偏导数参数估计算法估计有界且符号不变即可.③MFAC 方法没有传统意义下的未建模动态和鲁棒性概念.

（5）关于 MFAC 理论与方法的综述见文献［21, 69-70］. 系统稳定性和误差单调收敛性的严格证明参见文献［18-22, 71-72］.MFAC 系统新的鲁棒性定义及问题提法和分析手段等参见文献［73-77］；复杂连接系统（包括串联、并联、反馈和复杂互联系统）的 MFAC 方案见文献［21-22］；MFAC 与已有控制方法之间的模块化设计方案见文献［78-79］；无模型自适应迭代学习控制方法见文献［81-89］.

5.4.2 基于控制器动态线性化的无模型自适应控制

深入观察人工实际系统的建立和控制系统设计过程，可发现，任何人工实际系统的建立都是工程师按照某些事先规划好的控制手段或控制装置，然后按照系统要求或过程目标利用已有各种元器件来实现该实际系统，而不是事先有实际系统，然后再设计控制系统或装置. 也就是说，工程师已经事先设想了一个控制器结构，并认定该控制器能够完成（施工完后的）实际系统的设计目标要求. 任何人工实际过程系统都存在与之相应的理想控制器，否则该实际过程系统存在的合理性就受到质疑.

5.4.2.1 非线性系统控制器结构确定

基于理想控制器动态线性化方法的新型 MFAC 设计方法如下：

假设如下理想控制器能够实现受控系统（5-3-1）的控制任务

$$u(k) = C(u(k-1), \cdots, u(k-n_c), e(k+1), \cdots, e(k-n_e)), \qquad (5\text{-}4\text{-}3)$$

其中 $C(\cdot)$ 是一个未知光滑非线性函数；$e(k) = y_d(k) - y(k)$ 是系统跟踪误差信号；n_c, n_e 是设计的控制器未知阶数.

该控制器由于仅是数学上的存在，具体形式未知，非参数化形式，因此，在实际中不可应用.

做类似于假设 5-3-1，假设 5-3-2 的假设，应用动态线性化方法于理想控制器（5-4-3），即可得到未知理想非线性控制器的动态线性参数化形式.

理想控制器基于紧格式动态线性化形式：

$$\Delta u(k) = \psi(k)\Delta e(k+1) \qquad (5\text{-}4\text{-}4a)$$

其中标量函数 $\psi(k)$ 是控制器伪偏导数（PPD），且满足 $|\psi(k)| \leqslant b$ 对任何的 k 都成立，b 是一个常数. $\Delta e(k+1) = e(k+1) - e(k)$.

理想控制器基于偏格式动态线性化形式：

$$\Delta u(k) = \boldsymbol{\psi}^{\mathrm{T}}(k)\Delta e(k+1) \qquad (5\text{-}4\text{-}4b)$$

其中 $\boldsymbol{\psi}^{\mathrm{T}}(k) = \begin{bmatrix} \psi_1(k), \cdots, \psi_{L_e}(k) \end{bmatrix}$ 是控制器伪梯度向量，且满足 $|\boldsymbol{\psi}(k)| \leqslant b$ 对任意 k 都成立，b 是一个常数. 其中

$$\Delta e(k+1) = \begin{bmatrix} \Delta e(k+1), \Delta e(k), \cdots, \Delta e(k-L_e+2) \end{bmatrix}^{\mathrm{T}}$$

$$\Delta e(k-i+1) = e(k-i+1) - e(k-i), i = 0, \cdots, L_e - 1$$

$$\Delta u(k) = u(k) - u(k-1)$$

理想控制器基于全格式动态线性化形式：

$$\Delta u(k) = \Delta \boldsymbol{\psi}^{\mathrm{T}}(k)\Delta \xi(k+1) \qquad (5\text{-}4\text{-}4c)$$

其中 $\boldsymbol{\psi}(k) = [\psi_1(k), \cdots, \psi_{L_e+L_c}(k)]^{\mathrm{T}}$ 称为是控制器的伪梯度向量，且满足 $|\boldsymbol{\psi}(k)| \leqslant b$

对任意 k 都成立，b 是一个常数. 其中 L_e 和 L_c 是控制器对误差和控制输入阶数.

$$\Delta\boldsymbol{\xi}(k+1) = [\Delta e(k+1),\cdots,\Delta e(k-L_e+2),\Delta u(k-1),\cdots,\Delta u(k-L_c)]^{\mathrm{T}}$$

$$\Delta e(k-i+1) = e(k-i+1) - e(k-i), i = 0,\cdots,L_e-1$$

$$\Delta u(k) = u(k) - u(k-1)$$

几点注释：

（1）对控制器（5-4-3）做类似于假设（5-3-1）和（5-3-2）的假设意味着理想控制器是一个耗能控制单元，即有限误差输入信号变化不能引起控制器信号输出的无限增长，也可以说是该控制器具备有限能量.

（2）控制器（5-4-4a）是控制器（5-4-4b）的特殊形式，控制器（5-4-4b）是控制器（5-4-4c）的特殊形式. 控制器阶数 L_e,L_c 是可设计参数. 进一步，控制器（5-4-4）结构与受控系统无关，基于该控制器的控制系统不存在传统的未建模动态问题.

（3）实际应用控制器（5-4-4）时，关键是如何获取系统 $e(k+1)$，否则就是一个非因果控制器，实际上无法实现，不可应用.

（4）需要指出的是，PID 控制器结构是该类控制器的一个特例，即当 $L_e=1$ 时，控制器（5-4-4b）就变成 PID. 自从 20 世纪 20 年代出现以来，学界一直不知道其理论基础如何而来，这可能是第一次从理论角度上给出 PID 控制器结构的确定方法. 本质上，基于理想控制器的动态线性化，是控制器线性参数化的一种方法. 理论上讲，其他线性参数化方法也可以应用，如多项式逼近、神经元网络、正交逼近等，然而，基于这些线性化方法设计的控制器具有如下本质缺点，参数过多、阶数过高、控制器结构过于复杂等问题.

（5）有了基于理想控制器（5-4-3）等价动态线性化表述的控制器（5-4-4）后，余下的问题就是如何获取和整定控制器的参数，也就是说，控制器的设计问题已经转化为控制器的参数辨识问题.

5.4.2.2　控制器参数整定

控制器参数整定问题是此类控制器设计的关键. 控制器参数整定的常规方法是，利用受控系统模型，基于某种控制器参数设计准则函数的最小化即可获取控制器的参数，如

$$J(\psi(k)) = [y_d(k+1) - y(k+1)]^2 + \lambda_k[\psi(k) - \hat{\psi}(k-1)]^2 \qquad (5\text{-}4\text{-}5)$$

关于控制器（5-4-4）设计的因果性问题如下.

如果系统模型无法获取，仅有输入输出数据可应用，由于（5-4-3）是数学上存在的理想控制器，因此可设定 $e(k+1)=0$，即理想的控制器可以驱动受控对象使其实际输出一步即可达到其跟踪目标. 另外，由于受控系统模型未知，即 $y(k+1)$ 未知，为了能实现控制器的参数整定，就需要建立受控系统输出某种形式的预报模型，在这种情况下，应用受控系统（5-3-1）的动态线性化数据模型（5-3-2）是一个可行选择. 然后，利用优化算法就可以得到控制器参数整定的迭代估计公式，再利用基于（5-4-1）或（5-4-2）中的伪偏导数估计公式，就可以得到模型未知情况下此类新型的无模型自适应控制方案.

当系统可信模型可以获取时，可以应用系统数学模型来对系统下一时刻的输出进行预报，从而可得到系统误差信号 $e(k+1)$，进而可直接求解上述优化问题得到参数整定方法.

方案 1：假设理想控制器使 $e(k+1)=0$

实际控制器：

$$\Delta u(k) = -\hat{\psi}(k)\varepsilon(k)$$

控制器 PPD 参数 $\psi(k)$ 的估计算法及重置算法：

$$\hat{\psi}(k)=\hat{\psi}(k-1) - \frac{\hat{\phi}(k)\varepsilon(k)}{\lambda_k + \left[\hat{\phi}(k)\varepsilon(k)\right]^2} \times \left[y_d(k+1) - y(k) + \hat{\phi}(k)\hat{\psi}(k-1)\varepsilon(k)\right]$$

$$\hat{\psi}(k)=-b, \quad \hat{\psi}(k) < -b \text{ 或 } \hat{\psi}(k) > -b$$

受控系统数据模型 PPD 参数 $\phi(k)$ 的估计算法及重置算法：

$$\hat{\phi}(k) = \hat{\phi}(k-1) + \frac{\Delta u(k-1)}{\mu + \Delta u(k-1)^2}\left[\Delta y(k) - \hat{\phi}(k-1)\Delta u(k-1)\right]$$

$$\hat{\phi}(k) = \hat{\phi}(1), \quad \hat{\phi}(k) < \underline{\hat{\sigma}} \text{ 或 } \hat{\phi}(k) > \overline{b}$$

其中 $\lambda_k > 0, \mu > 0$，$\underline{\hat{\sigma}}$ 是小正数，$\hat{\phi}(1)$ 是 $\hat{\phi}(k)$ 的初始估计值.

方案 2：如果受控系统数学模型已经存在，最小化（5-4-5）时，则可利用受控对象数学模型来计算目标函数针对参数 $\psi(k)$ 的梯度信息，具体公式如下：

$$\partial J / \partial \psi(k) = 2(y(k+1) - y_d(k+1)(\partial y(k+1)/\partial \psi(k)) + 2\lambda\Delta\psi(k)$$

$$= 2(y(k+1) - y_d(k+1)\frac{\partial y(k+1)}{\partial u(k)}\frac{\partial u(k)}{\partial \psi(k)} + 2\lambda\Delta\psi(k)$$

基于此梯度信息,最小化(5-4-5)就可以得到参数 $\psi(k)$ 的迭代估计算法,进而也可以实现原受控系统的 MFAC.

上述控制方法的意义在于,控制器设计与受控系统数学模型无关,仅用受控系统 I/O 数据来设计. 用另外的话说,控制器的设计独立于受控对象. 但参数整定时,则既可以应用系统的模型信息,也可以仅用受控对象 I/O 数据. 控制器动态线性化数据模型及被控对象动态线性化数据模型,仅虚拟地存在于控制系统的设计中,其参数可用输入输出数据来估计.

上述方法详细内容、稳定性分析结果、仿真数例、实际应用及进一步进展,请参见[90-94].

5.4.3 小结

控制器结构设计是否基于模型或者不依赖受控对象本身是判别一个控制方法是否是数据驱动控制方法的准则. 如果控制器结构源于受控系统的数学模型,就是基于模型控制方法;如果是独立于被控对象,就是数据驱动控制方法. 控制器参数整定则即可是基于模型的整定方法,也可以是无模型的整定方法. MFAC 作为一种典型具有理论体系的数据驱动控制方法,从 MFAC 的设计过程和分析结果可以看出数据驱动控制理论的基本实现路线和各种性质.

另外,已存在典型的数据驱动控制方法,如 PID 控制、迭代反馈整定(IFT)、虚拟参考反馈整定(VRFT)、迭代学习控制(ILC)等等,的控制器结构都是事先假设已知,或者是构造性地给出,因此,如何设计一个有理论基础支撑的数据驱动控制器结构,并给出系统的分析和设计方法,建立其可能的统一框架,这对数据驱动控制理论健康发展无疑是具有重要意义的工作. 本章给出的 MFAC 方案,非线性系统动态线性化方法是其数学基础,控制器设计、参数整定以及稳定性分析等都是基于该基础给出的. 另外,非线性系统动态线性化方法也可用于重复运行未知非线性系统的控制问题,即将动态线性化方法应用于迭代轴,通过沿迭代轴重复方向的动态差分即可发现重复运行系统不同运行次数之间的虚拟动态数据关系[80, 88],进而可设计相应的数据驱动迭代学习控制方法,传统的迭代学习控制系统设计是其特例.

5.5　数据驱动控制研究的挑战与展望

MBC 与 DDC 的研究目标是一样的，就是要解决实际系统的控制问题，但它们所面临的背景则完全不同. MBC 方法所研究的主要对象是被控对象数学模型可建立且其不确定性可描述，而 DDC 方法研究的被控对象是数学模型不可获取，仅有系统运行输入输出数据可利用. 由于 DDC 方法是在系统模型未知情况下的控制理论和方法，因此研究 DDC 方法，建立其理论基础和体系，无疑要面临比研究 MBC 方法更多的挑战.

以下的内容部分参考了文献 [105-110].

5.5.1　数据驱动控制研究挑战

不论哪种系统控制问题，其设计任务无外乎是建模、优化与控制，理论关注点也无外乎控制系统的稳定性、收敛性和鲁棒性等性能指标. 尽管这些概念在 MBC 框架下已经得到了很好的研究和理解，且有典型的系统分析方法，但在 DDC 框架下，其主要内涵都有了本质的变化，这些本质变化隐含了 DDC 方法理论研究所面临的各种艰巨挑战.

1）数据驱动动态建模与控制器结构

在 MBC 框架下，系统输入与输出之间的关系方程用状态空间方法来描述，也就是基于输入、输出、状态等概念的微分方程或差分方程. 微分方程或差分方程中的状态、维数、参数、滞后，以及附加的极点、零点、阶数等概念都有实际物理意义. 然后基于这些模型，应用数学分析和 Lyapunov 稳定性理论等手段，进行控制系统设计和分析. 这个过程中，系统模型有双重作用，既是实现系统输出的预报，同时也是确定控制器结构的依据. 系统模型的结构、参数及不确定性描述等信息都已嵌入到控制器中，导致了控制系统运行效果和控制器性能都必然严格依赖系统模型和不确定性描述的准确性. 然而，这些描述又一定是不准确的，因此，如何突破这种本质的依赖，使控制器设计中不包含系统模型结构和但能利用受控系统在线数据（因为实际运行数据中包含所有系统运行状态信息，当然也包括不确定性），是解决 MBC 方法所面临各种本质问题的关键.

控制理论研究与数学理论研究有本质差别，控制理论的研究对象是实际系统的控制问题，研究目的和评价指标都是以解决实际系统控制问题为准则．控制问题本质都是如何设计控制输入信号，驱动被控对象使得系统的输出能够跟踪期望给定的信号或得到满意的行为．因此，建立描述系统运行中控制输入是如何驱动系统输入与输出之间的动态关系，对控制系统设计都是不可避免的，否则无从谈起控制问题．关键是建立什么样的关系方程、如何利用这种关系方程．另外，对实际系统来说，其输入信号影响系统实际输出信号需要经过一段时间，存在时滞，数学本质上，这种关系方程在控制系统设计与分析中的根本作用就是能够反映当前时刻控制输入信号与下一时刻或几个时刻后系统输出信号之间的映射关系，即系统输入到系统输出之间的预报问题，这种预报关系是系统模型的本质作用．当系统因果关系模型可获取且可信时，MBC 方法有很多较好方法能解决其系统控制问题．然而，如果系统模型不可获取，仅有系统输入输出数据，如何利用这些数据进行数据驱动动态建模是目前 DDC 理论研究中迫切需要解决的挑战性科学难题．所谓动态建模意味着即能利用在线闭环数据，也能利用历史数据．在线数据反映系统的变化，历史数据展现系统的规律．

任何控制系统设计，无论是 MBC 方法还是 DDC 方法，有两个基本任务，即控制器结构如何确定和控制器参数如何整定．MBC 方法其控制器结构确定以及控制器参数整定方法已有成熟、系统性的数学基础理论；然而，对 DDC 方法来说，目前仅有部分工作．

在 DDC 框架下，控制器结构的确定既可以是先验的，也可以是基于数据驱动动态建模的非因果关联关系或数据关系来确定．DDC 控制方法可分为控制器结构已知和未知两类．第一类 DDC 方法研究本质上就变成了控制器参数辨识方法的具体应用，其理论难度和挑战性主要集中在控制系统的稳定性和收敛性理论证明．对第二类 DDC 方法，与基于机理模型或辨识模型来确定控制器结构的 MBC 方法有本质区别，该类方法主要理论难题有关联关系或数据模型如何发现，同时也有诸如稳定性和收敛性分析的挑战．

在 DDC 框架下，反映系统实际输入与输出之间关联关系的数据模型，描述输入输出之间数据量值之间的变化，不包含系统未建模动态，它仅与系统的输入输出数据有关，与系统模型和结构无关．因此，基于此数据关系模型设计的控制系统，就会具备原来 MBC 方法所不具备的优越性．

2）数据驱动优化

数据驱动优化是指仅知道系统的各种运行数据，在没有具体目标函数解析表达情况下，利用这些数据进行系统优化决策的理论与方法. 数据驱动优化是 DDC 方法的数学基础. 由于没有具体的目标函数形式，已有的数学优化理论与方法在这种情况下都无能为力. 其他各种智能优化方法则由于系统控制问题的不可试验性、实际系统运行安全性和系统控制问题实时性等要求也面临各种各样的挑战. DDC 方法本质困难就是缺乏数据驱动优化的理论和具体技术.

3）数据驱动控制

DDC 系统设计面临的瓶颈问题除了上述阐述的两方面之外，还面临着若干其他的挑战. 由于没有传递函数模型或状态空间模型，已有的基于模型控制方法都无能为力，Lyapunov 稳定性分析手段已不再适用，这就导致了 DDC 方法研究又回退到 20 世纪 40 年代的水平，一切都得从头开始，包括基本概念、基本工具和基本方法. 尽管有这么多的困难，但 DDC 方法和理论体系的建立也有较好的条件，成熟 MBC 方法的概念、理论体系和框架都可以借鉴和移植. 基于模型控制理论与方法与 DDC 理论与方法由于目标一致，一个是受控系统模型已知情况下的控制理论与方法，一个是受控系统模型未知仅有输入输出数据可获取情况下的控制理论与方法，因此可以比照 MBC 方法的概念、框架和体系，平行地发展出相应的 DDC 方法. 基于此观察，数据驱动最优控制、数据驱动自适应控制、数据驱动鲁棒控制、数据驱动多智能体协调控制、数据驱动滤波理论与方法，等等，都将是未来的发展方向. 当然也包括数据驱动调度、数据驱动故障诊断、数据驱动系统性能评价、数据驱动健康维护方法等等.

目前，文献中也出现了若干种其他类型的 DDC 方法，与上述综述所有 DDC 方法具有不同思路，可以被看成是大数据情况下的 DDC 控制方法，具体可参见文献［114-115］.

4）数据驱动控制的稳定性、收敛性和鲁棒性

DDC 系统，由于其数学模型不可获取，仅是基于受控系统输入输出数据来进行设计和分析，因此进行其控制系统的理论研究将变得十分困难，实际上也是如此. 到目前为止，各种数据驱动控制方法中，有比较完善理论架构和典型

稳定性、收敛性和鲁棒性分析结果的 DDC 方法仅有两种,即 ILC 和 MFAC. DDC 方法的稳定性、收敛性概念的内涵与 MBC 方法是一样的,但其鲁棒性的定义则完全不同. MBC 中的鲁棒性是指系统未建模动态及环境变化等因素对控制系统性质和性能的影响. 而在 DDC 中,由于系统所有信息,包括环境因素引起的系统影响等,都包含在系统运行数据中,且 DDC 控制器设计又仅利用这些数据进行设计,因此 MBC 框架下的未建模动态概念在 DDC 下不存在.

DDC 系统的稳定性、收敛性和鲁棒性的分析方法研究是一个极具挑战性的科学问题,其原因就在于系统的数学模型未知,已有的分析 MBC 系统理论性质的数学工具在此框架下不再适应,这也是为什么除了 MFAC[73-77] 和 ILC 两种 DDC 方法之外,其他 DDC 方法没有这方面工作的根本原因. PID 控制器存在已近一个世纪了,但到今天为止 PID 也没有这方面的系统性工作.

关于 DDC 方法的较详细的学术综述请参见文献 [94-96].

5.5.2 数据驱动控制研究展望

5.5.2.1 简单系统数据驱动控制

DDC 理论和方法还处于萌芽阶段,还有很多工作需要去探索和研究. 以下内容是 DDC 理论和方法迫切需要解决的问题和可能的发展趋势.

(1) DDC 理论和方法框架体系的建立. 各种 DDC 方法要解决的控制问题是一样的,即如何仅利用受控系统 I/O 数据直接设计控制器,并使控制器能够满足受控系统的控制要求. 已有的 DDC 方法都是独立提出并发展起来的,相互借鉴、渗透和移植,并在此基础上提炼它们共同的基础理论及可能的框架,如控制器参数辨识结构框架、动态线性化方法框架、梯度信息估计算法框架,等等,对建立具有统一体系的 DDC 理论和方法将具有重要的指导作用;DDC 理论与方法典型稳定性、收敛性和鲁棒性的理论分析手段和方法研究是 DDC 理论和方法健康发展的基石. 任何新理论新方法的建立和发展,以及走向成熟的主要标记是具有典型分析手段和方法,对 DDC 理论和方法也是如此. 由于 DDC 理论和方法是从数据直接到控制器的设计和分析方法,因此其稳定性和收敛性的分析方法也将是基于数据的,比较有前景的稳定性分析方法可能是基于"数据能量有界"或者压缩映射理论的稳定性和收敛性分析方法.

(2) 面向控制任务的数据处理及在 DDC 系统设计中的应用. 离线数据处

理算法，包括各种数据挖掘算法、特征提取算法、模式识别算法、机器学习算法、统计分析算法、高级优化算法等，已经非常丰富，而现有 IT 软硬件技术又为这些离线算法的在线实现提供了计算能力. 众所周知，离/在线数据中蕴含着大量系统动力学和系统运行的规律、模式和系统变化信息，探讨如何将这些规律、模式和系统变化在 DDC 系统设计中的实际应用，无疑将会对 DDC 理论与方法的建立和发展起到重要推动作用. 因此，任何探讨 DDC 系统设计中充分利用数据的努力都是非常有意义的研究工作，也就是说，数据的离线、在线和混合利用方式都很有研究前景. 能否充分利用数据是 DDC 理论与 MBC 理论之间本质的区别.

（3）DDC 鲁棒性定义和分析方法也是 DDC 理论和方法建立和发展必须要解决的重要问题. 鲁棒性在 MBC 理论和方法中有其特殊含义，已得到较好的研究. 然而，对 DDC 理论和方法来讲，由于传统不确定性、未建模动态等定义和假设在这里已失去意义，因此在 DDC 框架下鲁棒性的定义、鲁棒性问题的提法及分析和增强手段等都是值得研究的问题. 直接和直觉的想法就是研究系统采样、系统数据测量噪声、数据处理及数据传输过程中的丢包、乱码、延时等对已设计 DDC 系统所具有性质的保持程度和影响. 关于数据驱动 MFAC 的稳定性和鲁棒性部分工作参见文献［73-77］. ILC 方法的鲁棒性研究工作参见文献［97-104］.

（4）数据驱动的评价、预报和稳定性检验方法也是有前途的研究方向. 以往 MBC 理论和方法的评价和预报都是基于系统模型的结果，然而这些评价和预报方法在实际应用中是不可靠的，因为模型本身是不准确的. 同样基于模型的稳定性结论也是如此. 构造安全可靠的控制器是对现代控制理论在实际中的成功应用至关重要.

（5）DDC 系统与 MBC 系统各有各的优缺点，如何使优势得到发挥，缺点得到克服，可获取的正确且准确信息确保得到充分利用等，都是值得研究的内容. 换句话说，如何将 MBC 方法和 DDC 方法进行有机融合集成及模块化设计是一个非常重要的研究内容. 另外，基于机理模型和数据模型的并行双模型控制系统理论和方法，使得各自的方法相互支持、相互校正、优势互补、相互完善，也是一个非常有趣的研究课题. MBC 和 DDC 方法之间的切换控制、相互学习控制的设计也是有意义的. 不同 DDC 方法之间优势互补控制系统设计方面部分研究成果可参见文献［111-114］.

（6）针对连接结构明确的简单复杂系统来说，由于复杂系统的空间范围大、层次多、多尺度、多时标等属性，对复杂系统进行空间和时间上的网格化是非常必要的. 设计网格化上的 DDC 理论和方法、设计针对复杂系统的数据驱动预报和评价方法、设计同一层面/不同层面之间数据驱动的网格化单元协调控制方法、设计基于局部输出反馈的分层递阶控制，诸如此类都是值得研究的课题.

（7）针对多智能体系统、网络系统，如物流系统、电网系统等，研究其在模型无法获取的情况下的数据驱动控制、调度、预报、评价、诊断、决策等具体理论与实际应用也是十分具有挑战性的课题.

（8）已有数据驱动控制方法在典型实际系统中的应用也意义非常重大.

5.5.2.2　大数据环境下数据驱动控制

大数据具有如下显著特征：①数据规模（volume）大. ②数据类型（variety）多，包括结构化、半结构化和非结构化数据，甚至包括非完整和错误数据. ③产生和增长速度（velocity）快. 各种数据采集和存储设备每时每刻都在获取和存储大量新的数据，数据以高密度流的形式快速演变，具有很强的时效性. ④数据价值（value）大，价值密度低，可整合与多次利用. 大数据的可获取性深刻地影响目前和未来的科学研究. 大数据使科学研究从过去的假设驱动型转化为现代的数据驱动型. 粗略地讲，千年前，人们通过长期观察数据，归纳总结出客观规律. 百年前，科学家们通过公理假设，推演出逻辑严谨表达优美的科学知识和数学原理. 几十年前，随着计算机的出现，人们开始研究各种以前我们不能研究的真实复杂系统，催生了科学研究的第三种范式的出现——"计算机模拟仿真". 今天，随着传感器、计算机、网络技术等普及，大数据可实时获取，基于数据密集型的科学研究被描绘为"第四范式"，也即数据驱动型的科学研究. 在传统数学工具、控制理论及方法面对过于复杂的系统建模、优化与控制问题显得无能为力时，数据驱动方法和数据驱动控制的"第四范式"可能是最有希望解决这些难题的选择[109, 110].

各学科发展都离不开数据，数据驱动的动态建模、预测、学习、优化、决策与控制等已成为新的研究领域. 大数据体量大、结构多样、增长速度快、整体价值大而部分价值稀疏等特点, 正在深刻本质地推动着传统的 MBC 理论与方法的变革. 传统 MBC 理论与方法产生于机器与电气时代, 面对如今大数据时代, 如何突破传统的思维定式和理论研究框架, 面向具体领域的实际应用, 从大数据中萃取挖掘以往无法获取的描述子系统之间相互影响的关联关系、演变规律和知识, 深入研究和发展革命性的、可满足时代需求的 DDC 新方法和新技术, 将成为今后控制科学与工程领域一项紧迫而重要的科学任务.

大数据的存在给我们开展系统控制理论的研究带来的既是机遇也是挑战, 大数据给我们研究无法建模的复杂系统的控制问题带来了可能.

大数据的特征决定了大数据的存在虽然不能使受控系统的数学建模变得更加准确, 但可通过数据分析处理挖掘与学习等手段, 获取和发现原来不能建模的复杂系统各子系统间或变量间的关联关系数据模型, 从而提供更加广泛的控制手段. 大数据使我们有更多的角度认识复杂系统, 能提供更加丰富、全局全面战略正确的系统评价和长短程预报能力, 进而有望在战略或者战术层面上解决复杂系统控制问题的有效性和安全性.

面向特征多变、准确描述难、动态行为预测难、系统间链接关系复杂、无法准确建模的大规模动态系统, 伴随着来源广域、形式混杂、层次多样和持续涌现的系统大数据, 急需研究能解决系统级的数据驱动管理与决策、分析与预报、优化与控制、调度与维护方法, 以及数据驱动的复杂系统行为描述、建模、预测、评估、故障诊断的方法等. 高效、安全与可信的数据驱动复杂系统决策、控制和优化新方法及实现技术, 是推动社会经济快速发展的技术保障.

MBC 理论与方法倚重依赖数学科学, 理论严谨、严格是这个领域的标志之一. 随着控制应用从单元装置、到简单系统、到复杂系统、到网络系统、到系统的系统 (a system of systems), 复杂性、多样化和多目标性使得问题变得越来越难, 控制理论与数学紧密结合的理论研究虽然重要, 但在没有更好能准确描述系统纷繁复杂关系的数学工具出现之前, 我们似乎应该摈弃控制系统设计一直遵守的数学严谨性和严格性, 初步控制、稳定控制、较好控制、满意控制胜于无控制、胜于依赖人的经验控制. 在无法准确获取描述系统的因果关系时, 研究基于系统变量之间、子系统之间相互影响、执行层/协调优化层/宏观层的各指标即变量之间虚拟数据关联关系，驱动优化与控制方法，是一个客观、务实和需要鼓励的选择.

应该突出加强基于数据的关联关系和数据关系在控制理论研究中的作用，拓展我们认识物理世界的方法和途径，观察和观测是人类解决面临难题的一个根本手段，观察和观测得到的结果就是数据，经过加工、处理、归纳、演绎可获取对客观世界更加深刻的了解和认识，因果关系和关联关系是我们理解、掌握和预演物理世界演化演变本质规律的表述，基于能反映物理世界演变规律的因果关系或关联关系的基于模型控制理论（方法）或数据驱动控制（方法），应该是直觉和直接又合理的选择.

云计算、网络化控制、互联网、人工系统、大数据技术、数据驱动控制与基于模型控制理论等的高度集成与融合可能是未来控制科学与工程学科发展的主要趋势和潮流.

5.6 结 束 语

本章综述了数据驱动控制产生动机、概念、定义、研究对象、研究目标、研究内容、研究地位、存在的必要性和研究现状等多个方面，阐述了数据驱动控制理论与方法研究的重要性、紧迫性、以及所面临的挑战.

然而，本书书名是"控制理论若干瓶颈问题"，读者很容易地就会发现本章内容写作与本书书名所暗含的写作风格不太一样，原因在于，数据驱动控制是一个新的研究领域，概念的内涵和外延、研究内容、研究目标等都带有争议性. 简单命题式的写作，可能让读者感到非常难于理解和接受. 因此，本章作者尝试了大家目前已经看到的写法，希望能得到各位同仁谅解.

实际上，数据驱动控制理论研究的"瓶颈问题"实在太多，数据驱动控制理论与基于模型控制理论的科学目标是相同的，不同的是，一个基于模型，一个数据驱动. 因此可以说，基于模型控制理论的瓶颈问题都是数据驱动控制理论研究的瓶颈问题；当然也有很多不同，如鲁棒性问题. 另外，很多问题在MBC 框架下无法解决，但在 DDC 框架下，则可能就不是问题，如系统阶数确定和结构辨识问题、系统建模和鲁棒性问题，等等. 不过，数据驱动控制理论研究还有它本身独有的"瓶颈问题"，如挑战与展望中所列出的各问题.

　　系统输入输出数据包括历史数据和在线数据. 历史数据中蕴含系统运行
的规律, 在线数据反映系统运行的变化. 数据是我们认知系统运行状态和行为
的唯一途径. 如何在控制系统设计和应用的各个环节始终连续不断地应用系
统运行数据, 尤其是系统运行过程中的在线数据, 而不是仅利用系统历史数
据来离线建立受控系统的数学模型, 从方法论上讲, 是直接、客观、合理的. 因
此, 研究和发展数据驱动控制理论与方法, 尤其是在数据化时代的今天, 对
控制理论的发展和应用, 都具有十分重要的意义.

致　　谢

　　本工作受国家自然科学基金委员会信息科学部重点项目 "大数据环境下
的复杂城市交通系统预测与控制"(61433002) 资助.

参 考 文 献

[1] 黄琳, 杨莹, 王金枝. 2013. 信息时代的控制科学. 中国科学: 信息科学, 43(11):
1511-1516.

[2] Murray R M. Report of the Panel on Future Directions in Control, Dynamics, and Systems,
Control in an Information Rich World. http://www.cds.caltech.edu/~murray/cdspanel

[3] Kalman R E. 1960. A new approach to linear filtering and prediction problems. Transactions
ASME, Series D, Journal of Basic Engineering, 82:34-35.

[4] Kalman R E. 1960. Contributions to the theory of optimal control. Boletin de la Sociedad
Matematica Mexicana, 5: 102-119.

[5] Anderson B D O, Dehghani A. 2008. Challenges of adaptive control-past, permanent and
future. Annual Reviews in Control, 32: 123-135.

[6] Anderson B D O. 2005. Failures of adaptive control theory and their resolution. Communications
in Information and Systems, 5(1): 1-20.

[7] Rohrs C E , Valavani L, Athans M, et al. 1985. Robustness of continuous-time adaptive
control algorithms in the presence of unmodeled dynamics. IEEE Transactions on
Automatic Control, 30 (9): 881-889.

[8] Albertos P, Sala A. 2002. Iterative Identification and Control. London: Springer-Verlag.

[9] Gevers M. 2002. Modelling, Identification and Control//Iterative Identification and Control
Design. London: Springer Verlag: 3-16.

[10] 侯忠生, 许建新. 2001. 数据驱动控制理论及方法的回顾和展望. 自动化学报, 35(6):
650- 667.

[11] Spall J C, Cristion J A. 1993. Model-free control of general discrete-time systems. Proc of

the 32rd IEEE Conference on Decision and Control. San Antonio, USA: 2792-2797.

[12]Spall J C. 1992. Multivariate stochastic approximation using a simultaneous perturbation gradient approximation. IEEE Transactions on Automatic Control, 37 (3): 332-341.

[13] Spall J C, Cristion J A. 1998. Model-free control of nonlinear stochastic systems with discrete-time measurements. IEEE Transactions on Automatic Control, 43(9): 1198-1210.

[14] Spall J C. 2000. Adaptive stochastic approximation by the simultaneous perturbation method. IEEE Transactions on Automatic Control, 45(10): 1839-1853.

[15] Spall J C. 2009. Feedback and weighting mechanisms for improving Jacobian estimates in the adaptive simultaneous perturbation algorithm. IEEE Transactions on Automatic Control, 54(6): 1216-1229.

[16] Spall J C, Chin D C. 1997. Traffic-responsive signal timing for system-wide traffic control. Transportation Research Part C, 5: 153-163.

[17] The Johns Hopkins University Applied Physics Laboratory. 2001. A Powerful Method for System Optimization. https://www.jhuapl.edu/spsa/pages.

[18] Hou Z S. The Parameter Identification, Adaptive Control and Model Free Learning Adaptive Control for Nonlinear Systems. PhD Thesis, Shengyang: Northeastern University, 1994.

[19] Hou Z S, Huang W H. The model-free learning adaptive control of a class of SISO nonlinear systems. Proc. of the 1997 IEEE American Control Conference, Albuquerque, USA, 1997: 343-344.

[20] Hou Z S. Nonparametric Models and Its Adaptive Control Theory. Beijing: Science Press, 1999.

[21] 侯忠生，金尚泰. 2013. 无模型自适应控制——理论与应用. 北京：科学出版社.

[22] Hou Z S , Jin S T. 2013. Model Free Adaptive Control: Theory and Applications, Boca Raton：CRC Press.

[23] Safonov M G, Tsao T C. 1995. The Unfalsified Control Concept: A Direct path from Experiment to Controller.//Francis B A, Tannenbaum A R. Feedback Control, Nonlinear Systems and Complexity, Berlin: Springer-Verlag: 196-214.

[24] Safonov M G , Tsao T C. 1997. The unfalsified control concept and learning. IEEE Transactions on Automatic Control, 42 (6): 843-847.

[25] Safonov M G. 2006. Data-driven robust control design: Unfalsified control. //Achieving Successful Robust Integrated Control System Designs for 21st Century Military Appllcations-Part Ⅱ France: RTO.

[26] Van Helvoort J. de Jager B, Steinbuch M. 2007. Direct data-driven recursive controller unfalsification with analytic update. Automatica, 43 (12): 2034-2046.

[27] Van Helvoort J, de Jager B, Steinbuch M. 2008. Data-driven multivariable controller design using ellipsoidal unfalsified control. Systems & Control Letters, 57 (9): 759-762.

[28]Van Helvoort J,de Jager B, Steinbuch M. 2008. Data-driven controller unfalsification with

analytic update applied to a motion system. IEEE Transactions on Control Systems Technology, 16(6): 1207-1217.

[29] Ziegler J G,Nichols N B. 1942. Optimum settings for automatic controllers. Transactions of the ASME, 64: 759-768.

[30] Åström K J, Hagglund T, Hang C C, et al. 1993. Automatic tuning and adaptation for PID controllers-A survey. Control Engineering Practice, 1 (4): 699-714.

[31] Åström K J, Hagglund T. Wallenborg A. 1988. Automatic Tuning of PID Controllers. North Carolina: Instrument Society of America.

[32] Åström K J , Hagglund T. 1995. PID controllers: Theory Design and Tuning, 2nd Edition, North Carolina: Instrument Society of America.

[33] Hjalmarsson H, Gunnarsson S, Gevers M. 1994. A convergent iterative restricted complexity control design scheme. Proc. of the 33rd IEEE Conference on Decision and Control. Orlando, USA, 1735-1740.

[34]Hjalmarsson H, Gevers M, Gunnarsson S, et al. 1998. Iterative feedback tuning: Theory and applications. IEEE Control Systems Magazine, 18(4):26-41.

[35] Hjalmarsson H. 2002. Iterative feedback tuning-an overview. International Journal of Adaptive Control and Signal Processing, 16 (5): 373-395.

[36] Hjalmarsson H. 1999. Efficient tuning of linear multivariable controllers using Iterative Feedback Tuning. International Journal of Adaptive Control and Signal Processing, 13: 553-572.

[37] Hildebrand R, Lecchini A, Solari G, et al. 2004. Prefiltering in iterative feedback tuning: Optimization of the prefilter for accuracy, IEEE Transactions on Automatic Control, 49: 1801-1806.

[38] Hildebrand R, Lecchini A, Solari G, et al. 2005. Optimal prefiltering in iterative feedback tuning. IEEE Transactions on Automatic Control, 50: 1196-1200.

[39] Huusom J K , Poulsen N K, Jørgensen S B. 2009. Improving convergence of Iterative Feedback Tuning. Journal of Process Control, 19: 570-578.

[40]Karimi A, Miskovic L, Bonvin D. 2002. Convergence analysis of an iterative correlation-based controller tuning method. Proc. of the 15th IFAC World Congress, Barcelona, Spain: 1546-1551.

[41] Miskovic L,Karimi A,Bonvin D, et al. 2007. Correlation-based tuning of decoupling multivariable controllers. Automatica, 43: 1482-1494.

[42] Miskovic L, Karimi A, Bonvin D. 2003. Correlation-based tuning of a restricted-complexity controller for an active suspension system. European Journal of Control, 9(1): 77-83.

[43] Karimi A, Miskovic L, Bonvin D. 2003. Iterative correlation-based controller tuning with application to a magnetic suspension system, Control Engineering Practice, 11(6): 1069-1078.

［44］Guardabassi G O, Savaresi S M. 2000. Virtual reference direct design method: An off-line approach to data-based control system design. IEEE Transactions on Automatic Control, 45(5): 954-959.

［45］Campi M C, Lecchini A, Savaresi S M. 2002. Virtual reference feedback tuning: A direct method for the design of feedback controllers. Automatica, 38 (8): 1337-1346.

［46］Campi M C, Lecchini A, Savaresi S M. 2003. An application of the virtual reference feedback tuning (VRFT) method to a benchmark active suspension system. European Journal of Control, 9(1): 66-76.

［47］Previdi F, Schauer T, Savaresi S M, et al. 2004. Data-driven control design for neuroprotheses: A virtual reference feedback tuning (VRFT) approach. IEEE Transactions on Control Systems Technology, 12 (1): 176-182.

［48］Campi M C, Savaresi S M. 2006. Direct nonlinear control design: the virtual reference feedback tuning (VRFT) approach. IEEE Transactions on Automatic Control, 51 (1): 14-27.

［49］Previdi F, Ferrarin M, Savaresi S M, et al. 2005. Closed-loop control of FES supported standing up and sitting down using virtual reference feedback tuning. Control Engineering Practice, 13: 1173-1182.

［50］Uchiyama M. 1984. Formulation of high-speed motion pattern of a mechanical arm by trial. Control Engineering, 14 (6): 706-712.

［51］Arimoto S, Kawamura S, Miyazaki F. 1984. Bettering operation of robots by learning, Journal of Robotic Systems, 1 (2): 123-140.

［52］Xu J X, Hou Z S. 2005. On learning control: The state of the art and perspective, Acta Automatica Sinica, 31 (6): 943-955.

［53］Ahn H S, Chen Y Q, Kevin L M. 2007. Iterative learning control: Brief survey and categorization. IEEE Transactions on Systems, Man, And Cybernetics-Part C: Applications and Reviews, 37 (6): 1099-1121.

［54］Xu J X. 2011. A survey on iterative learning control for nonlinear systems, International Journal of Control, 84 (7): 1275-1294.

［55］Xu J X, Tan Y. 2003. Linear and Nonlinear Iterative Learning Control. Berlin: Springer Verlag.

［56］Schaal S, Atkeson C G. 1997. Robot Juggling: Implementation of memory-based learning, IEEE Control Systems Magazine, 14 (1): 57-71.

［57］Bontempi G, Birattari M, Bersini H. 1999. Lazy learning for modeling and control design. International Journal of Control, 72 (7/8): 643-658.

［58］Braun M W, Rivera D E, Stenman A. 2001. A model-on-demand identification methodology for nonlinear process systems. International Journal of Control, 74 (18): 1708-1717.

［59］Aha D W. 1997. Editorial: lazy learning. Artificial Intelligence Review, 11(1-5): 7-10.

［60］Atkeson C G, Moore A W, Schaal S. 1997. Locally weighted learning for control. Artificial

Intelligence Review, 11(1-5): 75-113.

［61］Pan T H, Li S Y, Cai W J. 2007. Lazy learning-based online identification and adaptive PID control: A case study for CSTR process. Industrial and Engineering Chemistry Research, 46(2): 472-480.

［62］谢宏，陈俊辉，陈海滨，等. 无模型自适应模糊算法的多晶硅棒温度控制，计算机工程与应用，2016, 52(1): 244-249.

［63］Xu D E Z, Jiang B, Liu F. Improved data driven model free adaptiveconstrained control for a solid oxide fuel cell. IET Control Theory Appl, 2016, 10(12): 1412-1419.

［64］Zhang H, Zhou, J, Sun Q, et al. 2015. Data-driven control for interlinked AC/DCMicrogrids via model-free adaptive control and dual-droop control. IEEE Transactions on Smart Grid, DOI: 10.1109/TSG.2015.2500269.

［65］Lu C, Zhao Y, Men K, et al. 2015. Wide-area power system stabiliser based onmodel-free adaptive control. IET Control Theory and Applications, 9(13): 1996-2007.

［66］Pang Z H, Liu GP, Zhou D H , et al. 2016. Data-based predictive control for networked nonlinear systems with Network-induced delay and packet dropout. IEEE Transactions on Industrial Electronics, 63(2): 1249-1257.

［67］Luo Y, Luo J, Qin Z. 2016. Model-independent self-tuning fault-tolerant control method for 4WID EV. International Journal of Automotive Technology, 17(6): 1091-1100.

［68］Li Z, Xia Y J, Qu Z W. 2017. Data-driven background representation method to video surveillance. Journal of the Optical Society of America A, 34(2): 193-202.

［69］侯忠生. 2006. 无模型自适应控制的现状与展望. 控制理论与应用，23(4): 586-592.

［70］侯忠生. 2014. 再论无模型自适应控制. 系统科学与数学，34(10): 1182-1191.

［71］Hou Z S, Jin S T. 2011. A novel data-driven control approach for a class of discrete-time nonlinear systems. IEEE Transactions on Control Systems Technology, 19(6): 1549-1558.

［72］Hou Z S, Jin S T. 2011. Data driven model-free adaptive control for a class of MIMO nonlinear discrete-time systems. IEEE Transactions on Neural Networks, 22(12): 2173-2188.

［73］Hou Z S, Bu X H. 2011. Model free adaptive control with data dropouts. Expert Systems with Applications, 38: 10709-10717.

［74］卜旭辉，侯忠生，金尚泰. 扰动抑制无模型自适应控制的鲁棒性分析. 控制理论与应用，2011，28(3): 358-362.

［75］Bu X, Hou Z S, Yu F, et al. 2012. Robust model free adaptive control with measurement disturbance. IET Control Theory Appl, 6(9): 1288-1296.

［76］Bu X H, Hou Z S, Yu F S, et al. 2012. Model free adaptive control with disturbance observer. Journal of control Engineering and Applied Informatics, 14(4): 42-49.

［77］Bu X H, Yu F S, Hou Z S, et al. 2012. Model-free adaptive control algorithm with data dropout compensation. Mathematical Problems in Engineering, Doi:10.1155/2012/329186.

[78] Hou Z S, Yan J W. 2009. Model free adaptive control based freeway ramp metering with feed-forward iterative learning controller. Acta Automatica Sinica, 35 (5): 588-595.

[79] 侯忠生, 晏静文. 2009. 带有迭代学习前馈的快速路无模型自适应入口匝道控制. 自动化学报, 35(5): 588-595.

[80] Chi R H, Hou Z S. 2007. Dual-stage optimal iterative learning control for nonlinear non-affine discrete-time systems. Acta Automatica Sinica, 33 (10): 1061-1065.

[81] Chi R H, Wang D W, Hou Z S, et al. 2012. Data-driven optimal terminal iterative learning control. Journal of Process Control, 22: 2026-2037.

[82] Chi R, Hou Z, Jin S, et al. 2014. Improved data-driven optimal TILC using time-varying input signals. Journal of Process Control, 24(12): 78-85.

[83] Chi R H, Liu Y, Hou Z S, et al. 2014. A novel data-driven terminal ILC with high-order learning law for a class of nonlinear discrete-time MIMO systems. IET Control Theory and Applications, DOI: 10.1049/iet-cta.2014.0754.

[84] Chi R H, Liu Y, Hou Z S, et al. 2015. High-order data-driven optimal TILC approach for fed-batch processes. The Canadian Journal of Chemical Engineering, 93(8): 1455-1461.

[85] Chi R H, Hou Z S, Jin S T, et al. 2015. Enhanced data-driven optimal terminal ILC using current iteration control knowledge. IEEE Transactions on Neural Networks and Learning Systems, 26(11): 2939-2948.

[86] Chi R H, Liu Y, Hou Z S, et al. 2015. Data-driven terminal iterative learning control with high-order learning law for a class of non-linear discrete-time multiple-input–multiple output systems. IET Control Theory & Applications, 9(7): 1075-1082.

[87] Hou Z S, Chi R H, Gao H J. 2017. An overview of dynamic-linearization-based data-driven control and applications. IEEE Transactions on Industrial Electrnoics, 64(5): 4076-4090.

[88] Chi R H, Hou Z S, et al. 2015. A unified data-driven design framework of optimality-based generalized iterative learning control. Computers and Chemical Engineering, 77: 10-23.

[89] Hou Z S, Zhu Y M. 2013. Controller-dynamic-linearization based model free adaptive control for discrete-time nonlinear systems, IEEE Transactions on Industrial Informatics, 9(4): 2301-2309.

[90] Zhu Y M, Hou Z S. 2014. Data driven MFAC for a class of discrete time nonlinear systems with RBFNN. IEEE Transactions on Neural Networks and Learning Systems, 25(5): 1013-1020.

[91] Zhu Y M, Hou Z S, Qian F, et al. 2017. Dual RBFNNs-based model-free adaptive control with aspen HYSYS Simulation. IEEE Transactions on Neural Networks and Learning Systems, 28(3): 759-765.

[92] Zhu Y M, Hou Z S. 2015. Controller dynamic linearisation-based model-free adaptive control framework for a class of non-linear system. IET Control Theory & Applications, 9(7): 1162-1172.

［93］Xu J X, Hou Z S. 2009. Notes on Data-driven System Approaches, Acta Automatica Sinica, 35(6): 668-675.

［94］Hou Z S, Wang Z. 2013. From model based control to data driven control: Survey, classification and perspective. Information Sciences, 235(20): 3-35.

［95］Hou Z S, Xu J X. 2009. On data-driven control theory: The state of the art and perspective. Acta Automatica Sinica, 35 (6): 650-667.

［96］Bu X H, Yu F S, Hou Z S, et al. 2012. Robust iterative learning control for nonlinear systems with measurement disturbances. Journal of Systems Engineering and Electronics, 23(6): 906-913.

［97］Bu X, Yu F, Hou Z S. 2013. Iterative learning control for a class of nonlinear systems with random packet losses. Nonlinear Analysis: Real World Applications, 14(1): 567-580.

［98］卜旭辉, 余发山, 侯忠生, 等. 2012. 测量数据丢失的一类非线性系统迭代学习控制. 控制理论与应用, 29(11): 1458-1464.

［99］Bu X H, Hou Z S. 2011. Stability of iterative learning control with data dropouts via asynchronous dynamical system. International Journal of Automation and Computing, 8(1): 29-36.

［100］Bu X H, Hou Z S, Yu F S. 2011. Stability of first and high order iterative learning control with data dropouts, International Journal of Control, Automation, and Systems, 9(5): 843-849.

［101］Bu X H, Hou Z S, Yu F S, et al. 2014. H_∞ iterative learning controller design for a class of discrete-time systems with data dropouts. International Journal of Systems Science. 45(9): 1902-1912.

［102］Bu X H, Wang H Q, Hou Z S, et al. 2014. Stabilisation of a class of two-dimensional nonlinear systems with intermittent measurements, IET Control Theory & Applications, 8(15): 1596-1604.

［103］Bu X H, Hou Z S, Jin S T, et al. 2016. An iterative learning control design approach for networked control systems with data dropouts. International Journal of Robust and Nonlinear Control, 26(1): 91-109.

［104］Gevers M. 2002. Modelling, Identification and Control//Schrama R, Paul VDH. Iterative Identification and Control Design. Berlin: Springer Verlag: 3-16.

［105］Samad T, Annaswamy A. 2011. The impact of control technology: Overview, success stories, and research challenges. IEEE Control Systems Society, 31(5): 26-27.

［106］Baillieul J, Samad T. 2015. The Encyclopedia of Systems and Control. http://www. springer.com/ engineering/control/book/978-1-4471-5057-2 [2018-10-30].

［107］The HYCON2 Network of Excellence, Systems and Control Recommendations for a European Research agenda towards Horizon 2020.

［108］Hey T, Tansley S, Toue K. 2010. The Fourth Paradigm: Data-Intensive Scientific Discovery，Berlin：Springer.

［109］Kutz J N. 2013. Data-Driven Modeling & Scientific Computation: Methods for Complex Systems & Big Data. New York：Oxford University Press.

［110］Hou Z S, Xu J X, Zhong J X. 2007. Freeway traffic control using iterative learning control based ramp metering and speed signaling, IEEE Transactions on Vehicular Technology, 56 (2): 466-477.

［111］Hou Z S, Yan J W. 2010. Convergence analysis of learning-enhanced PID control system. Control Theory & Applications, 27 (6): 761-768.

［112］Hou Z S, Xu J X, Yan J W. 2008. An iterative learning approach for density control of freeway traffic flow via ramp metering. Transportation Research Part C, 16: 71-97.

［113］晏静文, 侯忠生. 2010. 学习增强型 PID 控制系统的收敛性分析. 控制理论与应用, 27(6): 761-768.

［114］Li Y Q, Hou Z S. 2014. Data-driven asymptotic stabilization for discrete-time nonlinear systems. Systems & Control Letters, 64: 79-85.

［115］Li Y Q, Hou Z S, Feng Y J, et al. 2017. Data-driven approximate value iteration with analysis of optimality error bound. Automatica, 78: 79-87.

第6章　自抗扰控制中的若干未解问题

黄　一 [1, 2]

（1.中国科学院数学与系统科学研究院，中国科学院系统
控制重点实验室；2.中国科学院大学数学科学学院）

摘　要：经过多年的发展，自抗扰控制已成为一种可处理大范围和复杂结构
（时变、非线性、耦合）不确定动态系统控制问题的新方法，它突破
了许多现有理论和方法的局限性，显示了其在大范围内大幅度地抑
制不确定性并使闭环系统在恶劣环境中保持良好性能的可行性. 本
篇主要从自抗扰控制的适用条件是什么以及自抗扰控制的理论分析
两个大家普遍关注的方面讨论了其中的一些未解问题.

关键词：自抗扰控制，非线性不确定系统，非线性不确定系统估计

6.1 引　言

自抗扰控制（active disturbance rejection control，ADRC）的思想和方法
由中国科学院系统控制重点实验室的韩京清研究员在 20 世纪 80～90 年代提
出[1-11]，1998 年正式以"自抗扰控制器"之名发表[5]. 其核心思想是以被
控输出量的简单积分串联型为标准型，把系统动态中异于此标准型的部分视
为"总扰动"（包括内扰和外扰），以扩张状态观测器为手段，实时地估计和
消除"总扰动"，从而把充满扰动、不确定性和非线性的被控对象还原为标
准的积分串联型. 经过多年发展，自抗扰控制已发展为一种可处理大范围和
复杂结构（时变、非线性、耦合）不确定动态系统控制问题的新方法，它突
破了许多现有理论和方法的局限性，显示了其在大范围内大幅度地抑制不确
定性并使闭环系统在恶劣环境中保持良好性能的可行性. 与之前的许多控制

方法相比, 自抗扰控制的思想对传统的控制问题给出了迥然不同的理解, 同时也对控制理论研究提出了许多新挑战.

自抗扰控制方法提出后因其思想独特、结构简单、易于工程实现、控制效果好而吸引了许多应用研究工作者, 尽管在很长一段时间里它的这些优良性质还没有理论证明. 十几年来, 关于自抗扰控制应用研究的成果不断涌现, 涉及众多领域, 如文献 [12] 和 [13] 详细介绍了如何将自抗扰控制思想用于解决具有大范围不确定的非线性及耦合特性的飞行姿态控制问题, 目前基于自抗扰控制的姿态控制方法已用于我国航天若干实际型号的飞行控制中. 文献 [14] 介绍了美国克里夫兰州立大学先进控制技术研究中心在自抗扰控制的应用方面所取得的一系列成果, 包括运动控制 (motion control)、张力调节 (web tension regulation)、DC-DC 电力转换器 (DC-DC power converter)、化工过程 (罐式反应堆, continuous stirred tank reactor)、微电子机械陀螺 (MEMS gyroscope) 等, 以及在实际工业生产线 (工业伺服驱动, industrial servo drive) 及软管挤压生产线温度控制 (temperature control in hose extrusion) 上取得的众多良好效果. 在美国, 自抗扰控制技术经过简化和参数化, 已经应用于 Parker Hannifin 的高分子材料挤压生产线 [15], 2013 年美国德州仪器公司推出一系列基于自抗扰控制算法的运动控制芯片 [16]. 此外, 文献 [17]~[28] 还分别具体介绍了自抗扰控制在感应电机速度控制 (speed control of induction motor drive)、永磁同步电机控制 (control for permanent-magnet synchronous motor system)、飞船姿态跟踪 (attitude tracking of rigid spacecraft)、机器人无标定手眼协调 (robotic uncalibrated hand-eye coordination)、柔性系统控制 (control of flexible-joint system)、非圆旋转精密机械控制 (control for noncircular turning process)、超导谐振腔控制 (control for superconducting RF cavities)、空气压缩机的镇定 (stabilization of axial flow compressors)、气化炉过程控制 (ALSTOM gasifier benchmark problem)、机炉电协同控制 (boiler-turbine-generator control systems)、张力系统 (tension system) 等问题的应用研究. 其中, 上海交通大学智能机器人研究中心将其用于与企业联合开发的几款高性能多用途服务机器人——"纳豆机器人"和"小 G 机器人"的运动规划和避障控制中 [29], 清华大学热能工程系与广东电网电力科学研究院合作已将 ADRC 在汕尾市海丰电厂 1000MW 机组的低压加热器水位控制回路、广州市恒运电厂 300MW 机组的磨煤机风温控制回路和过热气温控制回路投用[30, 31]. 国内外围绕运用自抗扰控制思想解决实际工程问题的应用研究成果不断涌现，几乎涉及所有的控制工程领域，中国控制会议和美国控制会议上都曾举办"自抗扰控制研讨会"，《控制理论与应用》和 *ISA Transactions* 杂志分别在 2013 年第 30 卷第 12 期及 2014 年第 53 卷第 4 期出版了自抗扰控制方面的专刊.

　　与应用研究层出不穷的面貌相比，自抗扰控制的理论研究则在很长一段时间里显得步履维艰. 导致这个困难的原因是其思想的宏大：允许不确定对象可以是非线性、时变、多输入多输出强耦合的，扰动或指令信号可以是不连续的，控制器可以是一般的非线性结构，因而其分析的难度超出了针对一些特定的具体问题而进行的理论分析. 如何证明自抗扰控制具有强大的控制能力、如何论证自抗扰控制具有在大量应用研究中展现出来的优异动态响应品质，以及自抗扰控制的应用范围究竟有多大都是自抗扰控制研究面临的挑战. 本章主要从自抗扰控制的适用条件以及自抗扰控制的理论分析两个方面讨论其中的一些未解问题，这两个方面因其重要性得到了大家的普遍关注，近年来也有很大突破，但仍存在大量的未解问题有待进一步深入研究.

　　本章余下部分结构为：6.2 简要介绍自抗扰控制方法，6.3 讨论自抗扰控制方法的适用范围，6.4 在简单介绍目前理论分析进展的基础上讨论有待进一步深入研究的问题，6.5 为本章总结.

6.2　自抗扰控制与非线性不确定系统控制问题

　　不确定系统控制是控制科学中的核心问题，围绕这一问题涌现出大量的控制方法，从长盛不衰的 PID 控制到现代的自适应控制、鲁棒控制、变结构控制、基于扰动观测器的控制，以及不变性原理和非线性输出调节理论等，自抗扰控制方法在解决不确定系统控制问题方面的突出特点主要体现在两个方面：一是可处理大范围及复杂结构（非线性、时变、耦合等）的不确定系统；二是控制结构简单并可保证闭环系统具有良好的动态性能.

　　我们先看自抗扰控制是如何处理非线性不确定系统控制问题的.

考虑如一类多输入多输出（MIMO）非线性时变不确定系统：

$$\begin{cases} \dot{X}_1 = X_2 \\ \quad \vdots \\ \dot{X}_{n-1} = X_n \\ \dot{X}_n = F(t,X) + D(t) + B(t,X)U \\ Y = X_1 \end{cases} \tag{6-2-1}$$

其中，$X_i \in \mathbb{R}^m (i \in n); X = \begin{bmatrix} X_1^T, & X_2^T, & \cdots, & X_n^T \end{bmatrix}^T$ 为系统状态；Y 为量测输出，也是被控量；$U \in \mathbb{R}^m$ 为控制输入. $F(t,X) \in \mathbb{R}^m$ 和 $B(t,X) = [B_1(t,X), B_2(t,X), \cdots,$ $B_m(t,X)]$，$B_i(t,X) \in \mathbb{R}^m$ 均含有不确定动态，控制增益矩阵 $B(t,X)$ 可逆，$D(t) \in \mathbb{R}^m$ 为外部不确定性（外扰）.

系统（6-2-1）可用来描述很大一类的实际系统，如文献［23］中的快速刀具伺服系统、文献［24］中的超导射频谐振腔系统都是系统（6-2-1）的某种具体形式，而文献［32］中讨论的非线性不确定系统也是系统（6-2-1）的单输入单输出形式，同时，系统（6-2-1）也是许多介绍自抗扰控制的文章中常采用的形式.

设可逆矩阵 $\bar{B}(t)$ 是对控制增益矩阵 $B(t,X)$ 的估计，将

$$\begin{cases} \dot{X}_1 = X_2 \\ \quad \vdots \\ \dot{X}_{n-1} = X_n \\ \dot{X}_n = \bar{B}(t)U \end{cases} \tag{6-2-2}$$

作为系统（6-2-1）的标准积分串联型，则系统动态中异于标准型的部分为

$$F(t,X) + \begin{bmatrix} B(t,X) - \bar{B}(t) \end{bmatrix} U + D(t) \underline{\triangleq} X_{n+1} \tag{6-2-3}$$

于是系统（6-2-1）可视为如下带有扰动（扩张状态）的积分串联型系统

$$\begin{cases} \dot{X}_1 = X_2 \\ \quad \vdots \\ \dot{X}_{n-1} = X_n \\ \dot{X}_n = X_{n+1} + \bar{B}(t)U \end{cases} \tag{6-2-4}$$

将 X_{n+1} 视为"总扰动"（包括内扰和外扰），也称为系统（6-2-1）的扩张状态. 对系统（6-2-4）设计如下扩张状态观测器（ESO）[10, 11]：

$$\begin{cases} \dot{\hat{X}}_1 = \hat{X}_2 - G_1(E_1) \\ \quad\vdots \\ \dot{\hat{X}}_n = \hat{X}_{n+1} - G_n(E_1) + \bar{B}(t)U \\ \dot{\hat{X}}_{n+1} = -G_{n+1}(E_1) \end{cases} \tag{6-2-5}$$

其中，$E_1 = \hat{X}_1 - X_1$；$G_i(E_1)(i \in n+1)$ 为适当构造的非线性函数，以使得 ESO（6-2-5）的输出 $\hat{X}_i(t)(i \in n)$ 跟踪系统状态 $X_i(t)$，输出 $\hat{X}_{n+1}(t)$ 跟踪"总扰动" $X_{n+1}(t)$. 在对总扰动即扩张状态进行实时跟踪的基础上，自抗扰控制律可设计为

$$U = -\bar{B}^{-1}(t)\hat{X}_{n+1}(t) + U_0(t, \hat{X}_1, \hat{X}_2, \cdots, \hat{X}_n) \tag{6-2-6}$$

其中，$U_0(t, \hat{X}_1, \hat{X}_2, \cdots, \hat{X}_n)$ 为使基于被控输出的标准积分串联型系统（6-2-2）具有理想控制效果的控制律.

公式（6-2-5）和（6-2-6）给出了针对不确定系统（6-2-1）设计的一种自抗扰控制器，可以看出，这个设计的核心是通过 ESO（6-2-5）对总扰动 [即扩张状态 $X_{n+1}(t)$] 进行实时的估计与补偿. ESO（6-2-5）是一个动态过程，它只用了原对象的输入-输出信息和对未知控制增益矩阵 $B(t, X)$ 的估计 $\bar{B}(t)$，没有用到描述对象内部传递关系和外部扰动的函数 $F(t, X)$ 和 $D(t)$ 的任何信息. 对 ESO（6-2-5）来说，$F(t, X)$ 和 $D(t)$ 是连续或不连续、线性或非线性、定常或时变是没有什么区别的，只要总扰动 [即扩张状态 $X_{n+1}(t)$] 在过程进程中的实时作用量

$$X_{n+1}(t) = F(t, X) + \left[B(t, X) - \bar{B}(t) \right]U + D(t)$$

是有界的或其导数是有界的[33]，就可以选择适当的非线性函数 $G_i(E_1)$，使得 ESO（6-2-5）能很好地估计对象的状态 $X_i(t)(i \in n)$ 和扩张的状态 $X_{n+1}(t)$. 因此，自抗扰控制器（ADRC）（6-2-5）和（6-2-6）是独立于内部传递关系 $F(t, X)$ 和外部扰动 $D(t)$ 的具体形式的.

注 6-2-1 称控制律（6-2-5）和（6-2-6）是针对不确定系统（6-2-1）设计的一种自抗扰控制器，自抗扰控制器的设计不是僵化的，而是可以根据问题的物理特点灵活进行，如：

（1）若系统（6-2-1）的状态 $X_1(t)$, …, $X_i(t), 1 \leqslant i \leqslant n$ 可测量，则可以设计降阶 ESO，只对不可测量状态 $X_{i+1}(t)$, …, $X_n(t)$ 及扩张状态 $X_{n+1}(t)$ 进行估计[34]；

（2）若系统（6-2-1）的内部传递关系 $F(t, X)$ 或外部扰动 $D(t)$ 的部分模型已知，可利用已知模型的特性设计不同形式的 ESO 和 ADRC [10]；

（3）控制律（6-2-6）实现的是将不确定系统（6-2-1）的被控输出 $Y(t)$ 从未知非零初始值调整到零的控制律. 若希望被控输出 $Y(t)$ 跟踪一个任意给定的指令信号 $Y^*(t)$，只要将（6-2-6）中的 $\hat{X}_i (i \in n)$ 改为 $\hat{X}_i - Y^{*(i-1)}$ 即可，$Y^{*(i-1)}$ 为指令信号 $Y^*(t)$ 的 $i-1$ 阶导数.

（4）文献 [35] 提出了简化的线性自抗扰控制器，并通过引进带宽的概念，大大简化了自抗扰控制器的参数整定过程. 目前这种结构简单的线性自抗扰控制器已被大量应用，理论分析也证实了线性结构的自抗扰控制器依然对非线性不确定对象具有很强的控制能力 [34].

注 6-2-2　自抗扰控制中消除总扰动的前提是 ESO 跟踪得足够快，这与输出量测的信噪比、采样频率、系统内部的时滞和相位滞后等因素都有关，对此问题的深刻理解是自抗扰控制应用的关键.

从上面介绍可以看出，由于 ADRC（6-2-5）和（6-2-6）独立于未知非线性函数 $F(t, X)$ 和外部扰动 $D(t)$ 的具体形式，因此，可处理大范围及复杂结构（非线性、时变、耦合等）不确定系统且控制结构简单. 而且，由于 ADRC（6-2-5）和（6-2-6）对不确定系统（6-2-1）的总扰动即扩张状态 $X_{n+1}(t)$ 进行实时估计并补偿，使得补偿后的闭环系统尽可能地接近无扰动的标准积分串联型系统（6-2-2），因此，可保证闭环系统具有良好的动态性能.

系统（6-2-1）常常被认为是可以应用自抗扰控制方法的标准型而引起某些误解，即自抗扰控制方法只能处理满足匹配条件（matching condition）的不确定性或具有积分串联结构的系统. 其实不然，6.3 节我们讨论自抗扰控制的适用范围到底有多大.

6.3　自抗扰控制的适用范围

先看看自抗扰控制方法还能进一步应用于哪些不确定系统.

6.3.1　不满足匹配条件的不确定系统

考虑如下含有不满足匹配条件的不确定性的单输入单输出（SISO）非线性系统：

$$\begin{cases} \dot{x}_1 = f_1(t, x_1, x_2, D(t)) \\ \dot{x}_2 = f_2(t, x_1, x_2, D(t)) + b(t, x_1, x_2)u \\ y = x_1(t) \end{cases} \qquad （6\text{-}3\text{-}1）$$

其中，$x_i \in \mathbb{R}(i \in 1, 2)$ 为系统状态；y 为量测输出，也是被控量；u 为控制输入；$f_i(t, x_1, x_2, D(t))(i = 1, 2)$ 和 $b(t, x_1, x_2)$ 均含有不确定动态，控制增益 $b(t, x_1, x_2)$ 非零；$D(t) \in R^p$ 为外部不确定扰动.

系统（6-3-1）存在多个不确定性，其中 $f_2(t, x_1, x_2, D(t))$ 与控制输入在同一个通道，称为满足匹配条件的不确定性，而 $f_1(t, x_1, D(t))$ 为不满足匹配条件的不确定性. 如何对系统（6-3-1）这种多处存在不同类型不确定性（既有匹配的又有不匹配的）的系统进行控制设计呢？因为 y 为系统的量测及被控输出，我们分析一下影响对 y 进行控制的"总扰动"是什么？

令 $\bar{x}_1 = y, \bar{x}_2 = f_1(t, x_1, x_2, D(t))$，则系统（6-3-1）等价为

$$\begin{cases} \dot{\bar{x}}_1 = \bar{x}_2 \\ \dot{\bar{x}}_2 = \dfrac{\partial f_1}{\partial t} + \dfrac{\partial f_1}{\partial x_1} f_1(t, x_1, x_2, D(t)) + \dfrac{\partial f_1}{\partial D}\dot{D} + \dfrac{\partial f_1}{\partial x_2} f_2(t, x_1, x_2, D(t)) \\ \qquad\quad + \dfrac{\partial f_1}{\partial x_2} b(t, x_1, x_2)u \\ y = \bar{x}_1(t) \end{cases} \qquad （6\text{-}3\text{-}2）$$

若 $\dfrac{\partial f_1}{\partial x_2} \neq 0$，设非零 $\bar{b}(t)$ 是对控制增益 $\dfrac{\partial f_1}{\partial x_2} b(t, x_1, x_2)$ 的估计，此时我们将如下基于被控输出 y 的标准积分串联型系统

$$\begin{cases} \dot{\bar{x}}_1 = \bar{x}_2 \\ \dot{\bar{x}}_2 = \bar{b}(t)u \end{cases} \qquad （6\text{-}3\text{-}3）$$

作为系统（6-3-2）的标准型，则系统（6-3-2）动态中异于此标准型的部分为

$$\dfrac{\partial f_1}{\partial t} + \dfrac{\partial f_1}{\partial x_1} f_1(t, x_1, x_2, D(t)) + \dfrac{\partial f_1}{\partial D}\dot{D} + \dfrac{\partial f_1}{\partial x_2} f_2(t, x_1, x_2, D(t))$$

$$+ \left(\dfrac{\partial f_1}{\partial x_2} b(t, x_1, x_2) - \bar{b}(t) \right)u \underline{\underline{\triangle}} \bar{x}_3$$

比较式（6-3-2）和式（6-3-3）可知，这个 $\bar{x}_3$ 是影响被控输出 y 的"总扰动".

将 $\bar{x}_3$ 视为"总扰动"（包括内扰和外扰），也称为系统（6-3-2）的扩张状态，于是，可与本章 6.2 类似设计如下自抗扰控制律

$$\begin{cases} \dot{\hat{x}}_1 = \hat{x}_2 - g_1(\hat{x}_1 - y) \\ \dot{\hat{x}}_2 = \hat{x}_3 - g_2(\hat{x}_1 - y) + \bar{b}(t)u \\ \dot{\hat{x}}_3 = -g_2(\hat{x}_1 - y) \end{cases}$$

$$u = -\bar{b}^{-1}(t)\hat{x}_3 + u_0(t, \hat{x}_1, \hat{x}_2)$$

其中，$u_0(t, \hat{x}_1, \hat{x}_2)$ 为使基于被控输出量的标准积分串联型系统（6-3-3）具有理想控制效果的控制律.

进一步分析这个系统，虽然这个系统含有不满足匹配条件的不确定性，但从实现控制目的的角度，我们并不需要在如何估计出不满足匹配条件的不确定性 $f_1(t, x_1, x_2, D(t))$ 上伤脑筋，因为影响控制输出的是总扰动 $\bar{x}_3$，而不仅仅是 $f_1(t, x_1, x_2, D(t))$. 因此，从控制的角度，真正需要去估计和补偿的是总扰动 $\bar{x}_3$，而无须估计 $f_1(t, x_1, x_2, D(t))$. 其实，当系统（6-3-1）中 $f_1(t, x_1, x_2, D(t)) = x_2 + \bar{f}_1(t, x_1, D(t))$ 时，不确定动态 $\bar{f}_1(t, x_1, D(t))$ 是不能观的，无法通过构造观测器估计出来.

这个例子进一步揭示了自抗扰控制思想的本质：如果作用于系统的某一种不确定性或扰动影响不了系统的被控输出量，那么这种不确定性或扰动是不用去抑制的，需要抑制的应是能够影响被控输出的不确定性或扰动. 由于能够影响被控输出的不确定性或扰动一定可以从被控输出中观测的，因此必能从被控输出中提炼出这种不确定性或扰动. 也就是说，对应于上面的问题，在将含有不满足匹配条件的复杂的不确定系统（6-3-1）表示为形如式（6-2-4）的以被控输出量的积分串联型加总扰动的形式后，"总扰动"一定是能观并满足匹配条件的，这就是自抗扰控制利用"扩张状态观测器"能够实时估计并补偿含有复杂结构不确定性系统扰动作用的根本机理.

推而广之，自抗扰控制方法可以进一步应用于如下一类形式上更为复杂的不确定非线性系统

$$\begin{cases} \dot{X}_1 = F_1(t, X_1, X_2, D(t)) \\ \quad\vdots \\ \dot{X}_{n-1} = F_{n-1}(t, X_1, \cdots, X_n, D(t)) \\ \dot{X}_n = F_n(t, X_1, \cdots, X_n, D(t)) + B(t, X)U \\ Y = X_1 \end{cases} \tag{6-3-4}$$

其中，$X_i \in \mathbb{R}^m (i \in n)$；$X = \begin{bmatrix} X_1^{\mathrm{T}}, & X_2^{\mathrm{T}}, & \cdots, & X_n^{\mathrm{T}} \end{bmatrix}^{\mathrm{T}}$ 为系统状态；Y 为量测及被控输出；$U \in \mathbb{R}^m$ 为控制输入；$D(t) \in \mathbb{R}^p$ 为外部扰动；$F_1(t, X_1, X_2, D(t)), \cdots,$ $F_n(t, X_1, \cdots, X_n, D(t))$ 和 $B(t, X) \in \mathbb{R}^{m \times m}$ 均含有不确定动态，控制增益矩阵 $B(t, X)$ 可逆；$\dfrac{\partial F_i}{\partial X_{i+1}} (i \in n-1)$ 可逆.

系统 (6-3-4) 可以涵盖目前研究的大部分非线性控制系统，而 $\dfrac{\partial F_i}{\partial X_{i+1}} (i \in n-1)$ 可逆实际是保证了系统 (6-3-4) 的某种能控性.

注 6-3-1　实际问题中遇到的不确定性千变万化，当我们面对具体问题时，应当灵活运用自抗扰控制的核心思想，而不是机械套用已有公式. 对于比较复杂的不确定系统，如系统 (6-3-4)，在对系统物理特性进行充分分析的基础上，除了上面介绍的设计方法，还可以通过设计一系列 ESO 将系统逐步补偿为近似积分串联系统. 如当系统 (6-3-1) 中 $f_1(t, x_1, x_2, D(t)) = x_2 + \overline{f}_1(t, x_1, D(t))$ 且 x_2 可测量时，可以分别利用对 x_1 及 x_2 的量测设计两个 ESO 分别估计 x_1 及 x_2 动态中的不确定部分，并进行两个 ADRC 的串级设计，此时，相当于在系统中建立了两个积分串联型，先从 x_2 到 x_1，再从 u 到 x_2. 文献 [36] 对具有两块下三角结构的 MIMO 系统的 ADRC 设计的有效性进行了理论分析.

注 6-3-2　系统 (6-3-4) 的被控输出维数=控制输入维数，若设被控输出 $Y \in \mathbb{R}^s$，控制输入 $U \in \mathbb{R}^t$，则当 $s > t$ 或 $s < t$ 时，控制问题分别为欠驱动或具有冗余控制的问题. 对这类对象，可将 ADRC 与优化或规划等方法结合进行控制设计.

6.3.2　更多不确定系统的 ADRC 控制

本节我们讨论 ADRC 能否应用于更一般形式的非线性不确定系统.

考虑如下单输入单输出的仿射非线性系统：

$$\begin{cases} \dot{x} = f(x) + g(x)u \\ y = h(x) \end{cases} \tag{6-3-5}$$

其中，$x \in \mathbb{R}^n$ 为系统状态；y 为量测及被控输出；u 为控制输入；$f(x)$ 和 $g(x)$ 为状态 x 的 n 维函数向量.

仿射非线性系统是非线性系统控制理论研究的主要类型，著名的反馈线性化理论 [37] 就是针对仿射非线性系统的.

由反馈线性化理论知，若 $f(x), g(x)$ 和 $h(x)$ 关于状态 x 具有任意阶连续偏导，且系统在 x_0 的相对阶为 n，即在 x_0 的邻域 M 内，系统具有如下性质：

$$L_g L_f^k h(x) = 0 \ (k < n-1), \ x \in M; \quad L_g L_f^{n-1} h(x_0) \neq 0 \qquad (6\text{-}3\text{-}6)$$

则在 x_0 的邻域 M 内存在如下变换

$$z = \Phi(x) = \begin{bmatrix} h(x) \\ L_f h(x) \\ \vdots \\ L_f^{n-1} h(x) \end{bmatrix} \qquad (6\text{-}3\text{-}7)$$

及状态反馈

$$u = \frac{1}{b(z)}(-a(z) + v), \quad a(z) = L_f^n h(x), \quad b(z) = L_g L_f^{n-1} h(x) \qquad (6\text{-}3\text{-}8)$$

使得非线性系统（6-3-5）能精确线性化为如下积分串联标准型：

$$\begin{cases} \dot{z} = Az + Bv \\ y = Cz \end{cases} \qquad (6\text{-}3\text{-}9)$$

其中

$$A = \begin{bmatrix} 0 & 1 & & \\ & 0 & 1 & \\ & & \ddots & 1 \\ & & & 0 \end{bmatrix}, \quad B = \begin{bmatrix} 0 \\ \vdots \\ 0 \\ 1 \end{bmatrix}, \quad C = \begin{bmatrix} 1 & 0 & \cdots & 0 \end{bmatrix}$$

注 6-3-3 以上公式中 $L_g L_f^k h(x)$ 的定义见文献 [37].

若系统（6-3-5）中非线性函数 $f(x)$ 和 $g(x)$ 含有不确定部分，但仍具有性质（6-3-6），此时，控制律（6-3-8）中的 $a(z), b(z)$ 将均含有不确定部分. 这时，该如何进行控制系统设计呢？

若令系统（6-2-1）中的状态是由系统（6-3-5）的被控输出 y 及其各阶导数构成，即

$$X = z = \begin{bmatrix} y & \dot{y} & \cdots & y^{(n-1)} \end{bmatrix}^T$$

并对应地令系统（6-2-1）中

$$D(t) = 0, \quad F(t, X) = L_f^n h(x), \quad B(t, X) = L_g L_f^{n-1} h(x)$$

则系统（6-3-5）就可用非线性不确定系统（6-2-1）来刻画，只不过因为 $f(x)$ 和 $g(x)$ 含有不确定部分，因此，$F(t,X)$ 和 $B(t,X)$ 也含有不确定部分，而这恰恰是 ADRC 擅长处理的. 因此，ADRC 也完全可以对含有不确定的仿射非线性系统（6-3-5）进行控制设计.

根据"总扰动"的理念，将 ADRC 从单输入单输出系统扩展到多输入多输出系统并没有本质上的困难，本节不再赘述如何将 ADRC 进一步推广到形如（6-3-5）的多输入多输出仿射非线性不确定系统.

再进一步考虑如下非仿射的非线性系统：

$$\begin{cases} \dot{x} = f(x,u), \quad x \in \mathbb{R} \\ y = x \end{cases} \tag{6-3-10}$$

这里 $f(x,u)$ 未知但关于 u 存在连续非零的偏导数.

系统（6-3-10）是比仿射非线性系统更一般的非线性形式，对这种更一般形式，几乎没有较为通用的控制设计方法，一般只能根据 $f(x,u)$ 的具体非线性形式特殊情况特殊处理. 而当 $f(x,u)$ 不确定时，如何进行控制设计的研究就更少了. 下面我们讨论 ADRC 是否可用于对这类系统的控制设计.

根据拉格朗日中值定理：

$$f(x,u) = f(x,0) + \left.\frac{\partial f(x,\xi)}{\partial u}\right|_{\xi \in (0,u)} u \tag{6-3-11}$$

设 $\overline{b}(t)(\neq 0)$ 是对控制增益 $\left.\dfrac{\partial f(x,\xi)}{\partial u}\right|_{\xi \in (0,u)}$ 的估计，令

$$f(x,0) + \left(\left.\frac{\partial f(x,\xi)}{\partial u}\right|_{\xi \in (0,u)} - \overline{b}(t) \right) u \underline{\underline{\Delta}} x_e(t,x,u)$$

则系统（6-3-10）等价为

$$\begin{cases} \dot{x} = x_e(t,x,u) + \overline{b}(t)u \\ y = x \end{cases}$$

将 x_e 作为系统的"总扰动"或扩张状态，于是就可对系统（6-3-10）设计 ADRC（6-2-5）和（6-2-6）.

有些复杂的飞行器姿态动力学模型就具有系统（6-3-10）这种形式，针对其设计的自抗扰控制器经过大量的仿真、半实物试验及飞行试验，验证了当飞行动态存在大范围未知的非线性时，自抗扰控制对缺乏具体而精确模型

的对象的有效控制能力. 但目前对此结果在何种条件下成立还缺乏完整的理论分析.

此外，还有一些研究将 ADRC 用于以下各类不确定系统.

进一步考虑系统（6-3-5），前面介绍了如果系统的相对阶为 n，即当系统具有性质（6-3-6）时，可将 ADRC 用于这类不确定系统的控制，如果系统的相对阶小于 n，即系统具有如下性质：

$$L_g L_f^k h(x) = 0 \, (k < q-1), x \in M; \quad L_g L_f^{q-1} h(x_0) \neq 0, q < n \qquad (6\text{-}3\text{-}12)$$

此时，系统存在零动态. 不过，如果系统是最小相位的，或零动态是输入状态稳定的（input-to-state stable，ISS），则可将零动态视为系统的未知扰动，对零动态之外的 q 阶系统进行 ADRC 设计即可[32, 34, 38, 39]. 如果系统是非最小相位的，其实很多飞行器动态都具有非最小相位的特性，目前有一些应用研究显示 ADRC 可以用于一些非最小相位系统的控制[25, 40-43]，但对一般的带有非最小相位的不确定系统如何设计 ADRC，还缺乏深入的理论研究.

许多化工过程控制系统具有对象阶数不确定的特点，甚至有些化工系统具有分数阶的特性，文献［44］和［45］研究了将 ADRC 用于具有分数阶系统的控制，文献［46］针对一类阶数不确定的线性定常系统，研究了线性 ADRC 对阶数在一定范围内变化的不确定系统的控制能力. 文献［47］、［48］和［49］探索将 ADRC 用于无穷维系统及随机非线性系统的控制问题.

以上这些研究将 ADRC 所应用的系统类型不断拓宽，这方面无论是理论分析研究还是实际应用验证都有待进一步发展. 而 ADRC 在何种条件下能适用的不确定系统范围究竟有多大？它的局限或边界在哪里？既有待于应用研究者勇敢地开拓新的应用领域，也有待于理论研究者建立严密的理论体系.

6.4 在简单介绍目前围绕 ADRC 的一些最新理论研究进展的基础上，讨论有待进一步深入研究的一些理论问题.

6.4 理论分析进展及未解问题

近年来，自抗扰控制应用研究成果的不断涌现推动着其理论研究逐步展开. 跟踪微分器（tracking-differentiator，TD）、扩张状态观测器（extended state

observer, ESO ）及非线性误差反馈结构（nonlinear state error-feedback ，
NSEF ）是 ADRC 的三个重要组成部分，因此，围绕 ADRC 的理论分析工作
主要有 TD 的性能分析、ESO 的性能分析、非线性反馈结构的性能分析以及
ADRC 的闭环系统性能分析.

TD 在 ADRC 中的作用是安排参考信号的过渡过程和提取参考信号的微
分信息. 文献［2］提出的 TD 一般形式为非线性，且允许不连续的输入信号，
这些因素使得 TD 的收敛性证明富有挑战性. 文献［2］在提出 TD 时给出的收
敛性证明并不严格，近年来很多文献对该收敛证明进行了完善[49-51]. 目前，
TD 的理论分析主要侧重于收敛性，而对其在提取带噪声信号的微分信息方面
与其他微分器相比是否具有优越性还缺乏全面深入的分析.

ESO 是 ADRC 的核心部分，其主要目的是通过系统的输入输出获取系统
中"总扰动"的实时估计[3]. 由于 ADRC 的思想是把来自系统内部和外部的
不确定性的总体效应作为"总扰动"进行估计，因而控制过程中系统的"总
扰动"，如式（6-2-3）中的 X_{n+1}，常常为时间、外界扰动输入、系统闭环状态
以及实际控制量的非线性函数. 所以，对 ESO 的性能分析需要和含 ADRC 的
闭环系统结合才能获得细致深入的分析结果. 近年来，ADRC 的大量应用激发
了其理论分析从多角度取得突破性进展.

文献［35］提出了线性 ADRC（LADRC），使得 ADRC 的参数具有更明
确的物理意义，目前 LADRC 因为结构简单而在实际中被大量应用. 大量的应
用结果表明，LADRC 对非线性时变不确定对象依然具有很强的控制能力. 文
献[36, 39-46, 52-56]等从多角度（时域、频域、采样控制等）分析了 LADRC 在控
制不确定对象方面的能力，包括闭环系统动态性能、稳态性能等. 最初的
ADRC 是以一般的非光滑非线性控制结构形式提出的[4, 10, 11]，其理论分析非
常困难，文献［56］和［57］开启了对非线性结构 ADRC（NADRC）的理论
分析.

目前，自抗扰控制的理论分析已经摆脱了曾经长期难以突破的局面，可
以说 ADRC 的理论基础已初步建立起来，但距离建立可指导自抗扰控制应用
的全面完整的理论体系的目标还任重而道远. 如注 6-2-2 所指出的，自抗扰控
制中消除总扰动的前提是 ESO 跟踪得足够快，这与输出量测的信噪比、采样
频率、系统内部的时滞和相位滞后等因素都有关，对此问题的深刻理解是自

抗扰控制应用的关键. 而这方面的理论分析依然还有大量的课题有待进一步
深入研究, 如目前对 ESO 的估计误差和 ADRC 闭环系统跟踪误差的定量分析
结果还比较保守, 如何获得能对 ESO 及 ADRC 的参数设计具有指导意义的理
论结果依然是待攻克的挑战性问题; 如何揭示非线性 ADRC 与 LADRC 相比
的优点也是需要进一步研究的课题; 而对于系统量测带有随机噪声、系统具
有不确定、不稳定零动态等方面的 ADRC 理论分析也还很少.

下面我们以文献 [34] 中介绍的 LADRC 控制非线性时变不确定对象的稳
定性及动态性能分析的一个结果为例说明在 ADRC 分析上还有待进一步深入
研究的问题.

文献 [34] 针对形如 (6-2-1) 的单输入单输出非线性系统, 设计了如下
形式的 LADRC:

$$U(t) = \begin{cases} 0, & t_0 \leq t < t_u \\ g(t, Y, \hat{x}_2, \cdots, \hat{x}_{n+1}) = \dfrac{-k_n Y - k_{n-1}\hat{x}_2 - \cdots - \hat{x}_{n+1}}{\overline{B}(t)}, & t \geq t_u \end{cases} \quad (6\text{-}4\text{-}1)$$

其中 $\hat{x}_2, \cdots, \hat{x}_{n+1}$ 是如下降阶 ESO 的输出:

$$\begin{cases} \dot{z}_2 = \begin{cases} -\beta_1 z_2 - \beta_1^2 Y - \beta_1 \overline{B}(t)U, & n=1 \\ -\beta_1 z_2 + z_3 + (\beta_2 - \beta_1^2)Y, & n>1 \end{cases} \\ \dot{z}_3 = -\beta_2 z_2 + z_4 + (\beta_2 - \beta_1 \beta_3)Y \\ \qquad\qquad \cdots \\ \dot{z}_n = -\beta_{n-1} z_2 + z_{n+1} + (\beta_n - \beta_1 \beta_{n-1})Y + \overline{B}(t)U \\ \dot{z}_{n+1} = -\beta_n z_2 - \beta_1 \beta_n Y \\ \hat{x}_i = z_i + \beta_{i-1} Y, \quad i = 2, 3, \cdots, n+1 \\ z_i(t_0) = -\beta_{i-1} Y(t_0) \end{cases} \quad (6\text{-}4\text{-}2)$$

$$s^n + \sum_{i=1}^{n} \beta_i s^{n-i} = s^n + \sum_{i=1}^{n} \phi_i \omega_e^i s^{n-i} = (s + \omega_e)^n, \quad \omega_e > 0, \quad \phi_i = \frac{n!}{i!(n-i)!}$$

$$(6\text{-}4\text{-}3)$$

令 $t_u = t_0 + 2n\|\tilde{P}_e\| \max\left\{ \dfrac{\ln \omega_e}{\omega_e}, 0 \right\}$, $\tilde{P}_e > 0$ 是如下 Lyapunov 方程的唯一正定解:

$$\tilde{A}_e^T \tilde{P}_e + \tilde{P}_e \tilde{A}_e = -I, \quad \tilde{A}_e = \begin{bmatrix} -\phi_1 & 1 & \cdots & 0 \\ -\phi_2 & 0 & \ddots & 0 \\ \vdots & \ddots & \ddots & 1 \\ -\phi_n & 0 & \cdots & 0 \end{bmatrix}$$

这里 $k_1, \cdots, k_n$ 为基于被控输出的标准积分串联系统（6-2-2）的动态响应调节参数，即期望闭环系统的被控输出达到的理想动态响应过程为

$$\begin{cases} \dot{x}_1^* = x_2^* \\ \qquad \vdots \\ \dot{x}_{n-1}^* = x_n^* \\ \dot{x}_n^* = -k_n x_1^* - k_{n-1} x_2^* - \cdots - k_1 x_n^* \\ x^*(t_0) = X(t_0) \end{cases} \qquad (6\text{-}4\text{-}4)$$

注 6-4-1　由于系统（6-2-1）中的状态 X_1 可量测，因此，只需设计降阶 ESO（6-4-2）对状态 $X_2, \cdots, X_n$ 和"总扰动" X_{n+1} 进行估计.

若系统（6-2-1）满足：

A₁. $D(t)$ 的各个分量只含有第一类不连续点 $\{t_i\}_{i=1}^{\infty}$, $t_i < t_{i+1}$，并且

$$\sup_{t \in [t_0, \infty)} |D(t)| \leqslant w_1, \qquad \sup_{t \in [t_0, \infty), t \notin \{t_i\}_{i=1}^{\infty}} |\dot{D}(t)| \leqslant w_2, \quad \inf_i \{t_{i+1} - t_i\} \geqslant w_3$$

其中，w_1, w_2, w_3 为正常数.

A₂. $F(t, X)$，$B(t, X)$ 及 $\bar{B}(t)$ 连续可微，并存在已知的局部 Lipschitz 函数 $\psi_i(\|X\|)(i \in 7)$ 和正数 $c > 0$，使得 $\forall t \in [t_0, \infty)$,

$$|F(t, X)| \leqslant \psi_1(\|X\|), \quad \left\| \frac{\partial F(t, X)}{\partial X} \right\| \leqslant \psi_2(\|X\|), \quad \left| \frac{\partial F(t, X)}{\partial t} \right| \leqslant \psi_3(\|X\|),$$

$$c < |B(t, X)| \leqslant \psi_4(\|X\|), \quad \left\| \frac{\partial B(t, X)}{\partial X} \right\| \leqslant \psi_5(\|X\|), \quad \left| \frac{\partial B(t, X)}{\partial t} \right| \leqslant \psi_6(\|X\|),$$

$$|B^{-1}(t, X)| \leqslant \psi_7(\|X\|).$$

A₃. 存在正常数 w_4, w_5, w_6 使得 $\forall t \in [t_0, \infty)$

$$\frac{B(t, X)}{\bar{B}(t)} \in [w_4, w_5] \subset \left(0, \frac{2n}{n-1} \right), \quad |\dot{\bar{B}}(t)| \leqslant w_6$$

则定理 6-4-1 揭示了不确定系统（6-2-1）在 LADRC（6-4-1）～（6-4-2）控制下的闭环系统被控输出的实际动态性能与期望的被控输出动态 $X^*(t) = [x_1^*(t), \cdots,$

$x_n^*(t)]^{\mathrm{T}}$ 间的性质.

定理 6-4-1$^{[34]}$. 若系统（6-2-1）满足 A$_1$—A$_3$，且 $|X_i(t_0)| \leqslant \rho_0 (i \in \underline{n+1})$，则存在依赖 ρ_0, w_l, k_q 及 $\psi_p(\cdot)(l \in 6, q \in n, p \in 7)$ 的正数 $\omega^*, \rho, \eta_i^* (i=1,2,3)$，使得闭环系统（6-2-1），（6-4-1）和（6-4-2）的被控输出具有如下性质：$\forall \omega_e \in \left[\omega^*, \infty\right)$

$$\begin{cases} \sup_{t \in [t_0,\infty)} \|X(t)\| \leqslant \rho \\ \sup_{t \in [t_0,\infty)} \|X(t) - X^*(t)\| \leqslant \eta_1^* \max\left\{\dfrac{\ln \omega_e}{\omega_e}, \dfrac{1}{\omega_e}\right\} \\ |\hat{x}_i(t) - X_i(t)| \leqslant \dfrac{\eta_2^*}{\omega_e}, \quad t \in \left[t_j + \eta_3^* \max\left\{\dfrac{\ln \omega_e}{\omega_e}, 0\right\}, t_{j+1}\right), i=2,\cdots,n+1, j \geqslant 1 \end{cases}$$

$$(6\text{-}4\text{-}5)$$

定理 6-4-1 揭示了对满足假设条件 A$_1$—A$_3$ 的不确定系统（6-2-1），采用 ADRC（6-4-1）和（6-4-2）所能实现的性质. 假设 A$_1$ 是关于不确定系统（6-2-1）中外扰 $D(t)$ 的，假设 A$_2$ 是关于不确定系统（6-2-1）中内部非线性不确定动态 $F(t, X)$ 和 $B(t, X)$ 的，假设 A$_3$ 是关于未知控制增益 $B(t, X)$ 及其估计 $\bar{B}(t)$ 之间需要满足的条件. 假设条件 A$_1$—A$_3$ 是我们所知围绕 ADRC 的理论研究中，对于非线性不确定系统的一个比较弱的假设.

定理 6-4-1 的结论说明：

（1）LADRC（6-4-1）和（6-4-2）可保证不确定系统（6-2-1）的闭环被控输出及其 n-1 阶导数有界.

（2）即使存在不确定动态及扰动的影响，闭环系统（6-2-1），（6-4-1）和（6-4-2）的被控输出及其 n-1 阶导数的动态响应过程 $X(t)$ 与期望被控输出的轨迹 $X^*(t)$ 在整个时间域上都足够接近，并且跟踪精度可通过调节 ESO（6-4-2）的参数 ω_e 来提高.

（3）LADRC（6-4-1）和（6-4-2）可实现对"总扰动"$X_{n+1}(t)$ 的快速估计，即使当外扰存在 $D(t)$ 跳变时，也可以在发生跳变后迅速地重新跟踪上"总扰动"，并且可通过调节 ESO（6-4-2）的参数 ω_e 提高估计的速度和精度.

因此定理 6-4-1 从理论上揭示了自抗扰控制器（6-4-1）和（6-4-2）不但可以保证闭环系统稳定，还可以使被控输出的动态性能接近积分串联系统的理想动态性能这一良好的控制品质.

注 6-4-2　若希望被控输出 $Y(t)$ 跟踪一个任意给定的指令信号 $Y^*(t)$,只要将式(6-4-1)和式(6-4-4)分别调整为

$$U(t) = \begin{cases} 0, & t_0 \leqslant t < t_u \\ \dfrac{-k_n\left(Y - Y^*\right) - k_{n-1}\left(\hat{x}_2 - \dot{Y}^*\right) - \cdots - k_{n-1}\left(\hat{x}_n - Y^{*(n-1)}\right) + Y^{*(n)} - \hat{x}_{n+1}}{\overline{B}(t)}, & t \geqslant t_u \end{cases}$$

$$(6\text{-}4\text{-}6)$$

和

$$\begin{cases} \dot{x}_1^* = x_2^* \\ \qquad \vdots \\ \dot{x}_{n-1}^* = x_n^* \\ \dot{x}_n^* = -k_n\left(x_1^* - Y^*\right) - k_{n-1}\left(x_2^* - \dot{Y}^*\right) - \cdots - k_1\left(x_n^* - Y^{*(n-1)}\right) + Y^{*(n)} \\ x^*(t_0) = X(t_0) \end{cases}$$

$$(6\text{-}4\text{-}7)$$

闭环系统的被控输出具有同样的性质.

但 ADRC 的理论分析还远未尽善尽美,比如上述工作中:

(1)条件 A_1—A_3 还只是充分条件,对于不满足假设条件 A_1—A_3 的不确定系统,是否依然可设计 ADRC?怎么设计?依然有待研究.

(2)定理 6-4-1 中给出的是闭环系统被控输出的动态响应过程 $X(t)$ 与期望轨迹 $X^*(t)$ 在整个时间域上误差的上界,这个上界的保守性通常还比较大,也就是这个结果还难以对实际使用中的 ADRC 参数调节起到指导作用,更多的是定性的理论价值. 如何得到保守性更小的误差界,从而能指导工程应用还有待进一步研究.

(3)条件 A_1—A_3 和结论(6-4-5)是关于形如式(6-4-1)和(6-4-2)的 ADRC 的,如注 6-2-1 和注 6-3-1 中的说明,自抗扰控制器的设计不是一成不变的,而是可以根据问题的物理特点灵活进行的. ADRC 的具体实现形式不同,条件和结论都可能有相应的变化.

(4)在如今数字控制普及的情况下,ADRC 一般以离散形式实现,此时,采样步长也是影响 ADRC 性能的重要因素,如注 6-2-2 中指出的,如何综合输出量测的信噪比、采样频率、系统内部的时滞和相位滞后等因素进行定量分

析是一个具有很大挑战性的问题.

6.5 结 束 语

本篇主要从 ADRC 的适用范围以及 ADRC 的理论分析两个方面讨论了其中的一些未解问题, 这两个方面是大家普遍关心的, 近年来有很大突破, 而依然存在大量未解问题有待进一步的深入研究.

此外, 一个更开放而目前还涉及不多的方向就是 ADRC 如何进一步发展, 如传统 ADRC 要求对控制通道的增益有一定的先验知识, 文献[58]针对 SISO 非线性不确定系统, 研究了将 LESO 与投影梯度算法结合对控制通道的增益进行在线估计, 并对这一方法的闭环系统性能进行了分析, 这是突破传统 ADRC 框架的一个发展方向. 文献 [59] 将 ESO 的思想与 Kalman 滤波方法结合提出一种可用于解决非线性不确定系统滤波问题的非线性滤波方法-扩张状态滤波器 (extended state filter, ESF). ESF 有效地突破了基于在滤波值处线性化的非线性 Kalman 滤波方法存在可能发散的困难[60], 可以确保滤波算法稳定, 同时由于 ESF 对非线性不确定动态进行了实时估计以优化滤波效果, 因而比通常的鲁棒滤波方法具有更好的精度, 并且 ESF 参数能实时刻画滤波误差的上界, ESF 开拓出了在非线性滤波领域的一片新天地. 这些工作启示我们: 在将 ADRC 思想与其他估计与控制方法的优点结合进一步发展方面还有广阔的研究空间.

致 谢

克里夫兰州立大学高志强教授对本篇的撰写提出了许多富有建设性的建议, 在此表示由衷的感谢!

参 考 文 献

[1] 韩京清. 1981. 线性控制系统的结构与反馈系统计算. 全国控制理论及其应用学术交流会议论文集. 北京: 科学出版社: 43-55.

[2] 韩京清, 王伟. 1994. 非线性跟踪——微分器. 系统科学与数学, 14(2): 177-183.

[3] 韩京清. 1994. 一类不确定对象的扩张状态观测器. 控制与决策, 1: 85-88.

［4］韩京清. 1995. 非线性状态误差反馈控制率. 控制与决策，3: 221-225.

［5］韩京清. 1998. 自抗扰控制器及其应用. 控制与决策，1: 18-23.

［6］韩京清，袁露林. 1999. 跟踪——微分器的离散形式. 系统科学与数学，19(3): 268-273.

［7］韩京清. 1999. 控制系统的鲁棒性与 Gödel 不完备性定理. 控制理论与应用，16 (增): 149-155.

［8］Han J. 1999. Nonlinear design methods for control system. Proc. of the 14th IFAC World Congress, Beijing：Elsevier Science: C: 521-526.

［9］韩京清. 1989. 控制理论——模型论还是控制论. 系统科学与数学，9(4): 328-335.

［10］韩京清. 2008. 自抗扰控制技术. 北京：科学出版社.

［11］Han J. 2009. From PID to active disturbance rejection control. IEEE Trans. Ind. Electron., 56(3): 900-906.

［12］Huang Y, Xu K K, Han J Q, et al. 2001. Flight control design using extended state observer and non-smooth feedback. IEEECSS. Proc. of the 40th IEEE Conference on Decision and Control, IEEE:1: 223-228.

［13］Sun M, Chen Z, Yuan Z. 2009. A practical solution to some problems in flight control. IEEECSS. Proc. of the Joint 48th IEEE Conference on Decision and Control and 28th Chinese Control Conference, IEEE: 1482-1487.

［14］Zheng Q, Gao Z. 2010. On practical applications of active disturbance rejection control. Proc. of the 2010 Chinese Control Conference, Beijing: IEEE: 2503-2508.

［15］Ohioepolymer News. LineStream Technologies: Advanced Control, Made Simple. Oct.1st, 2012. http://www.polymerohio.org/index.php?option=com_content&view=article&id=352:linestream-technologies-advanced-control-made-simple&catid=1:latest-news&Itemid=61 ［2013-6-22］.

［16］Texas Instruments, Technical Reference Manual. 2013. TMS320F28069M, TMS320F28068M InstaSPINTMMOTION Software, Literature Number: SPRUHJ0A. April 2013, Revised November 2013.

［17］Feng G, Liu Y, Huang L. 2004. A new robust algorithm to improve the dynamic performance on the speed control of induction motor drive. IEEE Transactions on Power Electronics, 19(6): 1624-1627.

［18］Li S, Liu Z. 2009. Adaptive speed control for permanent-magnet synchronous motor system with variations of load inertia. IEEE Transactions on Industrial Electronics, 56(8): 3050-3059.

［19］Sira-Ramírez H, Linares-Flores J, Garcia-Rodríguez C, et al. 2014 On the control of the permanent magnet synchronous motor: An active disturbance rejection control approach. IEEE Trans. Control Syst. Technol, 22:2056-2063.

［20］Xia Y, Zhu Z, Fu M, et al. 2011. Attitude tracking of rigid spacecraft with bounded disturbances. IEEE Transactions on Industrial Electronics, 58(2): 647-659.

[21] Su J, Ma H, Qiu W, et al. 2004. Task-independent robotic uncalibrated handeye coordination based on the extended state observer. IEEE Transactions on Systems, Man, and Cybernetics, Part B: Cybernetics, 34(4): 1917-1922.

[22] Talole S E, Kolhe J P, Phadke S B. 2010. Extended-state-observer-based control of flexible-joint system with experimental validation. IEEE Transactions on Industrial Electronics, 57(4): 1411-1419.

[23] Wu D, Chen K. 2009. Design and analysis of precision active disturbance rejection control for noncircular turning process. IEEE Transactions on Industrial Electronics, 56(7): 2746-2753.

[24] Vincent J, Morris D, Usher N, et al. 2011. On active disturbance rejection based control design for superconducting RF cavities. Nuclear Instruments & Methods in Physics Research A, 643: 11-16.

[25] Jiang T. 2012. Robust output feedback stabilization of axial flow compressors with uncertain compressor characteristics. Proc. of the 51st IEEE Conference on Decision and Control: 7279-7284.

[26] Huang C, Li D, Xue Y. 2013. Active disturbance rejection control for the ALSTOM gasifier benchmark problem. Control Engineering Practice, 21(4): 556-564.

[27] Yu T, Chan K W, Tong J P, et al. 2010. Coordinated robust nonlinear boiler-turbine-generator control systems via approximate dynamic feedback linearization. Journal of Process Control, 20(4): 365-374.

[28] Liu S, Mei X, Kong F,et al. 2013. A decoupling control algorithm for unwinding tension system based on Active Disturbance Rejection Control, Mathematical Problems in Engineering, 2013: 1-18.

[29] 新民晚报. 2015. 上海交大"纳豆机器人"陪你看病购物贴身服务，2015 年 10 月 30 日 A9 版.

[30] Sun L, Li D, Hu K, et al. 2016. On tuning and practical implementation of ADRC: A case study from a regenerative in a 1000MW power plant. Industrial & Engineering Chemistry Research, 55: 6686-6695.

[31] 孙立. 2016. 基于不确定性补偿的火电机组二自由度控制. 清华大学博士论文. 2016.

[32] Freidovich L B, Khalil H K. 2008. Performance recovery of feedback-linearization based designs. IEEE Trans. Automat. Contr., 53(10): 2324-2334.

[33] Yang X, Huang Y. 2009. Capability of extended state observer for estimating uncertainties. Proc. the 2009 American Control Conference：3700-3705.

[34] Huang Y, Xue W. 2014. Active disturbance rejection control: methodology and theoretical analysis. ISA Transactions, 53：963-976.

[35] Gao Z. 2003. Scaling and bandwidth-parameterization based controller tuning. Proc. the 2003 American Control Conference：4989-4996.

[36] Xue W, Huang Y. 2014. On performance analysis of ADRC for a class of MIMO lower-triangular nonlinear uncertain systems. ISA Transactions, 53: 955-962.

[37] Isidori A. 1995. Nonlinear Control System. London：3rd ed Springer-Verlag.

[38] Praly L, Jiang Z P. 2004. Linear output feedback with dynamic high gain for nonlinear systems. Systems & Control Letters, 53: 107-116.

[39] Xue W, Huang Y. 2015. Performance analysis of active disturbance rejection tracking control for a class of uncertain LTI systems. ISA Transactions, 58: 133-154.

[40] 刘翔，李东海，姜学智，等. 2001. 不稳定对象及非最小相位对象的自抗扰控制仿真研究. 控制与决策. 16(4): 420-429.

[41] 赵春哲，黄一. 2010. 基于自抗扰控制的制导与运动控制一体化设计. 系统科学与数学. 30(6):742-751.

[42] Sun L, Li D, Gao Z, et al. 2016. Combined feedforward and model-assisted active disturbance rejection control for non-minimum phase system. ISA Transactions, 64：24-44.

[43] Xue W, Huang Y, Gao Z. 2016. On ADRC for non-minimum phase systems: The choice of the canonical form and stability conditions. Control Theory and Technology, 14(3): 199-208.

[44] Li M, Li D, Wang J, et al. 2014. Active disturbance rejection control for fractional-order system. ISA Trans. 52：365-374.

[45] Li D, Ding P, Gao Z. 2016. Fractional active disturbance rejection control. ISA Transactions, 62:109-119.

[46] Zhao C, Huang Y. 2012. ADRC based input disturbance rejection for minimum-phase plants with unknown orders and/or uncertain relative degrees. J. Syst. Sci. Complex, 25: 625-640.

[47] Guo B, Jin F. 2013. Sliding mode and active disturbance rejection control to stabilization of one-dimensional anti-stable wave equations subject to disturbance in boundary input. IEEE Transactions on Automatic Control, 58: 1269-1274.

[48] Guo B, Wu Z, Zhou H. 2016. Active disturbance rejection control approach to output-feedback stabilization of a class of uncertain nonlinear systems subject to stochastic disturbance. IEEE Transactions on Automatic Control, 61: 1613-1618.

[49] Guo B, Han J, Xi F B. 2002. Linear tracking-differentiator and application to online estimation of the frequency of a sinusoidal signal with random noise perturbation. International Journal of Systems Science, 33(5): 351-358.

[50] Xue W, Huang Y, Yang X. 2010. What kinds of system can be used as tracking-differentiator. Proc. of the 2010 Chinese Control Conference: 6113-6120.

[51] Guo B, Zhao Z. 2011a. On convergence of tracking differentiator. International Journal of Control, 84(4): 693-701.

[52] Zheng Q, Gao L Q, Gao Z. 2012. On validation of extended state observer through analysis and experimentation. ASME Journal of Dynamic Systems, Measurement and Control,

134(2)：024505 .

[53] Yang R, Sun M, Chen Z. 2011. Active disturbance rejection control on first-order plant. Journal of Systems Engineering and Electronics, 22(1): 95-102.

[54] Shao S, Gao Z. 2016. On the conditions of exponential stability in active disturbance rejection control based on singular perturbation analysis. International Journal of Control：1-21.

[55] Tian G, Gao Z. 2007. Frequency response analysis of active disturbance rejection based control system. Proc. of the 16th IEEE International Conference on Control, Applications Part of IEEE Multi-conference on Systems and Control: 1595-1599.

[56] Xue W, Huang Y. 2016. Tuning of sampled-data ADRC for nonlinear uncertain systems. Journal of Systems Science and Complexity, 29(5): 1187-1211.

[57] Guo B, Zhao Z. 2011. On the convergence of an extended state observer for nonlinear systems with uncertainty. Systems & Control Letters, 60:420-430.

[58] Guo B, Zhao Z. 2013. On convergence of the nonlinear active disturbance rejection control for MIMO systems. SIAM J. Control and Optimization, 51(2): 1727-1757.

[59] Jiang T, Huang C, Guo L. 2015. Control of uncertain nonlinear systems based on observers and estimators. Automatica, 59: 35-47.

[60] Bai W, Xue W, Huang Y, et al. 2018. On extended state based Kalman filter design for a class of nonlinear time-varying uncertain systems. Sci China Inf Sci, 61(4): 042201.

第7章 非线性控制的几个瓶颈问题

刘腾飞[1]，姜钟平[2]

（1. 东北大学流程工业综合自动化国家重点实验室；

2. 纽约大学电气与计算机工程系）

摘　要： 非线性在各类工程系统中普遍存在. 非线性控制理论在过去几十年得到了深入发展，并被广泛用于解决工程控制难题. 信息和物理过程的不断融合，多学科交叉的不断深入，为非线性控制的发展带来了新的机遇和挑战. 本章从信息约束的角度介绍非线性控制面临的几个瓶颈问题.

关键词： 非线性系统，非线性控制，信息约束，瓶颈问题

许多被控对象的动力学是非线性的，如旋转刚体的离心力和科里奥利力. 而控制系统中的执行机构、传感测量装置往往也都具有非线性，如滞环、死区、切换、量化、饱和等. 同时，为了实现特定的控制目标，即使是线性被控对象其控制律有时也设计成非线性的，如砰砰控制（bang-bang control）.

对于非线性系统，线性系统控制理论中的叠加原理和分离原理难以成立，全局性质和局部性质未必一致，控制系统的各个子系统必须协调设计. 同时，相较于线性系统，非线性系统的行为也更具多样性. 典型的非线性现象包括多孤立平衡点、极限环、混沌和分叉、有限时间逃逸等.

进入 21 世纪，智能车辆、智能电网、智能交通、智能制造等的发展需求也为非线性控制解决工程实际问题创造了新的机遇. 同时，时滞非线性系统、非线性输出调节、切换系统、脉冲和混杂系统、复杂大系统、多智能体系统等开始受到国际控制界的广泛关注，新的理论成果持续涌现. 面向实际工程需求，基于多学科的融合和交叉开展先进非线性控制理论研究是大势所趋.

本章结合非线性控制理论研究中的刚刚起步的几个理论研究方向，简要阐述相关瓶颈问题.

7.1 包含混杂动力学的非线性动态网络的稳定性

稳定性是控制系统设计的基本要求. 复杂关联结构和非线性动力学并存是许多现代工程系统（如复杂工业过程、智能电网等）的典型特征. 我们将这类系统称作非线性动态网络.

非线性动态网络的复杂性体现在两个方面：内部关联的复杂性和动力学的复杂性. 由于这两方面的复杂性，非线性动态网络稳定性的研究迄今仍处于初级阶段.

一个重要问题就是，如果非线性动态网络包含许多子系统和许多内部关联，那么怎样判断其稳定性？并且，判定方法从计算和实现的角度也要可行. 事实上，自 20 世纪 70 年代开始研究大系统（large-scale system）理论时，这一问题即得到广泛重视. 对于稳定性分析，大系统理论的基本思想是使子系统的稳定性足够强而内部关联足够弱，这样最终可得到稳定性判定的矩阵条件[1, 2]. 直观来讲，该思想就是通过子系统的稳定性来压制子系统之间的相互影响从而保证系统整体的稳定性. 但是，这类结果往往仅能处理较弱的非线性，如系统动力学满足全局利普希茨条件的情形[3]. 对于包含许多子系统和许多复杂关联的非线性动态网络，即便能够找到类似于矩阵条件的稳定性判定方法，从计算的角度来讲也难于实现.

Lyapunov 稳定性理论是研究非线性系统稳定性的最基本工具之一[4]. 在 Lyapunov 稳定性的基础上，Sontag 针对具有外部输入的单个非线性系统提出了输入到状态稳定性（input-to-state stability，ISS）的概念来同时描述系统初始状态和外部输入对系统的影响[5]. 对于一个 ISS 的系统，不管其初始状态如何，系统的状态轨迹都最终收敛到原点的一个邻域内，且外部输入越大则邻域越大，反之则邻域越小. 这里，邻域大小与外部输入的关系由非线性函数来描述，称为增益函数. 若没有外部干扰，则 ISS 就退化为 Lyapunov 全局渐近稳定性. 并且，ISS 特性可以等价地用 Lyapunov 函数来描述和判定[6-8]. 基于 ISS 的概念，文献 [9] 研究了包含两个子系统和一个回路的关联系统，其中每个子系统都是 ISS 的，而子系统之间通过状态相互耦合，利用增益函数描述子系统之间的耦合强度，提出了通过判断两个子系统耦合增益的组合函数的大小来判断关联系统稳定性的非线性小增益判据. 非线性小增益定理对于解决非线性控制理论难题发挥了重要的作用[10]. 进一步地，针对包含许多子系统和许多内部关联的非线性动态网络，文献 [11] 提出了多回路非线性小增益定理. 如果每个子系统的稳定性是由 Lyapunov 函数来描述的，那么非线性小增益定理也给出了构造系统整体 Lyapunov 函数的方法[12, 13]. 对于连续时间系统、离散时间系统乃至混杂系统，非线性小增益均给出了相应的判据[14, 15, 16, 17, 18]. 这种多回路非线性小增益定理避免了直接使用动态网络所有子系统的特性，而是通过判断网络中各个回路上的增益组合函数来判断动态网络整体的稳定性，从计算的角度也更易于实现.

总体来看，现有的非线性动态网络的稳定性分析和相关控制设计手段仍然十分有限，所处理的系统仍是由常微分方程或差分方程描述的. 混杂性是许多工程系统复杂性的重要特征，但是包含混杂性的非线性动态网络的稳定性相关研究仍然较为有限. 下式给出的就是一类包含动力学切换的非线性动态网络：

$$\dot{x}_i(t) = f_i^{\sigma_i(t)}(x_1(t), \cdots, x_n(t)), \quad i = 1, \cdots, n$$

其中，x_i 示第 i 个子系统的状态；f_i 表示第 i 个子系统的动力学；σ_i 表示的是一种切换信号. 如下分别从子系统动力学和子系统之间的相互关联两个方面讨论问题的复杂性.

7.1.1　子系统动力学具有切换/脉冲特性的情形

众所周知，不稳定动力学之间的合理切换可能实现系统整体稳定. 如果这种切换是基于时间的，那么就可以使用驻留时间（dwell-time）来刻画切换系统的这种特性. 进一步地，如果各个切换的动力学具有某种指数的发散或收敛性质，那么切换系统就具有更优越的平均驻留时间（average dwell-time）的性质[19, 20]. 当然，对于非线性系统而言，指数的增长或衰减往往难以直接满足，但可以借助于某种（状态）变换使之具有这种性质.

当非线性动态网络中的一些或所有子系统的动力学存在切换时，应该怎样刻画子系统之间的相互影响？在这种情况下，驻留时间的概念是否仍然有效？需要指出的是，如果各个子系统动力学发生切换的时间是相同的，那么完全可以将整个非线性动态网络看作是一个切换系统，进行整体考虑. 但很显然，这种假设对于一般工程系统而言是十分苛刻的. 如果将每个子系统的每次切换均直接视作动态网络动力学的切换，则可将各子系统切换时间不同步的情形转化为同步的情形，但这必然会导致结果的保守性. 同时，如上所述，将包含许多子系统和许多复杂内部关联的动态网络看作一个系统直接进行整体考虑从计算和实现的角度未必可行.

7.1.2 网络拓扑结构发生切换的情形

控制系统中的信息交换连接或物理连接往往不是固定不变的，而是严重依赖系统的工作环境和工作点，这就意味着网络拓扑结构的变化. 这一现象在多智能体控制的相关研究中考虑得十分广泛. 但是，多智能体所考虑的被控对象动力学大多仍较为基本且各个智能体的动力学常常是相同的或相似的. 对具有切换拓扑结构的非线性动态网络稳定性问题鲜有研究.

7.2 量化非线性控制

现代控制系统大多依赖先进的通信技术，控制与通信相融合是控制研究发展的国际趋势. 量化是数字通信的基本环节，而量化控制研究的目的就是解决使用量化后的信号进行控制的问题.

比如，考虑如下形式的量化控制系统：

$$\dot{x} = f(x, u)$$
$$u = v(q(x))$$

其中，x是被控对象的状态；u是控制输入；v表示控制律；q表示量化过程. 那么，闭环系统就可写作

$$\dot{x} = f(x, v(q)(x))$$

或等价地写作

$$\dot{x} = f(x, v(x + \omega))$$

其中，$\omega = q(x) - x$ 表示量化误差. 显然，由于量化误差的存在，没有足够鲁棒性的控制律是不能用于量化控制的.

这为传统控制器设计方法带来新的挑战：①量化器可看作是分段恒定的映射，这导致闭环系统动力学的非连续性；②非线性控制系统的性能可能对量化误差（即量化器输入与输出的差）非常敏感. 这种挑战不仅来自控制信号被量化的情形，更来自系统输出（状态）被量化的情形. 后者同测量反馈控制问题密切相关，但更难处理. 比如，实际系统中的量化误差未必有界（如对数量化器），而针对有界测量误差的测量反馈控制难于处理这种情况.

量化非线性控制研究的一个重要目的就是通过控制设计使闭环系统对量化误差鲁棒. 因此，量化控制和鲁棒控制有天然的联系.

Elia 等使用对数量化器研究了线性系统量化控制问题[21]. Fu 和 Xie 针对多输入多输出线性系统的量化控制问题考虑了具有扇区界特性的量化器，并给出了这类问题同线性鲁棒镇定问题的等价性[22]. 所谓扇区界特性是指量化器从输入到输出的映射位于坐标系中一个跨一、三象限的扇区内. 工业中许多数据的处理过程均可用具有扇区界特性的量化器（如对数量化器）来建模. 这样的量化器仅能保证量化误差小于量化输入大小的常数倍. 也就是说，量化器的输入越大，量化误差可能越大. 在量化器满足扇区界特性时，怎样解决非线性系统的量化控制问题引起了广泛关注. 但这方面的现有结果往往是基于控制系统鲁棒稳定性的相关假设，如较具代表性的文献 [23] 和 [24] 均假设系统存在已知的稳定控制器且该控制器对量化误差具有鲁棒性. 但是，研究怎样设计对量化误差鲁棒的控制器才是量化控制研究的关键.

实际系统中的量化器字长有限. 为改善量化控制系统的性能，Brockett 等提出了动态量化的概念[25]. 其基本思想是，在不改变量化器字长的前提下通过在线调节量化器的量化间隔来增大量化器的工作范围并提高控制精度. 线性系统的动态量化控制问题已经得到较好的解决，但非线性系统动态量化控制的结果大多假设存在已知的控制器，使闭环系统在存在量化误差的情况下具有稳定性（如文献 [26]）. 不仅如此，为实现动态量化控制一般还要求由量化误差到控制误差的增益函数满足特定的增长条件. 另外，对于多变量系统，对应于各状态分量的量化器在动态调整各自量化间隔时需要很好地相互配合，并且各量化器量化范围的调节幅度还要与控制误差的收敛速度相匹配. 在不做稳定性相关假设的情况下，大多现有方法不能有效解决这一问题.

与线性控制系统不同，未经特别设计的非线性控制系统可能对量化误差特别敏感. 量化误差和非线性动力学并存给现有的基于观测器的设计方法也带来很大挑战. 即便是在有限时间内衰减到零的小误差也会破坏原本（全局）可镇定系统的可镇定性[27]. 下三角系统是非线性控制中研究十分广泛的一类系统，许多实际工程系统都可以建模成下三角的形式. 反步控制（backstepping control）是下三角系统控制器设计的最基本方法，但是其对反馈信号的光滑性有较高的要求. 由于量化的非连续性，典型的半步控制方法就难以应用于下三角系统的量化控制了. 文献 [28] ∼ [30] 提出了一种基于回路小增益的量化非线性控制系统设计方法，将线性系统量化控制的扇区界方法拓展到严格反馈形和输出反馈形等下三角形式的非线性系统. 为解决量化的非连续性所导致的问题，这一结果使用了针对扇区界特性的迭代设计方法，将高阶系统的量化控制问题转化为动态网络的稳定性设计问题，使用增益配置的技术来合理配置动态网络中包含不确定、非连续动力学的各个子系统的增益. 最终，回路小增益定理用来保证包含量化环节的闭环系统的稳定性.

7.2.1 基于量化反馈的非线性几何控制

非线性系统的能控性和能观性是非线性控制中经典且十分重要的研究内容[31, 32]. 但是，当考虑量化反馈时，已有的经典结果就未必成立了. 不仅如此，在量化反馈控制的背景下，能控性和可镇定性之间的关系[33] 以及反馈线性化理论都需做必要修正.

7.2.2 基于量化反馈的跟踪控制

尽管当前大部分的量化反馈控制结果主要是考虑镇定问题，但基于量化反馈的跟踪控制却更具实用性和一般性. 量化跟踪控制期望寻求量化反馈控制器设计，使得被控对象的输出跟踪期望的参考信号或被控对象的状态跟踪由参考模型产生的期望状态轨迹. 这一问题至今仍未引起重视. 输出调节理论研究怎样通过反馈控制实现跟踪控制的同时抑制干扰，而参考信号和干扰信号均看作是由外部系统（exo-system）产生的[34, 35]. 著名的内模原理能够将输出调节问题转化为镇定问题. 很自然地, 如果能够保证量化反馈情形下内模原理的有效性, 就能够从一定程度上解决基于量化反馈的跟踪控制问题.

7.2.3　量化自适应控制

自适应控制器用于处理控制系统中不随时间变化或随时间缓慢变化的 "大的" 不确定性. 量化自适应控制自然是一个有实际意义的研究方向. 近期的文献 [36] 和 [37] 在这一方向做出了一些基本结果. 文献 [36] 针对离散时间的线性不确定系统给出了一种量化自适应控制的 Lyapunov 方法. 文献 [37] 在假设被控对象对扇区边界性质的不确定性鲁棒可镇定的前提下针对包含控制信号量化的非线性不确定系统设计了基于自适应控制律.

7.3　非线性系统的事件驱动控制

灵活利用有限的实时计算资源和通信带宽实现高性能控制是当前控制理论研究的一个发展趋势. 在这个趋势下, 事件驱动控制已得到控制领域的极大关注, 许多国际知名大学和研究机构正大力推进该方向的研究.

传统的计算机控制系统一般是时间驱动的, 其周期性地循环执行对被控对象的输出采样、控制量计算等控制动作. 这类系统的设计一般是基于业已成熟的理论和方法 (如采样定理、离散时间系统理论等), 其循环执行控制操作的时间间隔 (即采样周期) 一般由系统整体设计的指标预先确定[38]. 但是, 系统在采样周期中是开环运行的, 因此往往需要足够频繁地执行控制指令才能保证系统在最坏情况下的性能 (如稳定性). 由于不能根据控制需求实时调整执行控制动作的时间间隔, 这种工作方式可能会对有限的计算、通信资源造成不必要的浪费[39]. 同时, 控制装置功能多样化 (控制、监控、故障诊断、优化等) 和高度集成化趋势也导致了高度周期性的采样在工程上难以实现.

相较于时间驱动的周期性循环动作, 事件驱动的机制由特定的、能够反映系统行为的事件来触发系统动作. 在这种机制下, 系统动作完全取决于系统的实时状态, 而不需要周期性动作. 这对于降低资源浪费, 提高实时性具有至关重要的意义. 它已经广泛应用于计算机、通信等领域, 事件驱动的实时任务调度（如 RT Linux 操作系统）、程序设计（如 Java Script 语言）、信息传输（如 CAN 总线）等就是典型实例.

事实上，事件驱动控制的思想早已出现在一些工业控制策略中，应用实例可追溯至 20 世纪 60～70 年代，甚至可能更早. 例如，普遍应用的各种基于规则的控制（IF 满足条件 C_i，THEN 执行控制动作 A_i）就可看作是事件驱动的控制. 在基于规则的控制中，"满足条件 C_i"可视作"发生事件 E_i". 其他的应用实例包括继电反馈控制（relay feedback control）[40]、脉宽调制控制（PWM control）[41]、基于中断的控制（interrupt-based control）[42]、火箭反推卫星姿态校正[43] 等. 但需要指出的是，上述早期相关工作多是解决具体工程对象的控制问题，并未深入研究事件驱动控制的理论机理.

在现代工业自动化系统中，能够用于实时反馈控制的计算和通信资源往往相对有限. 在这个背景下，2000 年前后兴起了针对事件驱动控制的最新一轮理论研究. 其基本思想是根据系统实时可测量的输出来触发采样事件，目的就是更灵活地利用有限的计算和通信资源. 这种机制将系统在连续时间上的动态规律更充分地考虑进来，摆脱了传统计算机控制系统对周期性采样的苛刻要求，从而使计算和通信资源的使用更加灵活，实现了系统效率和控制性能的提升. 同时，针对复杂非线性系统，即使不考虑计算、通信等因素，事件驱动控制相较于周期性采样控制往往也能实现更好的控制性能. 比如，假设一个不确定非线性被控对象存在一个已知的、对采样误差鲁棒的控制器. 那么，在相同的条件下，事件驱动控制能实现被控对象状态的全局渐近收敛，即对任意初始状态均能实现渐近收敛[44]，而周期性采样控制往往仅能取得半全局的结果（如文献 [45]）.

从数学上讲，事件驱动控制相较于周期性采样控制也更具一般性. 直观地说，黎曼积分（Riemann integral）是将函数的定义区间划分为子区间，而更具完备性的勒贝格积分（Lebesgue integral）则是划分被积函数的值域[46]. 由于两者在思想上的高度统一性，Åström 和 Bernhardsson 将传统时间驱动的周期性采样控制称为黎曼采样控制，而将事件驱动控制称为勒贝格采样控制[39].

现代工业系统具有非线性动力学、强耦合等典型复杂特征. 同时，计算机和通信技术深度融入，已成为工业控制系统不可或缺的组成部分[47]. 针对工业系统中固有的非线性动力学和复杂不确定性，建立事件驱动的新型控制方法将能够有效弥补传统周期性采样的不足,为实现事件驱动的通信、计算和控制的深度融合提供不可或缺的理论保障,进而为解决复杂工况下复杂工业系统的控制问题提供全新的途径.

尽管事件驱动控制的重要价值已经得到国际控制界的普遍认可,但迄今其理论研究仍处于初级阶段. 现有的大部分理论成果要么以线性系统为被控对象,要么仅考虑全状态可测量的情况,不能满足复杂工业系统的控制要求,因此尚有不少理论问题值得深入研究.

关于事件驱动控制的基本思想,考虑如下事件驱动控制系统

$$\dot{x}(t) = f(x(t), u(t))$$
$$u(t) = v(x(t_k)) \in [t_k, t_{k+1})$$

其中,x 是被控对象的状态;u 是其控制输入;v 表示控制律;t_k 表示采样时刻. 在事件驱动控制中,采样时刻 t_k 是根据系统的控制效果来确定的. 如下是一种具有代表性的事件触发机构:

$$t_{k+1} = \inf\{t > t_k : |x(t) - x(t_k)| \leqslant p(|x(t)|)\}$$

其中,p 是一个 $\mathcal{K}$ 类函数. 这种设计的基本思想是,当采样误差 $|x(t) - x(t_k)|$ 的大小超越某一阈值, $p(|x(t)|)$ 时就触发采样. $|x(t)|$ 越小,阈值 $p(|x(t)|)$ 就越小,从而保证采样间隔具有一个正的下界. 但是,当存在外部干扰时,这种触发机构就不再有效了. 比如,考虑被控对象

$$\dot{x}(t) = f(x(t), u(t), d(t))$$

当 $x(t)$ 很小时,阈值信号 $p(|x(t)|)$ 也很小,但是系统动力学(即系统状态的变化率)f 却有可能很大,因为 f 不仅与 x 有关,还与 d 有关. 这种情况下,采样时刻间隔就难以保证有一个正的下界. 由于被控对象动力学和信号传递过程中普遍存在非线性和各种不确定性,如下几个方面的问题亟待解决.

7.3.1　不确定非线性系统的事件驱动控制机理

被控对象模型动力学的不确定性(如未建模动态、模型降阶误差、观测器误差等)在工业控制系统设计中广泛存在,不容忽视. 在事件驱动控制中,动力学的不确定性会与采样误差及事件触发机构发生相互作用,以致破坏系统原本的稳定性抑或导致系统执行控制动作的时间间隔越来越小而最终使事

件触发机构失效. 因此, 必须明确控制过程中事件驱动控制器与动力学的不确定性之间的相互影响关系, 建立针对动力学不确定性的事件触发机构的设计方法.

7.3.2　信号传递过程中不确定因素的影响

现代控制系统中的反馈信号和控制信号在传递过程中往往受到由环境和装置本身所导致的不确定因素的影响, 致使信号出现偏差. 其中, 量化 (如模数转换、逻辑开关等) 是将信号的连续取值转换 (近似) 为离散取值的典型环节, 会导致量化误差和量化信号的非连续性 (分段恒定). 量化环节在工业控制系统中广泛存在, 其所引起的控制问题具有一定的代表性. 量化控制的方法对于解决其他因素导致的偏差 (如传感器误差等) 亦具有指导意义. 但是, 非线性动力学、量化所致的非连续性和事件驱动控制固有的混杂性共同导致了新的综合复杂性, 使得分离原理 (separation principle) 难以使用. 因此, 量化控制问题和事件驱动控制问题不能简单地分开进行单独处理.

7.3.3　典型非线性系统的事件驱动控制器设计

工业系统中许多典型被控对象的动力学可以使用下三角结构的模型 (如严格反馈型、输出反馈型等) 来建模, 并且相当一部分的非线性控制理论研究成果都是针对下三角系统的 [48]. 针对这些具有代表性的典型非线性系统设计事件, 驱动控制器设计具有重要的实际意义. 但是, 从基于微分几何的非线性控制理论发展起来的控制器设计方法往往对信号的光滑性有颇高要求. 但是, 从实现机理上来看, 事件驱动控制中的控制算法只能使用非连续的采样信号. 这就对现有的非线性控制理论提出了新的挑战.

7.3.4　网络化控制相关的几个其他方向

先进的计算技术和通信技术在控制系统中的深度融合为非线性控制理论带来的挑战绝非仅限于量化控制和采样控制. 信号传递过程中的噪声、时滞等都会对非线性控制系统造成不可忽视的影响. 时滞非线性系统稳定性与控制的研究已经引起了控制界的重视. 比如, 文献 [49] 指出了非线性小增益定理同 Razumikhin 型定理之间的关系, 而 Razumikhin 型定理最初就是用于时滞系统稳定性分析的. 文献 [50] 给出了包含状态反馈时滞的非线性时变系统可镇定的充要条件. 需要指出的是, Krstic 等的文献 [51] 和 [52] 给出了存在输入时滞的非线性系统镇定的结果. 但是, 一般形式的不确定时滞非线性系统的鲁棒镇定问题尚无突出结果.

7.4　结　束　语

本章在简要介绍非线性控制基本特点的基础上, 结合非线性控制理论研究中刚刚起步的几个研究方向, 讨论了非线性动态网络稳定性、量化非线性控制、事件触发控制等新兴控制问题中的本质难点和瓶颈问题. 特别指出, 随着对象复杂度的提高和研究的不断深入, 稳定性这一基础概念的内涵不断得以丰富. 要解决各类新兴系统的稳定性分析和控制器设计问题就需要不断完善稳定性理论. 同时, 非线性系统网络化控制的多个研究方向不得不重新面对测量反馈控制这一非线性控制理论长期公开问题. 突破这些瓶颈问题, 对于进一步丰富非线性控制理论和提升复杂工程系统的控制水平具有重要的理论意义和实用价值.

参 考 文 献

[1] Michel A N, Miller R K. 1977. Qualitative Analysis of Large Scale Dynamical Systems. New York: Academic Press.

[2] Moylan P J, Hill D J. 1978. Stability criteria for large-scale systems. IEEE Transactions on Automatic Control, 23: 143-149.

[3] Siljak D D. 1991. Decentralized Control of Complex Systems. Boston: Academic Press.

[4] Khalil H K. 2002. Nonlinear Systems.3rd edition. New Jersey: Prentice-Hall.

[5] Sontag E D. 1989. Smooth stabilization implies coprime factorization. IEEE Transactions on Automatic Control, 34: 435-443.

[6] Sontag E D. 1990. Further facts about input to state stabilization. IEEE Transactions on Automatic Control, 35: 473-476.

[7] Sontag E D, Wang Y. 1995. On characterizations of the input-to-state stability property. Systems & Control Letters, 24: 351-359.

[8] Sontag E D, Wang Y. 1996. New characterizations of input-to-state stability. IEEE Transactions on Automatic Control, 41: 1283-1294.

［9］Jiang Z P, Teel A R, Praly L. 1994. Small-gain theorem for ISS systems and applications. Mathematics of Control, Signals, and Systems, 7: 95-120.

［10］Jiang Z P, Mareels I M Y. 1997. A small-gain control method for nonlinear cascade systems with dynamic uncertainties. IEEE Transactions on Automatic Control, 42: 292-308.

［11］Jiang Z P, Wang Y. 2008. A generalization of the nonlinear small-gain theorem for large-scale complex systems. Proceedings of the 7th World Congress on Intelligent Control and Automation: 1188-1193.

［12］Jiang Z P, Mareels I M Y, Wang Y. 1996. A Lyapunov formulation of the nonlinear small-gain theorem for interconnected systems. Automatica, 32: 1211-1215.

［13］Liu T, Hill D J, Jiang Z P. 2011. Lyapunov formulation of ISS cyclic-small-gain in continuous-time dynamical networks. Automatica, 47: 2088-2093.

［14］Jiang Z P, Wang Y. 2001. Input-to-state stability for discrete-time nonlinear systems. Automatica, 37: 857-869.

［15］Karafyllis I, Jiang Z P. 2011. Stability and Stabilization of Nonlinear Systems. London: Springer.

［16］Liu T, Hill D J, Jiang Z P. 2012. Lyapunov formulation of the large-scale, ISS cyclic-small-gain theorem: The discrete-time case. Systems & Control Letters, 61: 266-272.

［17］Liu T, Jiang Z P, Hill D J. 2012. Lyapunov formulation of the ISS cyclic-small-gain theorem for hybrid dynamical networks. Nonlinear Analysis: Hybrid Systems, 6: 988-1001.

［18］Liu T, Jiang Z P, Hill D J. 2014. Nonlinear Control of Dynamic Networks.Boca Raton: CRC Press.

［19］Hespanha J P, Morse A S. 1999. Stability of switched systems with average dwell-time. Proceedings of the 38th IEEE Conference on Decision and Control: 2655-2660.

［20］Liberzon D. 2003. Switching in Systems and Control. Boston: Birhäuser.

［21］Elia N, Mitter S K. 2001. Stabilization of linear systems with limited information. IEEE Transactions on Automatic Control, 46: 1384-1400.

［22］Fu M, Xie L. 2005. The sector bound approach to quantized feedback control. IEEE Transactions on Automatic Control, 50:1698-1711.

［23］Liu J, Elia N. 2004. Quantized feedback stabilization of non-linear affine systems. International Journal of Control, 77: 239-249.

［24］Ceragioli F, De Persis C. 2007. Discontinuous stabilization of nonlinear systems:Quantized and switching controls. Systems & Control Letters, 56: 461-473.

［25］Brockett R W, Liberzon D. 2000. Quantized feedback stabilization of linear systems. IEEE Transactions on Automatic Control, 45: 1279-1289.

［26］Liberzon D. 2006. Quantization, time delays, and nonlinear stabilization. IEEE Transactions on Automatic Control, 51: 1190-1195.

［27］Freeman R A, Kokotović P V. 1996. Robust Nonlinear Control Design: State-Space and

Lyapunov Techniques. Boston: Birkhäuser.

［28］Liu T, Jiang Z P, Hill D J. 2012. Quantized stabilization of strict-feedback nonlinear systems based on ISS cyclic-small-gain theorem. Mathematics of Control, Signals, and Systems, 24: 75-110.

［29］Liu T, Jiang Z P, Hill D J. 2012. A sector bound approach to feedback control of nonlinear systems with state quantization. Automatica, 48: 145-152.

［30］Liu T, Jiang Z P, Hill D J. 2012. Small-gain based output-feedback controller design for a class of nonlinear systems with actuator dynamic quantization. IEEE Transactions on Automatic Control, 57: 1326-1332.

［31］Isidori A. 1995. Nonlinear Control Systems. 3rd edition. London: Springer.

［32］Sontag E D. 1998. Mathematical Control Theory: Deterministic Finite-Dimensional Systems.2nd edition New York: Springer.

［33］Coron J M. 2007. Control and Nonlinearity.Providence: American Mathematical Society.

［34］Byrnes C I, Delli Priscoli F, Isidori A. 1997. Output Regulation of Uncertain Nonlinear Systems. Boston: Birkhäuser.

［35］Huang J. 2004. Nonlinear Output Regulation: Theory and Applications. Philadelphia: SIAM.

［36］Hayakawa T, Ishii H, Tsumura K. 2009a. Adaptive quantized control for linear uncertain discrete-time systems. Automatica, 45: 692-700.

［37］Hayakawa T, Ishii H, Tsumura K. 2009b. Adaptive quantized control for nonlinear uncertain systems. Systems & Control Letters, 58: 625-632.

［38］Åström K J, Wittenmark B. 1996. Computer Controlled Systems: Theory and Design. 3rd edition. Prentice Hall: Dorer Publications.

［39］Åström K J, Bernhardsson B M. 2002. Comparison of Riemann and Lebesgue sampling for first order stochastic systems. Proceedings of the 41st IEEE Conference on Decision and Control: 2011-2016.

［40］Tsypkin Y Z. 1984. Relay Control Systems. New York: Cambridge University Press.

［41］Polak E. 1961. Stability and graphical analysis of first-order pulse-width-modulated sampled-data regulator systems. IRE Transactions on Automatic Control, 6: 276-282.

［42］Hristu-Varsakelis D, Kumar P R. 2002. Interrupt-based feedback control over shared communication medium.IEEE Conference on Decision & Control,3:3222-3228.

［43］Dodds S J. 1981. Adaptive, high precision, satellite attitude control for microprocessor implementation. Automatica, 17: 563-573.

［44］Tabuada P. 2007. Event-triggered real-time scheduling of stabilizing control tasks. IEEE Transactions on Automatic Control, 52: 1680-1685.

［45］Nesic D, Teel A R. 2004. Input-output stability properties of networked control systems. IEEE Transactions on Automatic Control, 49: 1650-1667.

［46］Folland G B. 1999. Real Analysis: Modern Techniques and Their Applications. 2nd edition. New York: Wiley.

［47］柴天佑，李少远，王宏. 2013. 网络信息模式下复杂工业过程建模与控制. 自动化学报，39(5)：469-470.

［48］Krstic M, Kanellakopoulos I, Kokotovic P V. 1995. Nonlinear and Adaptive Control Design, New York: John Wiley & Sons.

［49］Teel A R. 1998. Connections between Razumikhin-type theorems and the ISS nonlinear small gain theorem. IEEE Transactions on Automatic Control, 43: 960-964.

［50］Karafyllis I, Jiang Z P. 2009. Necessary and sufficient Lyapunov-like conditions for robust nonlinear stabilization. ESAIM: Control, Optimisation and Calculus of Variations, 16: 887-928.

［51］Krstic M. 2009. Delay Compensation for Nonlinear, Adaptive, and PDE Systems. Boston: Birhäuser.

［52］Krstic M. 2010. Input delay compensation for forward complete and feedforward nonlinear systems. IEEE Transactions on Automatic Control, 55: 287-303.

第 8 章　时间与事件驱动的采样系统控制

史大威 [1]，陈通文 [2]

（1. 复杂系统智能控制与决策国家重点实验室，
北京理工大学自动化学院；2. 艾尔伯塔大学电子与计算机工程系）

摘　要：采样控制系统的分析与设计是现代控制理论的重要组成部分. 本章
　　　　着眼于采样控制系统的结构特点、性能需求和设计难点，简要介绍
　　　　时间与事件驱动采样控制系统的一般构成和发展现状，并分析事件
　　　　驱动采样系统中尚待解决的瓶颈问题和相关交叉应用.

关键词：采样控制系统，时间驱动采样，事件驱动采样

8.1 引　言

随着数字信号处理技术和大规模集成电路的发展和广泛应用，大部分现代控制系统中的控制功能是由以计算机或微处理器为核心的数字控制器实现的. 这类系统从结构上可以分为控制对象和数字控制器两部分，如图 8-1-1 所示. 其中，控制对象包括被控过程、传感器和执行机构，一般具有连续时间动态特性. 数字电路通常按照由晶振频率决定的周期时钟信号执行各项操作，因此数字控制器具有离散时间动态特性. 为了实现控制功能，控制器通常由三个基本环节组成：

（1）采样器（sampler）：根据一定采样原理，将连续时间测量信号采样为离散时间测量信号，这一环节通常由模数转换器实现.

（2）控制器（controller）：执行控制算法，实现控制量的求取，这一环节通常由计算机或微处理器实现.

（3）保持器（holder）：将离散时间控制信号转换为连续时间控制信号，

这一环节通常由数模转换器实现.

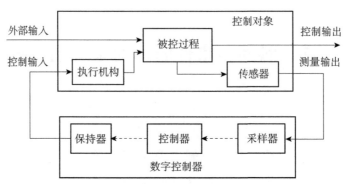

图 8-1-1 采样控制系统结构框图

具有以上结构和功能特点的系统一般统称为采样控制系统（Åström and Wittenmark，1984；Chen and Francis，1995）. 从整体上看，采样控制系统在连续时间框架下运行，但由于受到采样过程的作用，系统中的部分信号为离散时间信号. 从这一意义上讲，采样控制系统可以视为一种具有特殊结构的混杂系统. 考虑到这类系统的混杂特性，数字控制器设计的基本思路通常包括以下三种（Chen and Francis，1995）.

（1）连续设计，离散实现. 首先忽略采样器和保持器的作用，设计满足连续时间性能要求的模拟控制器；然后在模拟控制器的基础上，通过引入适当的离散化方法，得到相应的近似数字控制器.

（2）离散化方法. 将被控对象进行离散化，得到对应的离散化模型；针对离散时间模型设计满足离散时间性能指标的数字控制器.

（3）直接采样设计. 根据被控对象的连续时间模型，直接进行数字控制器设计，使得到的离散时间控制器闭环后满足连续时间性能指标.

以上三种思路有各自的优缺点. 前两种思路在控制器设计上难度相对较小，但连续时间意义下的控制性能通常难以保证. 第一种思路下得到的数字控制器难以严格满足对应的模拟控制器具有的连续时间控制性能；第二种设计思路虽然能够保证离散时间控制性能，但即使控制器在离散时间意义下性能良好，系统在采样间隔中的动态响应可能不满足连续时间性能要求. 另外，第二种设计思路要求对被控对象的连续时间模型进行离散化，虽然线性时不变系统的离散化过程较为简单，但难以推广到一般的非线性系统. 第三种思路下得到的控制器的连续时间控制性能可以满足，但控制器设计的难度大大增加.

在经典采样控制理论中，连续时间信号通常根据一定的采样频率进行周期性采样（periodic sampling），控制器也根据一定的采样频率周期性地运行控制算法并计算下一时刻的控制量. 在两个控制量更新时刻之间，零阶保持器将实际控制量保持为上一更新时刻的控制量取值. 由于这类采样控制系统的运行以间隔相等的采样时间为基准，可以称为时间驱动的采样控制系统（time-driven sampled-data systems）.

另外，采样更新时刻也可以根据信号的取值情况进行选取，而不依赖于固定的采样周期. 例如，如果当前时刻的信号取值与上一次采样值的差别不超过一定范围，则不进行采样更新. 类似地，控制器的更新时刻可以根据控制性能的好坏实时调整. 这类采样系统的运行以判断特定事件是否发生为基准，通常称为事件驱动的采样控制系统（event-triggered sampled-data systems）. 此外，在许多实际系统中，由于对连续信号的实时监测通常是由数字电路实现的比较器芯片完成的，只能对采样时刻所对应的信号取值进行判断，因而采样更新事件仅可能在间隔相等的采样时刻触发. 类似地，在数字控制器中，控制信号也只能根据控制器芯片晶振频率在间隔相等的采样时刻进行更新. 这类事件驱动采样系统建立在时间驱动采样序列的基础上，在文献中也称为事件驱动的周期采样控制系统（periodic event-triggered systems）.

在控制理论的发展过程中，国内外学者对采样控制系统设计问题的探讨由来已久. 早期的研究工作主要着眼于时间驱动下的采样控制系统. 在这一阶段，以周期采样下的连续时间线性时不变系统为研究对象，形成了一套完备的时间驱动采样控制系统分析与设计理论体系. 之后的研究针对连续时间非线性系统也有所突破，研究方法大多按照上述的第一种研究思路进行，即首先设计连续时间控制器，之后讨论其近似离散时间实现以及对控制性能的影响（Laila et al.，2002；Nesic and Laila，2002；Laila et al.，2006）. 在采样方式上，研究者们也尝试探讨了非周期采样（non-uniform sampling）对系统性能的影响，主要着眼于满足系统性能要求下采样周期的变化范围、控制器/估计器的设计和性能分析等（Fujioka，2009；Oishi and Fujioka，2010；Mustafa and Chen，2011；Hetel and Fridman，2013）.

近年来，随着通信技术、测量及信号处理技术及信息物理融合系统的发展，基于无线/有线通信网络的网络化控制系统逐渐得到了广泛应用. 在网络化系统中, 数字控制器往往采用分布式结构来实现, 采样器通常与传感器相连接, 而保持器通常与执行机构相连接, 采样器、控制器和保持器之间的通信是通过无线/有线网络来实现的. 在这种情形下, 控制系统中的能耗、计算和通信资源对系统性能的影响和制约作用日益突出 (Heemels et al., 2012). 例如, 在无线监控的许多应用中, 通过无线网络连接的传感器和执行机构通常由电池供电, 在许多情形下, 电池甚至是不可更换的. 所以在考虑系统控制性能的同时, 很有必要也将系统的能源消耗作为一项指标考虑到控制器的设计中来, 以保证合理的电池使用寿命. 又如, 根据通信协议 IEEE 802.15.4-2006, 通信网络中可用的信道数量通常也是有限的, 这使得在同一时刻只有一个或部分传感器或执行机构能够与控制器进行数据通信, 以实现测量数据传输或控制信号更新. 在这一背景下, 事件驱动的采样系统控制方法应运而生 (Åström and Bernhardsson, 1999) 并迅速受到了广泛的关注 (Lemmon, 2010; Heemels et al., 2012; Grüne et al., 2014; Cassandras, 2014; Liu et al., 2014). 直观地讲, 一方面, 事件驱动控制策略的基本原理在于传感器和执行机构只需要在一系列特定事件发生时与控制器通信并更新它们的操作 (例如, 在当前测量值与上一次传输的测量值比较相近时, 传感器无需将当前测量值发送给控制器), 从而为降低传感器、控制器和执行机构之间的通信损耗提供了一种全新的方式; 另一方面, 如何通过挖掘事件驱动的结构特性, 合理地设计控制策略, 以保证在通信损耗降低的前提下尽可能减少控制性能的损失, 是事件驱动采样系统研究中需要重点解决的问题. 事件驱动的采样系统设计问题与许多研究方向密切相关, 包括切换系统、鲁棒控制、非周期采样系统、集合成员辨识 (set-membership identification)、量化控制等. 然而, 与传统的时间驱动采样控制相比, 事件驱动采样系统的性能 (如稳定性、鲁棒性等) 更难从理论上进行分析和保证, 从而为控制器设计和分析带来了新的问题和独特的挑战.

8.2 时间驱动的采样系统控制

时间驱动的采样系统控制理论已经得到了较为完善的发展, 形成了较为成熟的理论体系, 也是研究事件驱动采样系统的理论基础. 时间驱动的经典采样控制理论主要以线性时不变系统为研究对象. 本节按照采样控制系统的三种基本研究思路, 对经典采样系统理论中的主要研究方向和结果进行简要回顾, 详细介绍参见 Chen and Francis（1995）.

在经典采样控制理论中, 连续控制器的离散实现方法包括阶跃不变变换法（step-invariant transformation）和双线性变换法（bilinear transformation）. 通过阶跃不变变换法得到的离散控制系统的性质有较为完善的分析, 包括连续系统和离散系统特征值之间的关系, 异态采样对系统可控性和可观测性的影响, 以及连续系统和离散系统传递函数直接的联系等. 离散化导致的控制器误差也得到了较为系统的分析. 另外, 对连续时间系统的最优离散方法也进行了较为详细的讨论.

离散时间控制系统的分析和设计问题也得到了系统的解决. 以 Riccati 方程理论为主要工具, H_2 最优控制问题得到了较为完整的解决; 离散时间系统的 H_∞ 最优控制问题也在大量文献中进行了详细和深刻的探讨. 此外, 快速离散化也是离散时间控制理论的一个重要研究方向, 讨论的主要内容包括离散时间信号和系统的提升（lifting）问题, 以及采样系统的快速离散化问题.

以算子理论为基础的直接采样设计方法是时间驱动采样控制系统研究的现代内容, 也是经典采样系统理论的核心. 在这一研究思路下讨论的主要问题包括采样器和（零阶）保持器的性质, 连续时间框架下的提升方法, 采样控制系统各个环节及整体系统的性能分析, 采样系统的稳定性分析和跟踪问题, 采样系统的 H_2 最优控制及 H_∞ 最优控制等.

8.3　事件驱动的采样系统控制

动态系统中的事件驱动特性源于 20 世纪 80~90 年代对离散事件系统的研究（Ho and Cao, 1991）. 然而, 一般动态系统的事件驱动采样和信号处理问题在近年来才得到逐渐关注（Lemmon, 2010；Heemels et al., 2012；Grüne et al., 2014；Cassandras, 2014；Liu et al., 2014）. 这类问题的早期研究工作包括 Åström and Bernhardsson（1999）和 Arzén（1999）. 在其先驱性工作中, Åström and Bernhardsson（1999）对一阶连续时间随机系统的事件驱动采样和时间驱动采样进行了比较, 证明了在相同的平均采样速率下, 事件驱动采样控制可以使系统的输出方差大大减小. Arzén（1999）将事件驱动采样与 PID控制相结合，并通过仿真实验说明事件驱动采样方式可以使控制器的 CPU 占有率大幅度减小，并不会显著影响系统的控制性能. 这两篇文章的发表引起了学术界对事件驱动控制的广泛关注，并对后续事件驱动控制的系统化方法起到了启发和推动作用. 虽然事件驱动采样控制理论仍处于发展阶段，但在若干方向上都已经取得了一系列有意义的进展. 本节依然按照采样控制系统的三种基本研究思路，对这些结果进行分类总结和梳理，并将难点问题进行初步总结.

为了便于介绍，我们先给出一个事件驱动控制系统的例子. 考虑如下被控过程：

$$\begin{cases} \dot{x}=f(t,x,u) \\ y=h(t,x,u) \end{cases} \qquad (8\text{-}3\text{-}1)$$

其中，x 为系统状态；u 为控制输入；y 为测量输出. 引入如下事件驱动条件：

$$\gamma(t)=\begin{cases} 0, \text{若 } y(t)\in \mathcal{Y}(t) \\ 1, \text{其他}, \end{cases}$$

其中，$\mathcal{Y}(t)$ 为事件驱动集合，如果 $\gamma(t)=1$，则采样器采样并将该时刻的测量值 y_t 传送到控制器；否则采样器处于休眠状态，或仅进行采样操作以判断 $y(t)\in \mathcal{Y}(t)$ 这一事件驱动条件是否成立，但不将采样值送到控制器. 我们将 $\gamma(t)=1$ 的时刻称为事件触发时刻，并将这些时刻顺次命名为

$$t_1,t_2,\cdots,t_k,\cdots$$

在这一情形下，控制器设计的任务是根据得到的事件驱动测量信息 $\{\gamma(t)y(t)\}$ 采用合适的控制策略，使得控制器输出直接或间接满足一定的性能指标. 例如，如果设计的目的是反馈控制，则须讨论得到的事件驱动闭环控制系统是否满足给定性能指标（如 $\boldsymbol{H}_\infty$ 性能指标）；如果设计的目的是状态估计，则须通过挖掘 $\gamma(t)=0$ 这一事件中包含的关于 $x(t)$ 的信息（即 $y(t)\in \mathcal{Y}(t)$），结合事件触发时刻收到的实际测量信息 $y(t)$，得到满足设计性能要求的 $x(t)$ 的估计值 $\hat{x}(t)$（如估计误差均方最小）.

8.3.1 连续设计，离散实现

这一基本思路已用于许多事件驱动采样系统控制的工作中. 由于连续系

统的控制器设计方法已经较为成熟，文献中通常假设满足一定性能指标（如稳定性、鲁棒性等）的连续时间控制器已经预先得到，重点讨论一定事件驱动条件下得到的控制系统具有的动态性能. 在这一研究思路下的设计工作主要体现在事件驱动条件的设计（而非控制器设计）上. 研究者主要关心的问题包括：①事件驱动实现下的控制系统是否依旧具有与原有的连续时间控制系统类似的性能；②两个相邻事件触发时刻 t_k 和 t_{k+1} 之间距离的下确界是否严格大于 0，即在事件驱动的采样控制系统中是否会发生 Zeno 效应. 对第二个问题研究的另一个动机在于通过分析两次事件触发时刻的间隔，可以分析事件驱动系统在降低控制及通信频率方面的实际效果. 按照这一思路进行的研究主要集中在反馈控制上，并针对状态反馈和输出反馈两个方面对事件驱动控制问题进行探讨（Tabuada，2007；Lunze and Lehmann，2010；Donkers and Heemels，2012；Premaratne et al.，2013；Mazo and Cao，2014；Forni et al.，2014；Girard，2014；Abdelrahim et al.，2015；Postoyan，Bragagnolo，and Galbrun et al.，2015；Liu and Jiang，2015a，2015b）.

8.3.2　离散化方法

这类方法的出发点是动态系统的离散时间模型，系统性能则以离散时间性能指标进行衡量. 在事件驱动采样系统的研究中，这类方法又可以分为两个子类. 一类依然事先假定满足一定离散时间性能指标的控制器已经设计好，主要讨论事件驱动条件的设计方法，故而这一类方法的思想和关注的问题与前面讨论的连续设计、离散实现方法基本类似，主要不同之处包括：①离散时间模型和性能指标的引入导致了不同的问题描述和研究困难；②离散时间模型本身对问题起到了一定简化作用，如离散时间系统不存在量子齐诺效应（但是由于通信约束在许多问题中依然存在，所以对触发间隔的分析对这类问题也很必要）. 另一类问题主要考虑给定事件驱动条件下的控制器设计问题，或者考虑控制器与事件驱动器在离散时间框架下的联合设计问题. 这类问题的研究思路与第三类方法（即直接采样设计）比较类似，研究难度通常较大. 此外，大量的事件驱动最优状态估计工作的基本思想也属于这一类方法，主要原因在于：①离散时间模型有助于问题的分析和简化；②经典 Kalman 滤波器的研究和应用主要针对离散时间系统，为在离散时间框架下进行事件驱动状态估计的研究提供了厚实的理论基础和研究工具. 感兴趣的读者可参见文献 Heemels and Donkers（2013）, Molin and Hirche（2013）, Quevedo et al.（2014）, Meng and Chen（2014）, Al-Areqi et al.（2014）, Sijs and Lazar（2012）, Wu et al.（2013）, Sijs et al.（2013）, Shi et al.（2014a）, Shi et al.（2014b）, Mazo and Cao（2014）, Lee et al.（2014）, Zou et al.（2015）, Shi et al.（2015）, Han et al.（2015）, Dong et al.（2015）, Shi et al.（2016）, 了解相关具体研究结果.

8.3.3 直接采样设计

直接采样设计的基本特点在于在分析和设计过程中考虑的是采样系统的连续时间性能指标. 在事件驱动采样系统的背景下, 这类方法涉及的问题既包括在给定连续时间性能指标下控制器和事件驱动器的联合设计, 又包括在给定连续时间性能指标和事件驱动器下的控制器设计问题. 另外, 在这种情况下, 事件驱动器也可以按照前面介绍的周期事件驱动控制的方式实现, 但与第二种研究思路的本质区别在于控制系统的性能指标要求是在连续时间框架下给出的. 与前两种研究思路相比, 这一思路下的探讨采样系统设计问题的难度大大增加. 针对事件驱动采样系统的早期研究工作都是按照直接采样设计的思路进行的, 包括 Åström 和 Bernhardsson（1999）的经典工作, 以及针对类似问题的许多后续扩展工作（Henningsson et al., 2008; Meng and Chen, 2012; Wang et al., 2014）. 这些工作通常以随机微分方程为基本研究工具, 讨论在一定性能指标下的最优采样策略和控制方法; 研究的对象大都为一阶或二阶系统, 且向一般高阶系统扩展的难度较大（Meng and Chen, 2012; Wang et al., 2014）. 另外, 分析引入事件驱动的控制策略对系统控制性能的影响也是一个很重要的问题. 如果在外界扰动作用下事件驱动采样系统的控制性能无法保证（如发生 Zeno 效应）, 那么针对这类系统的设计和分析工作的实用性就会大打折扣. 具体研究结果可参见 Åström and Bernhardsson（1999）, Henningsson et al.（2008）, Meng and Chen（2012）, Peng and Yang（2013）, Wang et al.（2014）, Li and Shi（2014）, Borgers and Heemels（2014）, Antunes and Heemels（2014）, Liu and Jiang（2015a）.

针对连续系统事件驱动状态估计的研究工作大多在鲁棒 H_∞ 滤波框架下进行. Hu 和 Yue（2012）讨论了考虑通信延时的网络化系统事件驱动 H_∞ 滤波

问题，针对给定的事件驱动条件，利用 Lyapunov-Krasovskii 泛函和自由权矩阵方法给出了保证系统指数稳定性和 H_∞ 性能的线性矩阵不等式条件，并在这些条件的基础上给出了滤波器参数的表达形式. Zhang 和 Han（2015）研究了采样系统的事件驱动 H_∞ 滤波问题，建立了基于 Lyapunov-Krasovskii 泛函方法的事件驱动有界实引理，提出了满足 H_∞ 性能指标的滤波器和事件驱动条件参数的联合设计方法. Ding 和 Guo（2015）考虑了传感器网络中的事件驱动分布式 H_∞ 协同滤波问题，并给出了滤波器增益和事件驱动条件阈值函数的协同设计方法. 由于问题难度的原因，在随机系统框架下研究连续时间事件驱动状态估计的工作相对较少，而且一般专注于低阶系统的讨论. 例如，Wang 和 Fu（2014）利用随机微分方程理论，比较了连续时间随机线性系统在时间与事件驱动采样下的滤波效果，并分别对一阶和二阶系统的情形给出了定量描述.

8.4　瓶颈问题与交叉领域

本章从采样系统设计的三种基本思路的角度回顾了时间与事件驱动的采样系统控制的发展状况，并对一些共性问题进行了总结. 因受篇幅和作者能力所限，本章的讨论未能包括所有采样系统理论的研究，更深层次的讨论可以在相应文献及其参考文献中找到. 基于前面的分析和笔者的理解，本节重点讨论事件驱动采样系统涉及的几个瓶颈问题，以及与事件驱动采样系统相关的交叉研究领域.

事件驱动的采样方式为实现系统控制性能和计算、通信资源损耗之间的有效折衷提供了一种新途径. 如前面所述，事件驱动控制的思想是由 Åström 和 Bernhardsson（1999）在 20 世纪 90 年代末最早提出的. 由于理论分析和算法设计的复杂性，之后较长一段时间这一方向上的研究进展较为缓慢，直至 2007 年 Tabuada 等的工作之后才有了较快的发展. 因而，目前与事件驱动采样系统设计相关的很多重要问题都还没有较为完备的答案. 根据笔者的有限知识和理解，现将部分瓶颈问题总结如下.

1）如何设计在一定性能指标意义下的最优事件触发机制，以及如何实现事件触发机制与控制器的联合最优设计

Åström 和 Bernhardsson（1999）的工作表明，通过设计合适的事件触发机制和控制策略，在相同的平均采样率下控制系统性能可以得到大幅提高. 然而，目前事件驱动采样系统的极限性能分析问题还没有较为完备的答案. 例如，与时间驱动的采样方式相比，在何种情况下事件驱动的采样控制可以带来性能改善？如何设计事件触发机制，使得相同平均采样率下系统控制性能达到最优？Antunes 和 Heemels（2014）在这类问题中对特定的事件驱动条件和特定性能指标进行了初步探索，但关于一般事件驱动条件和性能指标下的结果仍不清楚. 此外，在这些问题的基础上，如何协同设计控制器/估计器和事件触发条件，使得系统性能在某一性能指标意义下最优？与单纯的事件驱动条件设计问题相比，这类问题具有更强的挑战性. 目前，这类问题在 H_∞ 框架下的分析较多，但得到的结果往往以充分条件的形式给出，故而事件触发采样系统的 H_∞ 性能极限仍尚未可知，在 H_2 框架下分析则相对较少，且多集中于系统模型为低阶的情况，而针对一般非线性系统的研究则更为困难. 总的来说，现有文献中的很多工作都针对系统的稳定性问题进行研究，对于一定性能指标下事件驱动采样系统的极限性能分析和控制系统设计问题则讨论较少，导致这一情况的原因主要包括两个方面：一是由于稳定性分析在控制系统设计中的重要作用，如果系统的稳定性都无法保证，那么系统的控制性能则更无从谈起；二是事件触发机制的存在使得性能分析问题研究难度大大增加. 然而，考虑到事件触发机制的研究动机和传统时间驱动采样控制理论结果的完备性，这类瓶颈问题能否解决直接决定着事件驱动采样控制理论的发展和相关控制方法在工程系统中的广泛应用.

2）给定事件触发机制下，如何挖掘事件触发机制导致的系统特性，设计合适的控制器，实现系统性能的提高

以上讨论的瓶颈问题侧重于事件触发机制的优化设计. 然而，在工程应用中，许多情形下的事件触发机制都是预先给定的，且这些触发机制都具有较强的实际意义（例如，在 send-on-delta 触发机制中，在当前传感器测量值与上一次发送的测量值差别不大时，则不对当前测量值进行发送）. 因而，在给定事件触发机制下，如何挖掘事件触发机制带来的系统结构特性和额外信息，合理设计控制器，实现系统性能的提高是事件驱动采样系统设计中需要解决的另一类重要问题. 由于不再涉及事件触发条件的设计，这类问题与第一类问

题相比难度相对减小. 目前,这类问题在事件驱动最优状态估计中已经进行了很多探讨,如在 Wu et al.(2013), Shi et al.(2014a)和 Han et al.(2015)的工作中,研究者对事件驱动测量信息对以平均估计误差为指标的估计性能的影响进行了较为详细的分析. 然而,这些分析仅适用于线性高斯模型,且得到的结果仅在理想通信网络(即忽略丢包和延时作用)的假设下成立,针对非线性系统和存在丢包和延时作用的一般情形的探讨则变得十分困难. 基于本章作者的认识,即使仅考虑只有有限状态的隐马尔可夫系统(hidden Markov model),针对某些简单事件触发条件(如 send-on-delta 事件触发条件)和基本丢包模型的最小均方误差事件驱动最优估计器设计问题也很难得到具有递推形式的闭式解. 值得注意的是,给定事件触发机制时在一定指标意义下的最优控制器设计问题也是很难解决的问题,目前仍未得到完备的讨论. 这些瓶颈问题的存在直接约束着事件驱动采样控制理论的发展.

3)在信息-物理融合系统和网络安全背景下,如何设计具有安全性、鲁棒性和自愈性的事件触发策略和控制方法

随着信息-物理融合系统(cyber-physical system)的发展和广泛应用,如何将控制系统的网络化、分布化、智能化特性与事件驱动采样方式相结合,保证工业生产过程的安全、可靠、高效运行是在这一背景下面临的新课题. 由于系统规模不断扩大和通信网络的大量使用,控制系统面临的信息安全问题日益严峻;因而,如何分析潜在的安全隐患及网络攻击(cyber attack)对控制性能的影响并与系统设计中的性能要求和资源约束相结合,设计具有安全性、鲁棒性和自愈性的事件驱动策略和控制方法也是亟待解决的瓶颈问题. 讨论这类问题的主要难度在于攻击过程通常具有很强的未知性和隐蔽性,所以很难进行精确建模并对攻击者的行为进行有效预测. 一种可行的方法是对系统的最坏性能进行保证. 这一思路与传统鲁棒控制的思想较为接近. 然而,采用这一思路的问题在于得到的控制策略具有很强的保守性. 由于最坏情况往往发生概率很小,按照最坏情况设计得到的控制系统的实际性能会受到很大的影响,随着通信技术和大规模集成电路技术的发展,尽管控制系统的硬件水平日新月异,但系统的实际控制性能却因为未知不可控因素(如网络攻击)的增加和控制策略设计的瓶颈作用不能得到同步的提高. 不难预见,在未知攻击过程的作用下,采样系统事件触发机制和控制器的设计问题将变得更加具

有挑战性. 在这一背景下, 如何通过挖掘有限测量信息中包含的攻击过程信息, 并将这些信息用到事件触发器、控制器和估计器的设计中, 是解决这类瓶颈问题的潜在有效途径.

4) 事件驱动采样控制在交叉研究领域中的应用潜力与挑战

事件驱动采样控制理论与许多其他研究领域都有密切的联系. 一方面, 随着电力、石化、钢铁、化工等现代化工业的日益大型化和复杂化, 非正常生产状况不仅严重影响了工业生产效益, 更带来了大量安全问题; 工业报警系统的分析和优化设计近年来引起了学术界和工业界的广泛关注 (Yang et al., 2012; Kondaveeti et al., 2013; Cheng et al., 2013; Adnan et al., 2013; Wang and Chen, 2014). 工业报警系统由工业生产过程、多组阈值 (如高/低报警阈值、高高/低低报警阈值、紧急报警阈值) 判断条件构成的事件触发机制和安全监控系统组成, 是事件驱动采样系统的一种特殊形式. 因而, 从某种意义上讲, 工业报警系统中的许多理论和工程问题 (包括报警系统合理化、报警泛滥、干扰报警等) 都可能在事件驱动采样系统的研究框架下进行分析和探讨, 报警系统中本身存在的许多特有性质和设计性能要求则是这些分析和探讨中所需要解决的主要难题. 另一方面, 许多工程问题都可以归结为具有特定形式的优化问题 (如结构设计、资源定位、图像处理等), 在很多情形下, 这些问题既具有较大的规模和复杂的结构, 又对算法计算速度有很高的要求 (Shi et al., 2015). 事件驱动采样的思想为许多这类优化问题的求解提供了新的思路. 例如, 在网络资源优化问题中 (Lemmon, 2010), 可以通过引入事件触发机制, 设计具有收敛性保证的事件驱动并行优化算法, 来解决分布式优化中的信息频繁传递问题; 又如, 在基于图像处理的目标跟踪问题中, 可以通过引入事件触发条件, 降低与图像处理相关的优化问题的求解频率, 从而降低整体算法的计算复杂度, 提高算法的适用性. 这些相关研究领域的存在既为事件驱动采样系统理论的发展带来了机遇和动力, 也对理论研究工作的开展提出了新的挑战.

8.5 结 束 语

本章介绍了采样控制系统的组成和基本结构, 简要总结了时间和事件驱动采样控制系统的发展现状，并在此基础上探讨了事件驱动采样控制系统研究中的瓶颈问题，分析了事件驱动采样控制在相关交叉研究领域中的应用潜力与挑战. 随着控制系统规模和复杂程度的增加，能耗、通信、计算资源的有限性成为控制系统设计考虑的重要问题，时间与事件驱动采样系统相关研究工作的推进将为这些问题的解决提供有效途径.

致　　谢

本章获高等学校学科创新引智计划（B08015）和国家自然科学基金（61503027）资助.

参 考 文 献

Abdelrahim M, Postoyan R, Daafouz J. 2015. Event-triggered control of nonlinear singularly perturbed systems based only on the slow dynamics. Automatica, 52 (0): 15-22.

Adnan N A, Cheng Y, Izadi I. 2013. Study of generalized delay-timers in alarm configuration. Journal of Process Control, 23 (3): 382-395.

Al-Areqi S, Gorges D, Liu S. 2014. Event-based control and scheduling codesign: Stochastic and robust approaches. IEEE Transactions on Automatic Control, 60 (5): 1291-1303.

Anta A, Tabuada P. 2010. To sample or not to sample: Self-triggered control for nonlinear systems. IEEE Transactions on Automatic Control, 55 (9): 2030-2042.

Antunes D, Heemels W. 2014. Rollout event-triggered control: Beyond periodic control performance. Automatic Control. IEEE Transactions on Automatic Control, 59 (12): 3296-3311.

Arzén K E. 1999. A simple event-based PID controller//Proceedings of the IFAC World Congress.

Åström K, Bernhardsson B. 1999. Comparison of Periodic and Event Based Sampling for First-Order Stochastic Systems//Preprints 14th World Congress of IFAC.

Åström K J, Wittenmark B. 1984. Computer-controlled Systems: Theory and Design. New Jersey Prentice-Hall.

Borgers D, Heemels W. 2014. Event-separation properties of event-triggered control systems. IEEE Transactions on Automatic Control, 59 (10): 2644-2656.

Cassandras C G. 2014. The event-driven paradigm for control, communication and optimization. Journal of Control and Decision, 1 (1): 3-17.

Chen T, Francis B. 1995. Optimal Sampled-Data Control Systems. London. Springer.

Cheng Y, Izadi I, Chen T. 2013. Optimal alarm signal processing: Filter design and performance analysis. IEEE Transactions on Automation Science and Engineering, 10 (2): 446-451.

控制理论若干瓶颈问题

Ding L, Guo G. 2015. Distributed event-triggered consensus filtering in sensor networks. Signal Processing, 108: 365-375.

Dong H, Wang Z, Ding S, et al. 2015. Event-based H-infinity filter design for a class of nonlinear time-varying systems with fading channels and multiplicative noises. IEEE Transactions on Signal Processing, 63(13): 3387-3395.

Donkers M, Heemels W, 2012. Output-based event-triggered control with guaranteed L_1-gain and improved and decentralized event-triggering. IEEE Transactions on Automatic Control, 57 (6): 1362-1376.

Dullerud G. 1990. Tracking and L_1 performance in sampled-data control systems. Master's thesis, University of Toronto.

Dullerud G, Glover K. 1993. Robust stabilization of sampled-data systems to structured LTI perturbations. IEEE Transactions on Automatic Control, 38 (10): 1497-1508.

Forni F, Galeani S, Nesic D, et al. 2014. Event-triggered transmission for linear control over communication channels. Automatica, 50 (2): 490-498.

Franklin G, Emami-Naeini A. 1986. Design of ripple-free multivariable robust servomechanisms. IEEE Transactions on Automatic Control, 31 (7): 661-664.

Fu M. 2012. Lack of separation principle for quantized linear quadratic Gaussian control. IEEE Transactions on Automatic Control, 57 (9): 2385-2390.

Fujioka H. 2009. Stability analysis of systems with aperiodic sample-and-hold devices. Automatica, 45 (3): 771- 775.

Girard A. 2014. Dynamic triggering mechanisms for event-triggered control. IEEE Transactions on Automatic Control, 60 (7): 1992-1997.

Goebel R, Sanfelice R, Teel A. 2009. Hybrid dynamical systems. IEEE Control Systems Magazine, 29 (2): 28-93.

Grüne L, Hirche S, Junge O, et al. 2014. Event-based control//Lunze, J. (Ed.), Networked Control Systems. Control Theory of Digitally Networked Dynamic Systems: 169-261.

Haddad W M, Chellaboina V, Nersesov S G. 2006. Impulsive and Hybrid Dynamical Systems: Stability, Dissipativity, and Control. New Jersey: Princeton Univ. Press.

Han D, Mo Y, Wu J, et al. 2015. Stochastic event-triggered sensor schedule for remote state estimation. IEEE Transactions on Automatic Control, 60(10): 2661-2675.

Hara S, Sung H K. 1991. Ripple-free conditions in sampled-data control systems// Proceedings of the 30th IEEE Conference on Decision and Control.

Heemels W, Donkers M. 2013. Model-based periodic event-triggered control for linear systems. Automatica, 49 (3): 698-711.

Heemels W, Donkers M, Teel A. 2013. Periodic event-triggered control for linear systems. IEEE Transactions on Automatic Control, 58 (4): 847-861.

Heemels W, Johansson K, Tabuada P. 2012. An introduction to event-triggered and self-triggered

· 152 ·

control//IEEE 51st Annual Conference on Decision and Control (CDC): 3270-3285.

Henningsson T, Johannesson E, Cervin A. 2008. Sporadic event-based control of first-order linear stochastic systems. Automatica, 44 (11): 2890-2895.

Hetel L, Fridman E. 2013. Robust sampled-data control of switched affine systems. IEEE Transactions on Automatic Control, 58 (11): 2922-2928.

Ho Y C, Cao X R. 1991. Perturbation Analysis of Discrete-Event Dynamic Systems. Dordrecht: Kluwer Academic Publisher.

Hu S, Yue D. 2012. Event-based H_1 filtering for networked system with communication delay. Signal Processing, 92 (9): 2029-2039.

IEEE 802.15.4. 2006. Wireless medium access control and physical layer specifications for low rate wireless personal area networks. URL http://www.ieee802.org/15/pub/TG4.html.

Jiang Z P, Teel A R, Praly L. 1994. Small-gain theorem for ISS systems and applications. Mathematics of Control, Signals and Systems, 7: 95-120.

Keller J, Anderson B. 1992. A new approach to the discretization of continuous-time controllers. IEEE Transactions on Automatic Control, 37 (2): 214-223.

Kondaveeti S R, Izadi I, Shah S L, et al. 2013. Quantification of alarm chatter based on run length distributions. Chemical Engineering Research and Design, 91(12): 2550-2558.

Laila D, Nesic D, Astolfi A. 2006. Advanced topics in control systems theory. London. Springer-Verlag, Ch.

Laila D, Nesic D, Astolfi A. 2006. Sampled-data control of nonlinear systems. //Loría A, Lamnabi-Lagarrigue F, Panteley E. Advanced Topics in Control Systems Theory. London: Springer.

Laila D, Nesic D, Teel A. 2002. Open and closed loop dissipation inequalities under sampling and controller emulation. European Journal of Control, 18: 109-125.

Lee S, Liu W, Hwang I. 2015. Markov chain approximation algorithm for event-based state estimation. IEEE Transactions on Control Systems Technology, 23(3): 1123-1130.

Lemmon M. 2010. Event-triggered feedback in control, estimation, and optimization//Bemporad A, Heemels M, Johansson M. Networked Control Systems. Vol. 406 of Lecture Notes in Control and Information Sciences. London. Springer: 293-358.

Li H, Shi Y. 2014. Event-triggered robust model predictive control of continuous-time nonlinear systems. Automatica, 50 (5): 1507-1513.

Liu Q, Wang Z, He X, et al. 2014. A survey of event-based strategies on control and estimation. Systems Science & Control Engineering, 2: 90-97.

Liu T, Jiang Z P. 2015a. Event-based control of nonlinear systems with partial state and output feedback. Automatica, 53 (0): 10-22.

Liu T, Jiang Z P. 2015b. A small-gain approach to robust event-triggered control of nonlinear systems. IEEE Transactions on Automatic Control, 60 (8): 2072-2085.

Lunze J, Lehmann D. 2010. A state-feedback approach to event-based control. Automatica, 46 (1): 211-215.

Marchand N, Durand S, Castellanos J. 2013. A general formula for event-based stabilization of nonlinear systems. IEEE Transactions on Automatic Control, 58 (5): 1332-1337.

Mazo M, Cao M. 2014. Asynchronous decentralized event-triggered control. Automatica, 50 (12): 3197-3203.

Mazo M, Tabuada P. 2011. Decentralized event-triggered control over wireless sensor/actuator networks. IEEE Transactions on Automatic Control, 56 (10): 2456-2461.

Meng X, Chen T. 2012. Optimal sampling and performance comparison of periodic and event based impulse control. IEEE Transactions on Automatic Control, 57 (12): 3252-3259.

Meng X, Chen T. 2014. Event detection and control co-design of sampled-data systems. International Journal of Control, 87 (4): 777-786.

Molin A, Hirche S. 2013. On the optimality of certainty equivalence for event-triggered control systems. IEEE Transactions on Automatic Control, 58 (2): 470-474.

Mustafa G, Chen T. 2011. H_1 filtering for nonuniformly sampled systems: A Markovian jump systems approach. Systems & Control Letters, 60 (10): 871-876.

Nesic D, Laila D. 2002. A note on input-to-state stabilization for nonlinear sampled-data systems. IEEE Transactions on Automatic Control, 47 (7): 1153-1158.

Oishi Y, Fujioka H. 2010. Stability and stabilization of aperiodic sampled-data control systems using robust linear matrix inequalities. Automatica, 46 (8): 1327-1333.

Peng C, Yang T C. 2013. Event-triggered communication and control co-design for networked control systems. Automatica, 49 (5): 1326-1332.

Postayan R, Bragagnolo M C, Galbrun E, et al. 2015. Event-triggered tracking control of unicycle mobile robots. Automatica, 52, 302-308.

Premaratne U, Halgamuge S, Mareels I. 2013. Event triggered adaptive differential modulation: A new method for traffic reduction in networked control systems. IEEE Transactions on Automatic Control, 58(7): 1696-1706.

Quevedo D, Gupta V, Ma W J, et al. 2014. Stochastic stability of event-triggered anytime control. IEEE Transactions on Automatic Control, 59 (12): 3373-3379.

Shi D, Chen T, Shi L. 2014a. An event-triggered approach to state estimation with multiple point-and set-valued measurements. Automatica, 50 (6): 1641-1648.

Shi D, Chen T, Shi L. 2014b. Event-triggered maximum likelihood state estimation. Automatica, 50(1): 247-254.

Shi D, Chen T, Shi L. 2015. On set-valued Kalman filtering and its application to event-based state estimation. IEEE Transactions on Automatic Control, 60 (5): 1275-1290.

Shi D, Chen T, Shi L. 2016. Event-Based State Estimation: A Stochastic Perspective, Switzerland: Springer.

Shi D, Wang J, Forbes M, et al. 2015. Robust tuning of machine directional predictive control of paper machines. Industrial & Engineering Chemistry Research, 54(15): 3904-3918.

Sijs J, Lazar M. 2012. Event based state estimation with time synchronous updates. IEEE Transactions on Automatic Control, 57 (10): 2650-2655.

Sijs J, Noack B, Hanebeck U. 2013. Event-based state estimation with negative information//Proceedings of the 16th International Conference on Information Fusion: 2192-2199.

Sontag E D. 1998. Mathematical Control Theory, Deterministic Finite Dimensional Systems. New York: Springer-Verlag.

Tabuada P. 2007. Event-triggered real-time scheduling of stabilizing control tasks. IEEE Transactions on Automatic Control, 52(9): 1680-1685.

Urikura S, Nagata A. 1987. Ripple-free deadbeat control for sampled-data systems. IEEE Transactions on Automatic Control, 32(6): 474-482.

Wang B, Fu M. 2014. Comparison of periodic and event-based sampling for linear state estimation//Proceedings of IFAC World Congress.

Wang B, Meng X, Chen T. 2014. Event based pulse-modulated control of linear stochastic systems. IEEE Transactions on Automatic Control, 59(8): 2144-2150.

Wang J, Chen T. 2014. An online method to remove chattering and repeating alarms based on alarm durations and intervals. Computers & Chemical Engineering, 67(0): 43-52.

Wang X, Lemmon M. 2011. On event design in event-triggered feedback systems. Automatica, 47(10): 2319- 2322.

Wu J, Jia Q, Johansson K, Shi L. 2013. Event-based sensor data scheduling: Trade-off between communication rate and estimation quality. IEEE Transactions on Automatic Control, 58 (4), 1041-1045.

Yang F, Shah S, Xiao D, et al. 2012. Improved correlation analysis and visualization of industrial alarm data. ISA Transactions, 51(4): 499-506.

Yuksel S. 2014. Jointly optimal lqg quantization and control policies for multi-dimensional systems. IEEE Transactions on Automatic Control, 59(6): 1612-1617.

Zhang X M, Han Q L. 2015. Event-based filtering for sampled-data systems. Automatica, 51(0): 55-69.

Zou L,Wang Z, Gao H, et al. 2015. Event-triggered state estimation for complex networks with mixed time delays via sampled data information: The continuous-time case. IEEE Transactions on Cybernetics, 45(12): 2804-2815.

第 9 章　系统辨识在信息时代的挑战和一些瓶颈问题

王乐一[1], 张纪峰[2]

（1. 美国韦恩州立大学；2.中国科学院数学与系统科学研究院，
中国科学院大学数学科学学院）

摘　要: 本章在参考文献 [1] 的基础上，从系统辨识如何适应新信息时代发展的角度，提出了系统辨识领域中值得关注的 15 个瓶颈问题. 主要侧重于问题的广泛性、困难度及影响力. 广泛性是指不同应用领域具有共性的辨识问题；困难度或是出于系统特性数据的缺乏，或是由于求解数学工具的不完善，或是计算和通信工具及资源的不足；而影响力说明问题的解决会导致系统辨识突破性的进展. 对每个问题，都简述了其由来及动机、研究现状和难点所在，以及问题解决后的影响力度.

关键词: 系统辨识，不确定系统，网络化系统，数据驱动系统，瓶颈问题

9.1　引　言

维纳提出控制论（cybernetics）[2] 是在一个以一批科学界精英的思维实验为特征的早期信息时代. 维纳控制论的酝酿发展是和冯·诺依曼（John von Neumann）的计算机理论 [3, 4]、香农（Claude Elwood Shannon）的信息论 [5, 6] 的发展合作同步的，并与当时生物系统、神经生理、人工智能的进展密切相关. "系统的数学模型"在当时已受到关注.

从 20 世纪 50 年代美国学者扎德（Zadeh）的标志性论文引入"辨识"之名伊始 [7]，系统辨识这一作为对动态系统控制设计而引入的建模方法已经过了半

个多世纪的发展[8-15]. 从系统数学模型的建立、数据的采集、模型的验证，到与反馈控制结合的自适应控制，传统的系统辨识在随机框架下，发展完善了一大批算法，如预报误差算法[14]、递推最小二乘算法[14, 16]、随机逼近算法[17-20]、常微分方程法[18]、Akaike 信息准则[21, 22]，Rissanen 的最短数据描述建模[23]等，以及在输出信号预处理思想基础上建立的基于偏差补偿系统建模方法 [24-27]、开环及闭环动态系统辨识[28]、降阶建模[29]、集元辨识、频率特性辨识等，系统建模与反馈的结合所形成的自适应控制[30-32]，得到了一大批成功应用. 系统辨识与反馈控制密切联系，丰富推广了统计及时间序列分析[33].

　　20 世纪 90 年代的最坏情况（worst-case）系统辨识[34-36]，将噪声看作是"非随机""未知且有界"，利用模型的集元特征，得到一批重要概念和成果. "控制导向的系统辨识"[37-39] 引入了以逼近论及复杂性理论为基础并以相应控制为目标的一批新颖的方法，其中包括在 H_∞ 和 L_1 测度下的模型逼近，用时域数据的最坏情况辨识和以频域数据为主的 H_∞ 辨识[40-45]，以及借助于算子理论中的函数逼近与插值理论的一系列算法并与模型验证形成有机融合[46-48]. 这些方法的优点是辨识所得模型和误差界可直接与 80 年代发展的 H_∞ 和 L_1 鲁棒控制挂钩，同时其复杂性研究对系统辨识的本质性局限有了更深刻的认识.

　　十多年来，新型系统层出不穷，交通、能源、医学、社会系统的发展使得系统的概念发生了实质性的跳变. 从互联网到云计算和物联网，从网络控制到大数据，从新能源到智能电网，从量子控制到大规模的经济、基因、生物系统，都在驱动着控制系统向新的深度和广度发展. 控制和辨识的对象不可避免地必须打破单个或小群体的结构框架，强化到信息、网络、通信、计算、控制一体化的研究上去.

　　传统系统辨识致力于单个体系统并利用已知的先验信息和输入-输出数据来建立系统数学模型. 随着信息技术革命的到来，作为控制和辨识的对象，物理和信息系统在结构和特性上呈现出本质性的变化. 信息的实时传输共享必须考虑有限通信资源的耗费. 怎样提取有用信息、压缩数据，限用局部信息来减少信息传输对计算机网络的压力早已是计算机领域的核心问题，并形成了大数据研究领域. 系统网络化，通信和物联系统的介入，计算及管理分布化，大数据环境，人机互联等都是传统系统辨识所未曾遇到的问题.

　　传统系统辨识环境中，解决系统不确定性的主要方法是在随机框架下，处理出现在系统观测序列中的叠加型随机观测噪声,控制信号中的驱动噪声和导致系统结构变化的随机过程. 这些不确定性通常来自传感器误差,以及通信数据的压缩、传输、编码和解码和系统重组或故障等. 随机系统辨识的很多思想和方法与统计中的思想和方法类似 [49-51],但又有许多独有的特点,如最优输入信号的设计、开环和闭环辨识,以及与之相关的自适应控制等. 这些特殊性促进了系统辨识本身的发展,同时对相关统计、时间序列分析等领域亦有促进.

信息时代系统辨识环境更广泛、多样、复杂[52] ,突出表现在不确定性的类型上.

(1)受限约束下系统结构的参数与非参数混合不确定性. 系统的许多结构不确定性来自模型的简化,而模型简化往往基于参数化的线性模型或非线性模型. 例如,将一个无限维系统表示为一个有限维系统,或者用低阶系统代替高阶系统,都会引入未建模动态;利用线性模型局部逼近一个非线性函数,或者用简单的非线性函数表示未知结构系统就会导致模型失配;对高复杂度系统作集群系统建模以减少建模的复杂性,不可避免地会产生结构不确定性. 这些结构不确定性通常在数学上可刻画为未知的非线性函数或者难以用统计特性刻画的未知外扰,这部分非参数的不确定性的影响在实际系统中并不一定足够小,因此将其忽略并非是解决问题的有效方法,甚至有可能带来严重的辨识偏差. 由于经典的系统辨识方法常以处理参数化的随机模型为主,往往难以有效处理同时具有上述参数不确定性和非参数不确定性的未知系统,因此具有较大的挑战性. 另外,经典的系统辨识问题较少考虑系统输入-输出数据的约束条件或先验信息,但这些信息可能对系统辨识起到重要作用. 关于区间辨识[35]、集元辨识[36]、基于量化观测的系统辨识[53]、最近邻估计[54]、半参数自适应估计[55] 等方面的一些工作提供了多种有价值的思想,但如何系统而有效地同时应对受限约束下并存的参数不确定性与非参数不确定性仍然是极有挑战性又富有实际应用价值的未能完全解决的问题.

(2)网络环境下系统结构的随机与非随机混合不确定性. 在网络环境下系统的许多结构不确定性将表现得更加明显突出,由于这些不确定性不随时间和观测输出而改变,它们一般不具有随机性质,因此不能用平均量来减少或消除它们的影响. 这类不确定性对估计及模型的精度有着直接影响,且该类影响的表现呈现出非随机、非线性、非周期、非平稳、非独立等诸多特征,因此，这些影响是系统辨识必须考虑的，也给系统辨识带来不少困难与挑战. 在最坏情况辨识框架下，已有不少处理这类不确定性的结果 [35, 56-60]，但最坏情况分析也往往在一定程度上导致结果的保守性或者付出牺牲效率的代价. 进而，网络通信系统还涉及随机不确定性，如何在一个统一的框架下同时处理随机与非随机不确定性是一个典型但困难的问题 [58].

（3）网络环境下缺乏有用数据和信息而产生的不确定性. 有些不确定性也可能具有随机性，但由于缺乏相关数据和信息而得不到它们的统计性质. 例如，在对诸如自动汽车、无人飞机、机器人网络等移动系统的动力学及通信网络建模时，由于系统运行的地形条件无法重复利用，所收集的数据通常不足以做可靠的统计分析，随机建模非常困难. 再比如，在对基因调控网络等建模时，常会遇到网络维数大而量测数据少的困难，给网络结构的确定带来极大的不确定性. 再者，网络系统的动态性、复杂性、区域性、规模可变性往往不允许子系统间大规模信息传输，要求分布式信息传输及处理. 在这些情况下，以数据驱动的、模糊的、非精确的、分布式的数学描述对系统的辨识和对粗糙信息的加工至为关键.

（4）网络环境下系统结构的不确定性. 复杂系统以子系统间的相互作用为特点. 这些相互作用常用网络拓扑来表示并随时间而变化. 当这些变化不能直接观测到时，可被视为不确定性. 比如，在汽车组队中，分布传感器网络利用通信网络拓扑来交换信息. 通信频道的动态分配是典型的拓扑结构变化. 网络每时每刻都可能有许多新的链接加入、旧的链接退出，此时，如仍假定网络的结构是固定不变的，则必将会给系统辨识带来很大的不确定性. 当系统参数和结构不确定性同时存在时，我们面临混杂系统的辨识问题. 这方面的研究将会变得越来越重要.

（5）大数据环境下缺乏计算能力导致的不确定性. 即使对于已经描述完好的模型结构，计算能力的局限性也会直接影响系统的辨识结果. 例如，天气预报系统不仅包含许多影响因素而且也有许多历史数据可用，但是将它们全部考虑进去将会导致巨大的计算负担而无法做预测. 为了保证建模过程的可行性，减少一些所谓"次要"影响因素必然导致系统模型的误差或不确定性，这些影响通常也是非随机的. 这里计算资源和模型精度的关系很重要.

（6）人机混合环境的不确定性. 人作为系统的一部分直接参与系统决策，

这是网络系统的常见特点. 无人驾驶车队与普通车辆共用公路资源, 交通管理堵车信息对车流的影响, 电价对用电负载的调控作用是人机混合系统的典型例子. 传统微分差分方程模型不太适合对人体感知智能系统建模. 目前对人机混合环境下的建模辨识知之甚少.

在传统系统辨识丰富的方法和算法的基础上, 如何扩展系统辨识的思路、方法、算法以适应信息环境是瓶颈问题的主要来源. 控制理论中数学问题的一些难点往往归结于求解的数学方法不够. 系统辨识与此不同之处是它独特的应用背景. 在考虑瓶颈问题如何取舍上, 我们主要以对系统辨识科技、工程、社会发展的影响力为主, 以技术难度为辅. 传统的系统辨识, 尤其是在非线性系统方面, 仍有许多非常有意义并具有挑战性的技术问题. 从数学角度出发, 当推广系统结构、噪声特性和基本假设条件后, 许多传统问题解的存在性、唯一性、最优性、数值解的收敛性和计算复杂性等都有许多颇具难度的技术问题. 但本章将集中介绍系统辨识如何适应新信息时代发展方面的一些值得关注的瓶颈问题. 由于篇幅限制, 本章主要描述这些问题的来源和特征, 不多涉及可能的解决方法.

为便于有条理地描述一些瓶颈问题, 我们将这些问题进行了人为分类. 9.2 讨论网络环境下的系统辨识, 9.3 分析分布式、云计算环境下的系统辨识, 9.4 集中于有限资源环境下的系统辨识, 9.5 解释应用目标环境下的系统辨识, 9.6 考虑大数据时代的系统辨识, 9.7 侧重人机结合环境下的系统辨识, 9.8 总结概括本章内容并提出一些建议. 这些章节有许多内在联系. 我们主要以章节侧重角度决定内容的取舍和分布, 总共列出 15 个瓶颈问题, 并简述每个问题其由来及动机、问题描述、现状和难点所在、问题解决后的影响力度.

9.2 网络环境下的系统辨识

传统的系统辨识在标准设置下大多为小规模单回路结构. 当前, 物理系统的一个发展趋势是系统间的日益相互关联, 并且许多是通信网络的互联. 传统的控制过程通常在一个时间上只控制一个进程, 而如今所不同的是, 系统间存在大量的相互作用和调节.

　　通信系统的介入带来了许多新的系统结构和特性. 通信受到功率和带宽的约束. 典型的通信系统包括采样、量化以及为减少数据的大小和增加传输可靠性采取的数据压缩和编码. 在传输过程中, 数据包丢失、随机传输延迟、收到数据错误是十分常见的. 受到数据流量和功率水平的影响, 这些不确定性可由传输协议和编码/解码方案来处理. 与专用有线网络不同, 无线通信有更多的不确定因素、对资源有更多的限制. 无线通信网络中, 数据丢包、传输错误、信息传输不同步及网络拓扑突变都更常见. 以上问题都需要寻找新的辨识方法[61-65].

　　无线通信网络的特异处在其随机性, 它连接着各个子系统且一直在随机变化中. 尤其对于移动电话系统或者高通量网络而言, 其优先渠道可能会丢失, 或随机连接到由信号路径变化、地形条件和用户优先级而决定的竞争通道上. 再如突发式通信, 在短时间内需要大量的网络资源而后释放. 因此, 随机切换网络拓扑和具有其他随机不确定性的网络系统是辨识必须考虑的.

　　一个通信系统在传输一个信号前, 首先要对其进行编码. 信息码主要包括三个部分: 网络地址、数据、辨错码. 接收方可以利用辨错码判断传输是否出错. 收到的信号可能是: ①传输正确; ②传输正确但有随机时延; ③丢包 (传输失败); ④误判造成的错码 (小概率大误差事件). 这些会给系统的建模与控制带来哪些变化和挑战呢?

　　比较重要的是噪声的类型变了. 传统的噪声模型是叠加型的. 噪声一般是零均值、可相关、具有有限方差的. 在传统噪声统计特性的基础上发展了维纳滤波[8]、卡尔曼滤波[9]、随机微分方程、随机最优控制、灵敏度优化等研究方法. 这些方法的共同特点是在某种意义上对信号取平均. 但通信系统的模式却改变了这一基本假设. 这种不确定性的模式不能直接用信号平均的方法来处理. 以下列出由此造成的技术上主要的问题.

问题 1: 不规则和随机采样

　　由于通信系统的不确定性, 信号接收到的时间由确定的变为随机的. 传统的离散系统是建立在均时采样基础上的. 当采样周期固定并用典型的零阶保持器来实现控制时, 一个线性定常连续时间系统生成的离散系统仍是线性定常的, 已有的设计方法非常丰富.

　　当采样点随机出现时, 包括系统建模、系统辨识、状态估计、反馈控制、最优控制在内的传统控制设计方法必须重新讨论. 当采样周期不固定时, 定常系统采样后就成了时变系统, 可控可观的系统可能成了不可控或不可观的, 可辨识的系统可能成了不可辨识的, 稳定的系统可能成了不稳定的, 等等. 由于这些变化, 一大批建立在线性定常系统上强有力的系统辨识算法和分析方法都不能直接使用了, 比如系统辨识中的线性最小二乘法、维纳滤波, 以及控制的频域设计方法等.

将系统建模和控制设计推广到不规则和随机采样是控制与通信结合的基础, 这是一个必须解决的问题.

问题 2: 时变、随机延迟

一个线性定常连续时间若有常数延迟会导致无穷维系统, 其在固定采样率下生成的离散系统仍是线性定常有限维的, 因此, 不会产生新的技术问题. 但如果时间延迟是时变、随机的, 再加上随机噪声, 则会导致无穷维的、泛函型的随机微分方程, 处理起来要困难得多. 近年来, 随机微分方程泛函型 Ito 公式的引入将来可能会对此类问题的系统辨识有深刻的影响力.

单从系统辨识考虑, 随机延迟统计特性的估计可以用自适应学习的方法来处理. 尽管在数学上对这些问题有过不少研究, 但实时数据和信息量不足、收敛性、收敛速度仍是技术上的难题. 从通信可靠性来看, 信号传输过程中的随机时延的范围、随机分布、统计相关特性在一定程度上可以用资源管理的方式来控制. 这就自然产生如下问题: 如果一个动态系统加入了时变或随机延迟, 状态估计、系统辨识、反馈控制该如何设计? 与问题 1 类似, 解决这个技术问题也是控制与通信结合的基础, 可以推动网络控制各方面的发展.

问题 3: 信号量化和压缩

信号量化和压缩是减少数据传输、处理和计算量的重要手段. 十多年来, 信号量化下的系统辨识[66-68] 已有了突破和综合性进展, 控制量化下的反馈设计也取得了不少重要成果. 但相对而言, 若把量化和常见数据压缩的环节（如频域、时域、数值精度、小波、打包方法等）看作为系统的一部分, 对应的建模、控制的研究结果仍然很少.

这里重要的瓶颈问题是信号量化压缩与辨识控制的组合优化. 直观上讲, 减少量化精度、增加压缩率必然引入更多的误差和不确定性, 进而影响辨识的精度与收敛速度. 目前, 量化辨识还没有联系到其他数据压缩方法, 有待这一重要推广.

解决这个问题与大数据处理、计算通信资源合理使用密切相关: 在满足辨识指标前提下, 如果网络中每个环节的建模都能用小数据来实现, 对整个网络建模的复杂性会有数量级上的收益.

问题 4: 通信系统和对象组合的随机非线性系统

总的来说, 绝大部分实际系统是非线性的. 近年来, 虽然随机非线性系统辨识受到了相当大的关注[69, 70], 但仍是一个开放的、尚未完全开发的领域. 也正因为如此, 对非线性系统辨识的研究十分活跃, 相关工作也是卓有成效的. 然而, 对非线性系统的辨识研究, 各种方法之间尚缺乏内在联系和统一框架. 目前, 非线性系统辨识的大量研究工作都是针对某些特殊结构的系统, 如 Wiener 系统[71, 72]、Hammerstein 系统[73-79]、非线性 ARX 系统[80]、量化观测系统[81, 82]、子空间辨识方法[83, 84]、跳变系统[85, 86]、核方法[87-89]等, 常用的随机分析数学工具包括 Chebyshev-Markov-Stieltjes 不等式、Chernoff 界、鞅收敛定理、大数定理、大偏差原理、马尔可夫过程、随机微分方程等.

系统辨识会越来越多地涉及时变、随机、非线性等因素. 第一, 当系统参数随时间变化或结构跳变时, 它们与状态类似, 形成模拟量与离散事件共存的混杂系统, 再加上同时估计参数和状态就会导致非线性问题. 有关这类问题的参数和状态联合的可观性、可辨识性、信号持续激励等基本问题都有待进一步探讨. 第二, 当控制、决策、优化利用辨识结果在实时实施时, 随机噪声以非线性结构的形式进入系统, 造成随机非线性时变系统. 第三, 当观测数据同时含有系统和环境的信息时, 同时辨识系统参数和噪声的统计模型也是一个非线性问题. 第四, 时变系统会造成不可约误差, 这与物理学家海森伯在量子力学中著名的 "测不准原理" 是类似的[90]. 由于辨识与控制结合实时实施时总会有时变特征, 因此随机非线性系统辨识不可约误差是一个复杂性研究的重要方面.

问题 5: 网络系统的非同步运行

网络系统中不同信道的信息是随机非同步传输的, 网络中的控制子系统通常是非同步运行的, 而传统多变量系统的控制、稳定性分析、性能指标优化多以同步运行为基本要求. 若把随机信道考虑进去, 网络系统的可控、可观、可辨识性以及辨识控制算法都需重新研究[91].

这里有许多新的未知数. 比如, 网络中一个子系统的信息通过不同的信道获取. 非同步传输的结果是它们反映系统不同时刻的特性. 对信息的加权、取舍、组合、加工以确保辨识结果的可靠可用性是非同步操作必须解决的难题.

在时域上非同步操作是实现之后要谈到的分布式算法的必要条件, 因此是实现网络辨识控制的关键步骤.

问题 6: 网络结构的辨识

不同于传统系统辨识, 复杂关联系统的网络本身是建模的重要方面[71]. 其典型例子是基因调控的网络模型的结构辨识问题[92-94]. 结合分子生物学中的机理研究, 提取合理的系统网络以解释蛋白质的相互作用是具有挑战性又十分重要的课题.

比较理想的网络管理要求可扩充性, 即网络可以动态地变换规模而不影响其管理的复杂性. 网络结构动态变化就要求对其辨识. 这个问题是网络系统独有的特征, 因而在传统辨识中没有研究, 是一个需要开拓的领域.

9.3 分布式、云计算环境下的系统辨识

由于网络系统的规模和延伸, 信息流通过网络将使用宝贵的网络资源、产生开销, 导致网络拥挤. 传统辨识算法绝大部分是集中型的. 而分布式网络型辨识的关键是分布式、多机、非同步、并行、模块式控制算法. 只有解决控制算法模块化和非同步协调问题才能使辨识机理与计算机网络发展接轨, 实现辨识算法的分布式云计算、数据共享和交叉复用.

问题 7: 系统辨识的分布式模块化

系统辨识算法的结构模块化是实现分布计算的第一步. 网络系统往往在物理层次上就是分布式甚至是移动型的. 子系统的计算资源是最快最省钱的. 因此, 系统辨识的功能必须分解成基本相互独立的模块, 实现分布式运作.

辨识算法的分布化和算法模块间的交流互动是一个难题. 目前, 对何种辨识问题可以做到分布化, 如何对算法分块, 块间如何交流, 以及新算法对辨识精度、速度、收敛性质的影响还知之甚少. 辨识算法往往可视为对某种性能指标的优化, 比如最小二乘法、Kalman 滤波器、最优预测估计、最大似然估计等. 因此, 辨识算法的分布化与分布式最优化是同一类型的问题. 由分布式

最优化现状来看，辨识算法的结构可分解性，模块的具体划分，分块系统的可观性和可辨识性，以及分布计算对全局优化的影响是亟待解决的问题.

解决这个问题是辨识分布化的前提，因而是不可避免的.

问题 8：非同步并行算法

辨识分布化的另一关键步骤是时间上的非同步并行运行. 由于网络系统信号传输的随机性，分布模块式的算法必须在块间和块内实现非同步并行运行. 传统辨识算法都是对估计值的同步迭代更新，在此新的随机框架下非同步并行算法的发展将成为突破传统辨识框架的关键步骤.

问题 5 提到的主要困难在问题 8 中都存在. 从计算的角度出发，问题 8 还有计算机并行算法、云计算资源分配、计算负载平衡等计算方法特有的问题. 这些问题在计算机领域中有多年的研究积累可供我们借鉴.

9.4　有限资源环境下的系统辨识

对通信、控制、计算资源的考虑是网络环境下极为重要的研究方向. 对复杂性的研究有助于我们理解资源和目标之间的关系. 为通过系统辨识减少不确定性，我们会遇到资源消耗和限制的问题. 资源有不同的形式，主要取决于其应用的领域.

问题 9：系统辨识应用的费用问题

复杂性研究本身并不是新方向. 参数系统的阶数和状态的维数作为系统复杂性的指标由来已久. 比如，Akaike 信息量准则[21, 22]，Rissanen 的最短数据描述建模[23]等将系统复杂性和模型精确性的权衡放在统一性能指标下来考虑. 非参数化辨识的核算法可在数据驱动下对非线性系统建模，但其应用受到呈指数级增长的大数据量问题的限制[87-89]. 减少复杂性就成了这些算法必须面对的核心问题[95-97]. 在网络系统中，有限资源问题将复杂性推到了主导地位.

在传统的系统设置下，资源通常和获取数据的成本有关，包括传感器、传感器种类、传感器位置、辨识实验包含的方案数目、数据持久度、采样率、数据存储需求等. 从这个意义上讲，如果减少了一个传感器，或使用了一个更便宜的传感器，或只用少量的数据，那么资源使用就会减少，但相应的不确定性就会增加，并影响辨识的质量（如精度或者不确定性集合的大小）和速度（如收敛速率、Cramer-Rao 下界、信息准则）.

而在网络系统的辨识问题中，最常提到的资源是通信系统的功率和带宽. 为减少能量消耗，可用低功率传输，但这会增加数据传输误差、丢包、延迟. 为减少带宽的使用，我们需要降低采样率，使用低分辨率量化、压缩数据以减少数据冗余，仅使用部分信息等. 这涉及如何利用最少资源进行系统辨识的问题. 对于系统辨识来说，这些都是新问题.

问题 10：系统辨识复杂性的本质性研究

从历史上看，为了研究模型的复杂性、辨识速度和不可约误差[98-100]，最坏情况辨识采用了基于信息的复杂性和近似理论中的复杂性概念. 类似地，为减少模型复杂度，随机框架下[14, 18, 82]的系统辨识一般采用熟知的 CR（Cramer-Rao）下界和 Fisher 信息准则来界定不可约误差.

探索系统辨识的复杂性及其与控制之间的关系具有重大意义[52, 101]. 由于技术上的困难，过去这并未成为主要的研究目标. 在系统辨识的新模式下，我们应该尝试从已有的理论基础（如近似理论、统计、信息理论、计算复杂性等）中，建立新的复杂性的结果. 以下的四个支柱可能在交叉学科的框架下，发展出一种新的复杂性理论.

（1）近似理论. 在近似理论中，辨识时间复杂度、采样复杂度[60, 90, 102, 103]、模型复杂性[104]、反馈复杂性[105]被看作复杂性的几类理论结果. 实际上，从更广义的角度讲，反馈系统的鲁棒性可以用近似理论来描绘. 因此，当描述未建模动态、模型失配、模型不确定集合、反馈不确定性的减少时，我们能受益于近似理论的不确定性结果[98, 99, 106].

（2）统计. 著名的 CR 下界[107]和 Fisher 信息[108]准确地定义了有噪声干扰的数据中系统参数的信息. Fisher 信息矩阵在描绘实际问题中的信息量方面有广泛应用[108, 109]. 但如何将其与通信和基于近似理论计算的复杂性理论结合起来，形成一个更广泛的复杂性理论，仍然是一个难题.

（3）信息理论. 香农的信息论是信息理论方面的一个重大发现. 该理论对信源编码、信道编码、数据失真、数据压缩的影响是举世公认的[110-113]. 另外，香农的采样理论描写了信号处理中的采样复杂性. 在网络系统辨识中，信息理

论显然也应该作为基础，但是它也必须纳入到其他复杂性的研究中.

（4）计算复杂性. 在计算机逻辑、自动机、计算机语言中，传统的计算复杂性的研究比较常见[114]，主要是计算程序方面的分类，即 P-类与 NP-类. 总的来说，P 问题被视作可计算的而 NP 问题被视作无法计算的. 关于计算复杂性的不少概念已被用到物理、量子计算、分子建模等. 它也可以对算法的复杂性和信息、熵等提供一些指导[115]. 但是，对于系统辨识和控制应用而言，上述计算复杂度的基本特性不足以具体到能够对系统辨识算法提供一个可行的约束. 在网络环境下的系统辨识往往可以转换成有信息约束的优化问题. 已有结果发现许多利用局部信息对网络参数及状态的估计问题都是 NP 难问题；而有些看似简单的凸问题在大数据环境下也因计算量极大而无法实现. 目前，这方面的困难尚不清楚如何解决，它仍是一个非常值得研究且对应用有巨大推动力的问题.

9.5　应用目标环境下的系统辨识

辨识致力于利用实时、在线数据来建立系统模型. 从数据和环境中减少系统的不确定性，得到更加精确的参数、特性、状态的估计，都是系统辨识的直接目标. 减少不确定性是为应用服务的：不确定性的减少意味着更加精确的控制、可靠性更好的监测，以及更好的诊断来对系统进行保护. 过去，人们一直在寻找如何将系统辨识加以应用，尤其是在控制设计方面. "控制导向辨识"和 "自适应控制" 显著地反映了系统辨识与控制的结合[116]. 以目标驱动的、综合化的系统辨识旨在以复杂性为基础，从总体上来看问题. 系统辨识应致力于结合控制、诊断、决策、调度，实现以最小资源达到目标.

问题 11：以数据和控制导向的辨识

首先，系统辨识应以达到目标为止，否则就会浪费资源. 例如，在对系统做故障诊断时，目的只是区分正常与出错状态即可，不必过分追求参数收敛. 另外，系统参数重要性不同. 一个病人心跳和呼吸都很正常但血压高，数据采集量应更多用在血压上. 所以，临界参量和非临界参量应该有不同的精度要求. 以目标驱动的最小资源系统辨识的方法和算法还很少研究，值得重视.

　　系统辨识和反馈控制都旨在增强系统在不确定性条件下的工作能力,是殊途同归的. 如果反馈控制的鲁棒性强,则对系统辨识精度要求降低,并可少用资源.因此,辨识和反馈控制综合化的方法会比专注于系统辨识要更优越. 如何巧妙利用反馈控制的结构和设计来辅助系统辨识是很有意义和前途的研究方向.

　　新领域多以系统关联为特色. 交互系统的子系统间信息可以协助辨识、监测、诊断. 因此,在大系统的框架下利用关联信息的系统辨识方法比专注于子系统的辨识能更有效地利用资源. 这方面的现有知识甚少,有待应用领域的专家与系统辨识研究者的密切合作来推动发展. 这类思想在数据挖掘、机器学习、随机过程中均有发展,包括局部结构的嵌入、元数据挖掘、马尔可夫链(Markov chain)状态组合等. 其主体思想是在精度允许范围内尽量减少数据的复杂性,系统辨识对此可以借鉴.

问题 12: 直接型控制系统辨识

　　传统辨识方法致力于对象建模. 从控制导向辨识来看,既然辨识的目的是控制决策,对象建模这一中间步骤是否真有必要呢? 众所周知,许多很复杂的对象可以用很简单的控制器来达到控制目标. 传统 PID 控制器的广泛应用已反复证明了这一事实. 在数据驱动的条件下,对控制器直接辨识可能会达到事半功倍的效果.

　　从基本思路看,直接型控制系统辨识与直接型自适应控制相似,也和一些不建模直观控制方法接近,如模糊控制、神经网络算法、遗传算法等. 在传统的单个体系统中,这些方法已有长足的发展. 但问题 12 的出发点和侧重点与这些方法不同样. 首先,网络系统的结构是重要信息,因此系统仍是有结构和模型框架的. 其次,控制器本身完全可以有特定问题的模型结构. 再次,控制器的辨识是以目标为指导和数据驱动的. 最后,系统辨识的基本特性仍是分析的关键,包括可辨识性、精度、收敛性、闭环稳定性、性能指标等.

　　直接型控制系统辨识的主要意义是避免不必要的复杂、高阶、非线性的模型,以达到显著减少复杂性的目的.

9.6　大数据环境下的系统辨识

　　从历史上看,由于传感器、测量装置等各方面的局限,信息的获取十分昂贵. 但随着信息技术革命, 特别是互联网技术的到来, 情况得到了极大改变. 有报道指出, 互联网上的数据每年增长 50%, 每两年翻一番. 此外, 大数据又并非单纯地指人们在互联网上发布或搜集的信息, 由于系统被网络越来越多地相互联系在一起, 全世界的工业设备、汽车、电表上有着无数的传感器, 这些装置快速、大容量地收集数据并存储在指定的数据库中, 也产生了海量的数据信息. 这种情形下, 数据采集相对便宜, 而数据的转化和处理却十分昂贵, 大数据技术的意义不在于掌握庞大的数据信息, 而在于对这些含有信息的数据进行专业化处理. 显然, 系统辨识作为处理数据、提取有效信息的手段, 应该在大数据时代一显身手.

问题 13: 有用信息的提取

网络系统中的数据量巨大、分布不均、类型多样、变化迅速. 从研究的角度看, "大数据" 中的信息提取有很多难点. 例如, 智能电网观测数据、交通网络智能调度的车流信息、基因调控网络的结构推断、时间空间分布系统的建模与滤波问题等, 都将面对海量数据. 当然, "大数据" 的难度不一定在量上. "分布不均" 和通信资源的缺乏造成了局部有限信息, "类型多样" 要求用合理的统计方法去选择有关信息, "变化迅速" 需要用短数据快速辨识.

总体上, 提取有用信息是对数据压缩、提炼、简化的过程[117]. 目前, 从研究的角度看, "大数据" 概念过于宽泛, 难以锁定问题的定义. 有必要明确具体问题, 提炼较为典型的理论问题, 并推动其具体应用.

问题 14: 多时间尺度、多精度、分块式信息处理

比如, 新能源和智能电网的重要特征是大量的相测量单元、智能仪表、通信网络, 加上快速采样造成海量数据. 系统分块、数据分布处理、快速局部子系统辨识与慢速总系统协调辨识可能会对减少这类系统的辨识复杂性有帮助. 从基本方法来说, 以下领域对辨识研究来说已具备一定基础, 同时有较大的发展潜力[86-90]: 数据的压缩、编码与网络传输, 数据处理的分布式、协同估计, 数据的挖掘与自学习及其递推算法, 稀疏数据的处理及信息提取等.

9.7　人机结合环境下的系统辨识

以车辆驾驶的自动化过程为例, 除了全自动无人驾驶车辆, 人总在不同程度上参与着控制与决策. 复杂的车辆控制系统、人的视听感知和决策、车辆周围的路况车流、传感器通信系统的信息传输交流组成了一个人机结合互动的环境. 尤其在推动车辆驾驶管理的互联自动化过程中, 人机组合系统的建模辨识十分重要.

问题 15: 物理系统、数学模型与人体感知智能模型的融合

物理系统、数学模型常用微分方程、差分方程、状态方程、传递函数等来描述. 这些与人体感知、决策、智能的不确定性、模糊性和随机性反差很大. 比如, 人群在公共场合的行为和对指示牌或人工指令的反应, 交通系统中驾驶员的开车习惯和对路况的互动都有很大的个体差异性.

几十年来, 在社会学、经济学、感知和神经科学中已出现不少人体感知智能模型. 若把个体差异性用随机方法引入, 人机结合系统模型一般是确定与随机共存的混合系统, 其信息包括系统结构、参数和群体统计特征描述.

系统辨识的目标是利用数据建立人机结合系统的结构、参数和群体统计特征描述. 这类辨识问题的算法和特性分析, 应用还很少. 对任何有人体参与感知决策的物理系统, 人机结合系统建模辨识是基于模型的系统设计方法的基础, 其重要性不可低估.

9.8 结 束 语

传统系统辨识虽然是一个相对比较成熟的领域, 但其方法和算法的基础与赛博物理系统和物联网的结构框架有很多差异. 本章分析了一些主要的差异及其给系统辨识带来的一些难题, 并指出解决这些难题的重要性, 希望能以此为楔入点, 抛砖引玉, 引发一些进一步的讨论.

致 谢

本项工作得到了国家重点基础研究发展计划（973 计划）资助(课题编号 2014CB845301).

参 考 文 献

[1] 王乐一, 赵文虓. 2013. 系统辨识: 新的模式、挑战及机遇. 自动化学报, 39(7): 933-942.

［2］Wiener N. 1961. Cybernetics or Control and Communication in the Animal and the Machine. 2nd Ed, Paris：MIT Press.

［3］van Newmann J. 1945. First Draft of a Report on the EDVAC.

［4］Taub A H. 1963. Collected Works of John von Neumann. Pergamon Press .

［5］Shannon C. E. 1948. A mathematical theory of communication. Bell System Technical Journal, 27：379-423, 623-656.

［6］Shannon C E. 1949. Communication in the presence of noise. Proc. Institute of Radio Engineers. 37(1): 10-21.

［7］Zadeh L A. 1956. On the identification problem. IRE Transactions on Circuit Theory, 3:277-281.

［8］蔡季冰. 1989. 系统辨识. 北京：北京理工大学出版社.

［9］郭雷. 2005. 控制理论导论：从基本概念到研究前沿. 北京：科学出版社.

［10］Ljung L, Vicino A (Eds.). 2005. IEEE Trans. Automatic Control: Special Issue on Identification, volume AC-50.

［11］Gevers M. 2006. A personal view of the development of system identification. IEEE Control Systems Magazine, 26(6): 9305.

［12］Ljung L. 2008. Perspectives on system identification, Plenary talk at the Proceedings of the 17th IFAC World Congress, Seoul, Korea.

［13］Ljung L, Hjalmarsson H, Ohlsson H. 2011. Four encounters with system identification. European Journal of Control, 17(5-6): 449-471.

［14］Ljung L. 1987. System Identification: Theory for the User, Englewood Cliffs. NJ: Prentice-Hall.

［15］Chen H F, Guo L. 1991. Identification and Stochastic Adaptive Control. Birkhauser, Boston, MA.

［16］Ljung L. 2003. Analysis of recursive stochastic algorithms. IEEE Trans. Autom. Control, 22 (4): 551-575.

［17］Chen H F. 2006. Recursive identification for Wiener model with discontinuous piece-wise linear function. IEEE Trans. Automatic Control, 51(3): 390-400.

［18］Kushner H J, Yin G. 2003. Stochastic Approximation and Recursive Algorithms and Applications. 2nd Ed. New York: Springer-Verlag.

［19］Chen H F, Zhu Y M. 1986. Stochastic approximation procedure with randomly varying truncations. Sci. Sinica Ser. A, 29: 914-926.

［20］Chen H F. 2002. Stochastic Approximation and Its Applications. Dordrecht, The Netherland: Kluwer.

［21］Akaike H. 1974. A new look at the statistical model identification. IEEE Transactions on Automatic Control, AC-19: 716-723.

［22］Burnham K P, Anderson D R. 2004. Multimodel inference: understanding AIC and BIC in

Model Selection. Sociological Methods and Research, 33: 261-304.

[23] Rissanen J. 1978. Modeling by shortest data description. Automatica, 14(5): 465-471.

[24] Zheng W X, Feng C B. 1990. Identification of stochastic time lag systems in the presence of colored noise. Automatica, 26(4): 769-779.

[25] Zheng W X, Feng C B. 1995. A bias-correction method for indirect identification of closed-loop systems. Automatica, 31(7): 1019-1024.

[26] Soderstrom T. 2007. Accuracy analysis of the Frisch scheme for identifying errors-in-variables systems. IEEE Trans. Automatic Control, 52(6): 985-997.

[27] Soderstrom T, Soverini U, Mahata K. 2002. Perspectives on errors-invariables estimation for dynamic systems. Signal Processing, 82(8): 1139-1154.

[28] Forssel U, Ljung L. 1999. Closed-loop identification revisited. Automatica, 35(7): 1215-1241.

[29] Obinata G, Anderson B D O. 2001. Model Reduction for Control System Design, London: Springer.

[30] Kalman R E. 1958. Design of a self-optimizing control system. Trans. ASME, 80: 468-478.

[31] Åström K J, Wittenmark B. 1973. On self-tuning regulators. Automatica, 9(2): 185-199.

[32] Guo L. 1995. Convergence and logarithm laws of self-tuning regulators, Automatica, 31(3): 435-450.

[33] Durrett R. 2010. Probability: Theory and Examples. 4th edition: Cambridge Series in Statistical and Probabilistic Mathematics. Cambridge: Cambridge University Press.

[34] 周彤, 2002. 面向控制的系统辨识导论. 北京: 清华大学出版社.

[35] Milanese M, Belforte G. 1982. Estimation theory and uncertainty intervals valuation in the presence of unknown but bounded errors: Linear families of models and estimators. IEEE Trans. Automatic Control, 27: 408-414.

[36] Milanese M, Vicino A. 1991. Optimal estimation theory for dynamic systems with set membership uncertainty: An overview. Automatica, 27: 997-1009.

[37] Mäkilä P M, Partington J R, Gustafsson T K. 1995. Worst-case control-relevant identification, Automatica, 31(12): 799-1819.

[38] Chen J, Gu G. 2000. Control-Oriented System Identification: An H-infinity Approach. New York: Wiley.

[39] Smith R S, Dahleh M A. 1992. The modeling of uncertainty in control systems, Proc. 1992 Santa Barbara Workshop, Berlin: Springer-Verlag.

[40] Helmicki A J, Jacobson C A, Nett C N. 1991. Control oriented system identification: A worst-case/deterministic approach in H_∞ .IEEE Trans. Automatic Control, 36(10): 1163-1176.

[41] Gu G, Khargonekar P P. 1992. Linear and nonlinear algorithms for identification in H_∞. IEEE Trans. Automatic Control, 37: 953-963.

[42] Gu G, Khargonekar P P. 1992. A class of algorithms for identification in H_∞. Automatica, 28

(2): 199-312.

[43] Chen J, Nett C N. 1995. The Carathéodory-Fejér Problem and H_∞ / l_1 identification: A time domain approach. IEEE Trans. Automatic Control, 40(4): 729-735.

[44] Chen J, Nett C N, Fan M K H. 1995. Worst-case system identification in H_∞: Essentially optimal algorithms, error bounds, and validation of apriori information. IEEE Trans. on Automatic Control, 40(7): 1260-1265.

[45] Zhou T, Kimura H. 1993. Identification for robust control in time domain. Systems & Control Letters, 20(20): 167-178.

[46] Chen J. 1997. Frequency domain tests for validation of linear fractional uncertain models. IEEE Trans. on Automatic Control, 42(6): 1997.

[47] Poolla K, Khargonekar P, Tikku A, et al. 1994. A time-domain approach to model validation. IEEE Trans. Automatic Control, 39: 951-959.

[48] Smith R S, Doyle J C. 1992. Towards a methodology for robust parameter identification. IEEE Trans. Automatic Control, 37: 942-952.

[49] Anderson T W. 1971. The Statistical Analysis of Time Series. New York: Wiley.

[50] Serfling R J. 1980. Approximation Theorems of Mathematical Statistics. New York: Wiley.

[51] Bohlin T. 1970. On the maximum likelihood method of identification. IBM Journal of Research and Development, 14(1): 41-51.

[52] Wang L Y. 2000. Uncertainty, information and complexity in identification and control. International Journal of Robust and Nonlinear Control, 10: 857-874.

[53] Wang L Y, Yin G, Zhang J F, et al. 2010. System Identification with Quantized Observations. Boston: Birkhauser.

[54] Xie L L, Guo L. 2000. How much Uncertainty can be Dealt with by Feedback? IEEE Transactions on Automatic Control, 45: 2203-2217.

[55] Ma H B, Lum K Y. 2009. Adaptive Estimation and Control for Systems with Parametric and Nonparametric Uncertainties, in Adaptive Control, 15-64, 2009, Edited by Kwanho You, I-Tech Education and Publishing, Vienna, Austria.

[56] Casini M, Garulli A, Vicino A. 2007. Time complexity and input design in worst-case identification using binary sensors. Proceedings of the 46th IEEE Conference on Decision and Control, 5528-5533, New Orleans, LA, USA.

[57] Milanese M, Vicino A. 1993. Information-based complexity and nonparametric worst-case system identification. Journal of Complexity, 9: 427-446.

[58] Wang L Y, Yin G. 1999. Towards a harmonic blending of deterministic and stochastic frameworks in information processing. Robustness in Identification and Control, Springer-Verlag, Lecture Notes in Control and Information Sciences, 245: 102-116.

[59] Wang L Y, Yin G. 2000. Persistent identification of systems with unmodelled dynamics and exogenous disturbances. IEEE Trans. Automatic Control, 45(7): 1246-1256.

[60] Dahleh M A, Theodosopoulos T, Tsitsiklis J N. 1993. The sample complexity of worst-case identification of FIR linear systems. Systems & Control Letters, 20(3):157-166.

[61] Chong C Y, Kumar S P. 2003. Sensor networks, evolution, opportunities and challenges. Proc. IEEE, 91(8): 1247-1256.

[62] Wang J, Zheng W X, Chen T. 2009. Identification of linear dynamic systems operating in a networked environment. Automatica, 45(12): 2763-2772.

[63] Zhang Q, Zhang J F. 2012. Distributed parameter estimation over unreliable networks with Markovian switching topologies. IEEE Trans. on Automatic Control, 57(10): 2545-2560.

[64] Liu X, Goldsmith A. 2003. Wireless communication tradeoffs in distributed control. Proc. of the 42nd IEEE Conference on Decision and Control, 1(58): 688-694.

[65] Yuksel S, Basar T. 2007. Optimal signaling policies for decentralized multicontroller stabilizability over communication channels. IEEE Trans. on Automatic Control, 52(10): 1969-1974.

[66] Wang L Y, Zhang J F, Yin G. 2003. System identification using binary sensors. IEEE Trans. Automatic. Control, 48(11): 1892-1907.

[67] Wang L Y, Yin G, Zhang J F, et al. System Identification with Quantized Observations, Boston: Birkhäuser.

[68] Wang L Y, Li C Y, Yin G, et al. 2011. State observability and observers of linear-time-invariant systems under irregular-sampling and sensor limitations. IEEE Trans. on Automatic Control, 56(11): 2639-2654.

[69] Billings S. 1980. Identification of Nonlinear Systems: A survey. Proc. of IEE, Part D, 127(6): 272-285.

[70] Sjoberg J, Zhang Q, Ljung L, et al. 1995. Nonlinear black-box modeling in system identification: A unified overview. Automatica, 31 (12) :1691-1724.

[71] Verhaegen M, Westwick D. 1996. Identifying MIMO Wiener systems using subspace model identification methods. Signal Processing, 52: 235-258.

[72] Bai E W. 2008. Towards identification of Wiener systems with the least amount of a priori information on the nonlinearity. Automatica, 44(4): 910-919.

[73] Bai E W. 1998. An optimal two-stage identification algorithm for Hammerstein-Wiener nonlinear system. Automatica, 34(3): 333-338.

[74] Ninness B, Gibson S. 2002. Quantifying the accuracy of Hammerstein model estimation. Automatica, 38(12): 2037-2051.

[75] Ding F, Chen T. 2005. Identification of Hammerstein nonlinear ARMAX systems. Automatica, 41(9): 1479-1489.

[76] Bai E W, Li K. 2010. Convergence of the iterative algorithm for a general Hammerstein system identification. Automatica, 46(11): 1891-1896.

[77] Zhao W X, Chen H F. 2009. Adaptive tracking and recursive identification for Hammerstein

systems. Automatica, 45: 2773-2783.

[78] Zhao W X, Chen H F. 2012. Identification of Wiener, Hammerstein, and NARX systems as Markov chains with improved estimates for their nonlinearities. Systems and Control Letters, 61: 1175-1186.

[79] Mu B Q, Chen H F. 2012. Recursive identification of Wiener-Hammerstein systems. SIAM Control and Optimization, 55(5): 2621-2658.

[80] Roll J, Nazin A, Ljung L. 2005. Nonlinear system identification via direct weight optimization. Automatica, 41(3): 475-490.

[81] Zhao Y, Wang L Y, Yin G, et al. 2007. Identification of Wiener systems with binary-valued output observations. Automatica, 43: 1752-1765.

[82] Wang L Y, Yin G. 2007. Asymptotically efficient parameter estimation using quantized output observations. Automatica, 43: 1178-1191.

[83] Katayama T, 2005. Subspace methods for system identification. London: Springer.

[84] Van Overschee P, de Moor B. 1995. A unifying theorem for three subspace system identification algorithms. Automatica, 31 (12): 1853-1864.

[85] Vidal R. 2008. Recursive identification of switched ARX systems. Automatica, 44: 2274-2287.

[86] Wang J, Chen T. 2012. Parameter estimation of periodically switched linear systems. IET Control Theory & Applications, 6: 768-775.

[87] Zhao W, Chen H F, Bai E W. 2015. Kernel-based local order estimation of nonlinear non-parametric systems. Automatica, 51(1): 243-254.

[88] Pillonetto G, Quang M, Chiuso A. 2011. A new kernel-based approach for nonlinear system identification. IEEE Transactions on Automatic Control, 56(12): 2825-2840.

[89] Roll J, Nazin A, Ljung L. 2005. Nonlinear system identification via direct weight optimization. Automatica, 41(3): 475-490.

[90] Zames G, Lin L, Wang L Y. 1994. Fast identification n-widths and uncertainty principles for LTI and slowly varying systems. IEEE Trans. Automatic Control, 39: 1827-1838.

[91] Zheng W. 2013. Optimization-based structure identification of dynamical networks. Physica A: Statistical Mechanics and its Applications, 392(4):1038-1049.

[92] Zhou T, Wang Y L 2010. Causal relationship inference for a large-scale cellular network. Bioinformatics, 26(16): 2020-2028.

[93] Wang Y, Zhou T. 2012. A relative variation-based method to unraveling gene regulatory networks. PLoS ONE, 7(2): e31194.

[94] Bower J M, Bolouri H. 2011. Computational Modeling of Genetic and Biochemical Networks. Cambridge: MIT Press.

[95] Zhao W, Zheng W, Bai E W. 2013. A recursive local linear estimator for identification of nonlinear ARX systems: asymptotical convergence and applications. IEEE Transactions on

Automatic Control, 58(12): 3054-3069.

[96] Bomerger J D, Seborg D E. 1998. Determination of model order for NARX models directly from input-output data. Journal of Process Control, 8(5/6): 459-568.

[97] Hong X, Mitchell R T, Chen S. 2008. Model selection approaches for nonlinear system identification: A review. International Journal of Systems Science, 39(10): 925-949.

[98] Kolmogorov A N. 1956. On some asymptotic characteristics of completely bounded spaces. Dokl. Akad. Nauk SSSR, 108: 385-389.

[99] Pinkus A. 1985. N-Widths in Approximation Theory. Berlin Heidelberg: Springer-Verlag.

[100] Traub J F, Wasilkowski G W, Wozniakowski H. 1988. Information-Based Complexity. New York: Academic Press.

[101] Wang L Y, Yin G, Zhang J F, et al. 2008. Space and time complexities and sensor threshold selection in quantized identification. Automatica, 44(12): 3014-3024.

[102] Lin L, Wang L Y, Zames G. 1999. Time complexity and model complexity of fast identification of continuous-time LTI systems. IEEE Trans. Automatic Control, 44(10): 1814-1828.

[103] Poolla K, Tikku A. 1994. On the time complexity of worst-case system identification. IEEE Trans. Automatic Control, 39(5): 944-950.

[104] Tse D C N, Dahleh M A, Tsitsiklis J N. 1993. Optimal asymptotic identification under bounded disturbances. IEEE Trans. Automatic Control, 38(8): 1176-1190.

[105] Zames G. 1979. On the metric complexity of causal linear systems: $\mathcal{E}$-entropy and $\mathcal{E}$-dimension for continuous time. IEEE Trans. on Automatic Control, 24: 222-230.

[106] Vidyasagar M. 2003. Learning and Generalization: With Applications to Neural Networks. 2nd ed. Berlin: Springer.

[107] Cramer H. 1946. Mathematical Methods of Statistics. Princeton, N.J: Princeton University Press.

[108] Frieden B R. 2004. Science from Fisher Information: A Unification. Cambridge: Cambridge University Press.

[109] Hannan E J, Deistler M. 1988. The Statistical Theory of Linear Systems. New York: John Wiley and Sons.

[110] Cover T M, Thomas J A. 1991. Elements of Information Theory. New York: Wiley.

[111] Gallager R G. 1968. Information Theory and Reliable Communication. New York: John Wiley & Sons.

[112] Gersho A, Gray R M. 1992. Vector Quantization and Signal Compression. Norwell. Kluwer: Academic Publishers.

[113] Sayood K. 2000. Introduction to Data Compression. 2nd ed. San Francisco: Morgan Kaufmann.

[114] Davis M D, Sigal R, Weyuker E J. 1994. Computability, Complexity, and Languages. 2nd

Edition. San Diego: Academic Press.

[115] Zurek W H(Ed.). 1990. Complexity, Entropy, and the Physics of Information. Addison-Wesley.

[116] Gevers M. 1993. Towards a joint design of identification and control? In H. L. Trentelman and Trentelman M, Willems J C. 1993. Perspectives in the Theory and its App lications, 14.

[117] Tan P N, Steinbach M, Kumar V. 2005. Introduction to Data Mining. Addison-Wesley. Longman Publishing Co., Inc Boston.

第 10 章　自适应控制的瓶颈问题

吴宏鑫, 孟　斌

（中国空间技术研究院）

摘　要: 自适应控制是在 20 世纪 50 年代提出的, 经过多年的研究, 在理论和应用方面均取得了重要进展. 随着时代的发展, 自适应控制面临着新的需求和挑战. 本章首先通过航空航天控制的实例, 对实际应用中对自适应控制的需求进行分析, 并提出由此带来的理论问题. 最后对自适应控制的未来发展进行了展望.

关键词: 自适应控制, 特征建模, 闭环性能分析, 智能自适应控制, 基于计算机平台的性能分析

10.1　引　言

自从 20 世纪 50 年代被提出以来, 自适应控制在理论和应用方面均取得了重要的进展. 但是, 由于实际被控对象和自适应控制自身的复杂性, 自适应控制的应用和理论分析还具有很多难题. 并且, 随着时代的发展, 自适应控制面临着新的需求和挑战. 这里我们介绍和讨论自适应控制这一学科目前的瓶颈问题.

10.2　自适应控制的实际需求分析

"自适应控制" 的概念是在 20 世纪 50 年代提出的. 目前尚无权威、公认的统一定义. K. J. Åström 认为 "自适应控制是一种具有可调参数和调参机制的控制"（Åström and Wittenmark, 1989）. 其基本思想是通过不断地检测被控对

象，将在线参数估计方法与某种控制系统设计方法结合起来，产生出具有自适应能力的控制律. 因此自适应控制系统能够在一定程度上克服系统的未建模动态、慢时变、变时延、非线性、未知干扰等不确定性，特别是针对具有很大不确定性和内外扰动的情形，具有很好的适应性和鲁棒性. 因此，自适应控制具有重要的应用价值和应用前景. 自适应控制在实际中的应用可以分为三个发展阶段（吴宏鑫，1992）. 第一阶段从 20 世纪 50 年代初到 70 年代初，这是自适应控制的理论、方法的产生兴起、应用探索的阶段. 主要应用于航空航天领域，此时相应的理论和方法还不成熟，应用上遇到一些失败. 第二阶段是应用开始阶段，从 20 世纪 70 年代初到 70 年代末，自适应控制理论与技术取得了突破性进展. 在石油、化工、造纸、冶金、船舶自动驾驶等多个工业领域取得了成功应用. 第三个阶段是应用扩展阶段，从 20 世纪 80 年代初到现在，在实际应用的驱动下，进一步提出了多种控制理论和方法，得到了广泛应用，目前已有商业化自适应控制软件包和产品.

　　下面通过航空航天领域的实例，分析实际应用对于自适应控制的需求. 关于自适应控制发展的实际需求大体上有三种情形：一种是被控对象用其他方法有困难，必须用自适应控制；第二种，其他方法也可以，但为提高控制性能，自适应控制性能更好；第三种，对于不能在线调试参数的未知对象，用自适应控制更方便.

10.2.1　可以建立动力学数学模型但参数未知或时变的被控对象

　　高机动高超声速飞行器的控制问题，是一类典型的快变参数系统. 高超声速飞行器具有重要的军事和民事应用前景，得到世界各国的普遍重视. 这类飞行器的动力学特征非常复杂，控制目标很高，其控制设计和分析极具挑战，是目前航空航天和控制领域的前沿研究课题. 对高超声速飞行器的空气动力学的研究具有较大难度，加上技术的限制，地面风洞难以模拟高马赫数的飞行环境，导致高超声速飞行器的气动建模带有强不确定性. 通过试验数据也可知，采用已有的超声速空气动力学理论公式外推得到的高超声速空气动力学数据与实际数据相差巨大（DARPA，2012）. 因此，针对高超声速飞行器的控制问题，引入基于在线辨识的自适应控制设计，对提高其控制性能具有极大的帮助. 同时，高超声速飞行器复杂的动力学特征以及较高的控制目标，对自适应控制的研究也提出了挑战. 首先, 高超声速飞行器是一类典型的快变参数的被控对象. 其次是非最小相位问题. 由于吸气式高超声速飞行器自身结构的特殊性和大气气流的不确定性, 在飞行器升降舵与气动力之间存在耦合, 飞行器呈现非最小相位特征. 非最小相位问题是非线性系统的难题之一, 针对高超声速动力学特点的非线性自适应控制问题, 尚未提出系统的解决方法. 最后是状态受限控制问题. 吸气式高超声速飞行器一般采用机身-发动机一体化设计技术, 这导致了发动机和机身状态之间的强耦合. 吸气式发动机对于飞行器的状态具有很高的要求, 要求攻角在-3°~3°, 否则将影响发动机的性能 (Fidan et al., 2003). 除了上述问题外, 诸如控制受限、饱和强非线性、暂态性能改善等实际工程控制面临的问题, 在高超声速飞行器控制中也是不可避免的难题.

在航空航天领域中, 无人机、月球车等对于自适应控制也具有重要的需求, 并且对自适应控制的研究提出了新的问题. 无人驾驶飞机在空中侦察、监视、通信、反潜、搜救等方面有着广泛的应用前景, 其飞行过程中会受到多种不确定因素的影响, 其动力学模型是典型的非线性时变系统, 参数受气流、高度、速度等很多因素影响, 环境多变, 因此实现其自动驾驶仪的全包络自适应控制具有重要的意义. 月球车在探月工程中起着至关重要的作用, 由于月球表面重力小、土壤松软、崎岖不平、摩擦力小、温差变化剧烈, 给月球车的导航与控制带来了诸多困难, 如平衡问题、敏捷性问题等, 这些不确定因素的存在适于采用自适应控制方法, 并为自适应控制的理论发展提供了新的挑战性问题.

随着生产要求的不断提高, 对控制目标提出了更高的要求. 虽然可以建立被控对象的数学解析模型, 但是由于所建立的模型过于复杂, 难以针对该模型进行控制设计. 因此需要考虑设计基于特征模型的自适应控制. 下文以复杂卫星甚高精度控制为例, 具体进行说明. 对地观测精度的提高, 对卫星的控制精度提出了更高的要求, 如复杂卫星的甚高精度控制. 复杂卫星承载着大型载荷、大面积帆板、大量液体燃料和多个运动部件. 随着甚高精度性能指标的提出, 原来在控制中经常忽略的动力学因素或过去可以回避的因素现在凸显出来. 过去可以忽略的一些物理运动特性, 如高速旋转部件引起的抖动、帆板和天线等挠性部件的细微振动、充液晃动、姿态控制基准与有效载荷基准的相对形变, 现在必须考虑. 过去可以简化的控制对象特性, 如燃料消耗、多体运动、部件电性能变化、未建模动态等导致的变结构变参数不确定特性、多体动力学、驱动间隙回滞、摩擦等非线性特性，现在必须全面考虑. 因此所建立的复杂卫星的数学解析模型将具有非线性时变常微分方程、偏微分方程以及切换方程等耦合的复杂形式. 即使对于一般具有时变非线性常微分方程形式的被控对象，控制律的设计问题也是悬而未决的难题. 加之被控对象的状态不完全可量测、执行器饱和，以及时滞等不确定因素，直接针对复杂卫星的数学解析模型，难以进行高精度控制律设计. 因此，设计基于特征模型的自适应控制是解决复杂卫星甚高精度控制问题的一个重要途径（吴宏鑫，2014）. 由于控制理论本身的局限性，现有的大多数控制方法均是针对数学模型进行性能分析（郭雷，2011）. 因此，针对基于特征模型的自适应控制方法，如何建立多变量强耦合时变系统的特征模型、闭环辨识与稳定性证明是其瓶颈问题.

10.2.2 无法建立动力学数学模型的时变对象

另一方面的需求来自难以建立数学模型的被控对象的控制问题，其典型代表是工业系统，如电解铝控制（吴宏鑫等，2002）. 由于难以建立数学模型，因此难以设计基于数学解析模型的控制方法. 经典的控制方法是采用 PID 控制方法. 随着生产要求的不断提高，对控制精度提出了更高的要求，因此也成为自适应控制发挥作用的舞台，对自适应控制提出了需求.

10.2.3 航天器自主运行要求自适应控制

最后值得提及的是，目前，航天领域对于航天器的自主运行提出了非常迫切的需求，1995 年杨嘉墀院士首次提出在国内研究航天器智能自主控制. 其中，将自适应控制和智能控制的结合作为航天器自主控制的重要解决方案之一.

10.3 自适应控制理论有待研究的问题

自适应控制引入系统辨识，与反馈控制一起组成控制律，增强了系统的鲁棒性和适应性，但同时也导致了控制律更加复杂，性能分析更加困难. 即使对于线性系统的自适应控制，闭环系统也是高度非线性的，性能分析也非常困难. 早在自适应控制研究的初期，研究人员已经认识到，自适应控制的两个基本环节——辨识和反馈间存在矛盾. 要辨识好受控对象，就希望输入的信号频率成分丰富，最好是白噪声；要控制好受控对象，就希望输入、输出趋于平稳. 这是一对无法完全调和的矛盾. 目前这个问题仍然是困扰自适应控制发展的本质困难. 随着科学技术的发展，对于自适应控制提出了更高的需求，同时，也对自适应控制的研究提出了新的挑战. 本节讨论目前自适应控制研究面临的困难，按照建模、辨识、控制设计和性能分析四个方面进行论述.

10.3.1　特征建模问题

特征建模理论是一种典型的基于机理构造模型与数学解析建模相结合的建模方法. 在航天控制中，基于特征模型所设计的自适应控制取得了非常成功的应用，神舟飞船返回再入和交会对接采用的是基于二阶特征模型的自适应控制方法，嫦娥五号再入返回飞行试验器探月返回采用基于一阶特征模型的自适应控制方法，控制精度达到国际领先水平（吴宏鑫等，2009；解永春等，2014；胡军和张钊，2014）. 特别是，一阶特征模型辨识参数少、实时性强，具有重要的实际应用价值和应用前景. 因此，为了进一步推广应用，需要研究高阶时变非线性系统和低阶特征模型的关系问题，包括：如何选择特征模型的阶数，如何研究多变量强耦合系统的特征模型形式，以及研究不确定性干扰在特征模型中的描述方法.

10.3.2　参数辨识问题（特别是高阶快变参数系统的闭环参数辨识问题）

参数辨识是自适应控制的重要环节. 参数辨识的引入，增强了对于不确定性的认识，但同时也引入了闭环辨识问题. 在自适应控制中，控制精度与参数估计是一对矛盾，控制精度要求越高，充分激励越难以实现. 这方面需要开展进一步的研究. 同时，参数辨识也是自适应控制系统的关键环节. 自适应控制器一旦成功投运，其长期运行的安全性保障主要取决于辨识算法，因此研究能够在长时间内经历各种随机扰动（特别是低信噪比、大负载、工况变化以及激励信息缺失等情况）的安全鲁棒辨识算法是这项技术为工程界所认可的关键.

对于高阶系统, 未知参数个数远远多于工程上可获得的独立信息, 因此从理论上无法解决参数估计问题, 而特征建模的思想是把高阶动力学压缩到特征模型的系数中, 并不丢失信息, 因此与模型截断不同, 可减少参数估计个数 (吴宏鑫等, 2009). 然而, 这导致了特征模型的参数与状态相关 (周振威和方海涛, 2010). 从参数辨识经典算法的原理, 如从最小二乘辨识方法和梯度辨识方法的原理可知, 这些方法在理论上不适用于与状态相关的参数辨识. 在系统辨识领域, 从未提出并开展过与状态相关的参数辨识问题的研究. 目前在工程上对于慢变系统 (包括状态变化慢, 参数变化慢), 这些辨识方法还是可行的, 但理论上无法证明. 因此, 与状态相关的和快变系统的参数辨识问题的研究, 属于参数辨识领域的新的研究方向, 需要开展深入研究.

10.3.3　控制器设计问题 (特别是多变量强耦合高阶不确定系统的智能与自适应相结合的控制器设计的理论和方法)

自从 20 世纪 50 年代提出以来, 自适应控制取得了长足进展, 诞生了多种类型的自适应控制理论和方法. 从实际应用的角度来看, 在自适应控制的设计中尚需考虑如下问题.

现场调节参数的个数问题. 在工程上, 需要现场调节的参数个数越少越好. 特别是, 对于某些被控对象, 如航天器, 不允许现场调试. 因此, 在自适应控制的研究中, 现场需要调节的参数个数是需要考虑的问题.

参数的选取原则. 在理论上, 对于控制律中的某些参数, 如果仅给出 "存在性" 的结果, 那么在使用时, 由于缺乏参数的选取原则, 将只能通过试凑的方法解决. 针对该问题, 能否开展进一步研究? 给出其 "构造性" 选取原则.

工程实现问题. 自适应控制的工程应用依赖于具体的系统实现, 目前自适应控制大部分是在字长有限的数字计算机上实现的, 这样会涉及采样周期、量化误差、信号时延、信号错乱、测量野值预处理等问题.

10.2 中讨论了实际应用对于自适应控制的需求, 这些需求对于自适应控制理论的研究提出了新的问题. 下面进行简单的总结. 详细内容可参考 10.1.

快变系统的自适应控制. 目前, 快变系统的自适应控制问题企图通过辨识参数的界来解决, 但从目前的实际应用看, 对这类对象的自适应控制基本上不行. 如何更好地解决快变参数的自适应控制问题. 需要深入研究.

开环不稳定的非最小相位系统的自适应控制问题. 目前理论上尚无系统的解决方案, 需进一步针对具体对象特征开展深入研究.

非线性系统自适应状态受限控制问题. 目前在理论上, 自适应受限状态控制的研究尚处于起步阶段, 距实际应用差距较大. 需进一步针对具体对象特征开展深入研究.

强非线性系统自适应控制问题. 实际被控对象具有强非线性, 如饱和、死区非线性等问题, 超出了目前理论研究的范畴, 需要进一步开展研究.

受限约束问题. 系统在受限约束情况（如量化、采样、饱和约束）下如何设计自适应控制？目前这方面的研究工作还很少. 这方面的思考或可催生新的研究方向.

分散自适应控制. 复杂系统、大系统、多智能体系统的自适应控制理论与应用目前还未得到足够多的关注, 这些系统都存在耦合（关联作用）, 针对耦合不确定性（特别是强耦合不确定性）等开展的研究目前只是个开始.

智能自适应控制. 智能和自适应控制的结合可以作为航天器自主控制的解决方案之一. 将自适应控制的思想与人工智能相结合, 以提高自适应控制的"决策"能力.

10.3.4 控制性能分析问题（特别是控制器与原系统稳定性证明问题）

目前, 对于所设计的自适应控制的闭环性能分析, 一般局限于稳态性能, 而动态性能分析甚少. 暂态性能问题是自适应控制必须考虑的问题. 在自适应控制的初始阶段, 当辨识参数未收敛时, 特别是存在噪声等干扰情形下, 如何保证暂态性能是工程上需要解决的重要问题？

很多工业对象除白噪声外还存在常值干扰和周期性干扰, 这些会使传统自适应控制器中的参数估计与控制品质受到破坏性影响. 另外, 很多实际问题中噪声用有界噪声或其他非随机模型刻画更为合适, 但还未得到足够多的关注, 需要进一步研究.

在实际应用中, 定量的性能分析, 包括暂态性能和稳态性能, 是一个重要的问题. 目前, 该问题尚未得到研究, 针对实际应用中给出的定量的性能指标要求，一般是通过数学仿真、半物理仿真等方法进行验证，而没有理论上的分析结果. 在理论上，一般只给出鲁棒性的定性结果. 我们能否提出研究这样的问题，针对给出的定量性能指标研究控制设计方法？这个问题具有非常重要的实际意义.

目前，控制理论均是针对数学模型进行性能分析（郭雷，2011），数学模型并不等于实际对象，真正有价值的稳定性证明应以原实际对象为目标，进行闭环稳定性证明，这些具有很大挑战性.

建立计算机为平台的控制性能分析和稳定性证明. 鉴于实际工程系统复杂性（连续和离散、线性和非线性等耦合在一起），目前已有稳定性证明的方法（如李亚普诺夫方法）既不适用也很难应用. 而大量实际工程如航天领域几乎都是通过计算机仿真完成稳定性证明. 从实际应用效果看很好，但缺乏理论依据，为此必须研究建立计算机为平台的控制性能分析和稳定性证明.

10.3.5　自适应控制的控制范围问题

针对目前实际中存在的被控对象，研究哪些系统是可以采用自适应控制解决的.

10.4　结　束　语

由于自适应控制本身所具有的独特优势，随着科学技术的发展，实际需求将会更加旺盛. 因此，自适应控制是一门非常具有生命力的学科. 在实际需求的推动下，自适应控制将在理论和应用方面取得突破性进展. 进一步加强自适应控制应用的研究，特别地，加强特征建模以及基于特征模型的智能自适应控制的研究，加强智能自适应控制的研究，提出具有决策能力的自适应控制理论和方法，为实现我国航空航天控制领域的智能自主控制以及有关领域的智能自主控制做出积极贡献.

致　　谢

本章得到国家自然科学基金（资助号 61333008, 61273153）的资助.

参 考 文 献

郭雷. 2011. 关于控制理论发展的某些思考. 系统科学与数学, 31(9): 1014-1018.

胡军, 张钊. 2014. 载人登月飞行器高速返回再入制导技术研究. 控制理论与应用, 31(12): 1678-1685.

王乐一, 赵文虓. 2013. 系统辨识: 新的模式、挑战及机遇. 自动化学报, 39(7): 933-942.

吴宏鑫. 1992. 自适应控制技术的应用和发展. 控制理论与应用, 9(2): 105-115.

吴宏鑫. 2014. 工程实际中的控制理论和方法的研究与展望. 控制理论与应用, 31(12): 1626-1631.

吴宏鑫, 胡军, 解永春. 2009. 基于特征模型的智能自适应控制. 北京: 中国科学技术出版社.

吴宏鑫, 王迎春, 邢琰. 2002. 基于智能特征模型的智能控制及应用. 中国科学(E 辑), 32(6): 805-816.

解永春, 张昊, 胡军, 等. 2014. 神舟飞船交会对接自动控制系统设计. 中国科学（技术科学）, 44(1): 12-19.

周振威, 方海涛. 2010. 线性定常系统特征模型的特征参量辨识. 系统科学与数学, 30(6): 768-781.

Åström K J, Wittenmark B. 1989. Adaptive Control. MA: Addison-Wesley.

DARPA. 2012. Engineering review board concludes review of HTV-2 second test flight. www.darpa.mil/NewsEvents/Releases/2012/04/20.aspx.

Fidan B, Mirmirani M, Ioannou P A. 2003. Flight dynamics and control of air-breathing hypersonic vehicles: Review and new directions. AIAA-7081.

Meng B, Wu H X. 2010. On characteristic modeling of a class of flight vehicles' attitude dynamics. Science in China (Technological Sciences), 53(8): 2074-2080.

第 11 章 预测控制理论的瓶颈问题

席裕庚[1,2]，李济炜[1,2]，郑鹏远[3]

（1. 上海交通大学自动化系；2. 系统控制与信息处理教育部重点实验室；3. 上海电力学院自动化工程学院）

摘　要：本章简要回顾了预测控制理论的发展历程，围绕当前研究热点，分别阐述了鲁棒预测控制、混杂预测控制、随机预测控制、经济预测控制理论的研究进展及存在的难点问题，对预测控制理论未来的发展提出了若干看法.

关键词：模型预测控制，鲁棒预测控制，混杂系统，随机系统，经济预测控制

11.1 引　言

模型预测控制（model predictive control，MPC）从 20 世纪 70 年代问世以来，已经从最初在工业过程中应用的启发式控制算法发展成为一个具有丰富理论和实践内容的新的学科分支. 进入 21 世纪以来，随着科学技术的进步和人类社会的发展，人们对控制提出了越来越高的要求，希望控制系统能通过优化获得更好的性能. 但同时，优化受到了更多因素的制约，除了传统执行机构等物理条件的约束，还要考虑各种工艺性、安全性、经济性（质量、能耗等）和社会性（环保、城市治理等）指标的约束，这两方面的因素对复杂系统的约束优化控制提出了新的挑战. 鉴于预测控制在处理复杂约束优化控制问题时的巨大潜力，近年来在先进制造、能源、环境、航空、医疗等许多领域中，都出现了不少用预测控制解决约束优化控制问题的报道，这与 20 世纪预测控制主要应用于工业过程领域形成了鲜明对照，反映了人们对预测控制

这种先进控制技术的期望[1].

预测控制理论研究的起步虽然滞后于应用，但始终受到工业界和学术界的重视. 早期（20 世纪 80 年代到 90 年代）的预测控制理论研究是由其工业应用直接驱动的，目的是通过对各种实用预测控制算法的理论分析，找出设计参数与系统性能之间的定量关系，以指导预测控制算法的实际应用. 但这类基于定量分析的研究思路受到了多变量约束预测控制系统无法获取解析解的瓶颈制约，所以尽管这类理论研究有着最直接的应用驱动力，但因工具的匮缺进展甚微，并没有形成预测控制的理论研究体系.

20 世纪 90 年代以来，学术界开始转换预测控制理论的研究思路，虽然其着眼点仍然是预测控制系统的性能，但不再是针对已有的特别是在工业中应用的预测控制算法进行分析，而是转变为从保证稳定性或其他性能出发来综合新的预测控制算法. 很显然，这种研究的驱动力并非来自直接解决预测控制工业应用的需要，而是来自对预测控制这类具有特定机制的控制系统的性能和机制的探索. 其中最重要的转变，就是把预测控制理解为最优控制的一种特殊实现方式，从而以最优控制为理论参照体系，以 Lyapunov 稳定性分析方法作为其性能保证的基本方法，不变集、线性矩阵不等式（LMI）等作为其基本工具，具有滚动时域特点的性能分析作为其研究核心，构成了丰富的研究内容，呈现出学术的深刻性和方法的创新性. 20 多年来，沿着这一方向的预测控制理论研究蓬勃发展，形成了今天我们所说的预测控制理论体系.

在预测控制理论发展的这一阶段，20 世纪 90 年代的研究主要集中在稳定预测控制系统的设计，借助于最优控制理论并综合具有稳定性保证的预测控制系统的基本思路和各种实现手段得到了广泛研究. 2000 年 Mayne 等在 *Automatica* 上发表的经典论文 "*Constrained model predictive control: stability and optimality*"[2] 对这方面的研究做了完整的归纳总结，标志着预测控制稳定性综合的理论已趋于成熟. 与此同时，特别是进入 21 世纪以来，预测控制理论研究的重点开始转向鲁棒预测控制系统的综合，同时结合预测控制针对不同对象、采用不同策略的多样化需求，对非线性系统、时滞和网络化系统、混杂系统、随机系统以及分布式、多层递阶、多速率采样、输出反馈等预测控制理论的研究也取得了丰富的成果，参见文献 [3] ～ [7] 等.

预测控制作为一个日趋成熟的新的学科分支，不仅作为一种有效解决多变量约束优化控制的技术在工业界得到了广泛的应用，并正在向更多的应用领域扩展，其理论研究也正在迅速扩展，这种扩展的主要驱动力归根结底仍然是预测控制在实际应用中所遇到的各种问题，如存在模型不确定性或扰动、状态不可测、信息不完全、随机性、连续与离散变量混杂性、在线计算量等. 虽然预测控制的理论研究与其实际应用仍然存在着较大的差距，但当前的预测控制理论研究正在努力克服这种脱节现象，力图为预测控制的实际应用提供具有性能保证的有效算法.

由于预测控制理论研究内容的离散性，就整体来讨论其面临的瓶颈问题可能只有概念上的意义，以下将对其若干研究分支进行介绍，包括鲁棒预测控制、混杂预测控制、随机预测控制、经济预测控制等，并指出这些研究已取得的进展和面临的难点问题.

11.2　鲁棒预测控制

实际上，被控系统广泛存在由外加扰动或模型误差带来的不确定性. 鲁棒预测控制的首要任务是在一定的系统不确定范围内保证对象稳定. 围绕这一目标有两类典型的解决方法：一类是在预测模型、约束满足和性能优化中显式地考虑不确定性；一类是根据不考虑不确定性的名义系统设计预测控制并研究该预测控制所能容许的不确定性的变化范围. 这两类方法在预测控制设计与分析时的侧重不同，前者偏重在设计时就保证鲁棒性条件，后者偏重分析已设计的预测控制的鲁棒性. 相应地，两类方法在理论研究和实际应用上有不同的难点和瓶颈问题. 这里以它们的代表性方法——基于管道（tube）的预测控制和鲁棒稳定的名义预测控制进行说明.

11.2.1　基于管道的预测控制

基于管道的预测控制是鲁棒预测控制设计的一种经典方法，它考虑系统参数的不确定性或外加扰动所引起的预测时域内的系统状态多样的（甚至无穷的）演化态势，这种演化态势的不确定性给预测控制器满足约束和保证稳定性带来了显著困难. 基于管道的预测控制设计的核心思想是将不确定系统的演化限制在某一管道所描述的范围内，这为解决这一困难提供了系统性的研究思路与框架，受到了很多学者的重视. 管道的结构包括名义系统轨迹 $\bar{x}_{k+i+1} = f(\bar{x}_{k+i}, \bar{u}_{k+i})$ 和实际不确定系统偏离名义轨迹的误差集 W_{k+i} 两部分. 这样，预测状态的演化范围就可以由围绕名义轨迹的一个管道描述：

$$x_{k+i} \in \bar{x}_{k+i} \oplus W_{k+i}$$

其中，$\oplus$ 为闵可夫斯基和，定义为 $A + B = \{a + b \,|\, a \in A, b \in B\}$. 预测控制需要针对名义系统优化名义输入 $\bar{u}_{k+i}$，并围绕名义轨迹优化局部反馈律 K. 这里的局部反馈律 K 保证了误差集 W_{k+i} 的有界性，使得预测控制能够集中于利用名义输入 $\bar{u}_{k+i}$ 调整名义轨迹 $\bar{x}_{k+i}$. 假定原系统的约束为 X，则名义轨迹要满足经误差集缩紧后的约束

$$\bar{x}_{k+i} \in X_W = \{x \,|\, x \oplus W \subseteq X\}$$

这一结构下的控制器包括局部反馈律对应的局部内环和预测控制名义输入对应的整体外环，所以可被认为是双自由度的，见文献 [8].

由于确定的名义轨迹较容易得到，管道设计的主要工作和困难是构建围绕名义轨迹的误差集. 这里存在两方面的瓶颈.

首先，困难来自误差集随时间增长的计算复杂性. 因为预测时域内某一时刻的误差集要包含之前所有扰动作用在此时刻产生的系统状态偏差，所以随着时间的推移，误差集的计算量逐渐增长；随着系统模型复杂度的上升，误差集的计算难度也逐渐增加. 例如，对于最简单的加型扰动 $w_k \in W$ 下的线性定常系统 $x_{k+1} = Ax_k + Bu_k + w_k$，$k+i$ 时刻的误差集 W_{k+i} 是之前各个时刻的加型扰动集 W 乘以各自状态转移矩阵后的闵可夫斯基和

$$W_{k+i} = W \oplus AW \oplus \cdots \oplus A^{i-1}W$$

为了得到解析解，一般用多面体集表示 $k+i$ 时刻的误差集. 随着预测时域内扰动持续作用到预测状态上，多面体集的体积单调增长，顶点数可能会随时间显著增加，最坏情况下是指数级增长速度. 这给计算和存储都带来了潜在的困难. 文献 [9] 表明，误差集的无穷时刻极限 $W_\infty = \lim_{i \to \infty} W_{k+i}$ 满足 $W_{k+i} \subseteq W_\infty, \forall i \geq 0$ 是最大的误差集，同时还满足 $w \in W_\infty \Rightarrow Aw \in W_\infty$，也是最小的扰动不变集，这两个特性保证了无穷时刻误差集 W_∞ 可用作任意时刻误差集的保守估计，由此可避免在线存储误差集序列的负担，但也带来了设计的

保守性. 在此基础上设计的典型预测控制见文献 [10] 等，其中扰动对系统的影响完全由无穷时刻的误差集处理，预测控制只用来优化名义输入. 文献 [11] 提出了一种高效算法，能对无穷时刻误差集实现任意精度的近似以减小它的计算负担. 但是，多面体顶点数过多或无法在有限步内终止计算的可能性仍然存在.

其次，误差集的计算困难还来自系统参数不确定性与扰动的耦合. 对于既有参数不确定性又有外加扰动的线性系统 $x_{k+1} = A_k x_k + B_k u_k + w_k$，由于系统状态和输入也影响误差集，所以无法将误差集的计算同系统状态与输入区分开. 这种名义轨迹与误差集之间的耦合关系增加了误差集的计算难度，影响了优化问题的可解性. 文献 [8] 介绍了一种保守的处理方法，将系统在有界的状态和输入范围内由参数不确定性造成的所有误差视作外加扰动，并沿用之前介绍的线性定常系统的步骤计算误差集. 这一方法用状态输入所能造成的最差误差集取代名义轨迹影响下的精确误差集，从而保守地解决了系统名义轨迹同误差集之间的耦合，产生的最差误差集可能显著大于精确误差集. 对于更一般的非线性系统 $x_{k+1} = f(x_k, u_k, w_k)$，由于耦合的存在，误差集的计算更加困难. 文献 [3] 和文献 [12] 等使用一系列经扩张的单位球 $\sigma_i |W| B_a$ 容纳误差集，其中 $|W|$ 为扰动 w_k 的最大值，B_a 为单位球体，σ_i 为根据 Lipschitz 连续的 $f(\cdot)$ 计算的单调递增的扩张系数. 文献 [13] 通过用时变紧集约束名义轨迹与实际系统轨迹的误差，将名义轨迹引入误差集估计的表达式中，提出了一种改进方法，实现了误差集的动态计算，在一定程度上减少了文献 [8] 介绍方法的保守性.

综上所述，误差集的精确计算有利于未来状态演化的精确预测，但会带来计算存储负担的增长. 以多面体表示的误差集可能无法在有限步内终止计算. 在乘型不确定性或非线性情况下，系统名义轨迹同误差集之间的耦合更增加了误差集计算的困难. 延续文献 [13] 的思路探讨处理耦合的方法是值得注意的方向.

11.2.2 鲁棒稳定的名义预测控制

实际中广泛使用的预测控制算法往往根据名义系统模型（如 $x_{k+1} =$

$f(x_k,u_k)$）设计，求解有限时域线性约束下的二次规划问题. 这种名义预测控制简化了对模型的要求，和其他约束预测控制相比优化问题更为简单，实现时的计算负担和硬件需求较低. 在名义系统模型等同于实际对象的情况下，名义预测控制具有许多优良的理论结果. 如文献 [14] 表明，对线性时不变系统 $x_{k+1}=Ax_k+Bu_k$，只要将预测时域取得足够长，线性约束下的预测控制就能够保证自身的递归可行性和系统的闭环稳定性.

但实际被控系统由于受到外加扰动与模型参数误差等因素的影响，与名义系统之间不可避免地存在差异. 不失一般性，实际被控系统可表示为 $x_{k+1}=f(x_k,u_k,w_k)$，其中 w_k 代表外加扰动或参数误差，名义系统可表示为 $x_{k+1}=f(x_k,u_k,0)$. 对于根据以 $x_{k+1}=f(x_k,u_k,0)$ 为预测模型设计的名义预测控制器，一个重要的理论问题是它能否保证实际被控系统 $x_{k+1}=f(x_k,u_k,w_k)$ 的鲁棒稳定性. 这里的瓶颈在于名义预测控制没有考虑实际扰动和参数误差，而仅仅依赖名义系统预测未来状态并完成约束的满足与性能的优化，这与之前介绍的基于管道的鲁棒预测控制形成了鲜明的对照. 基于管道的预测控制显式地考虑系统模型的扰动及其他不确定性，在预测与优化时保证受到扰动的系统仍然能够保证约束和稳定性. 而名义预测控制从单纯优化角度解得的控制作用很难保证闭环系统稳定. 由于缺乏不确定性的显式考虑，名义预测控制的相关研究焦点放在探索预测控制作为反馈控制所具有的本质鲁棒稳定性.

在预测控制框架下，有代表性的两类鲁棒稳定性定义分别是文献 [15] 研究的鲁棒渐近稳定（robustly asymptotically stable）和文献 [16] 提出的输入到状态稳定（input-to-state stable）. 具体而言，文献 [15] 研究的受扰动系统模型为

$$x_{k+1}\in F(x_k+e_k)+d_k$$

其中，e_k 和 d_k 表示系统受到的内在和外加扰动. 鲁棒渐近稳定要求，如果扰动 e_k 和 d_k 足够小，那么系统的轨迹到集合 A 的距离可被一个 KL 函数（关于初始状态 x_0 单调增，关于时间 k 严格递减到零）的 β 所限定

$$|x(k,x_0)|_A\in\beta(|x_0|_A,k)+\epsilon$$

从而收敛到与 A 足够接近的范围内. 输入到状态稳定更加明确地引入了输入（扰动也可看作是输入）u 对系统轨迹的影响

$$|x(k, x_0, u)| \leqslant \beta(|x_0|, k) + \gamma(\|u\|)$$

其中，γ 是单调增的 H 函数；$\|u\|$ 是所有时刻的输入信号中最大的范数. 这两种鲁棒稳定性都允许一定范围的扰动，且输入到状态稳定还要求系统状态在无扰动情况下收敛到原点.

普遍意义上的名义预测控制算法并不具有鲁棒稳定性. 文献 [15] 给出了实例，说明在任意小的模型误差下，具有终端零约束和输入约束的名义预测控制可能使得状态趋于无穷，这违反了上述鲁棒稳定性的要求. 因此，理论研究的重点在于探索特定类型的系统、约束和与之相适应的鲁棒稳定名义预测控制. 文献 [17] 进一步表明，名义预测控制保证鲁棒稳定的充要条件是存在连续的 Lyapunov 函数. 这一结果给理论证明名义预测控制满足上述鲁棒稳定性指出了方向. 但由于约束预测控制滚动优化的特点，实际实施的控制律不是显式的，即无法用明确的公式给出，这就给验证 Lyapunov 函数的存在性与连续性带来了困难. 但是，许多研究者仍然充分发掘预测控制优化问题的结构特点，得到了一些 Lyapunov 函数连续的情况，为名义预测控制鲁棒稳定性提供了有价值的结论.

文献 [15] 说明，对受到扰动的线性定常系统

$$x_{k+1} = Ax_k + Bu(x_k + e_k) + d_k$$

及其约束优化问题

$$V_N^0(x_k) = \min \ g(x_{k+N}, u_{k+N}) + \sum_{i=0}^{N} l(x_{k+i}, u_{k+i})$$
$$\text{s.t.} \quad u_{k+i} \in U$$
$$x_{k+i} \in X, x_{k+N} \in X_f$$

如果一些常见的假设得到满足，比如输入约束 U、状态约束 X、状态终端集 X_f 均为凸集，性能函数 $V_N^0(x_k)$ 中的代价函数 $l(x_{k+i}, u_{k+i})$ 连续，则名义预测控制下的闭环系统具有连续的性能函数 $V_N^0(x_k)$ 作为 Lyapunov 函数，是鲁棒渐近稳定的. 文献 [8] 指出，对非线性系统 $x_{k+1} = f(x_k, u_k, w_k)$，如果代价函数 $l(x, u)$ 在有界集上 Lipschitz 连续，输入的约束集是紧集，则名义预测控制的性能函数 $V_N^0(\cdot)$ 连续并保证

$$V_N^0(f(x_k, u_k, w_k)) \leqslant \gamma V_N^0(x_k) + d|w_k|, \quad \gamma \in (0, 1)$$

在有界扰动下闭环系统满足输入到状态稳定. 对更一般的有约束的非线性系统, 之前作为 Lyapunov 函数的性能函数可能是不连续的[8], 终端约束或状态约束的存在都可能会破坏系统的鲁棒稳定性[15]. 因此, 考虑状态约束的鲁棒稳定非线性名义预测控制是研究的难点.

文献[12]和文献[18]将鲁棒稳定性结论拓展到有终端状态约束的非线性名义预测控制. 文献[18]研究的被控对象是具有外加扰动的 Lipschitz 连续非线性系统 $\dot{x}(t) = f(x(t), u(t)) + w(t)$, 作为预测模型的名义系统是 $\dot{x}(t) = f(x(t), u(t))$. 由于系统连续, 当扰动 $w(t)$ 充分小时, 控制序列下的名义系统轨迹和实际系统轨迹可以较为接近. 当名义系统终端状态进入状态终端集内部某一区域时, 也能保证实际系统状态进入终端集. 由此名义预测控制的递归可行性得到保证. 除此之外, 文献[3]指出: 充分小的扰动和系统的连续性也使得名义性能函数 $V_N(x_{k+1}^{\text{norm}}, u_{k+1|k})$ 和实际性能函数 $V_N(x_{k+1}, u_{k+1|k})$ 较为接近

$$V_N(x_{k+1}, u_{k+1|k}) \leqslant V_N(x_{k+1}^{\text{norm}}, u_{k+1|k}) + c|w|$$

结合预测控制可行解与最优解的关系, 可得

$$V_N(x_{k+1}, u_{k+1}) \leqslant V_N(x_k, u_k) - l(x_k, u_k) + c|w|$$

进一步可推出系统渐近收敛到状态终端集. 根据这一思路, 文献[18]证明了在输入约束集是紧集, 终端状态约束为终端代价函数水平截集的情况下, 名义预测控制性能函数连续, 并将保证原连续非线性系统鲁棒稳定.

由上述介绍可以看出, 名义预测控制的鲁棒稳定性研究正由线性定常系统拓展到非线性系统, 并初步考虑了终端状态约束. 但是当前所取得的结果并不允许非线性系统满足更广义的状态约束 $x_k \in X$, 在一定程度上限制了它的实际应用. 此外文献[18]指出, 当前估计的名义预测控制所能容许的扰动范围具有保守性, 有待得出更加精确的容许扰动范围的估计. 因此, 继续拓展鲁棒稳定的名义预测控制所适用的系统类型 (如特定结构的非线性系统) 和约束类型 (如某些状态约束、施加在性能指标上的软约束等) 是值得关注的方向.

区别于基于管道的预测控制, 名义预测控制所采用的名义模型使得优化问题具有更加简单的问题描述与求解步骤. 与此同时, 鲁棒稳定性的保证需要

更加深刻地探讨反馈和优化问题在预测控制中起到的作用. 这一理论问题涉及非线性控制、鲁棒稳定性等诸多关键前沿内容, 而预测控制约束下的非显式控制律又给理论分析带来了挑战. 在文献 [17] 结论的基础上, 主要的研究路线大多围绕名义预测控制容许连续的 Lyapunov 函数展开. 今后的研究将继续建立在研究预测控制性能函数的基础上, 所取得的新成果将加深理解预测控制的一些本质特性并发掘它的实际应用潜力.

11.3 混杂预测控制

文献 [3] 指出, 几乎所有的过程控制都包括如开关、档位选择等离散部件和由微分或差分方程描述的连续过程. 单独考虑这两类过程的控制理论已经取得了长足的进步. 线性与非线性控制理论已用于处理连续变量的控制, 有限状态机等理论已被用来解决离散状态的控制. 这为既包含离散状态也包含连续状态的混杂系统的思考与探索开辟了一个与过程工业的控制和监督等重要问题相关联的领域. 混杂系统的预测控制理论概念和控制策略也在过去十年内受到了越来越多的关注[6].

混杂预测控制的研究瓶颈在于自身复杂性所带来的建模与控制优化问题的求解困难. 系统复杂性体现在多方面: 对象既有时间驱动的动态也可有事件驱动的动态, 控制器处理连续与离散信号, 并可能既影响系统中时间驱动的部分也影响事件驱动的部分[6]. 系统模型往往包括多个子模型, 以反映系统的连续动态、逻辑成分以及这两部分之间的交互, 辨识这一复杂模型的参数较为困难. 逻辑成分与连续动态的交互更是增加了预测系统未来动态的难度, 这给系统稳定性保证和优化问题求解等方面带来了诸多挑战.

混杂系统建模的难点在于如何用尽可能简洁的数学表达描述复杂的连续过程与离散事件. 文献[19]研究了混合逻辑动态系统（mixed logical dynamical systems）及其预测控制. 系统方程为

$$x(k+1) = A_k x(k) + B_{1k} u(k) + B_{2k} \delta(k) + B_{3k} z(k)$$
$$y(k) = C_k x(k) + D_{1k} u(k) + D_{2k} \delta(k) + D_{3k} z(k)$$
$$E_{2k} \delta(k) + E_{2k} z(k) \leqslant E_{1k} u(k) + E_{4k} x(k) + E_{5k}$$

其中 $x = [x_c^T, x_l^T]^T$，$x_c \in \mathbb{R}^{n_c}$ 代表连续状态变量；$x_l \in \{0,1\}^{n_l}$ 代表离散状态变量；y 与 u 的结构与 x 相同；$z \in \mathbb{R}^{r_c}$ 和 $\delta \in \{0,1\}^{r_l}$ 是附加的逻辑和连续变量. 这一表达用线性动态描述连续过程，用逻辑命题建模离散过程，关键思想在于用一系列二进制整数变量和连续变量的线性约束等价替代逻辑命题[6]. 分段仿射系统也是混杂预测控制研究所常用的系统模型. 首先将输入与状态空间以凸多边形划分为 $U_i \Omega_i$，对属于多边形 Ω_i 内的状态 x_k 与输入 u_k，系统演化模型为

$$x_{k+1} = A_i x_k + B_i u_k + f_i$$
$$y_k = C_i x_k + D_i u_k + g_i$$

可见它的状态空间模型参数与状态和输入在各自空间中的位置有关. 这一特性使得分段仿射系统能逼近非线性动态，并等价于有限自动机与线性系统的结合[20]. 由于分段线性的特点，控制器设计与分析能够沿用一些线性系统的成熟结论. 文献[21]提出了一种简洁的混杂系统描述

$$\frac{\mathrm{d}}{\mathrm{d}t} x(t,j) \in F(x(t,j), u(t,j)), \quad (x(t,j), u(t,j)) \in C$$
$$x(t, j+1) \in G(x(t,j), u(t,j)), \quad (x(t,j), u(t,j)) \in D$$

其中，$x(t,j)$ 的 t 表示连续时间；j 表示离散时间. 当系统状态与输入处于集合 C 时，系统演化由以 t 为时标的微分方程描述，处于集合 D 时，以 j 为时标的差分方程描述. 这一系统方程能够表示大量的实际系统，并且简明的形式为稳定性分析和控制设计提供了便利[3].

除了对系统方程的研究，随着信息物理系统等新的应用背景不断出现，以线性时序逻辑（linear temporal logic）表达的设计和控制要求受到了越来越多的关注，并在混杂预测控制[22, 23]的范畴内得到了快速发展. 线性时序逻辑是一种建立在原子命题基础上，表达复杂的系统逻辑命题的语言，由与、或、非、蕴含、直到等逻辑运算符和时序运算符组成[21]. 文献[24]以液位系统为例，先将控制目标用线性时序逻辑语言表示，然后将其转化为整数规划用于优化控制策略. 该方法也可用于系统监视和控制方案测试.

混杂系统的模型辨识是一项困难的工作. 以分段仿射 ARX 模型为例，它的一般形式为

$$y_k = \theta_i^{\mathrm{T}} \begin{bmatrix} x_k \\ 1 \end{bmatrix} + v_k, \quad x_k \in X_i$$

$$x_k = [y_{k-1}, \cdots, y_{k-n_a}, u_{k-1}, \cdots, u_{k-n_b}]^{\mathrm{T}}$$

其辨识的困难首先在于要将实验得到的数据 u_k, y_k 分类到各个子模型 i 中,其次要将状态和输入空间用多面体 X_i 划分以对应这些子模型. 尽管提出了多种方法,分类问题仍然难以求解并且结果经常是次优的[6].

在预测控制设计时,要特殊处理由模型或优化目标切换引起的稳定性问题,终端约束和输入输出稳定性等条件常用于处理这一问题. 文献[25]、[26]、[27]分别研究了性能函数随空间和时间切换的预测控制,给出了切换优化目标及其稳定性处理的方法. 文献[25]考虑将状态空间划分为若干区域 $U_i \Gamma_i$,性能函数的状态权值矩阵 Q 和输入权值矩阵 R 随当前状态所在区域 Γ_i 的变化而改变

$$V_N^0(x_k) = \min \ V_f(x_{k+N}) + \sum_{i=0}^{N-1} \left(\|x_{k+i}\|_Q^2 + \|u_{k+i}\|_R^2 \right)$$

$$\text{s.t.} \quad u_{k+i} \in U$$

$$x_{k+i} \in X, x_{k+N} \in X_f$$

文献[26]研究了预测控制代价函数 $L_p(x,u)$ 在以 p 为指标的有限集合 $\{L_p(\cdot,\cdot) | p \in P\}$ 内按给定序列随时间切换

$$\min \quad J_p(x(t_k)) = F_p(x(t_k + T)) + \int_{t_k}^{t_k+T} L_p(x(\tau), u(\tau))$$

$$\text{s.t.} \quad \dot{x}(\tau) = f_p(x(\tau), u(\tau)), \quad t_k \leqslant \tau \leqslant t_k + T$$

$$u(\tau) \in U, \quad x(\tau) \in X, \quad x(t_k + T) \in X_p^f$$

文献[26]总结了这两类切换预测控制的特点. 在随空间切换的情况下,系统状态的每个区域对应各自的性能函数,以在不同工况下实现多样化的控制目标. 例如,当系统远离期望平衡点时,控制目标是响应速度尽可能的快;当系统到达平衡点附近时,减小能量消耗成为更重要的目标. 在随时间切换的情况下,性能函数也可与过程的时间或阶段联系起来. 例如,电力产生或能量消耗过程,电价或发电量随当天调度的变化,因此状态与输入的权值也可因此而改变. 为保证性能函数随状态切换的预测控制稳定性,文献[25]要求当前时刻的性能函数优化值 $V^0(x_k)$ 和上一时刻的 $V^0(x_{k-1})$ 满足递减关系

$$V^0(x_k) \leqslant V^0(x_{k-1}) - \epsilon$$

其中，$\epsilon > 0$ 为可调参数. 如果该条件不满足，则要将性能函数取为与上一时刻相同，以使得切换下优化的控制量保证系统的稳定性. 对性能函数随时间切换的预测控制，除了预测控制的终端不变集存在和性能函数递减这两个条件，还需要避免频繁切换造成的系统不稳定. 文献 [26] 要求系统切换具有平均驻留时间 τ_α

$$\forall T \geqslant t \geqslant 0, \quad N_\sigma(T,t) \leqslant N_0 + \frac{T-t}{\tau_\alpha}$$

其中，$N_\sigma(T,t)$ 表示 $(t,T]$ 内的切换次数；N_0 为可调参数，以允许偶尔快速切换的出现. 在此前提下，所设计的预测控制算法能保证性能函数以指数级衰减. 文献 [27] 进一步探讨了切换满足平均驻留时间限定但切换序列未知的情况.

在优化问题求解方面，复杂的模型带来了计算量的增长. 包括混合逻辑动态系统在内的大量混杂预测控制需要求解混合整数规划等问题，这一问题通常不能保证在多项式时间内求得最优解且优化问题规模较大. 研究者们为克服计算困难提出了多种方法，如利用 MPC 问题的结构和可达性分析来减小求解的二次规划问题个数并为分支定界算法提供下界、用启发式算法求解优化问题等，但总体而言优化问题的计算负担重且最优性难以保证. 混杂预测控制的稳定性保证和缩减计算负担仍然是需要解决的重要研究问题.

混杂预测控制的研究面向逻辑成分与连续过程相交互的动态系统. 相对于单纯的连续或离散状态模型，混杂系统模型能更加有效地表示实际工业过程，基于此的混杂预测控制有广泛的应用前景. 但是建模与控制策略优化的计算复杂度是混杂预测控制实际应用的瓶颈. 随着硬件计算能力的日益飞速提高和理论研究的进步，这一瓶颈有望得到一定程度的解决.

11.4 随机预测控制

随机系统是一类在实践中广泛存在的不确定系统，在策略评估、网络系统、风力发电、建筑节能等领域受到了大量的关注. 由于状态的随机性和控制方案可行性、经济性的考虑,这些随机系统的约束往往是具有概率特征的软约束,对控制效果的衡量也一般通过统计性能指标进行. 例如,房间的温度可在大多数情况下属于适宜区间;风机叶片力矩允许以小概率超出限制. 这类系统的优化控制也要建立在系统的随机性研究的基础上. 传统的处理不确定性的鲁棒预测控制仅依赖不确定性的变化范围,不利用其他的随机信息,因此只能在一定程度上保守处理随机系统的控制目标与约束满足问题. 近年来出现的随机预测控制更加充分地研究了系统状态的随机演化,为软约束下的优化控制问题提供了新的处理思路.

随机预测控制的研究对象主要由离散状态空间随机模型表征. 按随机不确定性进入系统的方式,模型可包含随机乘型噪声和随机加型噪声. 不失一般性,可将包含这两类噪声的线性离散时间随机系统表达为

$$x_{k+1} = A(\delta_k)x_k + B(\delta_k)u_k + w(\delta_k)$$

其中,δ_k 为随机变量. 乘型噪声下的系统矩阵 $[A(\delta_k), B(\delta_k)]$ 表征系统内部的随机动态,如策略评估的滑动平均模型参数[28];加型噪声 $w(\delta_k)$ 体现外界环境的随机干扰,如光照、气温等环境因素以加型扰动的形式影响室内温度变化[29]. 既有乘型噪声又有加型噪声的随机模型更加完善地描述了系统内外的随机情况,已用于风机叶片转矩系统的模型辨识[30].

随机预测控制的研究重点和难点是上述模型的软约束. 目前受到大量关注的软约束包括概率约束、均值方差约束等. 例如,文献 [31] 指出,因为过程控制存在不确定扰动,不能将系统输出绝对地限定在一个区域内,而应当对输出施加概率约束,即要求输出落在区域内的概率在一定范围内. 再如,投资组合[32] 中,投资的期望收益和风险限制对应于均值约束和方差约束. 理论研究这些软约束的关键在于描述沿着预测时域向前传播的系统随机性. 对随机加型噪声下的线性系统 $x_{k+1} = Ax_k + Bu_k + w_k$,未来状态由确定性部分 $\overline{x}_{k+i}$ 和随机部分 $\tilde{x}_{k+i}$ 组成

$$x_{k+i} = \overline{x}_{k+i} + \tilde{x}_{k+1}, \quad \overline{x}_{k+i} = A^i x_k + \sum_{l=0}^{i-1} A^l Bu_{k+i-1-l}, \quad \tilde{x}_{k+i} = \sum_{l=0}^{i-1} A^l w_{k+i-1-l}$$

其中,随机部分仅仅由扰动项决定,可通过数值卷积近似它的概率分布. 但是更一般的情况下,由于系统输入和随机噪声之间的关联,无法得到此概率分

布的显式公式, 这是概率约束研究的瓶颈. 文献 [33] 提出概率不变集 Ω 来克服这一难题, 要求状态从不变集内出发后下一步要以给定概率返回此集合, 即满足

$$x_k \in \Omega \Rightarrow \Pr\{x_{k+1} \in \Omega\} \geqslant p$$

从而将预测时域缩短到一步, 以便于描述状态的概率分布情况. 这一工作已推广到多步预测的情况, 以保证预测时域内的概率约束都得到满足[34]. 除此之外, 文献 [35] 将概率约束

$$\Pr\{h + Pw \leqslant 0\} \geqslant 1 - \alpha, \quad h \in \Re^r, \quad w \sim N(0, \Sigma)$$

用其提出的确定性凸约束

$$\sum_{i=1}^{r} \exp(t_i h_i + \frac{t_i^2}{2} \left\| \Sigma^{0.5} P_i \right\|) \leqslant \alpha, \quad t_i > 0$$

保守近似. 这一方法只利用预测状态的均值和方差信息保证概率约束, 避免了计算状态概率分布的难点, 但不可避免地具有较大的保守性.

为提升随机预测控制的控制性能, 一些学者提出了多种形式的反馈控制律. 研究的难点在于将包含控制参数的优化问题转化为凸优化问题以便于求解. 文献 [36] 研究了受到无界随机扰动的稳定加型随机系统, 选择非线性有界函数 $l(\cdot)$ 将全部历史随机扰动进行限幅, 设计针对限幅扰动的仿射控制律

$$\begin{bmatrix} u_k \\ \vdots \\ u_{k+N-1} \end{bmatrix} = \eta_k + \Theta_k \begin{bmatrix} l(w_k) \\ \vdots \\ l(w_{k+N-2}) \end{bmatrix}$$

其中, η_k 和 Θ_k 通过每一时刻求解一个凸优化问题得到. 文献 [37] 将此工作拓展到输出反馈的情况, 在状态不可测的情况下首先使用卡尔曼滤波器估计状态, 然后进行仿射控制器的设计. 文献 [38] 研究了乘型噪声的随机系统

$$x_{k+1} = (\bar{A} + \tilde{A}\delta_k)x_k + (\bar{B} + \tilde{B}\delta_k)u_k$$

采取的控制策略由名义控制序列 $\bar{u}$ 和动态反馈律 K 组成

$$u_{k+i} = \bar{u}_{k+i} + K\tilde{x}_{k+i}$$

其中, 名义控制序列 $\bar{u}$ 下的名义轨迹为 $\bar{x}_{k+1} = \bar{A}\bar{x}_k + \bar{B}\bar{u}_k$; 随机噪声下系统偏离名义轨迹的误差部分 $\tilde{x}_k$ 作用于动态反馈律 K 并产生控制摄动量 $\tilde{u}_k = K\tilde{x}_k$. 这些控制策略都针对系统状态受到的随机干扰专门设计反馈策略与优化问

题, 以实现对随机信息的充分利用.

基于场景 (scenario) 的优化方法是随机预测控制领域新出现的成果, 为概率约束满足和控制性能优化开辟了新的方向. 它的理论基础源于文献 [39] 和文献 [40] 等的工作, 核心思想与蒙特卡罗方法类似, 即通过对随机系统的大量场景施加限制以实现对原来随机系统的约束. 具体而言, 考虑随机系统

$$x_{k+1} = f(x_k, u_k, \delta_k)$$

其中, δ_k 为随机变量, 并考虑概率约束 $\mathrm{Pr}\{g(x_{k+i}, u_{k+i}) > 0\} \leqslant \epsilon$. 首先得到 δ_k 的一系列采样值 $\{\delta_k^{(1)}, \cdots, \delta_k^{(N)}\}$, 它们对应 N 种系统场景. 其次只要控制输入 $u_k, \cdots, u_{k+i}$, 保证这些系统实现都满足约束

$$g(x_{k+i}^{(l)}, u_{k+i}) \leqslant 0, \quad x_{k+i}^{(l)} = f(x_{k+i-1}^{(l)}, u_{k+i-1}, \delta_{k+i-1}^{(l)}), \quad x_k^{(l)} = x_k, \quad l = 1, \cdots, N$$

此控制输入施加到原随机系统后得到[39]

$$\mathrm{Pr}^N \left\{ \mathrm{Pr}\{g(x_{k+i}, u_{k+i}) > 0\} > \epsilon \right\} \leqslant B(\epsilon, n, N)$$

其中, n 为控制输入的维数之和; $B(\epsilon, n, N)$ 为 beta 分布函数, 随着系统场景数目 N 的增大而趋于零. 这表明, 只要系统场景数目足够多, 就能以充分接近 1 的置信度保证原概率约束. 可以看出, 基于场景的优化方法把概率约束转化为系统具体场景所对应的确定性约束, 另外期望性能也可被转化为所有场景对应的平均性能[41,42]. 这使得随机预测控制有了一种新的概念简单、步骤简明的处理思路. 但是这一方法不依赖于随机系统的概率分布特征, 在具有普遍适用性的同时在概率约束满足上具有较大的保守性. 为保证充分高的置信度, 所需的实例个数一般较大, 优化问题的存储和求解负担较为突出. 这些问题的处理将推动场景优化研究的进一步深入.

随机预测控制是一个正在逐渐兴起的研究领域, 有着大量公开的理论问题尚待解决. 已有的工作围绕更加有效地保证概率约束等软约束和保证系统随机稳定性进行了一些探索, 所取得的成果在建筑节能、智能电网、投资组合等领域激发了大量的应用研究. 目前, 更加深入地利用系统的随机信息描述概率约束及探索新的优化方法仍是研究的热点问题. 由于其广泛的应用背景和丰富的理论支持, 这一分支正逐渐成为预测控制研究的重要方向.

11.5 经济预测控制

传统大工业过程的优化控制一般采用分层递阶控制结构[43]. 其中, 经济优化层承担了实时操作优化 (real-time optimization, RTO) 的任务, 它基于稳态机理模型, 以较长的周期 (一般为小时级) 计算经济指标最优的稳态工况, 作为下一层先进控制的设定值. 而在先进控制层, 则根据 RTO 优化计算出的稳态工作点, 以较密集的采样周期 (一般为分钟级) 采用具有显式处理约束优化能力的预测控制实现卡边控制, 将生产过程的运行推近至约束条件的边界, 在保证稳定性和安全性的同时, 降低运行成本和提高经济效益. 这种 "稳态优化+动态控制" 的运行模式, 被认为是预测控制工业应用的典型范式.

虽然这种运行模式在大工业过程中得到长期应用, 但其不足之处也逐渐为人们所认识. 首先, 文献 [3] 指出, 从经济最优的角度来看, 稳态操作未必是最优的操作策略. 其次, 这种运行模式顺利实施的前提是 "稳态假设"[44], 即 RTO 需要建立在过程达到稳态后的稳态机理模型基础上, 但个性化生产、快速变化的产品需求以及原材料差异等均要求生产过程快速应变, 过程不可能等待到稳态再去计算新的最优工作点, 这将破坏 "稳态假设". 再次, 由于 RTO 和预测控制分别采用了不同的模型, RTO 算出的最优工作点有可能在预测控制层是非可行的, 这导致了实际操作的稳态与期望稳态之间存在偏差, 不能保证真正实现经济优化.

近年来, 人们尝试把经济优化与过程控制集成起来, 通过持续的动态操作而不是把过程驱动到某一稳态来改善优化控制的经济性能, 从而提出了经济模型预测控制 (economic model predictive control, EMPC) 方法. 这种方法采用了扁平化结构而不是分层结构, 把过程操作的经济优化与预测控制集成到同一算法中, 通过在问题描述中直接嵌入一般的成本函数或其他反映过程经济性要求的性能指标, 来取代传统工业预测控制的二次性能指标. 经济预测控制旨在使系统运行在时变方式来优化过程的经济性能, 由于采用了集成的扁平化结构, 它不像传统多层结构中可以把静态优化和动态控制问题分开考虑, 因此面临着既要系统操作运行在动态最优又要保持闭环系统稳定性的要求, 这种动态时变的操作特点, 使其分析与设计通常不能沿用常规预测控制的理论研究结果, 这成为一个颇具挑战性的问题.

经济预测控制有三个理论问题必须考虑和解决. 首先是优化问题的可行性, 包括在每一采样时刻对初值 $x(\tau_k)$ 的初始可行性以及在两个相邻采样时刻的递归可行性, 这是理论上保证闭环稳定性的必要条件. 其次是经济预测控制下闭环系统的稳定性或稳定的类型, 由于经济目标函数不一定是凸函数和正定函数, 很难满足一般预测控制稳定性研究中利用的 Lyapunov 函数单调递减的条件, 这使经济预测控制的稳定性综合出现了新的困难. 最后是闭环系统的性能, 通常经济预测控制是在有限预测时域中优化经济性能的, 这样做不能保证闭环系统的性能. 为了解决这些问题, 在经济预测控制的问题描述中常需加入稳定性或性能的约束, 其理论研究也成为近年来预测控制研究中的热点之一. 以下就当前经济预测控制理论的主要研究内容及面临的难点问题进行介绍.

11.5.1　具有稳定性保证的经济预测控制分析与设计

由于经济目标函数不一定是凸函数和正定函数, 很难满足一般预测控制稳定性研究中利用的 Lyapunov 函数单调递减的条件, 这使经济预测控制的稳定性分析与设计出现了新的困难, 对此出现了一些较有特色的方法.

最常用的方法是人为增加一些附加假设条件, 如要求满足强对偶性条件和弱可控性条件[45]. 但强对偶性假设条件除了要求优化问题解的唯一性外, 同时还隐含着要求优化设定点必须是系统稳态点, 另外强对偶性一般只适用于线性定常系统、凸约束和凸目标函数, 难以推广至非线性系统和不确定性系统. 文献 [46] 和文献 [47] 尝试将强对偶条件进一步放松, 证明了如果存在储存函数 (storage function) λ, 使得系统在此储存函数下对于供给率 (supply rate) $s(x,u) = l(x,u) - l(x_s, u_s)$ 是严格耗散的, 即 $\lambda(f(x,u)) - \lambda(x) \leqslant -\rho(x - x_s) + s(x,u)$, 则可以保证闭环系统的稳定性. 耗散性条件在经济预测控制的分析中具有重要的意义, 文献 [48] 指出, 耗散性条件对于最优稳态操作不但是充分的, 而且在一定条件下也是必要的. 但是, 对于具有非凸约束及目标函数的一般非线性系统, 尚缺少系统有效的方法得到满足严格耗散性条件的储存函数 λ, 通常只能通过启发式方法进行试凑, 因此并没有解决经济预测控制算法的实现问题.

经济预测控制的稳定性分析通常还需要同时借助于构造适当的控制

Lyapunov 函数. 文献［45］～［47］在严格耗散性条件的基础上，修改经济目标函数为循环代价函数（rotated cost function）$L(x,u)=\ell(x,u)+\lambda(x)-\lambda(f(x,u))-\ell(x_s,u_s)$，由严格耗散性条件可推得循环代价函数的正定性质：$L(x,u)\geqslant\rho(x-x_s)\geqslant0$. 对其在有限时域内累加并附加适当的终端代价函数，构造控制 Lyapunov 函数 $V_N(x(k))=\sum_{k=0}^{N-1}L(x(k),u(k))+V_f(x(N))$，通过保证其以高于该循环代价函数的衰减率递减：$V_N(x(k+1))-V_N(x(k))\leqslant-L(x(k),u(k))$，可分析经济预测控制的稳定性[46]，其中终端代价函数需要满足如下鲁棒稳定性约束条件：

$$V_f(f(x,k_f(x)))\leqslant V_f(x)-\ell(x,k_f(x))+\ell(x_s,u_s),\qquad\forall x\in X_f$$

该约束条件可以保证在控制律 $u=k_f x$ 下终端约束集 X_f 具有控制不变集性质.

在上述构造控制 Lyapunov 函数的一体化设计过程中，不仅要设计循环代价函数，还要同时兼顾符合鲁棒稳定性约束条件的终端约束集和终端代价函数. 其中，循环代价函数的设计依赖于储存函数 λ 的构造，而其构造通常只能通过启发式方法进行试凑，从而成为其应用的瓶颈问题. 如何有效地构造合适的满足耗散性条件的储存函数 λ，降低其设计过程的复杂性，或者设计新的更简单易行的约束条件（替代耗散性条件）为稳定性提供分析手段，目前还尚未见到相关报道. 另外，经济预测控制的经济指标与传统的预测控制中的二次指标形式之间的本质差异，使得预测控制中常用的终端约束集和终端代价函数设计方法（可以刻画动态性能指标上界）

$$x(k+1)^T Px(k+1)-x(k)^T Px(k)\leqslant-x(k)^T Q_1 x(k)-u(k)^T Ru(k)$$

无法刻画出经济性预测控制的经济指标上界. 目前对终端约束集、局部控制律以及终端代价函数只是依据经验离线设计的，其固定不变的性质随着系统状态的演变最终将导致最优性的丧失，从而降低了经济预测控制的在线优化性能. 如何将这三个要素的构造和经济目标函数的在线寻优过程实现一体化设计，使得终端约束集、局部控制律以及终端代价函数随着系统状态的演变而相应改变，进而提高系统的性能，目前虽然已有一些研究工作，但还缺乏丰富的指导原则和理论分析的支撑.

考虑到常用的终端约束集设计方法在处理经济最优性指标时面临的困难，文献［49］绕开终端约束设计方法，引入从数理经济学中发展起来的最优经济增长理论中反映最优路径近似一致性的"大道理论"（turnpike properties，又称高速增长定理）[50] 和可控性条件，得到了有限时域和无穷时域两种情形下的经济性能指标的上界值，并且给出了系统收敛至稳态工作点的理论条件. 但文献［3］和文献［49］也指出，对于由局部 Lipschitz 线性系统和严格凸目标函数组成的经济目标优化问题，大道理论和可控性条件是满足条件和易于验证的，然而对于更一般化的非线性系统和非凸目标函数的经济优化问题，其验证和设计均具有相当的难度，还有待进一步深入研究.

11.5.2　经济预测控制的鲁棒设计

在实际工业对象中广泛存在模型不确定性，对于经济预测控制系统的设计同样需要考虑不确定性的影响. 如何设计具有鲁棒性能的经济预测控制优化算法以抑制系统不确定性，是工业过程优化所面临的一个极为迫切的问题. 目前，鲁棒经济预测控制的研究主要针对外界扰动系统和切换系统. 文献［51］针对具有有界扰动的非线性系统，采用控制 Lyapunov 函数，设计基于 Lyapunov 函数的经济预测控制算法. 文献［52］针对非线性切换系统，根据预先给定的切换策略设计了基于 Lyapunov 函数的经济预测控制算法. 文献［53］首先将非线性系统状态反馈线性化后，设计了高增益的状态观测器，进而根据状态观测值设计了基于 Lyapunov 函数的经济预测控制算法. 文献［51］～［53］提出了两种运行模态，第一模态的任务是完成经济指标优化并且控制系统状态保持在预先给定的不变集之内，第二模态主要是驱动闭环系统的状态收敛至稳态工作点附近. 对于有外扰系统的经济性预测控制问题，为了显式处理外扰 ω，文献［51］采用类似于鲁棒控制中的 Tube 技术思想，先设计名义系统的水平集（level set）Ω_ρ，进而设计安全区 $\Omega_{\tilde\rho}$（$\tilde\rho<\rho,\Omega_{\tilde\rho}\subseteq\Omega_\rho$）. 如果 $x(t_k)\in\Omega_\rho/\Omega_{\tilde\rho}$，则先驱动系统状态至 $\Omega_{\tilde\rho}$，随后在 $\Omega_{\tilde\rho}$ 内优化系统性能指标. Ω_ρ 区域起到控制不变集的作用，在最大化经济性能的同时可以保证系统的稳定性. 对于 $\tilde\rho,\rho$ 两个参数值的具体设计，虽然取决于系统的特性和扰动的幅值上界值，但属于非显式的函数描述关系，文献［51］中并没有给出系统化的参数设计方法，而是基于一些非常复杂的假设前提，提出了属于充分不必要

的存在性条件, 不仅引入了不必要的保守性, 也缺乏可操作性.

对于参数不确定性系统的经济预测控制的研究目前还鲜有报道. 由于经济性能指标非凸非正定的性质, 并且不具有二次指标形式, 导致了它不能直接以限制系统状态在椭圆集内部的方式, 将经济性能指标上界转化为线性目标函数和将原优化问题转化为由 LMI 条件组成的半正定规划问题, 即无法应用鲁棒预测控制中通常采用的以椭圆不变集构造半正定规划的设计方法. 对于实际物理系统, 系统的结构特性和物理特性决定了其参数变化速度具有有界性, 如果能将有界的参数变化速度等信息纳入系统控制器的设计, 则有望减少系统设计的保守性, 改善经济预测控制的经济性能和控制性能.

11.5.3 经济预测控制的性能补偿及经济性能和动态性能间的有效协调

现有经济预测控制方法在优化经济性能指标的同时, 为了保证系统的稳定性, 往往通过修改经济目标函数为循环代价函数以构造控制 Lyapunov 函数, 人为地增加强对偶条件或耗散性条件, 同时借助于终端等式约束或终端代价函数. 这些人为增加的约束条件在为经济预测控制的稳定性分析和性能优化提供设计手段和经验的同时, 也引入了极大的设计保守性. 如何有针对性地对性能损失进行量化, 并补偿所损失的相关性能, 具有较大的研究价值, 这一点是此前研究所没有涉及的.

此外, 经济预测控制过于考虑过程的经济指标, 目标函数中没有体现出动态性能项, 在优化经济性能的同时, 没有提供相关的设计自由度来调整动态性能. 对于过程控制的实践来说, 通过经济指标优化得到的设定值未必是合适的, 因为经济指标优化并未考虑操作性 (operability)、动态特性、控制自由度和过程工序前后关联等问题, 有可能造成控制品质恶化, 过程操作性能下降, 甚至导致生产过程始终处于大范围变化之中, 生产过程的安全平稳性失去保障. 为了保障生产过程能够顺利进行, 在优化经济目标函数的同时, 有必要在经济性能和动态性能之间进行有效的协调, 使得经济性能和动态性能间达到有效平衡.

11.6　结　束　语

　　预测控制的理论研究在近 20 年中得到了蓬勃发展，逐步形成了内容丰富的理论体系，本章内容只涉及整个预测控制理论研究体系中的一部分．可以说，已有的预测控制研究几乎已覆盖了所有类型的系统（线性、非线性、混杂、随机、时滞、网络控制等）和所有的控制策略和结构（自适应、鲁棒、多速率、输出反馈、递阶、分布式等），虽然都取得了相应的理论研究进展，但其基本研究方法大多仍然沿袭了以最优控制为参照、以非线性系统稳定性分析和鲁棒控制理论成果为借鉴的思路，只是根据原有预测控制分析设计理论针对这些不同系统或不同控制策略和结构所面临的新特点和新难点，开展更为专门和深入的研究．在这样的背景下，预测控制理论研究的问题离散化、技术精细化的趋势越来越明显，虽然在诸多研究方向上存在着这样或者那样的开（open）问题，但很难形成具有共同特征的公共瓶颈问题．即使在预测控制稳定性和鲁棒性综合中存在一些共性问题，如以三要素（终端约束、终端代价函数、反馈控制律）为特点的预测控制系统综合始终存在着初始可行域、控制性能和计算复杂度的矛盾，但这一矛盾的具体表现及解决方法完全取决于所研究的问题，并没有形成公认的解决思路．从本章介绍的内容来看，足以反映出在这一领域中理论研究的离散性．

　　如果从预测控制的实际应用需求来看现有的预测控制理论，可以发现，现有的预测控制理论研究虽然考虑了工程实践中的诸多问题，如系统模型的不确定性、环境中的扰动、信息获取的限制、信息传输的延迟、算法的可行性等，但一旦形成问题，研究的焦点便集中在理论上．虽然各种精巧的分析与设计思路具有一定的创新性和参考价值，对于认识预测控制系统的本质和理解这类具有滚动优化特点的控制问题的难点有很大帮助，但较少考虑这些理论的工程适用性．特别是这些理论导出的算法，由于附加了很多为保证理论结果所需的人为条件，造成物理意义不明确、在线计算量大，很难为工程应用领域所理解和应用．因此，现有的预测控制理论与预测控制的工程应用间仍然存在着较大的间隔，不能满足工程应用中对预测控制系统分析和设计的需要[1]．

　　预测控制产生于工业过程的实践，作为一种先进的控制技术，在工业过程中已获得了巨大成功，形成了成熟的算法和应用软件，目前正在向各应用领域迅速扩展．如何为预测控制的实际应用提供既具有稳定性和性能保证，又能在不确定环境下鲁棒运行的预测控制算法，如何为预测控制算法应用中参数设定等提供理论指导，是预测控制理论应该也必须要解决的问题．虽然早期的预测控制理论曾经试图直接针对工业应用的预测控制算法提供相应的理论支撑，但由于其立足于定量分析所遇到的本质困难，并没有取得成功．现今的预测控制理论通过转换研究思路，在理论上取得了丰硕的成果，形成了较成熟的体系，但与实际应用间的间隔却越来越大．在这里需要两方面的努力，从应用领域来看，应该转换预测控制应用的传统习惯和思路，更多地汲取预测控制理论研究中的新成果，但更重要的是，预测控制理论研究应该更多地考虑其结果的可实现性，为应用界提供不仅道理充分而且实际可用的预测控制新方法，这是未来预测控制理论研究中重要而艰巨的任务．

致　　谢

感谢国家自然科学基金（项目编号：61374110、61433002、61521063、61590924、61573239）及上海市自然科学基金（项目编号：15ZR1418600）的支持．

参 考 文 献

[1] 席裕庚，李德伟，林姝. 2013. 模型预测控制-现状与挑战. 自动化学报，39(3): 222-236.

[2] Mayne D Q, Seron M M, Raković S V. 2005. Robust model predictive control of constrained linear systems with bounded disturbances. Automatica, 41(2):219-224.

[3] Mayne D Q. 2014. Model predictive control Recent developments and future promise. Automatica, 50(12): 2967-2986.

[4] Manenti F. 2011. Considerations on nonlinear model predictive control techniques. Computers and Chemical Engineering, 35(11): 2491-2509.

[5] Christofides P D, Scattolini R, Pena D M D L, et al. 2013. Distributed model predictive control A tutorial review and future research directions. Computers and Chemical Engineering, 2013, 51(14): 21-41.

[6] Camacho E F, Ramírez D R, Limón D, et al. 2010. Model predictive control techniques for hybrid systems. Annual Reviews in Control, 34(1): 21-31.

[7] Ellis M, Durand H, Christofides P D, et al. 2014. A tutorial review of economic model

predictive control methods. Journal of Process Control, 24(8): 1156-1178.

[8] Rawlings J B, Mayne D Q. 2009. Model Predictive Control: Theory and Design. Madison, WI: Nob Hill Publishing, LCC.

[9] Kolmanovsky I, Gilbert E G. 1998. Theory and computation of disturbance invariant sets for discrete-time linear systems. Mathematical problems in engineering, 4(4):317-367.

[10] Mayne D Q, Seron M M, Raković S V. 2005. Robust model predictive control of constrained linear systems with bounded disturbances. Automatica, 41(2): 219-224.

[11] Rakovic S V, Kerrigan E C, Kouramas K I, et al. 2005. Invariant approximations of the minimal robust positively invariant set. IEEE Transactions on Automatic Control, 50(3): 406-410.

[12] Marruedo D L, Alamo T, Camacho E F. 2002. Input-to-state stable MPC for constrained discrete-time nonlinear systems with bounded additive uncertainties. Proceedings of the 41st IEEE Conference on Decision and Control, 4(4) :4619-4624.

[13] Pin G, Raimondo D M, Magni L, et al. 2009. Robust model predictive control of nonlinear systems with bounded and state-dependent uncertainties. IEEE Transactions on Automatic Control, 54(7): 1681-1687.

[14] Primbs J A, Nevistić V. 2000. Feasibility and stability of constrained finite receding horizon control. Automatica, 36(7): 965-971.

[15] Teel A R. 2004. Discrete time receding horizon optimal control: Is the stability robust? Optimal Control, Stabilization and Nonsmooth Analysis. Springer Berlin Heidelberg, 2004: 3-27.

[16] Jiang Z P, Wang Y. 2001. Input-to-state stability for discrete-time nonlinear systems. Automatica, 37(6): 857-869.

[17] Kellett C M, Teel A R. 2004. Smooth Lyapunov functions and robustness of stability for difference inclusions. Systems & Control Letters, 52(5): 395-405.

[18] Yu S, Reble M, Chen H, et al. 2014. Inherent robustness properties of quasi-infinite horizon nonlinear model predictive control. Automatica, 50(9): 2269-2280.

[19] Bemporad A, Morari M. 1999. Control of systems integrating logic, dynamics, and constraints. Automatica, 35(3): 407-427.

[20] Sontag E D. 1996. Interconnected automata and linear systems: A theoretical framework in discrete-time. Hybrid Systems Ⅲ. Springer Berlin Heidelberg, 1066: 436-448.

[21] Sanfelice R G. 2013. Control of hybrid dynamical systems: An overview of recent advances. Hybrid Systems with Constraints. New York: Wiley.

[22] Wongpiromsarn T, Topcu U, Murray R M. 2012. Receding horizon temporal logic planning. IEEE Transactions on Automatic Control, 57(11): 2817-2830.

[23] Raman V, Donzé A, Maasoumy M, et al. 2014. Model predictive control with signal temporal logic specifications. IEEE Conference on Decision and Control, 2014: 80-87.

［24］Maler O, Nickovic D. 2004. Monitoring temporal properties of continuous signals. Formal Techniques, Modelling and Analysis of Timed and Fault-Tolerant Systems. Berlin, Heidelberg: springer, 3253: 152-166.

［25］Magni L, Scattolini R, Tanelli M. 2008. Switched model predictive control for performance enhancement. International Journal of Control, 81(12): 1859-1869.

［26］Müller M A, Allgöwer F. 2012. Improving performance in model predictive control: Switching cost functionals under average dwell-time. Automatica, 48(2): 402-409.

［27］Müller M A, Martius P, Allgöwer F. 2012. Model predictive control of switched nonlinear systems under average dwell-time. Journal of Process Control, 22(9): 1702-1710.

［28］Kouvaritakis B, Cannon M, Couchman P. 2006. MPC as a tool for sustainable development integrated policy assessment. IEEE Transactions on Automatic Control, 51(1): 145-149.

［29］Oldewurtel F, Jones C N, Parisio A, et al. 2014. Stochastic model predictive control for building climate control. IEEE Transactions on Control Systems Technology, 22(3): 1198-1205.

［30］Cannon M, Kouvaritakis B, Wu X. 2009. Probabilistic constrained MPC for multiplicative and additive stochastic uncertainty. IEEE Transactions on Automatic Control, 54(7): 1626-1632.

［31］Li P, Wendt M, Wozny G. 2002. A probabilistically constrained model predictive controller. Automatica, 38(7): 1171-1176.

［32］Herzog F, Keel S, Dondi G, et al. 2006. Model predictive control for portfolio selection. American Control Conference, 2006: 8.

［33］Cannon M, Kouvaritakis B, Wu X. 2009. Model predictive control for systems with stochastic multiplicative uncertainty and probabilistic constraints. Automatica, 45(1): 167-172.

［34］Li J W, Li D W, Xi Y G. 2014. Multi-step probabilistic sets in model predictive control for stochastic systems with multiplicative uncertainty. IET Control Theory and Applications, 8(16): 1698-1706.

［35］Cinquemani E, Agarwal M, Chatterjee D, et al. 2011. Convexity and convex approximations of discrete-time stochastic control problems with constraints. Automatica, 47(9): 2082-2087.

［36］Chatterjee D, Hokayem P, Lygeros J. 2011, Stochastic receding horizon control with bounded control inputs: A vector space approach. IEEE Transactions on Automatic Control, 56(11): 2704-2710.

［37］Hokayem P, Cinquemani E, Chatterjee D, et al. 2012. Stochastic receding horizon control with output feedback and bounded controls. Automatica, 48(1): 77-88.

［38］Primbs J A, Sung C H. 2009. Stochastic receding horizon control of constrained linear systems with state and control multiplicative noise. IEEE Transactions on Automatic Control, 54(2): 221-230.

［39］Campi M C, Garatti S. 2008. The exact feasibility of randomized solutions of uncertain convex programs. SIAM Journal on Optimization, 19(3): 1211-1230.

［40］Schildbach G, Fagiano L, Morari M. 2013. Randomized solutions to convex programs with multiple chance constraints. SIAM Journal on Optimization, 23(4): 2479-2501.

［41］Calafiore G C, Fagiano L. 2013. Robust model predictive control via scenario optimization. IEEE Transactions on Automatic Control, 58(1): 219-224.

［42］Schildbach G, Fagiano L, Frei C, et al. 2014. The scenario approach for stochastic model predictive control with bounds on closed-loop constraint violations. Automatica, 50(12): 3009-3018.

［43］Qin S J, Badgwell T A. 2003. A survey of industrial model predictive control technology. Control Engineering Practice, 11(7): 733-764.

［44］Flemming P T, Bartl M. 2007. Set point optimization for closed-loop control systems under uncertainty. Industrial Engineering Chemical Research, 46(14): 4930-4942.

［45］Diehl M, Amrit R, Rawlings J B. 2011. A Lyapunov function for economic optimizing model predictive control. IEEE Transactions on Automatic Control, 56(3): 703-707.

［46］Amrit R, Rawlings J B, Angeli D. 2011. Economic optimization using model predictive control with a terminal cost. Annual Reviews in Control, 35(2):178-186.

［47］Angeli D, Amrit R, Rawlings J B. 2012. On average performance and stability of economic model predictive control. IEEE Transactions on Automatic Control, 57(7): 1615-1626.

［48］Müller M A, Angeli D, Allgöwer F. 2015. On necessity and robustness of dissipativity in economic model predictive control. IEEE Transactions on Automatic Control, 80(6): 1671-1676.

［49］Grüne L. 2013. Economic receding horizon control without terminal constraints. Automatica, 49(3): 725-734.

［50］Zaslavski A J. 2009. Turnpike results for a class of discrete-time optimal control problems arising in economic dynamics. Set-Valued and Variational Analysis, 17(3): 285-318.

［51］Heidarinejad M, Liu J F, Christofides P D. 2012. Economic model predictive control of nonlinear process systems using Lyapunov techniques. AIChE Journal, 58(3): 855-870.

［52］Heidarinejad M, Liu J F, Christofides P D. 2013. Economic model predictive control of switched nonlinear systems. Systems & Control Letters, 62(1): 77-84.

［53］Heidarinejad M, Liu J F, Christofides P D. 2012. State-estimation-based economic model predictive control of nonlinear systems. Systems & Control Letters, 61(9): 926-935.

第 12 章　随机控制系统中的若干瓶颈问题

殷　刚[1]，唐怀宾[2]

（1. 美国韦恩州立大学数学系；2. 山东大学微电子学院）

摘　要：本章以由受控扩散过程刻画的连续时间系统为例讨论随机控制系统中的若干瓶颈问题.主要讨论受控扩散模型、非线性滤波、部分可观测的随机控制问题、数值方法和维数灾难问题，同时给出扩散过程的一些变形和若干在新兴应用中出现的模型.

关键词：随机控制，随机系统，瓶颈问题

12.1　引　言

随机系统是指受到随机干扰噪声影响的系统，随机控制系统是指含有控制的随机系统. 随机控制系统可根据系统的运行方式分为连续时间和离散时间两类，也可根据系统中出现的干扰噪声类型进行分类. 随机系统的研究内容十分丰富，由于篇幅所限，本章仅考虑由扩散过程刻画的连续时间随机系统. 选择这类系统的主要原因如下：①受控扩散过程和受控扩散类型的系统的处理方法具有一定的代表性；②这类系统在控制系统理论中具有重要的意义，并将继续发挥至关重要的作用；③这类系统在传统的工程建模、分析和计算中具有广泛的应用，同时也见证了在金融、经济和系统生物学等领域越来越多的新兴应用；④此外，许多离散时间的随机控制系统也可以通过对相应的连续时间系统离散化得到.

本章内容如下：12.2 介绍一类受控扩散模型；12.3 讨论非线性系统的估计和滤波问题；12.4 回顾一类部分可观测的随机控制问题，其中系统状态不能被精确观测，只能观测到含有噪声的状态；12.5 考虑高度非线性的随机系

统，这类系统的解析解很难获得，所以需要考虑有效的数值方法，将同时介绍维数灾难问题；12.6 介绍扩散过程的一些变形和若干相关的新兴模型；12.7 总结全章. 为便于读者更好地理解，本章将摒弃复杂烦冗的技术细节，着重阐述问题本身.

12.2　受控扩散模型

假设 U 为 $\mathbb{R}^l(l \geqslant 1)$ 的紧子集，$W(\cdot)$ 为 m 维标准布朗运动，$b(\cdot, \cdot): \mathbb{R}^r \times U \mapsto \mathbb{R}^r$，$\sigma(\cdot, \cdot): \mathbb{R}^r \times U \mapsto \mathbb{R}^r \times \mathbb{R}^m$. 考虑如下取值于 $\mathbb{R}^r$ 的高维受控动力学系统：

$$\mathrm{d}X(t) = b(X(t), u(t))\mathrm{d}t + \sigma(X(t), u(t))\mathrm{d}W(t), \quad X(0) = x \quad （12\text{-}2\text{-}1）$$

其中，漂移项和扩散项系数均可为显含时间变量 t 的函数. 简单起见，将仅考虑时齐情形. 最优控制问题指选择最优策略（控制）$u(\cdot) \in A$，使得目标泛函

$$J(x, u(\cdot)) = E_x \int_0^T c(X(v), u(v))\mathrm{d}v \quad （12\text{-}2\text{-}2）$$

取到最小值. 其中，$c(\cdot, \cdot)$ 为非负实值函数；E_x 为 $X(0) = x$ 时的期望算子. 此时值函数

$$V(x) = \inf_{u(\cdot) \in A} J(x, u(\cdot))$$

满足 Hamilton-Jacobi-Bellman 方程.

在上述问题的模型（12-2-1）中，假定系统初始时刻为 0，目标泛函为代价函数 $c(\cdot, \cdot)$ 在有限时间区域上的积分. 在已有的文献研究中，如下问题同样备受大家关注：①目标泛函含有终端代价函数；②系统初始条件为 $X(s) = x$；③无穷时间区间上的控制问题，此时原目标泛函中的积分 $\int_0^T$ 被替换为 $\lim_T (1/T) \int_0^T$ 或带贴现因子 $\exp(-\rho v)$ 的积分 $\int_0^\infty$；④受控跳扩散过程、时滞受控系统和非马尔可夫受控系统（如由宽带噪声驱动的系统）. 实际上，早期研究中[1]通常考虑模型（12-2-1）中的扩散项系数不含控制的情形，即

$\sigma(x,u)=\sigma(x)$.

随着偏微分方程黏性解理论的发展[2,3]，人们已经能够处理扩散项含有控制的情形[4]，从而扩大了受控扩散模型的应用范围. 值得一提的是源于随机控制问题的倒向随机微分方程理论有了更进一步的发展[5,6]，相应的理论已经应用于一大类金融问题. 解决随机控制问题的两种经典方法是动态规划原理[1,3,7,4]和最大值原理[8,9,10,11]. 目前研究的随机控制问题的基础由文献[12]和[13]给出的扩散过程与 HJB 方程构成. 关于随机控制问题的早期发展，读者可参考文献[1]，[3]，[9]，[14]和[4]等文献. 回顾过去的半个多世纪，无论是在数学概念和控制理论方面，还是在不同领域的众多应用方面，随机控制问题的研究已经取得了长足的发展. 但是许多瓶颈问题也随之涌现，其中很多问题是长期存在并且非常难以解决的.

12.3　非线性滤波

随着滤波理论在受白噪声干扰的线性随机系统领域的发展[15,16]，非线性模型的情形也备受关注. 考虑如下非线性随机系统

$$dX(t)=b(t,X(t))dt+\sigma(t,X(t))dW(t) \qquad (12\text{-}3\text{-}1)$$

式中，$W(\cdot)$ 为高维标准布朗运动. 系统状态 $X(t)$ 只能通过噪声过程被观测到，观测方程为

$$dY(t)=h(t,X(t))dt+\sigma_1(t)d\tilde{W}(t) \qquad (12\text{-}3\text{-}2)$$

其中，$\tilde{W}(\cdot)$ 为与 $W(\cdot)$ 相互独立的标准布朗运动；协方差矩阵 $\sigma_1(t)\sigma_1'(t)$ 满足一致正定性（v' 为 v 的转置）. 我们希望基于观测值给出尽可能接近真实状态的最优状态估计. 非线性滤波的主要问题有：①如何设计最优滤波（估计）器的结构；②能否找到合理的数值逼近方法；③最优滤波及其逼近在较大的时间区间内对参数波动是否敏感；④当系统过程和观测过程的驱动噪声不再是白噪声时，能否处理相应的最优滤波和逼近问题.

12.3.1　一般非线性滤波理论

归一化密度满足的非线性滤波方程，即 Kushner 方程，首先由文献[17]

基于 Itô 积分提出. 此外, 基于 Stratonovich 积分也有一些早期的结果. 20 世纪 60 年代中后期, 文献 [18]、[19] 和 [20] 独立地提出非归一化密度满足的滤波方程, 即 Duncan-Mortensen-Zakai 方程. 在非线性滤波问题中, 条件期望满足的方程包含许多高阶条件矩, 因此最优滤波方程通常是无穷维的. 由于无穷维的性质, 研究人员致力于提出好的逼近方法, 如线性逼近、马尔可夫链蒙特卡罗方法等. 同时, 人们也提出不同采样、重复采样、修剪方法及粒子滤波等 [21] 方法来提高逼近算法的效率, 进而降低高维问题的计算复杂度. 但是目前来看, 得到满意估计的计算负担仍然相当重. 另外, 当处理不同系统时, 迄今仍然没有通用的逼近方法, 寻找有效的逼近方法仍是具有挑战性的问题.

12.3.2　Wonham 滤波理论

Wonham 滤波是一类特殊的非线性滤波理论. 考虑一个不能被直接观测到的连续时间的马尔可夫链 $\alpha(t)$, 如果只能观测到其受加性白噪声干扰的值, 能否给出估计该马尔可夫链的方法? 当连续时间马尔可夫链 $\alpha(t)$ 通过含干扰噪音的信号通道时, 其观测方程为

$$dY(t) = g(\alpha(t))dt + \sigma(t)d\tilde{W}(t) \tag{12-3-3}$$

其中, $\tilde{W}(\cdot)$ 为与 $\alpha(\cdot)$ 独立的标准布朗运动. Wonham 于大约半个世纪之前考虑了该问题, 提出了 Wonham 滤波理论 [22]. Wonham 滤波为后验概率满足的随机微分方程的解, 是目前非线性滤波中存在的少有的有限维滤波器之一. 近年来, 随着隐马尔可夫链在许多实际问题中的应用, 如金融市场模型的参数表示问题等, Wonham 滤波理论再度引起了研究人员的关注. 但是, 只有当式 (12-3-3) 中扩散项 σ 不依赖于马尔可夫链时, Wonham 滤波才是有限维滤波. 这一问题严重制约了 Wonham 滤波理论的应用. 如果不存在有限维滤波方程, 我们又回到一般非线性滤波问题, 仍要面对寻找有效的逼近方法这一困难问题.

12.4　部分可观测的随机控制问题

在部分可观测的随机控制问题中, 控制器不知 t 时刻的精确状态信息, 只

能利用受噪声干扰的状态观测来设计控制. 假设系统方程由式（12-2-1）给出，观测方程为

$$\mathrm{d}Y(t) = h(t, X(t), Y(t))\mathrm{d}t + \sigma_1(t, X(t), Y(t))\mathrm{d}\tilde{W}(t), \quad Y(s) = 0 \quad (12\text{-}4\text{-}1)$$

其中，$\tilde{W}(t)$ 与式（12-2-1）中的 $W(t)$ 相互独立. 与完全信息下的控制问题相比较，部分可观测的问题更难处理. 从 12.3 非线性滤波理论问题的讨论中，我们知道首先要设计滤波器. 由于有限维滤波器很少，非线性滤波问题的解决已经很困难了，部分可观测的随机控制问题还要再考虑控制的设计，因此更加复杂. 在继续叙述该问题之前，我们先讨论控制器在 t 时刻做决策时可以利用的信息. 在经典信息结构下，人们假设 t 时刻之前所有的数据，即所有的观测 $Y(v)$，$s \leqslant v \leqslant t$，都可以被利用. 另一种可能的信息结构是零记忆控制，即控制器只能利用当前观测到的信息. 在零记忆信息结构下，分离原理即便是在线性系统情形下也不再成立[1].

此时，控制问题只有部分可观测的信息可以利用，因此比单纯的滤波问题更难解决. 目前主要解决方法之一是利用分离原理把部分可观测的系统转化为完全可观测的系统. 该方法首先利用滤波理论给出状态估计，然后用估计代替未知的状态，这时系统就转化为新的受控扩散系统. 最近，文献［23］提出了一种更有效的倒向分离方法，其基本思想是首先运用最大值原理推出最优控制，然后计算状态及其对偶的最优滤波.

近些年来，含隐马尔可夫链的扩散过程模型广泛应用于许多领域. 在只能观测到受白噪声干扰的隐马尔可夫链，并且扩散项部分与马尔可夫链独立的情形下，我们可以利用有限维滤波方程把部分可观测的问题转化为完全可观测的受控系统问题. 另外，利用数值方法解决一般情形下的部分可观测的随机控制也取得了不错的进展.

然而，最优控制的存在性和唯一性很难给出. 解决该问题的一个可行方法是松弛控制表达. 松弛控制是紧空间中的测度，人们可以弱化所需条件. 但是，一方面，松弛控制的集合大于一般情形下控制的集合；另一方面，松弛控制是理论工具，并不能应用于实际控制中. 许多研究人员致力于寻找理想映射，以期把松弛控制映射回普通的控制. 目前对特定的系统已经有了一些结果，但是对于一般情形下部分可观测的随机控制系统，仍然没有令人满意的

结果，许多基本的问题仍然没有得到解决.

12.5　数值方法和维数灾难

许多非线性随机控制问题的解析解不易表出或不能用简单形式表出，因此需要考虑相应的数值逼近方法. 一种直观的数值逼近方法是离散值函数所满足的 HJB 方程，但在证明过程中需要用 HJB 方程正则性的先验信息. 另一种数值逼近方法是马尔可夫链逼近方法[24]. 其主要思想为在离散空间 S^h 上构造离散时间受控马尔可夫链 $\left\{\xi_n^h\right\}$，其中，$h > 0$ 为逼近步长；S^h 为状态空间 S 的子集或邻域. 我们希望 ξ_n^h 具有如下良好的渐近性质：ξ_n^h 的连续时间内插函数 $\xi^h(\cdot)$ 与被控扩散模型局部一致，并且 $\xi^h(\cdot)$ 弱收敛于连续时间受控扩散系统. 其中局部一致性定义如下：考虑系统（12-2-1）. 记 $\Delta\xi_n^h = \xi_{n+1}^h - \xi_n^h$，如果存在 $\Delta t^h(\cdot) > 0$，使得误差阶数可表示为

$$o\left(\Delta t^h(x, u)\right), \quad E_n^{h, x, u} \Delta\xi_n^h = b(x, u)\Delta t^h(x, u)$$

$$\mathrm{cov}_n^h\left[\Delta\xi_n^h - E\Delta\xi_n^h\right] = \sigma(x, u)\sigma'(x, u)\Delta t^h(x, h)$$

其中，$h \to 0$ 时 $\Delta t^h(\cdot)$ 趋于零；$E_n^{h, x, u}$ 为第 n 步、$\xi_n^h = x$ 时，下一步的控制值为 u 的期望算子. 也就是说，漂移项和扩散项系数的条件均值和方差均趋于真实值，即满足局部一致性. 这种逼近方法的主要优势是不需要假设 HJB 方程的正则性. 在这种逼近方法中，ξ_n^h 的内插函数弱收敛于受控扩散过程，费用函数和值函数也有类似的收敛性质. 基于该逼近方法，人们利用弱收敛给出了数值方法的收敛性质. 在实际的算法实现中，人们只用到策略迭代或值函数迭代的技巧. 此外，文献［25］基于黏性解给出了另外一种证明方法.

12.5.1　收敛速度

马尔可夫链逼近方法等数值方法已经发展了很长时间，但是关于其收敛速度的研究最近才刚刚开始，相关文献可参考［26］～［32］. 其中大部分致力于研究非线性偏微分方程的有限差分逼近，如文献［31］主要采用概率工具研究马尔可夫链逼近方法. 迄今，研究成果多数是针对控制问题，那么随机

对策问题能否采用类似的研究方法呢？由于随机对策问题中有多个参与者，所以答案并不那么显然. 现在人们已经得到误差界和误差估计值的收敛速度，但是仍有一些问题的答案并不明确：如误差的界是否为紧的？估计是否满足sharp 性质？此外，在利用策略迭代或值函数进行实际计算时，观察到的收敛速度通常要比理论估计值快得多，一个自然的问题是能否进一步改善现有的结果，给出更精确的误差估计.

12.5.2 维数灾难

数值方法的理论发展减轻了寻找随机最优控制的压力. 然而，众所周知，数值方法的基础是动态规划，而大规模问题的动态规划并不是多项式时间可解的. 所以逼近方法适用于中小规模的低维问题，当面对高维问题时，数值方法不再可行. 因此，能否设计更有效的可行算法来满足计算需要是我们面临的一个挑战. 近年来，文献［33］和［34］基于 Max-Plus 方法提出了避免维数灾难的解决方法，此时值函数满足的 HJB 方程是 Max-Plus 线性的，该方法在解决一些确定性问题时很有效. 方法的基本思想是 Max-Plus 代数：$a \oplus b = \max\{a,b\}$ 和 $a \otimes b = a+b$ 是在集合 $\mathbb{R} \cap \{-\infty\}$ 上定义的加法和乘法算子，该算子满足加法和乘法单位元的唯一性等性质. 集合 $\mathbb{R} \cap \{-\infty\}$ 和这两个算子构成半环. 虽然加法是幂等的，即 $a \oplus a = a$，但是半环不能扩张成域. 然而，在考虑受控随机系统的情形时，由于最大（最小）运算和期望算子不能互换，所以寻找计算时间可行的数值方法仍然是一个具有挑战性的问题.

12.6 扩散过程的一些变形和新兴应用中的若干相关模型

本节将给出扩散过程的一些变形模型，同时介绍若干新兴应用中出现的相关模型.

12.6.1 扩散过程的变形

跳扩散过程是最常用的模型之一，这类模型广泛存在于金融工程、保险和风险管理、网络控制模型及许多工程和生物应用中. 其形式如下：

$$\mathrm{d}X(t) = b\big(X(t), u(t)\big)\mathrm{d}t + \sigma\big(X(t), u(t)\big)\mathrm{d}W(t) + \mathrm{d}J(t), \quad X(0) = x,$$

$$J(t) = \iint\limits_{0\,\Gamma}^{t} g\big(X(s^-), \psi\big) N(\mathrm{d}s\mathrm{d}\psi) \tag{12-6-1}$$

其中, Γ 为欧几里得空间(Euclidean space)的一个不包括原点的子集; $N(\cdot)$ 为泊松随机测度; $g(\cdot)$ 为一适当的函数. 泊松跳过程能够刻画不连续的随机跳跃, 与经典扩散过程相比, 跳扩散过程不再具有连续性质. 在处理这类跳扩散控制模型时, 人们通常假设 Γ 为紧集. 当 Γ 不再是紧集时, 同时考虑更一般的 Lévy 跳过程时, 即便是不含控制的系统, 也存在许多难以解决的问题, 例如, 系统过程是正常返的条件? 正常返性是否意味着遍历性? 遍历测度存在的条件? 如果遍历测度存在, 我们如何找到它? 跳扩散过程涉及积分-微分算子, 与经典的扩散过程分析相比, 处理起来更加困难. 此时仅用局部分析不足以处理跳扩散过程, 需要利用全局分析 [35, 36, 37, 38].

12.6.2 切换扩散过程

近些年来, 混合系统再次引起大家的关注. 在新时代的实际应用中, 仅用微分方程刻画的经典连续动态系统已经不能满足需要, 人们需要更复杂的模型进行建模. 在混合系统中, 连续动态系统和离散事件同时存在, 系统的主要特性是能同时体现出系统状态的离散和连续性质. 连续动态系统和离散事件的交互作用是这类系统的一个主要研究方向. 混合系统的研究起源于众多新兴领域在随机环境下的应用模型, 如无线通信、信号处理、排队模型、生产计划、生物系统、网络化物理系统、多自主体系统、社交网络、生态系统、金融工程、大规模系统的建模和优化等. 我们将介绍一种典型的混合系统, 即切换扩散系统. 该系统过程广泛应用于建模、分析和优化等方面. 一般来讲, 切换依赖于扩散过程, 因此连续动态系统和离散事件相互交错.

记 $X(\cdot)$ 为连续状态过程, $\alpha(\cdot)$ 为切换过程. 切换过程 $\alpha(\cdot)$ 不具有马尔可夫性质, 但是双组分过程 $(X(\cdot), \alpha(\cdot))$ 为马尔可夫过程. 我们首先给出不含控制的系统以便更清楚地阐述问题. 设 $M = \{1, \cdots, m_0\}$ 为离散事件取值集合, 考虑如下系统

$$dX(t) = b\big(X(t), \alpha(t)\big)dt + \sigma\big(X(t), \alpha(t)\big)dW(t)$$
$$X(0) = x, \quad \alpha(0) = i \in M$$

（12-6-2）

其中转移概率矩阵由下式给出

$$P\big(\alpha(t+\Delta) = j | \alpha(t) = i, \alpha(s), X(s) : s \leq t\big) = q_{ij}\big(X(t)\big) + o(\Delta) \quad (12\text{-}6\text{-}3)$$

其中，$\Delta \to 0$. 从系统形式上看，由于切换过程的状态取值有限，上述过程与经典扩散过程并无太大区别. 然而，即便是马尔可夫调控扩散过程，即切换过程为与布朗运动独立的有限状态的马尔可夫链，切换扩散过程依然很难处理. 文献［39］深入研究了切换过程的性质，给出了如下关于常返性、正常返性、遍历性、稳定性及数值方法等一系列结果：①正常返性成立的充要条件是一组泊松方程（Poisson equation）成立；②首次返回某一开集的紧闭包的时间期望值为狄利克雷问题（Dirichlet problem）的最小正解，其中狄利克雷问题为满足一定边界条件的泊松方程组；③正常返性可以推出遍历性；④系统的稳定性；⑤切换扩散过程的数值方法.

当切换过程的状态值集含有可列无穷多元素时，上述问题的处理变得更加困难. 如果利用与处理有限状态切换过程类似的技巧，人们将会得到无穷维偏微分方程组. 但是在无穷维情形下，人们不能再采用有限维偏微分方程组的处理方法. 因此需要设计新的方法来分析这类切换扩散过程.

12.6.3　网络控制系统

随着应用领域中众多新的系统模型的出现，如多自主体系统、网络物理系统、社交网络、平均场对策、系统生物学、电网系统等，随机系统和控制面临着新的挑战. 其中很多系统是受到噪声干扰的大规模系统. 此时需要综合考虑系统的随机本质，以及不同子系统或者组成部分之间的协调关系.

12.6.4　时滞系统

在实际应用中，时滞广泛存在于许多系统中. 此时随机控制理论主要面临两方面的挑战. 一方面，时滞系统为无穷维系统. 在处理有限维系统的问题时，我们主要利用柯尔莫哥洛夫（Kolmogorov）后向方程. 但是在时滞系统下，马尔可夫性质不再成立，从而不存在与经典扩散过程情形类似的生成元算子.

因此即便是不含控制的系统,许多基本的性质也不成立. 一个可行的方法是考虑相空间为特定的连续函数空间的片段过程(segment process). 但是该空间下伴随算子的推导仍是一个长期遗留的困难问题. 遍历性和稳定性成立的条件仍然是热门研究方向. 另一方面,尽管随机时滞系统的数值计算已经受到广泛研究并取得许多进展,但是如何降低由记忆(时滞)带来的计算开销(计算压力)仍然没有得到很好的解决.

12.6.5　无穷区间上的控制问题

考虑受控扩散过程、受控带跳扩散过程及受控切换扩散过程等无穷区间上的最优控制问题时,贴现和平均费用准则是两种经常采用的准则. 它们均存在一定的局限性和缺点:贴现准则的贴现权重随时间的增加而减小,更侧重早期的影响;平均准则着重考虑渐近行为,忽略了有限时间区间上的情况. 因此,人们基于平均准则给出一类改进的优化策略[40],能够在给定的有限区间上提供所需的性质,即先进或选择准则. 此外,当考虑这类系统时,同样要面临经典系统下不变测度的存在性理论问题及数值方法等一系列挑战问题.

12.6.6　非马尔可夫系统

马尔可夫假设是以上本章考虑问题的共同假设,讨论的分析方法也主要是针对马尔可夫系统. 那么我们应该如何处理该假设不再成立时的问题呢?

1)宽带噪声驱动的系统

宽带噪声模型是描述非马尔可夫系统的主要方法之一. 此时,人们假设驱动噪声不再是布朗运动,而是具有宽带频谱密度的右连续平稳过程. 常用的处理技术是采用小参数 ε 标识该过程,当 $\varepsilon \to 0$ 时,带宽趋于 ∞,因此这类过程的谱密度趋于白噪声的谱密度,从而相应的控制系统可逼近由布朗运动驱动的系统. 文献 [41] 研究宽带噪声驱动的系统,利用弱收敛方法给出了次最优控制. 然而,迄今人们仍然需要假设宽带噪声的方差与控制无关. 当宽带噪声的方差依赖于控制项时,已有的方法不再适用,需要设计新的分析方法.

2)随机逼近

当非马尔可夫的随机系统满足如下条件:系统的最优解可通过门限控制或含有未知参数的随机系统得到,其中某些未知参数可能随时间变化缓慢. 随机逼近能够基于递归数值方法为这一类非马尔可夫的随机系统给出近似解. 文献［42］和［43］给出了一般情形下的随机逼近理论, 但是新的应用领域提出了进一步发展分析方法的要求, 如切换随机逼近和更有效的计算方法等.

12.6.7　倒向随机微分方程

线性倒向随机微分方程起源于随机最优控制问题中系统状态的对偶方程, 随着一般非线性倒向随机微分方程理论的发展[10], 人们发现该理论可以处理许多过去难以解决的随机控制问题, 如线性二次控制问题中控制权重矩阵为不定或负定的问题、系统扩散项含有控制的问题[44, 14]等. 同时, 该理论已经应用于未定权益定价、最优保费策略、最优消费生产策略等一系列金融问题中[5, 45]. 此外, 与随机时滞控制系统对应的是一类倒向超前随机微分方程[46], 研究这类正倒向随机微分方程系统为研究随机时滞控制问题提供了新的思路与方法. 目前, 尽管倒向随机微分方程理论研究不断取得进展, 但是许多基本问题仍没有得到令人满意的结果. 主要问题包括: ①系统的常返性、遍历性和稳定性等基本性质; ②正倒向随机微分方程解的存在唯一性和比较定理; ③正倒向随机微分方程系统的滤波理论和部分可观测下的控制问题; ④正倒向随机微分方程有效的数值算法与算法收敛性.

以上考虑的问题都是基于线性的数学期望. 彭[47,48]基于倒向随机微分方程引入了非线性期望的理论框架, 并通过非线性热方程给出了 G-期望的概念, 同时构建了由 G-布朗运动驱动的随机分析理论, 推广了经典柯尔莫哥洛夫概率公理体系. 这一理论框架的建立, 为现代动态金融风险度量提供了理论基础和计算工具, 使得作为次线性期望的 G-期望在金融世界中得到越来越广泛的应用. G-期望是一个新兴的研究方向, 在此理论框架下的随机系统和随机控制的研究才刚刚开始[49], 许多基础理论问题亟待解决, 如正倒向随机系统的滤波理论及部分信息下的随机控制问题等.

12.7　结　束　语

本章介绍了随机控制理论的一系列瓶颈问题, 其中许多是长期悬而未决的难题. 正如本章一开始所介绍, 随机控制和随机系统理论的研究领域相当广泛，我们只能简要介绍部分问题. 希望本章能够为致力于本领域的研究人员介绍一些未来可能的研究方向. 近年来，随着科学技术的发展，学科之间的界限变得不再那么清晰. 例如，在近期的金融市场研究中，人们试图把市场研究和人类行为联系起来，从而产生行为金融学. 我们相信，在未来的研究中，随机控制和随机系统将会与更多的学科相结合，新兴应用将促进理论的进一步发展和理论结果到实际中的转化.

致　　谢

唐怀宾的工作受到国家自然科学基金项目（61603215）山东大学青年学者未来计划（2017WLJH56）的资助. 作者在 Latex 环境下给出论文初稿. 在 word 环境下编辑时，檀志斌博士提供了大力帮助，特别是在 word 环境下数学公式编辑方面，省却了作者大量的工作.

参 考 文 献

［1］Fleming W H, Rishel R W. 1975. Deterministic and Stochastic Optimal Control. New York: Springer-Verlag.

［2］Crandall M, Ishii H, Lions P L. 1992. User's guide to viscosity solutions of second order partial differential equations. Bull. Amer. Math. Soc., 27（1）: 1-67.

［3］Fleming WH, Soner H M. 1992. Controlled Markov Processes and Viscosity Solutions. New York: Springer-Verlag.

［4］Yong J, Zhou X Y. 1999. Stochastic Controls: Hamiltonian Systems and HJB Equations. New York: Springer.

［5］Karoui N El, Peng S, Quenez M C. 1997. Backward stochastic differential equations in finance. Math. Finance, 7(1): 1-71.

［6］Pardoux E, Peng S G. 1990. Adapted solution of a backward stochastic differential equation. Sys. Control Lett., 14(1): 55-61.

［7］Wu Z, Yu Z Y. 2008. Dynamic programming principle for one kind of stochastic recursive optimal control problem and Hamilton-Jacobi-Bellman equation. SIAM J. Control Optim., 47(5): 2616-2641.

［8］Han Y C, Peng S G, Wu Z. 2010. Maximum principle for backward doubly stochastic control systems with applications. SIAM J. Control Optim., 48(7): 4224-4241.

［9］Kushner H J. 2014. A partial history of the early development of continuous-time nonlinear stochastic systems theory. Automatica, 50(2): 303-334.

[10] Peng S G. 1990. A general stochastic maximum principle for optimal control problems. SIAM J. Control Optim., 28(4): 966-979.

[11] Wang G C, Wu Z, Xiong J. 2013. Maximum principles for forward-backward stochastic control systems with correlated state and observation noises. SIAM Journal on Control and Optimization, 51(1): 491-524.

[12] Florentin J J. 1961. Optimal control of continuous time, markov, stochastic systems. J. Electronics Control, 10(6): 473-488.

[13] Kushner H J. 1962. Optimal stochastic control. IEEE Trans. Automat. Control, 7: 120-122.

[14] Peng S G, Wu Z. 1999. Fully coupled forward-backward stochastic differential equations and applications to optimal control. SIAM. J. Control Optim., 37(3): 825-843.

[15] Kalman R. 1960. A new approach to linear filtering and prediction problems. J. Basic Eng. 82: 35-45.

[16] Kalman R, Bucy R S. 1961. New results in linear filtering and prediction theory. J. Basic Eng., 83 (83): 109.

[17] Kushner H J. 1962. On the differential equations satisfied by conditional probability densities of Markov processes. SIAM J. Control, 2: 106-119.

[18] Duncan T. 1967. Probability Densities for Diffusion Processes with Applications to Nonlinear Filtering Theory and Detection Theory. Ph.D. dissertation, Standard Univ.

[19] Mortensen R E. 1966. Optimal Control of Continuous Time Stochastic Systems. Ph.D. dissertation, Berkeley.

[20] Zakai M. 1969. On optimal filtering of diffusion processes. Z. Wahrsch. verv. Gebeite, 11(3): 230-243.

[21] Xiong J. 2008. An Introduction to Stochastic Filtering Theory. Oxford, New York: Oxford University Press.

[22] Wonham W M. 1965. Some applications of stochastic differential equations to optimal nonlinear filtering. SIAM J. Control, 2: 347-369.

[23] Wang G C, Wu Z, Xiong J. 2015. A linear-quadratic optimal control problem of forward-backward stochastic differential equations with partial information. IEEE Trans. Automat. Control, 60(11): 2904-2916.

[24] Kushner H J, Dupuis P. 2001. Numerical Methods for Stochastic Control Problems in Continuous Time. 2nd ed. New York: Springer.

[25] Barles G, Souganidis P. 1991. Convergence of approximation schemes for fully nonlinear second order equations. J. Asymptotic Anal., 4: 271-283.

[26] Barles G, Jakobsen E R. 2002. On the rate for approximation shemes for Hamilton-Jacobi-Bellman equations. M2AN Math. Model. Numer. Anal., 36. 33-54.

[27] Dong H, Krylov N V. 2005. On the rate of convergence of finite-difference approximations for Bellman equations in a domain with Lipschitz coefficients. Appl. Math. Optim.,

52 (3) :365-399.

[28] Jakobsen E R. 2003. On the rate of convergence of approximation schemes for Bellman equations associated with optimal stopping time problems. Math. Methods Appl. Sci., 13 (5): 613-644.

[29] Krylov N V. 2000. On the rate of convergence of finite-difference approximations for Bellman's equations with variable coefficients. Probab. Theory Related Fields, 117: 1-16.

[30] Menaldi J. 1989. Some estimates for finite difference approximations. SIAM J. Control Optim., 27(3): 579-607.

[31] Song Q S, Yin G. 2009. Rates of convergence of numerical methods for controlled regime-switching diffusions with stopping times in the costs. SIAM J. Control Optim., 48(3): 1831-1857.

[32] Zhang J. 2006. Rate of convergence of finite difference approximations for degenerate ODEs. Math. Computation, 75(256): 1755-1778.

[33] McEneaney W M. 2006. Max-Plus Methods for Nonlinear Control and Estimation. Boston: Birkhäuser.

[34] McEneaney W M. 2007. A curse-of-dimensionality-free numerical method for solution of certain HJB PDEs. SIAM J. on Control Optim., 46 (4): 1239-1276.

[35] Barles G, Chasseigne E, Georgelin C, et al. 2014. On Neumann type problems for nonlocal equations set in a half space. Trans. Amer. Math. Soc., 366(9): 4873-4917.

[36] Bass R F, Kassmann M. 2005. Harnack inequalities for non-local operators of variable order. Trans. Amer. Math. Soc., 357(2): 837-850.

[37] Caffarelli L A, Leitão R, Urbano J M. 2014. Regularity for anisotropic fully nonlinear integro-differential equations. Math. Ann., 360 (3-4): 681-714.

[38] Chen Z Q, Kumagai T. 2003. Heat kernel estimates for stable-like processes on d-sets, stochastic Process. Appl., 108 (1): 27-62.

[39] Yin G, Zhu C. 2010. Hybrid Switching Diffusions: Properties and Applications. New York: Springer.

[40] Jasso-Fuentes H, Yin G. 2013. Advanced Criteria for Controlled Markov-Modulated Diffusions in an Infinite Horizon: Overtaking, Bias, and Blackwell Optimality. Beijing: Science Press.

[41] Kushner H J, Runggaldier W. 1987. Nearly optimal state feedback controls for stochastic systems with wideband noise disturbances. SIAM J. Control Optim., 25 (2): 469-482.

[42] Chen H F. 2002. Stochastic Approximation and Its Applications. Dordrecht, Netherlands: Kluwer Academic.

[43] Kushner H J, Yin G. 2003. Stochastic Approximation and Recursive Algorithms and Applications. 2nd ed., New York: Springer-Verlag.

[44] Ma J, Yong J M. 1999. Forward-backward stochastic differential equations and their

applications. Lecture Notes Math, Springer, 1072,(4)3354-3359.

[45] Zhou X Y, Li D. 2000. Continuous-time mean-variance portfolio selection: A stochastic LQ framework. Appl. Math. Optim., 42(1): 19-33.

[46] Chen L, Wu Z. 2010. Maximum principle for stochastic optimal control problem with delay and application. Automatica, 46(6): 1074-1080.

[47] Peng S G. 2007. G-expectation, G-brownian motion and related stochastic calculus of Itô type. Stochastic Analysis and Applications, Abel Symp., 2(4): 541-567.

[48] Peng S G. 2008. Multi-dimensional G-brownian motion and related stochastic calculus under G-expectation. Stoch. Process. Appl., 118(12): 2223-2253.

[49] Hu M S, Ji S L, Yang S Z. 2014. A stochastic recursive optimal control problem under the g-expectation framework. Applied Mathematics and Optimization, 70(2): 253-278.

[50] Bensoussan A. 1982. Stochastic Control by Functional Analysis Methods. Amsterdam: Elsevier.

[51] Han J, Jentzen A, E W. 2018. Solving high-dimensional partial differential equations using deep learning. Proc National Acad Sci, 115(34): 8505-8510.

[52] Dupire B. 2009. Functional Itô calculus. Bloomberg Portfolio Research Paper. http://ssrn. com/abstract=1435551or http://dx.doi.org/10.2139/ssrn.1435551.

[53] Cont R, Fournie D A. 2013. Functional Itô calculus and stochastic integral representation of martingales. Ann Probab, 41: 109-133.

[54] Nguyen D, Yin G. 2020. Stability of stochastic functional differential equations with regime-switching: Analysis using dupire's functional Itô formula. Potential Analysis, 53: 247-265.

第13章 不连续控制系统的现状及开问题

余星火

（澳大利亚皇家墨尔本理工大学）

摘 要：不连续控制系统作为一类非常有效的控制理论及方法，被广泛研究及在工业界大量采用。由于对此类系统基于具体问题研究方式，从而产生出各种有关不同不连续控制系统的理论及实践. 到现在为止，还没有一个统一的认识框架. 本章将对不连续控制系统从时间及空间角度进行分类，将它们的共性及特性进行分析比较，并对现有的不连续控制系统理论及应用进行总结，提出未来的发展方向及开问题.

关键词：不连续控制，滑模控制，切换控制，复合控制系统，稳定性，鲁棒性

13.1 引 言

不连续控制系统在我们日常生活、工业系统和过程中处处可见，如保持汽车常速运行所需要的加减速控制、电力系统中电力电子转换器切换控制等. 作为一种有效的控制方法，不连续控制已在工业系统中广泛应用，如电力驱动、电力电子系统、机器人、航空航天系统等.

我们时常所用的最优控制也常常是不连续控制，如时间最优的 bang-bang 控制. 这样的控制系统虽然在控制效果上有优势，但是它的分析及设计比连续控制系统要困难得多. 尤其是在切换频率很高时，即便是基于不连续控制而改进的连续控制系统方法和设计，也不太适用. 因此，必须使用不同的数学工具，如菲利波夫理论等.

本章将对不连续控制系统从时间尺度及空间角度进行系统分类，将它们

的共性及特性进行分析比较，并对现有的不连续控制系统理论及应用做一总结，提出未来的发展方向及挑战. 本章将以下形式构成：13.2 讨论不连续控制系统的各种定义、分类，以及共性及特性的分析；13.3 对不连续控制系统的根本性质进行分析，从空间及时间角度看不连续控制系统的动态表现，设计问题，特别是连续时间域和离散时间域之间的关系及问题；13.4 对全章进行总结并提出未来理论及应用发展方向及开问题.

13.2 不连续控制系统定义及分类

一般控制系统可用常微分方程表示为

$$\dot{x} = f(x) + b(x)u \qquad (13\text{-}2\text{-}1)$$

其中，$x \in \mathbb{R}^n$；$f(x)$ 和 $b(x)$ 为光滑函数；控制 $u(x)$ 为函数. 在通常控制系统设计中，$f(x) + b(x)u(x)$ 应满足经典的利普希茨条件以保障微分方程解的存在性及唯一性.

但是，对不连续控制系统，它的控制形式为（以最简单的双值切换控制为例）

$$u = \begin{cases} u^+, & s(x) > 0 \\ u^-, & s(x) < 0 \end{cases} \qquad (13\text{-}2\text{-}2)$$

其中，$u^+ \neq u^-$，$s(x)$ 是切换函数.

满足不连续控制系统定义的系统很多，大致可分类为：①滑模控制[1, 2]；②切换控制；③模糊控制；④时间最优控制；⑤状态向量控制；⑥脉冲控制；⑦事件驱动控制. 以下我们对这些基本不连续控制种类做一简单介绍.

滑模控制[1, 2]的特点是将切换函数作为根据期望理想动态特性预先设计好的超平面 $s(x)$. 目的是使得该超平面成为不变流型. 当所谓的匹配条件满足时，也就是扰动的通道与控制通道一致时，该系统具有对扰动的鲁棒性.

切换控制[3]和滑模控制相对立，该超平面不能成为不变超平面.

模糊控制[4]也是一种不连续控制. 它和切换控制有相同之处.

时间最优控制[5]是不连续控制，这主要是因为不连续控制可称为'极端'控制，以取得最大的控制效果.

状态向量控制[6]在电力电子系统及电力驱动系统中有大量应用. 主要是因为有限数量的切换控制装置生成有限控制向量集, 状态向量控制对系统不同的情况选取不同的控制向量. 这种控制也可以归结为切换控制中的一种, 不过, 它的控制有特殊性.

脉冲控制[7]只在 $t = t_k$ 时刻启动, 使得系统状态在 t_k 时刻瞬间跳跃到一个新的不同的状态.

事件驱动控制[8]的驱动时间取决于由系统状态约束决定的事件驱动时刻. 它主要是用来节省不必要的控制, 特别是在网络控制中具有特殊意义, 比如, 节省不必要的控制信号的传输及通信网络传输带宽, 使得以最小的通信代价获取较好的控制效果.

13.3　不连续控制系统根本性质

对以上不连续控制系统, 我们可从空间及时间这两个角度来研究它们的根本性质. 因为不连续控制的切换机制主要是从这两方面进行的. 研究时间尺度, Zeno 表现形式及性质是非常有用的工具. 一个不连续控制系统称作 Zeno 系统, 如果

$$\lim_{i \to \infty} \tau_i = \sum_{i=0}^{\infty} \left(\tau_{i+1} - \tau_i \right) = \tau_{\infty} < \infty$$

其中, τ_{∞} (Zeno 时间) 是以下级数在迭代次数趋近无穷时右收敛的极限: $\left(\tau_{i+1} - \tau_i \right) \underset{i \to \infty}{\to} 0$. 这里有两个定义[9]: ①震颤 Zeno 现象, $\exists J > 0, \forall j > J$, $\left(\tau_{i+1} - \tau_i \right) = 0$; ②真正 Zeno 现象, $\exists J > 0, \forall j > J, \left(\tau_{i+1} - \tau_i \right) > 0$.

根据这两个定义, 可对第二节中的典型不连续控制进行分组. 对传统的滑模控制 (或称作一阶滑模控制), 主要有真正 Zeno 现象 (到达滑模之前) 及震颤 Zeno 现象 (到达滑模之后) 的结合. 对高阶滑模控制[10], 主要是真正 Zeno 现象. 切换控制可能产生真正 Zeno 现象. 模糊控制, 状态向量控制等可具有以上两种或混合现象. 脉冲控制及事件驱动控制可能发生真正 Zeno 现象.

从时间尺度角度来看, 我们可把不连续控制切换分成三类: ①低频切换; ②中频切换; ③高频切换. 对于中低频切换, 已有的连续控制理论可在一定条件下应用. 主要原因为, 对于中低频切换, 在切换与切换之间, 如果间隔足够大, 现有的连续控制理论可用来设计控制. 但是, 问题在于即便在切换与切换

间隔中设计的控制器能够使得系统全局渐近稳定（在给定的切换间隔），这也并不意味着在所有切换系列下，该系统是全局渐近稳定的. 换句话说，全局渐近稳定是有条件的. 比如，已有结果表明，只有当切换信号平均延迟时间不小于某给定常数时，分段连续控制理论才能保证系统的全局稳定. 对于高频切换，"改良"后的分段连续控制理论就不适用了，也无法用分段连续控制理论. 必须用菲利波夫理论解释. 该理论的主要思想是，如对于双切换控制下的系统（13-2-1）和（13-2-2）在滑模面 $s=0$ 上，该系统的动力学可用以下方程表示：

$$\dot{x} = f(x) + b(x)[\gamma u^+(x) + (1-\gamma)u^-(x)], \quad 0 < \gamma < 1$$

这里，由于 γ 有无穷多个选择，该近似解不是唯一的. 任何满足以上条件的解都可当作可行解. 这里我们要强调的是，中低频切换也是相对的，它和系统的内在参数有密切联系.

从空间的角度来看，不连续控制系统主要有两种形式，一种是不联系控制使得被控系统在数个不同的动力系统之间切换，在这种情况下，即便控制是不连续的，该动态系统的轨迹还是连续的. 这类系统包括滑模控制，模糊控制，时间最优控制等. 另一种是不连续控制引起动态系统轨迹的跳跃. 这类系统包括脉冲控制，事件驱动控制等. 对第一类系统，虽然系统轨迹是连续的，但这里有两种情况. 第一种是，由于切换是间歇性切换，系统动态轨迹可解释成由在不切换时间间隔中轨迹拼接而成，主要工具是切换控制理论.

不连续系统的最大特点就是它可以通过切换将多个稳定系统，或多个不稳定系统，或多个稳定及不稳定系统，变成稳定或渐近稳定，也可变成不稳定系统. 这是连续控制系统所没有的. 这一特点既是它的优势，也是它的劣势. 优点在于，通过因势利导巧妙地切换控制，可用最少的力取得最大的效果. 缺点是，这种巧妙的切换，对时间切换点非常敏感，在有些情况下，稍微错过一点，整个系统就可能完全不稳定.

在连续时间域里，主要工具为 Lyapunov 稳定性理论. 当然，该理论的应用对不同的不连续控制，它的解释及用法不一样. 特别是滑模控制，虽然表面上并不需要也不用 Lyapunov 稳定性理论就可以得到结论. 特殊理论比如菲利波夫理论可用来解释和近似证明，但是它和 Lyapunov 稳定性理论有着一定内在的联系.

在离散时间域里，虽然 Lyapunov 稳定性理论的还可用，但比起连续时间域的 Lyapunov 稳定性理论要麻烦得多，主要是不可能做近似简化. 另外一个重要区别就是，在离散时间域内，除高速切换外，离散时间系统的表达式是一样的. 也就是说，在离散情况下，系统反而使得表达式统一了. 但是，离散系统本身和原来连续系统有很大的区别. 这主要在于采样周期的引入，可以说由于采样周期的引入，系统性能发生了很大的变化.

离散时间系统的处理主要有两种方法：系统离散化及控制离散化. 系统离散化主要是首先将系统离散化，然后设计离散控制. 设计方法包括离散系统下 Lyapunov 稳定性理论，线性系统极点配置等. 基于离散系统下 Lyapunov 稳定性理论设计不连续系统程序较为烦琐. 最常用的方法为控制离散化，它主要是用基于连续时间控制理论设计控制器将控制离散化. 系统离散化相对独立于采样周期，但控制离散化依赖于采样周期，也就是说，采样周期会带来动态系统性能的根本性变化. 以下有两例.

例 13-3-1　对二阶控制系统 $\dot{x}_1 = x_2, \dot{x}_2 = -4.1x_2 + u$，采用滑模面 $s = x_1 + x_2$，及滑模控制 $u = -4.1x_1$，如果 $x_1 s > 0; u = 4.1x_1$，如果 $x_1 s < 0$. 文献[11] 给出采样周期分叉点为 $H = 0.0016$. 如果采样周期小于 H，则系统轨迹保持滑模状态. 否则，不可能保证系统保持滑模状态，甚至不稳定.

例 13-3-2　对二阶 bang-bang 控制系统 $\dot{x}_1 = x_2, \dot{x}_2 = u$，采用滑模面 $s = 3x_1 + x_2$ 及滑模控制 $u = -\text{sgn}(s)$，这里　$\text{sgn}(s) = 1$. 如果 $s > 0$；$\text{sgn}(s) = -1$，如果 $s < 0$. 文献[12]指出，对初始条件 $x_1(0), x_2(0) = (0.1, -0.5)$，当采样周期为 0.1 时，系统轨迹可收敛于一个周期为 4 的轨迹；当采样周期为 0.2 时，系统轨迹可收敛于一个周期为 10 的轨迹；当采样周期为 0.3 时，系统轨迹可收敛于周期为 48 的轨迹. 并且，稳态轨迹周期根据初始条件不同而不同（可认为某种混沌现象[13]）.

以上例子说明，控制离散化，虽说设计简单，但是由于采样周期带来的潜在问题不容忽视. 值得庆幸的是，在大多数情况下，复杂周期解不存在.

13.4　不连续控制系统开问题

作为一种有效的控制方法，特别由于它的鲁棒性，简洁设计及类似优化控制性能，不连续控制已在工业系统中广泛应用. 但是，这种控制方法，由于理论上分析困难，不如连续控制系统那样被研究得彻底和完整. 另外. 对于有规律性频繁切换需求的不连续控制系统，由于现代工业控制的实现均为数字计算处理，也带来了新的问题. 比如，以上例子里的数字化带来的对采样周期特别敏感的不规则系统动态轨迹问题，甚至混沌现象等[14]. 不连续控制系统的鲁棒性在于，在切换需要时切换动作必须马上执行. 这样也带来了对切换时间的敏感性. 更有甚者，如果被控系统的建模不完整，未建模部分的潜在动态模型将对系统的性能有很大的破坏作用. 如果应用于网络化控制系统中，由于通信系统的固有延迟及掉包现象，对不连续控制系统的性能影响更大.

对于不连续控制存在的问题[15]，特别是基于时间的切换函数 sign（s）不连续控制，也有一些处理办法. 比如，用几类近似函数表达，像 $\text{sig}(s)=\dfrac{s}{|s|+\delta},0<\delta\ll1$，或者对 $0<\delta\ll1$，

$$\text{sign}(s)=\begin{cases}\text{sign}(s), & |s|>\delta \\ \dfrac{s}{\delta}, & |s|<\delta\end{cases}$$

这样的近似，虽然对不连续控制的鲁棒性有很大的影响，但是由于在 $s(x)=0$ 附近，该不连续控制成为某种高增益控制，也有很好的鲁棒性. 在有些情况下，对网络化下的不连续控制存在的问题，如网络延时和数据掉包，这样的近似更有性能上的优势[14]. 值得提到的是，在特殊情况下，引进延迟反而会取得在无延迟时没有的好的控制效果[16].

从以上的分析讨论中可以看出，根据切换的快慢（值得注意的是，所谓的切换快慢也是相当于时间及系统参数之间的关系而言），不连续控制理论主要有两大分支. 一类为基于分段 Lyapunov 稳定性理论，另一类为基于菲利波夫稳定性理论. 如果用基于分段 Lyapunov 稳定性理论设计不连续控制系统，则切换的频率不能高于某一常数（见第二节中关于切换控制的描述）. 用基于菲利波夫稳定性理论设计的不连续控制系统，则切换频率必须在理论上无穷高. 如何发展一个新理论能够把这两个理论之间的差距进行补偿或统一起来是未来一大难题，这对数学理论也是一大挑战.

任何控制理论都有它的优越性和局限性. 未来有效控制系统设计将是集合多种不同控制系统在不同情况下的优点，扬长避短. 这其实也是一类不连续

控制机制. 比如和智能系统理论的结合, 产生出智能不连续控制, 同时应用不连续控制的原理于其他理论, 如学习理论、神经网络、模糊系统等, 也能够给其他非控制理论带来新意. 当然, 非控制理论, 如学习理论、神经网络、模糊系统, 也能给不连续控制带来新的思路[17]. 这种相辅相成的关系将伴随着不连续控制理论的未来发展.

由于通信技术及计算机技术的大力发展, 未来控制系统的发展也将呈现大规模网络化, 分布式、智能化是必然趋势. 这些新的趋势带来了理论和应用上的重大挑战. 以智能电网为例[18], 大规模分布式可再生能源的嵌入、用户对用电更高的要求、社会对环境的关心, 对现有的电网有效运行具有很大的挑战. 新的大规模系统也对现有的分析设计理论提出了新的要求. 比如, 由于天气的间歇性, 可再生能源的嵌入则引入大规模系统维数的不确定性. 这对古典和现代控制理论是一个挑战, 因为它们最基本的假设就是维数必须已知不变. 同时, 大规模分布式智能化也需要一种新的控制机制, 比如, 智能代理网络理论提倡多智能体相互合作, 个体智能体既有一定权限的自主做主权, 又有多智能体之间共同合作, 以获取宏观大规模系统的全局最优性.

21 世纪是大数据时代. 随着新的通信技术的产生, 如云计算、物联网等, 都对控制理论的未来发展有极大的促进作用. 首先, 过去所谓基于模型的控制理论将会被基于数据的控制理论所取代. 由于控制理论及控制工程所要求的时间性极强 (过时传输的控制信号等于无效), 在大数据情况下, 无条件地不计时间及财务成本地追求全局最优解是不可能也不现实的. 主要原因是存在远大于我们通常处理的不确定性、大规模性及非线性. 未来工业控制系统面对最大的挑战就是大数据带来的问题. 由于越来越多、价廉质优的传感器及信息采集设备的使用, 大量的现场实时信息对工业过程的监视及有效控制提供了的基础. 但是, 这也带来了如何能够在指定的有限时间内完成所需的计算任务, 给出为运行做的预测及优化控制. 现存的基于集中式中央计算及控制的方法已难以完成这样的任务, 如何用最新的网络科学的前瞻结果及理论来建模以使计算简化、求解速度大幅度提高, 是我们未来的挑战. 另外, 所谓"最优"的概念也要演变为"高效可行"概念, 追求高速高效可行解也会对控制理论提出新的挑战.

13.5 结 束 语

本章从时间及空间角度对不连续控制系统进行了统一分类，并将它们的共性及特性进行分析比较，对未来的发展方向及开问题做了探讨. 期望本章能够抛砖引玉，对未来不连续控制系统的进一步发展做出贡献.

参 考 文 献

[1] Utkin V I. 1992. Sliding Modes in Control and Optimization. Berlin Heidelberg: Springer.

[2] Yu X, Efe O. 2015. Recent advances in sliding modes: From control to mechatronics, studies in systems. Decision and Control, 24.

[3] Liberzon D. 1996. Switching in Systems and Control. Boston: Birkhäuser.

[4] Passino K, 1998.   Fuzzy Control. Menlo Park; Addison-Wesley.

[5] Kirk D E. 2004.   Optimal Control Theory. Englewood: Prentice-Hall.

[6] Novotny D W, Lipo T A. 1996. Vector Control and Dynamics of AC Drives. New York: Oxford Science.

[7] Guan Z, Hill D J, Yao J. 2006. A hybrid impulsive and switching control strategy for synchronization of nonlinear systems and application to Chua's chaotic circuit. International Journal of Bifurcation and Chaos, 16(1): 229-238.

[8] Heemels W P M H, Sandee J H, Van Den Bosch P P J. et al.2008. Analysis of event-driven controllers for linear systems. International Journal of Control, 81(4): 571-590.

[9] Yu L, Barbot J P, Benmerzouk D, et al. 2011. Discussion about sliding mode algorithms, Zeno phenomena and observability//Sliding Modes After the First Decade of the 21st Century. Fridman L, Moreno J, Iriarte R, Eds. Lecture Notes in Control and Information Sciences, 412, 199-219.

[10] Fridman L, Levant A. 2002. Higher-order sliding modes, in Sliding Mode Control in Engineering. Perruquetti W, Barbot J P, Eds. Control Engineering Series, Marcel Dekker, 3(1):53-74.

[11] Potts R B, Yu X. 1991. Discrete variable structure system with pseudo-sliding modes. Journal of Australian Mathematical Society, Series B, 32: 365-376.

[12] Galias Z, Yu X. 2006. Complex discretization behaviors of a sliding mode control system. IEEE Transactions on Circuits and Systems – Part II, 53(8): 652-656.

[13] Chen G, Dong X. 1998. From Chaos to Order: Methodologies, Perspectives and Applications. Sing a Jore: World Scientific.

[14] Yu X, Wang B, Li X. 2012. Computer-controlled variable structure systems: the state of the art. IEEE Transactions on Industrial Informatics, 8(2): 197-205.

［15］Young K D, Utkin V I, Ozguner U. 1999. A control engineer's guide to sliding mode control. IEEE Transactions on Control Systems Technology, 7(3): 328-342.

［16］Zhang B L, Han Q, Zhang X M, et al. 2014. Sliding mode control with mixed current and delayed states for offshore steel jacket platforms. IEEE Transactions on Control Systems Technology, 22(5):1769-1983.

［17］Yu X, Kaynak O. 2009. Sliding mode control with soft computing: A survey. IEEE Transactions on Industrial Electronics, 56(9): 3275-3285.

［18］YU X, Xue Y. 2016. Smart grids: a cyber-physical systems perspective. Proceedings of the IEEE, 104(5): 1058-1070.

第 14 章　时滞系统控制的瓶颈问题

张焕水

（山东大学控制科学与工程学院）

摘　要：本章综述了时滞线性系统的最优控制、最优估计及反馈镇定研究近几十年来的主要进展，并对代表性的结果给出了具体描述；同时阐述了时滞系统控制所面临的几个挑战性问题.

关键词：线性时滞系统，输入/输出时滞，最优控制，最优估计，反馈镇定

14.1　引　言

自 20 世纪初以来，时滞系统研究领域涌现出了大量的新理论和新方法，相关研究成果构成了控制理论中最重要的部分之一. 然而在取得重要进展的同时，相关问题的研究也面临巨大挑战，这些挑战性既来自数学工具或者控制理论工具的局限性，也来自所采用研究方法的局限性. 本章主要介绍两部分内容：时滞系统控制的主要研究进展；时滞系统研究中的瓶颈问题. 针对时滞系统的主要研究进展，本章将着重讨论时滞系统的反馈镇定、最优控制以及最优滤波等研究问题. 另外，本章将从时滞系统的反馈镇定、随机控制、随机延时系统的控制和最大时滞界问题等方面介绍时滞系统研究所面临的挑战.

14.2　时滞系统控制的主要研究进展

14.2.1　时滞系统反馈镇定

时滞系统稳定性及反馈镇定问题作为时滞系统控制的基础问题，从 20 世

纪初就得到了人们的持续关注，当前已取得了重要研究进展. 主要研究成果包括 Smith 预估器（Smith predictor）、Reduction 方法、LMI 技术等，以下逐一回顾介绍.

14.2.1.1　Smith 预估器

Smith 预估器是 20 世纪 50 年代 Smith（1959）为研究带有控制输入单时滞系统提出的以模型为基础的时滞预估补偿方法. 其设计思想是预先估计出时滞系统的动态响应，然后通过引入 Smith 预估器将闭环系统特征方程中的时滞项转移到闭环外，将时滞系统控制器设计问题转化为无时滞问题. 由于传统的 Smith 预估器不能应用于传递函数不稳定的单时滞系统，为了解决这个问题，Watanabe 和 Itô（1981）提出了改进的过程-模型控制方法，即修正的（modified Smith）预估器，而 Mirkin 和 Raskin（2003）证明了，任意地输入单时滞系统的反馈镇定控制器都是预估器形式，这彻底解决了控制输入单时滞系统反馈镇定控制器的设计问题.

Smith 预估器是时滞系统控制研究最早的完整结果，它的出现彻底解决了控制输入单时滞系统的反馈镇定性控制器设计问题，为时滞系统的研究提供了崭新的思路，因此多年来被广泛应用于工业设计和生产中. 然而，Smith 预估器方法存在抗干扰能力弱、鲁棒性差的不足，并且仅能用于处理单时滞系统的控制问题.

例 14-2-1　Smith 预估器（Smith，1959）.

考虑如下连续时间单时滞控制系统

$$\begin{cases} \dot{x}(t) = Ax(t) + Bu(t-h) \\ x(0) = x_0, u(t) = \mu(t), t \in [-h,0] \end{cases} \tag{14-2-1}$$

如图 14-2-1 所示，传递函数 $y(s) = P(s)\mathrm{e}^{-sh}u(s)$，对系统引入 Smith 预估器 $Z(s) = P(s) - P(s)\mathrm{e}^{-sh}$ 反馈信号 $e(s) = -y(s)\mathrm{e}^{sh}$ 是输出信号 $y(s)$ 的预估形式.

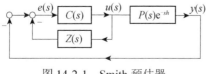

图 14-2-1　Smith 预估器

若控制器可以直接利用状态信息和过去输入信息，那么，时滞系统

（14-2-1）能镇定的充分必要条件是 (A, B) 是能稳的，并且反馈镇定控制器为

$$u(t) = Fx_p(t) = F[\mathrm{e}^{Ah}x(t) + \int_{t-h}^{t} \mathrm{e}^{A(t-\tau)}Bu(\tau)\mathrm{d}\tau]$$

14.2.1.2　Reduction 方法

为了处理多时滞系统的控制问题，克服 Smith 预估器仅处理单输入时滞的局限性，在 20 世纪 70 年代，Chyung（1970）、Klamka（1976）、Kwon 和 Pearson（1980）先后研究了多输入（状态）时滞反馈镇定问题，提出 Reduction 方法。Reduction 方法的设计思想是基于时滞系统的状态方程，通过定义新的变量，将多输入时滞或状态时滞系统转化为简化的无时滞系统，再进行控制器设计。Artstein（1982）在前人工作的基础上，对于一般的多时滞系统，通过严格的数学推导建立了完整的 Reduction 理论，并讨论了多时滞系统的连续性、镇定性和多种优化问题。由于 Reduction 方法可以用来处理多输入时滞系统或状态时滞系统的控制问题，因此该方法被广泛应用于时滞系统控制问题的研究中。Reduction 方法是过去几十年时滞系统反馈镇定研究的重要进展。

但是，针对状态时滞系统，利用 Reduction 方法将其转化为无时滞系统，需要求解超越方程，而如何得到超越方程的解析解还没有解决。

例 14-2-2　Reduction 方法（Artstein，1982）。

考虑时不变多时滞系统

$$\dot{x}(t) = Ax(t) + B_0 u(t) + B_1 u(t-h) \qquad (14\text{-}2\text{-}2)$$

定义

$$y(t) = x(t) + \int_{t-h}^{t} \mathrm{e}^{(t-s-h)A} B_1 u(s)\mathrm{d}s$$

则 $(x(t), u(t))$ 对于系统（14-2-2）是可容许的（admissible），等价于 $(y(t), u(t))$ 对无时滞系统

$$\dot{y}(t) = Ay(t) + (B_0 + \mathrm{e}^{-hA}B_1)u(t)$$

是可容许的。

假设 $(A, B_0 + \mathrm{e}^{-hA}B_1)$ 可稳，则基于 $y(t)$ 的反馈控制可使原时滞系统（14-2-2）稳定。进一步地，若 $u(t) \to 0$，则此类稳定控制器使得原系统和简化系统的稳定性等价。

14.2.1.3　LMI 方法

最早的线性矩阵不等式（linear matrix inequality，LMI）可以追溯到 Lyapunov 稳定性理论. 例如，动态系统 $\dot{x}(t) = Ax(t)$ 稳定的充要条件为存在一个正定矩阵 $P > 0$，使得 $A^{\mathrm{T}}P + PA < 0$，上述条件便是线性矩阵不等式. 20 世纪 90 年代初，随着求解凸优化问题的内点法的提出和 MATLAB 软件中线性矩阵不等式工具箱的推出，线性矩阵不等式方法受到了国内外控制界的广泛关注（Boyd et al.，1994），因为许多控制问题都可以转化成线性矩阵不等式的可行性问题或具有 LMI 约束的凸优化问题. 下面主要讨论利用线性矩阵不等式进行时滞系统的稳定性分析的方法.

时滞系统的稳定性分析主要分为时域法和频域法. 其中时域法以研究系统的状态方程为主，主要有 Lyapunov-Krasovskii 泛函方法和 Razumikhin 函数方法，其主要思想是通过构造一个合适的泛函或函数，获得系统稳定及镇定控制的充分条件. 应用这两种方法，可将时滞系统的稳定性及镇定控制器的设计问题转化为线性矩阵不等式的可行性问题或具有线性矩阵不等式约束的凸优化问题，因此它们成为分析时滞系统稳定性以及镇定控制器设计的主要方法.

由于利用 Lyapunov-Krasovskii 泛函方法只能得到稳定的充分性条件，近年来，许多研究人员围绕着降低条件的保守性进行探索，提出各种不同方法. 降低保守性的方法主要有 Lyapunov-Krasovskii 泛函的适当选取、模型变换和交叉项界定等方法.

Gu（1997）提出的离散化 Lyapunov-Krasovskii 泛函方法，最终得到的稳定性条件能用线性矩阵不等式表示. 该方法的优点是对于定长时滞线性系统，得到的保证系统稳定的最大时滞上界非常接近于实际值. 其局限性在于算法复杂，对于时变时滞系统是失效的并且很难广到时滞系统的综合问题. Fridman（2001）提出一种新的模型变换——Descriptor 系统方法，引起了广泛关注. 模型变换的目的是让 Lyapunov-Krasovskii 泛函的导数产生交叉项，通过对交叉项的界定抵消导数中的二次型积分项.

为了减少交叉项界定导致的结果的保守性，一系列围绕如何界定交叉项的努力就此展开，如 Moon 不等式（Moon et al.，2001）等. 后来，Gouaisbaut

和 Peaucelle（2006）针对具有恒定时滞的线性系统提出了"时滞分割"的方法，通过将时滞分割成若干等分，构造一种新的 Lyapunov-Krasovskii 泛函，大大降低了结果的保守性，并且所得结果的保守性随着等分次数的增加而减小. 为了进一步降低模型变换方法所得结果的保守性，He 等（2007）提出了一种自由权矩阵方法：应用 Newton-Leibniz 公式或者系统的状态方程引入自由权矩阵构建恒等式，由于权矩阵是可以自由选取的，其最优值可以通过线性矩阵不等式的解来确定，这样就避免了采取固定权矩阵的保守性. 无论是模型变换方法还是自由权矩阵方法，都是应用一定的交叉项界定技巧将 Lyapunov-Krasovskii 泛函的导数中形如 $-\int_{t-h}^{t}\dot{x}^{\mathrm{T}}(s)R\dot{x}(s)\mathrm{d}s$ 的项消去. 近年来，另一种思路是采取积分不等式来直接对形如 $-\int_{t-h}^{t}\dot{x}^{\mathrm{T}}(s)R\dot{x}(s)\mathrm{d}s$ 的项进行界定，如 Gu（2000）提出的 Jensen 不等式：

$$\left(\int_{a}^{b}\omega(s)\mathrm{d}s\right)^{\mathrm{T}}M\left(\int_{a}^{b}\omega(s)\mathrm{d}s\right)\leqslant(b-a)\int_{a}^{b}\omega^{\mathrm{T}}(s)\,M\omega(s)\mathrm{d}s$$

这种方法的优点是不引入任何自由权矩阵，因此具有较少的决策变量. Seuret 和 Gouaisbaut（2013）引入了"基于 Wirtinger 的积分不等式"，并证实了 Jensen 不等式是它的一个特殊情况. 更为全面的研究进展可参考 Fridman（2014a，2014b）.

接下来，利用两个例子阐述利用线性矩阵不等式进行时滞系统稳定性分析和反馈镇定控制的思路.

例 14-2-3 时滞系统稳定性分析.

考虑线性时滞系统

$$\begin{cases} \dot{x}(t) = Ax(t) + A_1x(t-h) \\ x(t) = \varphi(t), \quad t \in [-h,0] \end{cases} \tag{14-2-3}$$

其中，$x(\cdot) \in \mathbb{R}^n$ 为系统状态；$\varphi(\cdot) \in \mathbb{R}^n$ 为初始条件；矩阵 A，$A_1 \in \mathbb{R}^{n \times n}$ 为已知的系统矩阵；$h \geqslant 0$ 为定长时滞. 令 $\dot{x}(t) = y(t)$，$y(t) = [A + A_1]x(t) - A\int_{t-h}^{t}y(s)\mathrm{d}s$，则得到的系统与原系统（14-2-3）等价. 引入广义 Lyapunov-Krasovskii 泛函

$$V(t) = \xi^{\mathrm{T}}(t)EP\xi(t) + \int_{-h}^{0}\int_{t+\theta}^{t}y^{\mathrm{T}}(s)Ry(s)\mathrm{d}s\mathrm{d}\theta + \int_{t-h}^{t}x^{\mathrm{T}}(s)Qx(s)\mathrm{d}s$$

其中，$\xi(t) = \begin{bmatrix} x(t) \\ y(t) \end{bmatrix}$；$E = \begin{bmatrix} I & 0 \\ 0 & 0 \end{bmatrix}$；$P = \begin{bmatrix} P_1 & 0 \\ P_2 & P_3 \end{bmatrix}$. 基于上面的泛函 $V(t)$，最

终可获得基于线性矩阵不等式的系统渐近稳定的充分条件.

例 14-2-4　时滞系统反馈镇定性分析.

考虑线性时变时滞系统

$$\begin{cases} \dot{x}(t) = Ax(t) + A_d x(t - d(t)) + Bu(t) \\ x(t) = \varphi(t), \quad t \in [-h, 0] \end{cases}$$

其中，$d(t)$ 为时变时滞且满足 $0 \leqslant d(t) \leqslant h$，$\dot{d}(t) \leqslant \mu$. 设计状态反馈镇定控制器 $u(t) = Kx(t)$，其中 K 为待定参数矩阵. 构造如下 Lyapunov-Krasovskii 泛函

$$V(t) = x^{\mathrm{T}}(t)Px(t) + \int_{t-d(t)}^{t} x^{\mathrm{T}}(s)Qx(s)\mathrm{d}s + \int_{-h}^{0}\int_{t+\theta}^{t} \dot{x}^{\mathrm{T}}(s)Z\dot{x}(s)\mathrm{d}s\mathrm{d}\theta$$

其中，$P > 0$，$Q \geqslant 0$，$Z > 0$ 是待定矩阵. 引入自由权矩阵 N_1，N_2 构建恒等式，即 $2[x^{\mathrm{T}}(t)N_1 + x^{\mathrm{T}}(t - d(t))N_2][x(t) - \int_{t-d(t)}^{t} \dot{x}(s)\mathrm{d}s - x(t - d(t))] = 0$，将其加入上述泛函 $V(t)$ 的导数中，最终可得到系统镇定的增益矩阵 K.

14.2.1.4　时滞系统稳定性分析

由于系统的稳定性是系统反馈镇定的基础，从 20 世纪初人们便开始关注时滞系统的稳定性. 时域法在上面线性矩阵不等式技术部分中已做了介绍，它可以处理含有时变参数、时变时滞系统甚至非线性的时滞系统. 下面我们将主要介绍频域法，它以研究线性时不变时滞系统的传递函数为主.

一般来说，线性时滞系统的稳定性分析可转化为研究系统的特征伪多项式根（或零点）的分布情况，并且稳定性分析最终可归结为寻找一个临界时滞值集合，这些临界时滞值对应的特征伪多项式具有虚轴上的临界零点. 基于此，很多学者致力于研究临界虚轴零点的计算，以及在时滞参数有小变动时临界虚轴零点的走向问题，即稳定切换（stability switches）问题. 下面对可归整时滞（commensurate delay）和不可归整时滞两类线性时滞系统的研究展开讨论.

关于可归整时滞的线性时滞系统，研究成果较多. 如 1942 年提出的 Pontryagin 判据，它也被称为广义 Hermite-Biehler 定理（Pontryagin，1942；Silva et al，2002）. 随后还有 D 划分法（Stépán，1989）、τ 划分法、伪时滞法（Rekasius，1980；Olgac 和 Sipahi，2002）等. 另外，Walton 和 Marshall（1987）建立了一种能检验时滞对应的特征方程零点是否穿越虚轴的消除法，

进而给出状态时滞系统稳定的时滞区间. Chen 等（1995）利用矩阵论中的 Orlando 理论计算特征方程的虚轴零点，从而得到保持系统稳定的一个时滞界（delay margin），此方法简捷有效，仅仅需要计算常数矩阵的特征值，并且可解决高维可归整时滞情况，给出的还是充分必要条件. 随后，Chen 等（2010b）将其进一步推进，利用所提出的特征值摄动方法（eigenvalue perturbation approach），通过求解一个简单的特征值问题，来刻画临界虚轴零点的渐近行为，从而解决了稳定切换问题（Chen et al. , 2010a）.

对于不可归整时滞的线性时滞系统，Cooke 和 Driessche（1986）通过改变时滞取值来验证零点的穿越点（crossing points），该方法能够对任意给定的时滞系统确定其零点在左半开平面的数量，进而判断系统的稳定性，然而该方法需要验证特征方程的全部实零点，因此计算量较大. 随后 Toker 和 Özbay（1996）证明了不可归整的线性时滞系统稳定性分析是 NP 难问题（Gu et al., 2003）.

另外，对线性一阶状态双时滞（two delays）系统

$$\dot{x}(t) + ax(t) + bx(t - \tau_1) + cx(t - \tau_2) = 0$$

的稳定性研究，从 20 世纪 70 年代开始受到关注. 如 Nussbaum（1978），Ruan 和 Wei（2003）及 Hale 和 Huang（1993）刻画了一阶双时滞系统稳定的时滞区域 (τ_1, τ_2) 关于原点的取值范围并用几何图形来表示，这种直观的方法称为稳定图法（stability charts）. 而对于一般的线性任意阶的状态双时滞系统，Gu 等（2005）研究了时滞系统的特征方程在虚轴存在零点的稳定性穿越曲线（stability crossing curves），证明了稳定的穿越点集合是有限长度的有限区间，并且除去少数退化情况，穿越曲线一般是平滑的. 进一步地，Gu 等（2007）给出了一种可以计算最大时滞偏差（delay deviation）的代数算法.

对于线性任意阶的状态三时滞系统，Gu 和 Naghnaian（2011）拓展了前期的工作，借助于 Grashof 集合和 non-Grashof 集合，给出了精确的稳定性穿越点集合的描述. 事实上，对于状态双时滞（或三时滞）系统，稳定性穿越曲线是一种完全参数化的几何描述方法且易于验证，它是研究状态时滞系统稳定性非常重要且直观的方法. 然而，对于更多时滞的情况，如何描述稳定性穿越点集合的问题还没有彻底解决，并且对于一般的状态多时滞系统，由于数

学工具的缺乏至今还没有得到完整的稳定性判据，这也是时滞系统静态反馈控制研究进展缓慢的重要原因.

其他一些频域方法，可参考一些著作或综述文章，如 Bellman 和 Cooke（1963）、Hale 和 Lunel（1993）、Gu 等（2003）、Michiels 和 Niculescu（2007）等著作，以及综述文献 Gu 和 Zheng（2014）. 虽然频域法容易得到系统稳定的充要条件，但一般计算较为复杂，并且它难以处理含有不确定项以及参数时变的时滞系统.

例 14-2-5　稳定性穿越曲线（Gu et al.，2005）.

考虑如下线性 n 阶状态双时滞系统

$$\sum_{l=0}^{2}\sum_{k=0}^{n} p_{lk}\frac{\mathrm{d}^k x(t-\tau_l)}{\mathrm{d}t^k}=0$$

其中，参数 p_{lk} 为正实数，$\tau_0 = 0$. 则系统特征方程为

$$p(s)=p_0(s)+p_1(s)\mathrm{e}^{-\tau_1 s}+p_2(s)\mathrm{e}^{-\tau_2 s}$$

其中，$p_l(s)=\sum_{k=0}^{n}p_{lk}s^k$. 特别地，若

$$\frac{p_1(s)}{p_0(s)}=\frac{2}{s^2+2s+1},\quad \frac{p_2(s)}{p_0(s)}=\frac{1.5}{16s^2+8s+1}$$

可以验证稳定性穿越集合(crossing set)为 $\Omega=(0,0.197]\bigcup[0.898,1.079]$.

14.2.2　时滞系统最优控制

14.2.2.1　多时滞系统最优控制

多时滞系统是指系统的控制输入和/或状态具有多个点时滞、分布式时滞等. 针对此类系统的线性二次最优控制问题（linear quadratic regulator，LQR），在过去几十年的研究中取得了重要进展.

对系统状态具有多时滞的 LQR 问题，Chyung 和 Lee（1966）基于极大值原理给出了最优控制器满足的必要条件，但并未给出显式最优控制器. 为此，Ross（1971）研究了无限时间 LQR 问题，基于耦合的代数、微分 Riccati 方程以及偏微分方程给出了显式最优控制器，其中控制器为当前和历史状态的线性反馈.

对输入时滞系统的 LQR 问题，所得结果基本上都是基于偏微分方程设计的反馈增益，给出了依赖当前状态和历史输入的反馈控制器. Merriam III（1964）研究了仅控制输入含有时滞系统的 LQR 问题，主要技术是将此类特殊系统转化为无时滞情形. Ichikawa（1982）基于无穷维抽象模型研究了更一般的控制输入时滞系统，即系统控制输入既有点时滞又有分布式时滞.

对状态和控制输入含有点时滞的系统，Koivo 和 Lee（1972）基于极大值原理给出了最优反馈控制器. Vinter 和 Kwong（1981）及 Delfour（1986）等研究了状态和控制输入既有点时滞又有分布式时滞的更一般系统，通过将系统转化为无穷维抽象模型，基于算子 Riccati 方程，得到了反馈控制增益依赖的偏微分方程.

综上，在 20 世纪 60～80 年代，多时滞系统 LQR 问题已取得了根本性进展. 但是由于这些结果均是基于几个耦合偏微分方程的解，控制器设计复杂.

例 14-2-6　多时滞系统 LQR 问题（Koivo 和 Lee，1972）.

考虑系统

$$\begin{cases} x(t) = A_0 x(t) + A_1 x(t-1) + B_0 u(t) + B_1 u(t-a) \\ x(t) = g(t), t \in [t_0 - 1, t_0], u(t) = v(t), t \in [t_0 - a, t_0] \end{cases}$$

性能指标为

$$J = \int_{t_0}^{T} [x'(t) Q x(t) + u'(t) W u(t)] \mathrm{d}t$$

最优控制器为

$$\begin{aligned} u^*(t) = &-W^{-1} B_0' [P(t,\tau,\tau) x(\tau) + \int_{\tau-1}^{\tau} P(t, s+1, \tau) A_1 x(s) \mathrm{d}s \\ &+ \int_{\tau-a}^{\tau} P(t, s+a, \tau) B_1 u(s) \mathrm{d}s] - \gamma(t) W^{-1} B_1' [P(t+a, \tau, \tau) x(\tau) \\ &+ \int_{\tau-1}^{\tau} P(t+a, s+1, \tau) A_1 x(s) \mathrm{d}s + \int_{\tau-a}^{\tau} P(t+a, s+a, \tau) B_1 u(s) \mathrm{d}s] \end{aligned}$$

其中，$P(\cdot, \cdot, \cdot)$ 满足耦合的一个常微分和两个偏微分方程.

14.2.2.2　多通道输入时滞系统控制

如上所述，一般情况下多时滞系统的最优控制在 20 世纪 60～80 年代得到了根本性解决，取得了实质性进展. 但由于控制器设计需要求解复杂的偏微分（差分）方程，从 20 世纪 90 年代开始人们关注了一类特殊的多时滞系统

即多通道时滞系统,该系统的控制与估计在网络控制中具有重要背景,近期
其研究取得了重要进展.

多通道输入时滞系统是指系统具有多个控制输入,且每个控制输入具有一
个点时滞. 输入时滞系统优化是控制理论中一个基础性的问题,它的研究可追
溯到 20 世纪 60 年代,早期完善的研究仅局限于特殊的单输入时滞系统,而多
通道输入时滞系统控制问题的研究,则是人们长期关注的难点和热点,著名学
者 Altman 等(1999)认为该问题是网络拥塞控制的基础难题. 尽管此类问题是
上述多时滞系统优化控制问题的一类特殊形式,然而如上所述,已有的结果大
都依赖于几个耦合偏微分方程的求解,而偏微分方程只能数值求解,无法给出
解析解,结果具有很大的局限性. 因此,基于此类问题在网络控制中的重要性
以及已有结果的局限性,20 世纪 90 年代以来,许多著名学者如 A. Kojima,S.
Ishijima,L. Mirkin,G. Tadmor 等都对该问题进行了深入的研究.

2000 年,G. Tadmor 研究了单输入时滞线性时不变系统的标准 H 无穷控
制,利用分布式系统的简单结构,将算子 Riccati 方程转化为代数 Riccati 方程
和微分 Riccati 方程. 该方法将算子 Riccati 方程转化为普通 Riccati 方程,简化
了计算,足之处在于仅研究了控制输入具有时滞的 H 无穷控制问题. 系统的扰
动输入具有时滞的 H 无穷问题也称为 H 无穷预演控制问题,其被“Open
Problem in Mathematics Systems and Control Theory”(Blondel et al. ,1999)一
书列为第 51 个开问题,Kahane 等(2002),Bolzern 等(2002)等只提出了
一些充分条件. 直到 2005 年,G. Tadmor 和 L. Mirkin 借助开环微分博弈论的
思想,得到了 H 无穷预演控制问题的完全解. 该方法首次给出了 H 无穷预演
控制问题充分必要的可解条件,并且基于两个与原状态空间维数相同的 Riccati
方程设计控制器,克服了求解高维方程的困难. 2006 年,Kojima 等进一步研
究了既有预演又有时滞的 H 无穷控制问题,通过引入一个 Hamiltonian 矩阵给
出了算子 Riccati 方程的解析解,问题得到了根本性解决.

对于单输入时滞线性时变系统,Pindyck(1972)研究了此类系统的离散
最优跟踪问题,基于一个微分 Riccati 方程给出了显式最优控制器. 而对多通
道输入时滞系统 LQR 问题的研究,21 世纪初期也有重要进展(Zhang 和 Xie,
2007). Zhang 等(2005a,2005b)建立了时滞系统对偶性理论:基于输入
时滞系统和给定的二次型性能指标,构造一个对偶倒向的输出时滞随机系

统，建立该系统最优估计与输入时滞系统 LQR 之间的对偶关系，时滞系统的控制问题由此转化为输出时滞系统的平滑与滤波问题，进而通过直观的正交投影解决了问题. 基于此对偶思想，2006 年，Zhang 等（2006）基于一个标准Riccati 方程的解给出了多通道输入时滞时变系统的 LQR 问题的完全解. 该方法设计的控制器仅依赖于一个标准 Riccati 方程，离散时间无须增广状态，并且该方法可以应用到连续时间系统，避免了求解算子 Riccati 方程等高维方程.

以上所得到的结果均是基于微分/差分 Riccati 方程，以下给出部分相关的结论.

例 14-2-7 控制输入时滞 H 无穷控制问题（Tadmor, 2000）.

考虑系统

$$\begin{cases} \dot{x}(t) = Ax(t) + B_1\omega(t) + B_2u(t-1), & t \geqslant 0 \\ z = C_1x + D_{12}u \\ y = C_2x + D_{12}\omega \end{cases}$$

目标是最小化闭环映射 $\omega \to z$ 的 $L_2(0,\infty)$ 范数，即寻找 γ 的刻画，使得 $\sup_{\omega \in L_2}(\|z\|_2/\|\omega\|_2) < \gamma$ 的界是可达的（achievable）. Tadmor（2000）基于如下两个代数和微分 Riccati 方程

$$XA + A'X + X(B_1B_1'/\gamma^2 - B_2B_2')X + C_1'C_1 = 0$$

$$\dot{P} + PA + A'P + PB_1B_1'P/\gamma^2 + C_1'C_1 = 0, \quad P(1) = X$$

给出 $\gamma > \gamma_0$ 的充分必要条件，并且得到一个稳定且严格 γ -衰减的反馈策略形式为

$$u(t) = -K^0x(t) - \int_{-1}^{0}K^1(s)u(t+s)\mathrm{d}s$$

其中，K^0，$K^1(s)$ 可通过求解 X，$P(t)$ 直接计算.

例 14-2-8 H 无穷预演控制（Tadmor 和 Mirkin，2005b）.

考虑系统

$$\begin{cases} x_{k+1} = Ax_k + B_1\omega_{k-l} + B_2u_k \\ z_k = Cx_k + D_1\omega_{k-l} + D_2u_k \end{cases}$$

其中，$l \geqslant 1$ 代表预演信息. 最优值定义为

$$\gamma_{\mathrm{opt}} \doteq \inf_{u_k = f(x_k,\omega_k,\breve{\omega}_k)} \|\Gamma_{wz} : \omega \to z\|_{l_2}$$

Tadmor 和 Mirkin（2005b）基于一个 H_2 和一个 H_∞ 的代数 Riccati 方程给出了 $\gamma > \gamma_{opt}$ 的充分必要条件，并得到一个稳定、严格 γ -次优完全信息反馈控制器，其中控制器是当前状态和历史扰动的线性反馈形式.

例 14-2-9　扰动和控制输入具有时滞的 H 无穷控制（Kojima and Ishijima，2006）.

考虑系统

$$\Sigma : \begin{cases} \dot{x}(t) = Ax(t) + \sum_{i=0}^{d} D_i \omega_i(t - h_i) + \sum_{i=0}^{d} B_i u_i(t - h_i) \\ z(t) = Fx(t) + F_0 u(t) \end{cases} \tag{14-2-4}$$

研究的 H_∞ 问题是设计依赖于 $y(t) = \begin{bmatrix} x(t) \\ \omega(t) \end{bmatrix}$，$\omega(t) := \begin{bmatrix} \omega_0(t) \\ \omega_1(t) \\ \vdots \\ \omega_d(t) \end{bmatrix}$ 的反馈控制

法则，使得闭环系统满足如下性质：①闭环系统是内部稳定的；②由扰动 ω 到受控输出 z 所得闭环系统 $\Sigma_{z\omega}$ 满足 $\left\| \Sigma_{z\omega} \right\|_\infty < \gamma$，其中 $\gamma > 0$ 为给定常数.

对给定 $\gamma > 0$，基于矩阵 $H := \begin{bmatrix} A & -BB' + \dfrac{1}{\gamma^2} DD' \\ -F'F & -A' \end{bmatrix}$ 和一个 Hamiltonian 矩

阵，Kojima 和 Ishijima（2006）给出系统（14-2-4）的 H^∞ 问题可解的充分必要条件，并基于当前状态、历史扰动、历史控制输入给出了 H 无穷控制器的反馈表达.

例 14-2-10　多通道时滞 LQR 问题（Zhang et al.，2006）.

考虑系统

$$x(t+1) = \Phi_t x(t) + \sum_{i=0}^{d} \Gamma_{i,t} u_i(t - h_i), \quad d \geqslant 1$$

性能指标为

$$J_N = x'_{N+1} P_{N+1} x_{N+1} + \sum_{i=0}^{d} \sum_{t=0}^{N-h_i} u'_i(t) R_{i,t} u_i(t) + \sum_{t=0}^{N} x'(t) Qx(t)$$

离散系统 LQR 的解析解为

$$u_i^*(k) = \overbrace{\begin{bmatrix} 0 & \cdots & 0 & I_m \end{bmatrix}}^{(i+1)\,\text{blocks}} ([F_0^{\,k}(h_i)]' x(k) + \sum_{j=1}^{l} \sum_{s=1}^{h_j} [F_s^{\,k}(h_i)]' \Gamma_j u_j^*(k - h_j + s - 1))$$

其中，$F_s^k(h_i)$ 可通过求解标准 Riccati 方程直接计算. 连续时间的多通道时滞 LQR 问题也有类似的结果.

14.2.3　时滞系统最优滤波

14.2.3.1　时滞系统 Kalman 滤波

继标准 Kalman 滤波提出（Kalman，1960，1961）之后，由于实际工程中的需要，时滞系统的最优估计问题亟待解决. Rauch（1963）针对卫星轨道预测控制问题，解决了固定时滞系统的平滑预测问题. 之后对于一般时滞系统，即系统状态和量测均含有多个时滞的系统，其线性最优滤波问题由 Kwakernaak 于 1967 年解决，其最优滤波器由满足一个带有边界条件的双曲偏微分方程设计. 与此同时，Koivo（1970）基于线性最小均方误差估计推导出了与 Kwakernaak（1967）相同的结果. 在此基础上，针对时滞微分方程系统，通过利用脉冲函数逼近的思想，将 Kwakernaak（1967）的结果推广至时滞系统未知参数，得到线性最优估计（Shin et al，1980）. Koivo 和 Stoller（1974）进一步提出非线性时滞系统最优滤波估计.

Kwakernakk 时滞系统 Kalman 滤波方法的优点是针对一般时滞系统的线性最优估计给出了一个完整的结果，但是其不足之处在于偏微分（差分）方程的求解异常困难.

例 14-2-11　时滞系统滤波（Kwakernaak，1967）.

考虑一般时滞连续时间系统

$$\begin{cases} \dot{x}(t) = \sum_{i=0}^{k} A_i(t)x(t-h_i) + \upsilon(t) \\ y(t) = \sum_{i=0}^{k} C_i(t)x(t-h_i) + \omega(t) \end{cases}$$

其中，$x(t) \in \mathfrak{R}^n$ 为系统的状态；$y(t) \in \mathfrak{R}^m$ 为观测信号；$\upsilon(t)$ 和 $w(t)$ 为白噪声；h_i 为标量代表时滞；$A_i(t)$ 和 $C_i(t)$ 为时变的系数矩阵.

记 $\hat{x}(t,\theta)$ 为 $x(t-\theta)$ 基于观测 $\{y_s\}_{s\leqslant t}$ 的线性最小均方误差估计，则 $\hat{x}(t,\theta)$ 满足一个含边界条件的双曲偏微分方程，其误差协方差

$$P(t,\theta_1,\theta_2) = E[[\hat{x}(t,\theta_1) - x(t,\theta_2)][\hat{x}(t,\theta_1) - x(t,\theta_2)]']$$

满足一个双曲偏微分方程.

14.2.3.2　扩维方法

时滞系统 Kalman 滤波的提出是时滞系统最优估计的重要进展，但由于该滤波器设计需要求解偏微分（差分）方程，其计算复杂不利于实际应用（Kwakernaak，1967）. 为此人们希望寻求更为简便的方法，譬如基于传统的微分或差分 Riccati 方程设计滤波器. Bryson 和 Henrikson（1968）则针对噪声相关的无时滞系统，利用扩维方法得到了最优滤波，Farooq 等（1971）首次利用扩维法提出了时滞系统的最优滤波方法，Moore（1973）在此基础上进行了推广，扩维之后相比于 Farooq 等（1971）的结果系统维数更低，估计误差更小.

扩维方法即系统提升技术，对于系统状态/量测含定常时滞的线性离散时间系统，通过提升系统维数的方法将时滞系统转化为无时滞系统，然后利用标准 Kalman 滤波进行最优滤波器设计. 在很长一段时间内，针对时滞系统最优滤波问题，扩维方法都被作为一种标准的解决方法（Meditch，1969；Anderson 和 Moore，1979；Goodwin 和 Sin，1984）.

扩维技术是处理时滞系统估计（或控制）的有效方法，其优点是通过系统维数的提升避免了求解偏微分（差分）方程，不足之处是扩维增加了系统维数继而增加了一定的计算量，而且无法适用于连续时间系统.

以下以一个简单的例子介绍传统的扩维方法.

例 14-2-12　扩维方法（Anderson 和 Moore, 1979）.

$$\begin{cases} x(k+1) = \sum_{i=0}^{d} A_i(k)x(k-i) + \upsilon(k) \\ y(k) = \sum_{i=0}^{d} C_i(k)x(k) + \omega(k) \end{cases} \tag{14-2-5}$$

其中，$x(k)\in\mathbb{R}^n$ 为系统的状态；$\upsilon(k)\in\mathbb{R}^r$ 为输入噪声；$y(k)\in\mathbb{R}^m$ 为量测信号；$\omega(k)\in\mathbb{R}^m$ 为系统的量测噪声；$d>0$ 为状态时滞. 初始状态 $x(0)$，$\upsilon(k)$ 和 $\omega(k)$ 为互不相关的白噪声且满足 $W[x(0)x'(0)]=P_0$，$E[\upsilon(i)\upsilon'(j)]=Q_\upsilon(i)\delta_{ij}$，$E[\omega(i)\omega'(j)]=Q_\omega(i)\delta_{ij}$.

问题是基于量测信号 $\{y_s(i)\}_{i=0}^{k}$，对状态 $x(k)$ 进行的线性最小均方误差估计.

其解决方法为对系统状态进行扩维，扩维状态构造如下：

$$x_a(k)' = \begin{bmatrix} x(k)' & x(k-1)' & \cdots & x(k-d)' \end{bmatrix}$$

扩维后系统可以写为

$$\begin{cases} x_a(k+1) = \varPhi_a(k)x_a(k) + V(k) \\ y_a(k) = \varGamma_a(k)x_a(k) + W(k) \end{cases} \qquad (14\text{-}2\text{-}6)$$

因此，基于量测 $\{y_s(i)\}_{i=0}^{k}$，对状态 $x(k)$ 的最小线性均方误差估计 $\hat{x}(k\,|\,k)$ 可以通过系统（13-1-6）的标准 Kalman 滤波 $\hat{x}_a(k\,|\,k)$ 来获得，即

$$\hat{x}(k\,|\,k) = \begin{bmatrix} I_n \cdots 0 \end{bmatrix} \hat{x}_a(k\,|\,k).$$

14.2.3.3 新息重组方法

近 20 年来，网络控制得到了越来越多的关注（Ögren et al.，2004；Schenato et al.，2007；Hespanha et al.，2007）. 网络系统的控制与分析面临的核心问题之一是多观测时滞量测系统的信息融合与估计问题，以及上文中介绍的多通道时滞的控制问题. 多通道观测时滞系统是指有多个不同智能体（传感器）的观测，而且每个观测具有不同的时滞.

多通道观测时滞系统是一类特殊的时滞系统，因此前面提到的时滞系统 Kalman 滤波以及扩维技术（离散时间系统）可以解决该类系统的最优估计问题，但是，正如以上所说，需要求解复杂的偏微分（差分）方程或者高维的 Riccati 方程. 因此，针对这样一类特殊的具有广泛应用背景的多观测单时滞系统，人们希望提出一种无须求解偏微分（差分）和无须扩维的新的 Kalman 滤波方法. "新息重组"（reorganized innovation）方法为该类问题的解决提供了有效方法.

新息重组方法最早由 Zhang 等（2001）提出，其核心思想是，针对来自不同观测通道的观测进行重新组合，构造与原有观测序列具有等价新息的新观测序列，新的观测序列不再含有时滞并且满足变结构的观测方程，在此基础上利用经典 Kalman 滤波设计最优线性滤波器，滤波器设计仅需要求解一个与原系统相同维数的 Riccati 方程. 新息重组方法已被广泛采用，被称为处理多时滞系统估计两种有效方法之一. 如 Hermoso-Carazo（2007）以及 Shi 等（2010）等指出：处理输出时滞系统滤波有两种有效方法：一种是扩维（提升）方法，另一种是新息重组分析方法. Hussein 和 Söffker（2012）认为新息重组

方法提出了直接处理时滞和噪声的新方法，提升了实际应用中的可靠性和可实现性.

以下以一多通道单时滞离散系统为例阐述新息重组方法在最优滤波器设计中的应用.

例 14-2-13　新息重组方法（Zhang et al.，2004）.

对于如下系统：

$$\begin{cases} x(k+1) = \Phi(k)x(k) + \Gamma(k)u(k) \\ y_0(k) = H_0(k)x(k) + \upsilon_0(k) \\ y_1(k) = H_1(k)x(k-d) + \upsilon_1(k) \end{cases} \tag{14-2-7}$$

其中，$x(k) \in \mathbb{R}^n$ 为系统的状态；$u(k) \in \mathbb{R}^r$ 为输入噪声；$y_0(k) \in \mathbb{R}^m$，$y_1(k) \in \mathbb{R}^p$ 分别为即时的和延时的量测数据；$\upsilon_0(k) \in \mathbb{R}^m$ 和 $\upsilon_1(k) \in \mathbb{R}^p$ 为系统的量测噪声；d 为量测时滞. 初始状态 $x(0)$ 和 $u(k)$，$\upsilon_0(k)$，$\upsilon_1(k)$ 为互不相关的白噪声.

问题是基于量测信号 $\{y_0(i)\}_{i=0}^k$ 和 $\{y_1(i)\}_{i=d}^k$，对状态 $x(k)$ 进行线性最小均方误差估计.

基于新息重组方法，定义新的观测：$y_s(k) \doteq \begin{bmatrix} y_0(k) \\ y_1(k+d) \end{bmatrix}$，则

$$y_s(k) = \begin{bmatrix} H_0(k) \\ H_1(k) \end{bmatrix} x(k) + \upsilon_s(k), k = 0, 1, \cdots. \tag{14-2-8}$$

其中，$\upsilon_s(k) \doteq \begin{bmatrix} \upsilon_0(k) \\ \upsilon_1(k+d) \end{bmatrix}$.

注意到，$\{y_s(i)\}_{i=0}^k$ 包含的新息与 $\{y_0(i)\}_{i=0}^k$；$\{y_1(i)\}_{i=d}^k$ 等价. 因此多通道观测时滞系统最优估计问题等价地转化为基于式（14-2-8）的估计问题，最优估计 $\hat{x}(k|k)$ 满足类似于 Kalman 滤波的递归计算公式，估计误差协方差满足标准的 Riccati 方程.

14.3　瓶颈问题

过去几十年，时滞系统研究在取得重要进展的同时也面临巨大挑战，这些挑战来自数学工具或者控制理论工具的局限性，也来自所采用研究方法的局限性.

14.3.1 时滞系统反馈镇定

时滞系统稳定性分析是时滞系统反馈镇定控制研究的基础. 但是由于时滞导致的无限维特性, 时滞系统稳定性分析异常复杂, 至今没有好的解决方法. 因此以稳定性分析为基础的时滞系统反馈镇定控制面临诸多障碍. 当前时滞系统反馈镇定实质性进展主要是针对一些特殊的时滞系统, 如以上提到的控制输入时滞系统. 对于一般的时滞 (控制输入和/或状态) 系统反馈镇定, 尤其是静态反馈控制, 研究进展缓慢, 已有结果存在很大的局限性. 这与以上提到的时滞系统稳定性分析的数学工具的局限性有关, 也与所采用的研究方法有关. 现在广泛采纳的方法是通过选取 Lyapunov 泛函进行反馈镇定的分析和控制器设计. 那么, Lyapunov 泛函如何选取才是恰当的? 基于选定的 Lyapunol 泛函得到的系统镇定性结果的保守性如何分析? 现在似乎还无法回答这些问题, 这也正是基于 Lyapunov 稳定性理论研究时滞系统稳定性和反馈镇定的瓶颈.

也许我们无法彻底解决问题, 但是应该探讨清楚我们离解决问题的目标还有多远, 主要的障碍是什么? 潜在的可行性方法是什么? 回顾无时滞系统控制的研究, 一种可行的方案或许是通过定义一个二次优化控制问题进行反馈镇定的研究. 也就是利用定义的二次性能指标进行 LQR 控制器设计得到最小性能指标, 以此最小指标泛函作为选取 Lyapunov 泛函的依据.

14.3.2 时滞系统随机控制

时滞系统随机控制是指具有时滞的随机系统优化控制与反馈镇定, 这里的随机系统包括乘性噪声离散时间系统和由 Itô 微分方程描述的连续时间系统. 该问题是时滞系统控制的一个重要的基础问题, 也是随机控制基本问题之一, 在金融控制、网络控制等领域具有重要的应用背景. 如上所述, 对于一个确定系统或者存在加性噪声的随机系统, 无论控制输入有时滞还是状态有时滞, 无论是多时滞还是分布式时滞, 其最优控制问题都已得到根本性解决, 控制器设计可归结为求解一个偏微分 (差分) 方程. 但是时滞系统随机控制却长期面临挑战.

为了说明时滞系统随机控制的复杂性, 以下列举两个例子.

例 14-3-1　时滞系统随机控制.

考虑如下系统

$$
\begin{cases}
dx(t) = b(t, x(t), x(t-h), y(t), u(t), u(t-h))dt \\
\qquad + \sigma(t, x(t), x(t-h), y(t), u(t), u(t-h))d\omega(t) \\
x(t) = \xi(t), u(t) = \eta(t), t \in [-h, 0]
\end{cases}
\qquad (14\text{-}3\text{-}1)
$$

其中，$y(t) = \int_{-h}^{0} \mathrm{e}^{\lambda s} x(t+s)\mathrm{d}s$；$\lambda$ 为实数；$w(t)$ 为布朗运动；b 和 σ 为给定的函数；$h > 0$ 为时滞；ξ 和 η 为给定初始信息.

以上是一类典型的时滞随机系统，该系统的优化控制以及相关的问题没有得到好的解决，已有文献对问题的难度和意义给予了如下评述：Øksendal 和 Sulem（2002）、Larssen（2002）、Chang 等（2011）等指出一般时滞随机系统的控制是很难解决的，因为系统为无穷维的. Chen 和 Wu（2010）、Mohammed（1998）指出时滞系统随机控制问题更为复杂，不仅因为无穷维的问题，还因为没有 Itô 公式这样的工具处理状态轨迹中的时滞部分.

由于此类问题在金融等领域的重要应用背景，许多著名学者如 Øksendal B. 等对系统（14-3-1）的一些特殊形式进行了研究，如 Elsanousi 等，（2000）研究控制输入不含时滞的系统优化问题，基于随机极大值原理给出了充分条件；Larssen（2002）利用动态规划给出了值函数满足的 Hamilton-Jacobi-Bellman 方程；Chen 和 Wu（2010）研究了 b 和 σ 不含 $y(t)$ 的情形，基于超前倒向微分方程给出了随机极大值原理. 尽管目前关于时滞系统随机控制的结果很多，但都不是完全解，即并未给出充分必要的显式控制器. 因此，时滞系统随机控制问题的研究面临巨大挑战，还需要继续探索.

例 14-3-2　时滞系统随机控制（同时丢包和延迟网络系统镇定控制）.

控制系统可以描述为

$$
x_{k+1} = Ax_k + \gamma_k Bu_{k-d}
\qquad (14\text{-}3\text{-}2)
$$

其中，$\gamma_k = 1$ 表示控制信号被接收到；$\gamma_k = 0$ 表示控制信号丢失. 一般地，假设 $\{\gamma_k\}$ 为独立同分布的伯努利过程，且满足 $P(\gamma_k = 0) = p$，其中 $p \in [0,1]$ 称为丢包概率.

对于系统（14-3-2），如何设计反馈镇定控制器？如何得到系统镇定的最大容许丢包概率和最大网络延迟？该些问题长期没有得到解决. Zhang 和 Yu

（2008）评述该问题为"困难的"，Liu（2010）评价该问题是具有"挑战性的".

为什么时滞系统随机控制研究如此困难呢？其根本原因就是我们众所周知的随机控制分离原理不成立. 对于一个随机系统，如果控制信号或者状态信息存在延迟，其最优反馈控制的设计需要状态的预报估计，而反馈增益矩阵无法采用现有的控制理论工具——广义 Riccati 方程进行设计. 解决时滞系统随机控制需要新的控制理论工具（Zhang et al.，2015；Zhang 和 Xu，2015）.

14.3.3 随机延迟系统的控制

随机延迟控制系统是指控制信号在由控制器到执行器传输过程中（或状态信号在由系统到控制器传输过程中）存在随机的时间延迟，随机延迟将导致接收到的信号顺序不规律、数据个数不确定，这些不确定性给控制器设计带来根本性障碍.

在一定的假定条件下，近年来，Liou 和 Ray（1991）及 Nilsson 等（1998）考虑了随机延迟系统的最优控制问题. 他们都假定从传感器到控制器的传输时滞和从控制器到执行器的传输时滞小于采样区间的长度. 系统模型由带有多输入时滞和随机输入矩阵的差分方程给出. 基于此类系统，研究了有限时间最优控制问题. 利用扩维方法，把此输入时滞系统转化为无时滞的随机系统，进而利用动态规划和最优性原理求解最优控器. 以上工作有一些局限性. 第一，这些结果不适用于传输时滞大于采样区间长度的情形. 第二，由于利用了扩维的方法，给出的最优控制器的增益矩阵是由高维的广义 Riccati 方程决定的，这大大增加了计算量和复杂度.

在随机延迟系统的稳定性与镇定性问题方面，Krtolica 等（1994）利用扩维方法把带有时滞的闭环控制系统的稳定性问题转化成无时滞的切换系统的稳定性问题，然后基于高维的 Lyapunov 方程给出了系统稳定的充要条件. 同样地，其中也存在计算量和复杂度的问题. Yue 等（2009）考虑了随机输入时滞系统的镇定性问题，假设时滞在某些区间内取值的概率分布是已知的，通过构造适当的 Lyapunov 泛函，得到了一组线性矩阵不等式作为系统镇定的充分条件. 线性矩阵不等式虽然容易求解，但缺点在于条件的保守性无法判断. Zhu 等（2015）考虑了一类随机延迟系统的鲁棒性问题，利用小增益定理（small gain theorem）得到了系统稳定的充分条件. 然而，随机输入延迟系统的镇定性问题远远没有得到解决，如系统可镇定的充要条件以及控制器设计等问题.

在随机延迟系统的估计问题方面，Schenato（2008）用时间戳记录每个量测数据产生的时间，并用有限长度的缓存器来存储这些可能乱序的量测，进而设计出最小方差估计器. Han 等（2013）同样假设量测带有时间戳，并把延迟过程描述为马尔可夫链，用新息分析的方法得到了最优线性滤波. 时间戳的引入能够避免量测乱序，但是其所需的存储量和计算量会随着传感器数目及时滞的增长而增加. Yang 等（2015）和 Sun 等（2010）考虑了在没有时间戳的情况下的状态估计问题. 其中 Yang 等（2015）在误差协方差一致有界的假设条件下，得到了无偏的最小方差估计.

随机延迟系统控制与估计已有的研究大都基于较强或不切实际的假设，所得的结果也多具有很大的保守性. 如何在合理的假设下，给出随机延迟系统控制与估计的结果面临挑战，如①在无时间戳情况下的线性最优估计；②在不考虑时滞和采样周期关系情况下反馈镇定的充要条件等.

14.3.4　最大时滞界问题

不确定系统的反馈控制是贯穿控制科学的核心问题，其中含有不确定输入时滞系统的控制问题，尽管已有不少结果，但还远没有得到完善解决（Richard，2003）. 在 1988 年由 Fleming W. H. 主编的《控制理论的未来方向》中，就曾多次提到"输出含有时间延迟的输出反馈问题和输入时滞问题".

输入时滞系统控制有一个性能极限问题——最大时滞界问题，它是使闭环系统变得不稳定所需要的最小时间延迟，它刻画了控制器"对付"时滞不确定性的最大能力. 最大时滞界问题最早由 Davison 和 Miller（2004）在《数学系统和控制理论中未解决的问题》书中提出. 随后，Middleton 和 Miller（2007）给出了初步的结果. 下面简单介绍最大时滞界问题和已有结果（引自 Sipahi 等（2011））.

考虑一个严格的单输入单输出系统，其传递函数为

$$P_0(s) := c(sI - A)^{-1}b = \frac{p(s)}{q(s)} \tag{14-3-3}$$

其中，(A,b,c) 为系统的一个最小状态实现；$q(s)$ 为一个 n 阶多项式；$p(s)$ 为一个 m 阶多项式，并且 $m < n$. 记 $C(s)$ 为一个线性时不变（linear time-invariant，LTI）的镇定控制器. 相应的时滞界定义为

$$\text{DM}(P_0, C) := \sup\{\overline{\tau} > 0 : \text{对于任意 } \tau \in [0, \overline{\tau}], \ C(s) \text{ 镇定 } P(s) = P_0(s)e^{-\tau s}\}$$

而最大时滞界定义为

$$\text{DM}(P_0) := \sup\{DM(P_0, C) : C(s) \text{ 镇定 } P(s) = P_0(s)e^{-\tau s}\}$$

根据文献 Middleton 和 Miller（2007）中定理 1、8 和 17 的结果，有以下结论.

结论 采用线性时不变控制器，系统（14-3-3）的最大时滞界为有限的充要条件是该系统含有一个闭右半平面内的非零极点. 并且，如果系统含有不稳定极点 $s = re^{j\varphi}$，其中 $r > 0$，$\varphi \in [0, \pi/2]$，则

$$\text{DM}(P_0) \leqslant \frac{\pi}{r}\sin\varphi + \max\left\{\frac{2}{r}\cos\varphi, \frac{2}{r}\varphi\sin\varphi\right\}$$

例如，对于系统 $P(s) = P_0(s)e^{-\tau s} = e^{-\tau s}/(s-p)$，其中 $p > 0$. 若采用控制器 $C(s) = -k$，则系统可镇定的充要条件是 $\tau < 2/p$，即这时最大时滞界是 $1/p$（Michiels，Niculescu，2007；Xu et al.，2013）. 而若采用 PID（Proportional-integral-derivative）控制器，则系统可镇定的充要条件是 $\tau < 2/p$（Silva et al.，2002；Bhattacharyya et al.，2009）. 由 Middleton 和 Miller（2007）的结论可知，若采用线性时不变控制器，最大时滞界是 $2/p$，并且此文献也给出了一种构造控制器的具体方法，可以使相应的时滞界任意逼近 $2/p$. 当时滞 $\tau \geqslant 2/p$ 时，线性时不变控制器已不能镇定该系统，只有采用非线性或时变的控制器才有可能实现镇定的目的（Miller 和 Davison，2005；Gaudette 和 Miller，2014）.

综上，目前最大时滞界问题的结果主要针对含有单个不稳定实极点或一对虚不稳定极点等简单情况，并且得到的大多是最大时滞界的一些上界（upper bound）. 而对于一般情形，比如含有多个不稳定极点等情况，还没有得到满意的结果.

另外，最大时滞界的下界（lower bound）的计算，则相对容易，Mirkin 和 Palmor（2005）、Middleton 和 Miller（2007）、Gu 等（2003）都认为可采用 H_∞ 鲁棒控制的方法处理. 基于此，在一定的限定条件下，Qi 等（2014）给出了一种下界的计算方法，分别讨论了单输入单输出、多输入多输出系统

以及时变时滞的情形. 最大时滞界的下界表明时滞在零到下界这个区间内, 一定存在一个线性时不变控制器镇定系统, 而上界则说明时滞取上界这一数值时, 系统是不可被线性时不变控制器镇定的.

我们认为最大时滞界问题的困难在于要从一个不确定的闭环系统中求出一个精确的时滞界, 也就是通过一些不确定信息来确定一个精确值. 其中的已知信息是无时滞系统和所采用控制器的类型（即控制器属于 PID 或 LTI 等类型的一种）, 而具体的控制器参数是未知的. 在这种情况下, 要求出最大时滞界, 既要保证时滞界的最大性, 又要保证相应类型控制器的存在性, 这具有很大的困难和挑战性.

目前已有结果大都采用频域方法, 为了解决更一般的情形, 应寻求新的解决思路和方法.

14.4　结　束　语

本章从反馈镇定和线性二次最优控制（估计）两个方面介绍了线性时滞系统控制的主要进展以及所面临的瓶颈. 正如以上所述, 除特殊情形（如单输入时滞问题等）外, 时滞系统最优控制器设计均涉及偏微分/差分 Riccati 方程问题, 因此非常复杂. 这也给时滞系统稳定性分析和反馈镇定控制的研究带来挑战, 已有的结果存在保守性或者限于特殊情形.

由于作者研究的局限性, 本章的观点和所介绍的内容存在一定的片面性和不足, 敬请读者斧正.

致　　谢

本章在写作过程中得到了香港城市大学陈杰教授, 并提出了不少建设性意见. 同时也得到了鞠培军、亓庆源、杨荣妮、李琳、谭成、梁笑、王宏霞、徐娟娟等大力帮助. 在此我们谨对他们致以衷心的感谢. 本章得到了国家自然科学基金项目（61120106011, 61573221, 61633014）的资助.

参　考　文　献

Altman E, Basar T, Srikant R. 1999. Congestion control as a stochastic control problem with action delays. Automatica, 35(12): 1937-1950.

Anderson B D O, Moore J B. 1979. Optimal filtering, Upper Saddle River, NJ: Prentice-Hall.

Artstein Z. 1982. Linear systems with delayed controls: A reduction. IEEE Transactions on Automatic Control, 27(4): 869-879.

Åström K J, Kumar P R. 2014. Control: A perspective. Automatica, 50(1): 3-43.

Bellman R E, Cooke K L. 1963. Differential-difference equations. New York: Academic Press.

Bhattacharyya S P, Datta A, Keel L H. 2009. Linear control theory: Structure, robustness, and optimization. Boca Raton: CRC press: 112-114.

Blondel V D, Sontag E D, Vidyasagar M, et al. 1999. Open Problem in Mathematics Systems and Control Theory. London: Springer-Verlag.

Bolzern P, Colaneri P, De Nicolao G. 2002. H_∞ Smoothing in discrete time: A direct approach//Proceedings of the 41st IEEE Conference of Decision and Control. Las Vegas, 4: 4233-4238.

Boyd S, El Ghaoui L, Feron E, et al. 1994. Linear matrix inequalities in system and control theory. Philadelphia: Society for Industrial and Applied Mathematics.

Bryson Jr A E, Henrikson L J. 1968. Estimation using sampled data containing sequentially correlated noise. Journal of Spacecraft and Rockets, 5(6): 662-665.

Chang M H, Pang T, Yang Y. 2011. A stochastic portfolio optimization model with bounded memory. Mathematics of Operations Research, 36(4): 604-619.

Chen J, Fu P, Niculescu S I, et al. 2010a. An eigenvalue perturbation approach to stability analysis, Part I: Eigenvalue series of matrix operators. SIAM Journal on Control and Optimization, 48(8): 5564-5582.

Chen J, Fu P, Niculescu S I, et al. 2010b. An eigenvalue perturbation approach to stability analysis, Part II: When will zeros of time-delay systems cross imaginary axis? SIAM Journal on Control and Optimization, 48(8): 5583-5605.

Chen J, Gu G, Nett C N. 1995. A new method for computing delay margins for stability of linear delay systems. Systems & Control Letters, 26(2): 107-117.

Chen L, Wu Z. 2010. Maximum principle for the stochastic optimal control problem with delay and application. Automatica, 46(6): 1074-1080.

Chyung D H. 1970. Controllability of linear systems with multiple delays in control. IEEE Transactions on Automatic Control, 15(6): 694-695.

Chyung D H, Lee E B. 1966. Linear optimal systems with time delays. Journal of SIAM Control, 4(3): 548-575.

Cooke K L, Driessche P V D. 1986. On zeroes of some transcendental equations. Funkcialaj Ekvacioj, 29(1): 77-90.

Davison D E, Miller D E. 2004. Determining the least upper bound on the achievable delay Margin//Unsolved Problems in Mathematical Systems and Control Theory Princeton. Blondel

V D, Megretski A, Editors. Princeton University Press: 276-279.

Delfour M C. 1986. The linear quadratic optimal systems with delays in state and control variables: A state space approach. Journal of SIAM Control and Optimization, 24(5): 548-575.

Elsanousi I, Øksendal B, Sulem A. 2000. Some solvable stochastic control problems with delay. Stochastics Stochastic Reports, 71(1-2): 69-89.

Farooq M, Mahalanabis A, Priemer R. 1971. A note on the maximum likelihood state estimation of linear discrete systems with multiple time delays. IEEE Transactions on Automatic Control, 16(1): 104-105.

Fleming W H. 1988. Future Directions in Control Theory: A Mathematical Perspective. Philadelphia. Society for Industrial and Applied Mathematics.

Fridman E. 2001. New Lyapunov-Krasovskii functionals for stability of linear retarded and neutral type systems. Systems & Control Letters, 43(4): 309-319.

Fridman E. 2014a. Tutorial on Lyapunov-based methods for time-delay systems. European Journal of Control, 20(6): 271-283.

Fridman E. 2014b. Introduction to Time-Delay Systems: Analysis and Control. Boston: Birkhauser.

Fridman E, Shaked U. 2001. New bounded real lemma representations for time-delay systems and their applications. IEEE Transactions on Automatic Control, 46(12): 1973-1979.

Fridman E, Shaked U. 2001. A new H_∞ filter design for linear time delay systems. IEEE Transactions on Signal Processing, 49(11): 2839-2843.

Gaudette D L, Miller D E. 2014. Stabilizing a SISO LTI plant with gain and delay margins as large as desired. IEEE Transactions on Automatic Control, 59(9): 2324-2339.

Goodwin G C, Sin K C. 1984. Adaptive filtering, prediction and control. Upper Saddle River, NJ: Prentice-Hall.

Gouaisbaut F, Peaucelle D. 2006. Delay-dependent Stability Analysis of Linear Time Delay Systems//The 6th IFAC Workshop on Time Delay System. L'Aquila, Italy.

Gu K. 1997. Discretized LMI Set in the stability problem for linear uncertain time-delay Systems. International Journal of Control, 68(4): 923-934.

Gu K. 2000. An Integral Inequality in the Stability Problem of Time-delay Systems//Proceedings of the 39th IEEE Conference on Decision and Control. Sydney, Australia, 3: 2805-2810.

Gu K, Kharitonov V L, Chen J. 2003. Stability of Time-Delay Systems. Boston: Birkhauser.

Gu K, Naghnaian M. 2011. Stability crossing set for systems with three delays. IEEE Transactions on Automatic Control, 56(1): 11-26.

Gu K, Niculescu S I, Chen J. 2005. On stability crossing curves for general systems with two delays. Journal of Mathematical Analysis and Applications, 311(1): 231-253.

Gu K, Niculescu S I, Chen J. 2007. Computing maximum delay deviation allowed to retain stability in systems with two delays//Applications of Time-Delay Systems. Chiasson J,

Loiseau J J, eds. Lecture Notes in Computer and Information Sciences, Berlin, Heidelberg: Springer, 352.

Gu K, Zheng X. 2014. An Overview of Stability Crossing Set for Systems with Scalar Delay Channels. Proceedings of the 33rd Chinese Control Conference, Nanjing, China: 2676-2681.

Hale J K, Huang W. 1993. Global geometry of the stable regions for two delay differential equations. Journal of Mathematical Analysis and Applications, 178(2): 344-362.

Hale J K, Lunel S M C. 1993. Introduction to Functional Differential Equations. New York: Springer.

Han C, Zhang H, Fu M. 2013. Optimal filtering for networked systems with markovian communication delays. Automatica, 49(10), 3097-3104.

He Y, Wang Q G, Xie L, et al. 2007. Further improvement of free-weighting matrices technique for systems with time-varying delay. IEEE Transactions on Automatic Control, 52(2): 293-299.

Hermoso-Carazo A, Linares-Pérez J. 2007. Extended and unscented filtering algorithms using one-step randomly delayed observations. Applied Mathematics and Computation, 190(2): 1375-1393.

Hespanha J P, Naghshtabrizi P, Xu Y. 2007. A survey of recent results in networked control systems. Proceedings of the IEEE, Special Issue, 95(1): 138-162.

Hussein M T, Söffker D. 2012. State variables estimation of flexible link robot using vision sensor data. In Proceedings of 7th Vienna Conference on Mathematical Modeling on Dynamical Systems MATHMOD, 7(1): 193-198.

Ichikawa A. 1982. Quadratic control of evolution equations with delays in control. SIAM Journal on control and optimization, 20(5): 645-668.

Kahane A C, Mirkin L, Palmor Z J. 2002. On the discrete-time H_∞ fixed-lag smoothing// Proceedings of the 15th IFAC World Congress. Barcelona: 1-6.

Kalman R E. 1960. A new approach to linear filtering and prediction problems. Journal of Fluids Engineering, 82(1): 35-45.

Kalman R E, Bucy R S. 1961. New results in linear filtering and prediction theory. Journal of Fluids Engineering, 83(1): 95-108.

Klamka J. 1976. Relative controllability and minimum energy control of linear systems with distributed delays in the control. IEEE Transactions on Automatic Control, 21(4): 594-595.

Koivo A J. 1970. On optimal estimation in linear systems with time delay. IEEE Symposium on Adaptive Processes (9th) Decision and Control.

Koivo A J, Stoller R L. 1974. Least-squares estimator for nonlinear systems with transport delay. Journal of Dynamic Systems, Measurement, and Control, 96(3): 301-306.

Koivo H N, Lee E B. 1972. Controller synthesis for linear systems with retarded state and control variables and quadratic cost. Automatica, 8(2): 203-208.

Kojima A, Ishijima S. 2006. Formulas on preview and delayed H_∞ control. IEEE Transactions on Automatic Control, 51(12): 1920-1937.

Krtolica R, Özgüner Ü, Chan H, et al. 1994. Stability of linear feedback systems with random communication delays. International Journal of Control, 59(4): 925-953.

Kwakernaak H. 1967. Optimal filtering in linear systems with time delays. IEEE Transactions on Automatic Control, 12(2): 169-173.

Kwon W H, Pearson A E. 1980. Feedback stabilization of linear systems with delayed control. IEEE Transactions on Automatic Control, 25(6): 266-269.

Larssen B. 2002. Dynamic programming in stochastic control of systems with delay. Stochastics and Stochastic Reports, 74(3-4): 651-673.

Li X, de Souza C E. 1997. Delay-dependent robust stability and stabilization of uncertain linear delay systems: A linear matrix inequality approach. IEEE Transactions on Automatic Control, 42(8): 1144-1148.

Liou L W, Ray A. 1991. A stochastic regulator for integrated communication and control systems: Part one-formulation of control law. Journal of Dynamic Systems, Measurement, and Control, 113(4): 604-611.

Liu G. 2010. Predictive controller design of networked systems with communication delays and data loss. IEEE Transactions on Automatic Control, 57(6): 481-485.

Meditch J C. 1969. Stochastic Optimal Linear Estimation and Control. New York: McGraw-Hill.

Merriam III C W. 1964. Optimization theory and the design of feedback control systems. New York: McGraw-Hill.

Michiels W, Niculescu S I. 2007. Stability and Stabilization of Time-Delay Systems: An Eigenvalue-Based Approach. Philadelphia: SIAM.

Middleton R H, Miller D E. 2007. On the achievable delay margin using LTI control for unstable plants. IEEE Transactions on Automatic Control, 52(7): 1194-1207.

Miller D E, Davison D E. 2005. Stabilization in the presence of an uncertain arbitrarily large delay. IEEE Transactions on Automatic Control, 50(8): 1074-1089.

Mirkin L, Palmor Z J. 2005. Control issues in systems with loop delays//Handbook of Networked and Embedded Control Systems. Hristu-Varsakelis D, Levine W S, Eds. Basel, Swizerland: Birkhauser: 627-648.

Mirkin L, Raskin N. 2003. Every stabilizing dead-time controller has an observer-predictor - based structure. Automatica, 39(10): 1747-1754.

Mohammed S E A. 1998. Stochastic differential equations with memory: Theory, examples and applications. Stochastic Analysis and Related Topics 6, The Geido workshop on Progress in probability. Birkhauser Boston.

Moon Y S, Park P, Kwon W H, et al. 2001. Delay-dependent robust stabilization of uncertain state-delayed systems. International Journal of Control, 74(14), 1447-1455.

Moore J B. 1973. Discrete-time fixed-lag smoothing algorithms. Automatica, 9(2): 163-173.

Nilsson J, Bernhardsson B, Wittenmark B. 1998. Stochastic analysis and control of real-time systems with random time delays, Automatica, 34(1): 57-64.

Nussbaum R. 1978. Differential delay equations with two time lags. Memoirs of the American Mathematical Society, 16: 205.

Ögren P, Fiorelli E, Leonard N E. 2004. Cooperative control of mobile sensor networks: Adaptive gradient climbing in a distributed environment. IEEE Transactions on Automatic Control, 49(8): 1292-1302.

Øksendal B, Sulem A. 2000. A Maximum Principle for Optimal Control of Stochastic Systems with Delay, with Applications to Finance//Optimal control and partial differential equations. Menaldi J M, Rofman E, Sulem A. Amsterdam: ISO Press, 64-79.

Olgac N, Sipahi R. 2002. An exact method for the stability analysis of time-delayed linear time-invariant (LTI) systems. IEEE Transactions on Automatic Control, 47(5): 793-797.

Pindyck R S. 1972. The discrete-time tracking problem with a time delay in the control. IEEE Transactions on Automatic Control, 17(3): 397-398.

Pontryagin L S. 1942. On the zeros of some elementary transcendental functions. Iavestiya Akademii Nauk SSSR, Seriya Matematika, 6(3): 115-134; English translation: America Mathematical Society, 2: 95-110.

Qi T, Zhu J, Chen J. 2014. Fundamental bounds on delay margin: When is a delay system stabilizable//33Rd Chinese Control Conference (CCC), Hangzhou, China: 6006-6013.

Rauch H E. 1963. Solutions to the linear smoothing problem. IEEE Transactions on Automatic Control, 8(4): 371-372.

Rekasius Z V. 1980. A stability test for systems with delays//Proceedings of 1980 Joint Automatic Control Conference. San Francisco, CA.

Richard J P. 2003. Time-delay systems: An overview of some recent advances and open problems. Automatica, 39(10): 1667-1694.

Ross D W. 1971. Controller design for time lag systems via a quadratic criterion. IEEE Transactions on Automatic Control, 16(6): 664-672.

Ruan S, Wei J. 2003. On the zeros of transcendental functions with applications to stability of delay differential equations with two delays. Dynamics of Continuous, Discrete and Impulsive Systems Series A: Mathematical Analysis, 10: 863-874.

Schenato L. 2008. Optimal estimation in networked control systems subject to random delay and packet drop. IEEE Transactions on Automatic Control, 53(5): 1311-1317.

Schenato L, Sinopoli B, Franceschetti M, et al. 2007. Foundations of control and estimation over lossy networks. Proceedings of the IEEE, 95(1): 163-187.

Seuret A, Gouaisbaut F. 2013. Wirtinger-based integral inequality: Application to time-delay systems.

Automatica, 49(9): 2860-2866.

Shi L, Yuan Y, Chen M Z. 2010. State estimation over a communication network: Measurement or estimate communication? Journal of Control Theory and Applications, 8(1): 20-26.

Shin Y P, Hwang C, Chia W K. 1980. Parameter estimation of delay systems via block pulse functions. Journal of Dynamic Systems, Measurement, and Control, 102(3): 159-162.

Silva G J, Datta A, Bhattacharyya S P. 2002. New Results on the synthesis of PID controllers. IEEE Transactions on Automatic Control, 47(2): 241-252.

Sipahi R, Niculescu S, Abdallah C T, et al. 2011. Stability and stabilization of systems with time delay. IEEE Control Systems Magazine, 31(1): 38-65.

Smith O J M. 1959. A controller to overcome dead time. ISA Journal, 6(2): 28-33.

Stépán G. 1989. Retarded Dynamical Systems: Stability and Characteristic Function. New York: Wiley.

Sun S, Xie L, Xiao W. 2010. Optimal full-order filtering for discrete-time systems with random measurement delays and multiple packet dropouts. Journal of Control Theory and Applications, 8(1): 105-110.

Tadmor G. 2000. The Standard H_∞ problem in systems with a single input delay. IEEE Transactions on Automatic Control, 45(3): 382-397.

Tadmor G, Mirkin L. 2005a. H_∞ control and estimation with preview-part I: Matrix ARE solutions in continuous time. IEEE Transactions on Automatic Control, 50(1): 19-28.

Tadmor G, Mirkin L. 2005b. H_∞ control and estimation with preview-part II: Fixed-size ARE solutions in discrete time. IEEE Transactions on Automatic Control, 50(1): 29-40.

Toker O, Özbay H. 1996. Complexity issues in robust stability of linear delay-differential systems. Mathematics of Control, Signals and Systems, 9(4): 386-400.

Vinter R B, Kwong R H. 1981. The infinite time quadratic control problem for linear systems with state and control delays: An evolution equation approach. SIAM Journal on Control and Optimization, 19(1): 548-575.

Walton K, Marshall J E. 1987. Direct method for TDS stability analysis. IEE Proceedings D (Control Theory and Applications), 134(2): 101-107.

Watanabe K, Itô M. 1981. A process-model control for linear systems with delay. IEEE Transactions on Automatic Control, 26(6): 1261-1269.

Xu J, Zhang H, Xie L. 2013. Input delay margin for consensusability of multi-agent systems. Automatica, 49(6): 1816-1820.

Yang Y, Fu M, Zhang H. 2015. Optimal state estimation using randomly delayed measurements without time stamping. International Journal of Robust and Nonlinear Control, 24(17): 2653-2668.

Yue D, Tian E, Wang E, et al. 2009. Stabilization of systems with probabilistic interval input delays and its applications to networked control systems. IEEE Transactions on Systems, Man,

Cybernatics-Part A: Systems Humans, 39(4): 939-945.

Zhang H, Duan G, Xie L. 2005a. Linear quadratic regulation for linear time-varying systems with multiple input delays Part I: Discrete-time case//Proceedings of 5th International Conference on Control and Automation, Budapest, Hungary, 2: 948-953.

Zhang H, Duan G, Xie L. 2005b. Linear quadratic regulation for linear time-varying systems with multiple input delays Part II: Continuous-time case//Proceedings of 5th International Conference on Control and Automation, Budapest, Hungary, 2: 954-959.

Zhang H, Duan G, Xie L. 2006. Linear quadratic regulation for linear time-varying systems with multiple input delays. Automatica, 42: 1465-1476.

Zhang H, Li L, Xu J, et al. 2015. Linear quadratic regulation and stabilization of discrete-time systems with delay and multiplicative noise. IEEE Transactions on Automatic Control, 60(10): 2599-2613.

Zhang H, Lu X, Cheng D. 2006. Optimal estimation for continuous time systems with delayed measurements. IEEE Transactions on Automatic Control, 51(5): 823-827.

Zhang H, Xie L. 2007. Control and Estimation for the Systems with Input/Output Delays. Berlin/Heidelberg: Springer Verlag.

Zhang H, Xie L, Soh Y C. 2001. A unified approach to linear estimation for discrete-time systems- Part I: H_∞ estimation. Proceedings of the 40th IEEE Conference on Decision and Control, 3: 2917-2922.

Zhang H, Xie L, Zhang D, et al. 2004. A reorganized innovation approach to linear estimation. IEEE Transactions on Automatic Control, 49 (10): 1810-1814.

Zhang H, Xu J. 2015. Stochastic control for Itô system with state transmission delay. American Control Conference.

Zhang W, Yu L. 2008. Modelling and control of networked control systems with both network-induced delay and packet-dropout. Automatica. 44(12): 3206-3210.

Zhu J, Qi T, Chen J. 2015. Small-gain stability conditions for linear systems with time-varying delays. Systems & Control Letters, 81: 42-48.

第15章 控制系统分析设计的一个隐性瓶颈问题

赵千川

（清华大学）

摘　要：本篇讨论了控制系统的分析与设计过程中存在的一个隐性瓶颈问题，即计算复杂性问题，并概述了这方面研究的一些主要结果．了解这些结果的意义在于，澄清关于问题被"解决"的概念，或许不能简单地停留在弄清解的存在性和收敛性，还需要找到能够有效求解的算法．

关键词：控制系统的分析与设计，计算复杂性，NP 难性

15.1 引　言

　　本章探讨控制系统的分析与设计过程中存在的一个隐性瓶颈问题，即计算复杂性问题．我们关注该问题的大背景是，随着计算机和网络技术的广泛普及和应用，许多控制问题的求解算法是在计算机甚至是网络平台上运行的，这就要求我们从科学的角度重新审视在何种意义下 "一个控制问题得到了解决"．粗略地说，与传统上从数学角度较为关注问题解的存在性、收敛性等问题不同，在计算机和网络平台上解决的控制问题同时还要关注问题的求解效率，即有效可解性，而这方面尚未引起广泛关注，但又无时不在地限制控制理论在工程上的成功运用，因此我们称之为隐性瓶颈问题．

　　鉴于目前控制科学家对计算机科学中处理问题求解效率的计算复杂性理论工具不一定熟悉，特撰写本章内容，旨在与系统与控制科学学者探讨在计算机和网络平台上的求解控制科学问题有待突破的若干核心难题．

　　由于控制系统的光滑线性模型理论和方法较为成熟，本章重点关注离散

状态和决策空间的"非线性"和"非光滑"控制系统的分析与设计中的计算复杂性问题. 我们给出的结论要么是问题复杂度的负面结论（如问题的 NP 难性），要么是关于问题复杂度的开问题（open problem）. 了解这些结果的意义在于，一方面，澄清关于问题被"解决"的概念，或许不能简单地停留在弄清解的存在性和收敛性，还需要找到能够有效求解的算法. 对于 NP 难题，需要进一步探讨针对问题的哪些子类才有多项式算法，或者如何构造多项式复杂度的近似求解算法. 另一方面，对于开问题，鼓励读者展开研究，解决这些问题的计算复杂性分析问题.

具体内容安排如下：15.2 首先简要回顾计算机复杂性的基本概念，包括计算的图灵机模型，问题的不可判定性，然后引出计算复杂性的分类，重点介绍 NP 难性. 15.3 给出逻辑值非线性离散时间动态系统的模型，提出平衡点问题，作为示例，给出其平衡点存在性的判断问题——NP 难性的结论和证明. 熟悉计算复杂性的读者可以略去 15.2 和 15.3 直接进入 15.4. 15.4 给出随机系统控制的计算复杂性结论，包括直接求解和分布式求解马尔可夫决策过程 MDP 的复杂性以及博弈模型的复杂性.

背景说明：控制系统计算复杂性问题，近来已经引起了系统与控制学者的兴趣，2000 年 *Automatica* 杂志上发表了一篇由 V.D. Blondel 和 J.N. Tsitsiklis 两位学者写的综述文章[1]，本章内容主要是概述从这篇文章发表以来的若干新结果.

15.2 计算复杂性基本概念

15.2.1 图灵机

现代计算机的理论模型可以概括为图灵机. 图灵机提供了计算的形式化描述，它由一个条带、一个读写头、状态寄存器和指令表组成. 条带被划分成连续排列的无穷多个格子. 读写头可以在条带的格上左右移动并对格子里填写的符号进行读取、擦除和改写. 读写头具体执行何种操作是由指令表确定的.

定义 15-2-1[2]：一台图灵机是一个七元组 TM=$\langle Q, \Sigma, \Gamma, \sqcup, q_0, q_f, \delta \rangle$,

其中

（1）Q，是有限的非空状态集合；

（2）Σ，是有限的输入输出字母表；

（3）Γ，是有限的非空条带字母表，满足 $\Sigma \subset \Gamma$；

（4）$\sqcup \in \Gamma$，是空白符号，满足 $\sqcup \notin \Sigma$；

（5）$q_0 \in Q$，是初始状态；

（6）$q_f \in Q$，是终止状态；

（7）$\delta : \left(Q \setminus \{q_f\}\right) \times \Gamma \to Q \times \Gamma \times \{L, R, N\}$，是转移函数（实际是部分函数）.

如果 $\delta(q,a)$ 没有定义，图灵机 TM 将会停机. 集合 $\{L, R, N\}$ 指读写头左移、右移或保持在当前位置.

图灵机在任意时刻的状态称为配置（configuration），包含三部分内容：①条带格子中实际符号的填写情况，假定仅有有限个格子里填写了非空白符号；②读写头在条带上所对准的格子的位置；③图灵机寄存器的内部状态. 我们把对应于终止状态的配置称为终止配置. 忽略掉条带两端的空白符号后，可以看出配置的空间由 $C = \Gamma^* \times Z \times Q$ 给出，其中 Z 是整数集合. 容易看出，转移函数也可以扩展到配置空间上.

从一个不同于终止配置的初始配置出发，图灵机会在转移函数的作用下，不断地进行配置的更新，直到转移函数没有定义，或遇到了停止配置. 如果出现了停止配置，我们就认为图灵机的功能已经完成，并认为停止配置是机器的输出. 需要指出的是，图灵机并非对任意的初始配置都总是会停下来.

有了配置的概念，我们就比较容易用图灵机来说明算法的概念了. 给定字母表 Γ 上的一个图灵机 TM. 令字符串 $s \in \left(\Gamma\{\sqcup\}\right)^*$ 为表示 TM 所对应的算法 ATM 的初始数据. 定义 TM 的初始配置如下：①将字符串 P 没有间隔地填写在机器的条带上，条带的其他格子填写为空白符号 $\sqcup$；②把机器读写头的初始位置对准 P 的第一个字母所在的格子；③让机器处于初始状态（如果 s 是空串，将机器的条带全部填写空白符号，并让读写头对准任意位置的格子）. 如果按照 TM 的转移函数，图灵机到达了某个终止配置，那么它的功能就完成了. 这时，考虑在终止配置上 TM 读写头所对准（扫描）的格子里的符号. 如果所读取的符号是空白符号，那么算法 ATM 在输入 s 下的输出 ATM（s）就视为空串；否则 ATM（s）就视为条带上包含所扫描的格子在内的最长的连续非空白字符串.

15.2.2　不可判定性

不可判定性或称不可解性,用来表示不存在求解某个问题的算法. 为了更准确地说明这个概念,需要利用 15.2.1 中图灵机所对应的算法.

任给(图灵机)算法 ATM 和输入符号串 P,运行 TM,可能出现两种情形:要么 TM 对于 s 会停机;要么一直运行,不停机. 不停机的情况称为算法对于 s 进入了死循环.

停机问题:　对于任给的算法 ATM 和输入字符串 s,判定 ATM 对于 s 是否会停机.

可以证明停机问题是不可判定的,即不存在算法使得输入任意的 (ATM, s)组合,总会停机,并在 ATM 对 s 停机时输出"yes",在 ATM 对 s 进入死循环时输出"no".

与不可判定问题相对,我们总是希望对于提出的问题,能够找到求解算法,即能在有限时间内停机,并对问题的具体实例输出具体的解.

15.2.3　计算复杂性

计算复杂性用来描述算法在求解问题过程中所需要的时间和空间资源. 计算复杂性通常限定于回答二进制字符串为输入的判定问题,即对于输入的二进制字符串,答案只有"yes"或者"no"两种情况.

用 n 表示输入二进制字符串的长度,对于任给的正整数函数 $t(n)$,我们用 DTIME $[t(n)]$ 表示可以用确定性的多条带图灵机在 $O(t(n))$ 量级的时间内求解的判定问题类. 多条带图灵机的工作原理类似于单条带图灵机,不同之处在于每个条带都有一个读写头,初始配置时将输入放在第一个条带上. 我们用 P 表示可以用图灵机至多在输入字符串长度为 n 的多项式步以内求解的判定问题类. 因此,我们有 $P = U_{k=1}^{\infty} DTIME[n^k]$.

通常我们把 P 类的判定问题,即存在多项式时间算法的判定问题,称为是可以有效求解的问题. 如果不存在这样的算法,我们称为无法有效求解的问题.

我们用 NTIME$[t(n)]$表示可以用不确定性的多条带图灵机在 $O(t(n))$ 量级的时间内求解的输入字符串长度为 n 的判定问题类. 不确定性图灵机的转移函数是不确定的, 它允许在每一步运算（执行配置的转移）中, 让机器从多种可能性中选一种执行. 对于一个问题, 只要存在配置的转移路径能导致不确定性图灵机停机并输出正确的计算结果, 我们就认为该图灵机表示的算法可以求解该问题.

我们用 NP 表示不确定多项式时间复杂类, 即存在不确定图灵机在多项式时间内求解的判定问题类. 于是 NP $= U_{k=1}^{\infty}$NTIME$\left[n^k\right]$.

用 DSPACE$[t(n)]$表示存在确定性图灵机最多使用 $O(t(n))$ 量级的条带格子数来求解输入字符串长度为 n 的判定问题类. 我们这里假定输入条带为只读, 而机器运算过程中只占用其他条带. 因此可能出现所用空间少于 n 的情况. 类似地, 可以定义 NSPACE $[t(n)]$, 指存在不确定性图灵机最多用 $O(t(n))$ 量级的条带格子数来求解输入字符串长度为 n 的判定问题类. 主要的空间复杂性类有 PSPACE$=U_{k=1}^{\infty}$DSPACE$\left[n^k\right]$, L $=$ DSPACE$[\log n]$, NL $=$ NSPACE$[\log n]$.

15.2.4　NP 难性及其他

NP 问题类中有一类问题, 称为 NP 完全（NP complete）问题. 如果有算法可以求解这类问题当中的任何一个问题, 也就可以在最多增加多项式时间复杂度的情况下用同样的时间复杂度求解 NP 类中的任何其他问题. 因此, NP 完全问题是 NP 类中最难的一类问题.

已知的许多组合优化问题如 TSP 问题是 NP 完全问题. 0-1 背包问题和布尔表达式可满足的问题（SAT 问题）也是 NP 完全问题. 目前在计算复杂性领域中的一个著名的开问题是 P 类是否与 NP 类相等, 即 P=NP? 普遍认为 P $\neq$ NP.

在证明某个判定问题 P 是 NP 完全问题时, 证明一般包含两个方面. 一方面是构造算法, 证明 P 属于 NP 类；另一方面证明 P 是 NP 难的. NP 难性的证明常采用多项式时间归约的方法, 即把一个已知的 NP 完全问题在不改变时间复杂度的分类情况下归结为问题 P 来求解. 我们说判定问题 P′ 可以在多项式时间归约为问题 P，如果基于问题 P 的算法 A，总可以构造一个用于求解 P′ 的算法 A′，使得对于 P′ 的任意实例 I′，A′ 总可以接受 I′ 作为输入，并且在多项式次运算和多项式次数的对 A 的黑箱调用之后停机，输出问题 P′ 的实例 I′ 的正确判定结果.

15.3 非线性系统分析

15.3.1 系统模型

考虑典型的离散时间非线性控制系统. 其状态方程为

$$x_i(k+1) = f_i(x_1(k), x_2(k), \cdots, x_n(k)), \quad i = 1, 2, \cdots, n, k = 0, 1, 2, \cdots$$

其中，$x_i(k)$，$i = 1, 2, \cdots, n$ 是状态变量；$f_i, i = 1, 2, \cdots, n$ 是状态向量 $(x_1(k), x_2(k), \cdots, x_n(k))$ 的非线性函数. 这里主要关注系统分析问题，因此没有特地强调系统的输入. 一般非线性系统的研究比线性系统的研究要复杂得多.

从某种角度讲，最简单的非线性系统是状态变量只取逻辑值 $\{0,1\}$ 的系统，因此系统的状态空间是有限集合. 离散时间逻辑值动态系统可以描述时序电路的动态过程，也可以作为简化模型描述某些基因调控网络的动态过程. 尽管简单，这类系统的分析也并非平凡问题，其中一个难点就是，系统的状态空间集合 $S = \{0,1\}^n$ 是问题规模（状态的维数 n）的指数函数. 而状态随时间的运动轨迹尽管是最终周期的，但在状态出现重复之前，周期的长度有可能是 n 的指数量级.

15.3.2 平衡点（不动点）问题

对于逻辑值非线性系统，系统状态向量的长期行为必然进入周期轨道（称为吸引子）. 长度为 1 的周期轨道称为不动点或平衡点. 系统的状态向量一旦进入周期轨道将不再离开，特别地，一旦达到平衡点，将一直保持在该点上. 从状态方程的角度，平衡点 $X = (x_1, x_2, \cdots, x_n)$ 满足

$$x_i = f_i(x_1, x_2, \cdots, x_n), \quad i = 1, 2, \cdots, n$$

周期解的分析对于把握系统的整体行为趋势有重要意义. 一般非线性系

统的周期解分析是个困难的问题. 这可以从逻辑值非线性系统的不动点问题看出. 从计算复杂性的角度, 为了更加具体地来表述, 需要给定逻辑系统的描述方式. 状态方程中的逻辑值函数 f_i 有多种描述方式. 典型的包括阈值函数形式 (多用于人工神经元网络模型) 和布尔函数形式. 这里假定采用布尔函数的形式, 即 f_i 是由基本的逻辑运算组合而成的. 在这种描述形式下, 我们可以证明已知的 NP 完全问题 3-SAT 可以在多项式时间内归结为逻辑值非线性系统的不动点问题. 归结过程如下. 假定给定的 3-SAT 问题的实例是判定以合取范式定义的布尔函数

$$f(x_1, x_2, \cdots, x_n) = \bigvee_{j=1,2,\cdots,m} c_j(x_1, x_2, \cdots, x_n)$$

是否能够得到满足. 其中, $\vee$ 为逻辑 "或" 运算; $c_j(x_1, x_2, \cdots, x_n)$ 称为最小项, 由布尔变量 $x_1, x_2, \cdots, x_n$ 或其补变量 $\overline{x}_1, \overline{x}_2, \cdots, \overline{x}_n$ 中最多三项通过逻辑 "与" 运算定义. 举例来说,

$$f(x_1, x_2, x_3, x_4, x_5) = c_1 \vee c_2 \vee c_3$$

其中, $c_1 = x_1 \wedge x_2$; $c_2 = x_2 \wedge \overline{x}_3$; $c_3 = x_3 \wedge \overline{x}_4 \wedge x_5$. 下面我们构造一个用来判定 3-SAT 实例是否可满足的逻辑值非线性系统. 引入状态变量向量

$$(x_1(k), x_2(k), \cdots, x_n(k), c_1(k), \cdots, c_m(k), \omega_1(k), \cdots, \omega_m(k), \psi_1(k), \psi_2(k), \cdots, \psi_n(k))$$

定义其状态方程如下:

$$x_i(k+1) = (x_i(k) \wedge \psi_i(k)) \vee (\overline{x}_i(k) \wedge \overline{\psi_i}(k)), \quad i = 1, 2, \cdots, n$$

$$c_j(k+1) = c_j(x_1(k), x_2(k), \cdots, x_n(k)), \quad j = 1, 2, \cdots, m$$

$$\omega_1(k+1) = c_1(k)$$

$$\omega_j(k+1) = c_j(k) \vee \omega_{j-1}(k), \quad j = 2, \cdots, m$$

$$\psi_1(k+1) = \omega_m(k)$$

$$\psi_i(k+1) = \psi_{i-1}(k), \quad i = 2, \cdots, n$$

当 $x_1, x_2, \cdots, x_n$ 的一组赋值满足 f 时, 即 $f(x_1, x_2, \cdots, x_n) = 1$ 可以设置上述逻辑值非线性系统的初始状态为

$$(x_1, x_2, \cdots, x_n, c_1(x_1, x_2, \cdots, x_n), \cdots, c_m(x_1, x_2, \cdots, x_n), c_1(x_1, x_2, \cdots, x_n), \cdots, f(x_1, x_2, \cdots, x_n),$$
$$f(x_1, x_2, \cdots, x_n), \cdots, f(x_1, x_2, \cdots, x_n))$$

或者

$$(x_1, x_2, \cdots, x_n, c_1(x_1, x_2, \cdots, x_n), \cdots, c_m(x_1, x_2, \cdots, x_n), c_1(x_1, x_2, \cdots, x_n), \cdots, 1, 1, \cdots, 1),$$

那么，下一步的状态各分量为

$$x_i(1) = (x_i \wedge 1) \vee (\overline{x}_i \wedge 0) = x_i, \quad i = 1, 2, \cdots, n$$

$$c_j(1) = c_j(x_1, x_2, \cdots, x_n), \quad j = 1, 2, \cdots, m$$

$$\omega_1(1) = c_1(x_1, x_2, \cdots, x_n)$$

$$\omega_j(1) = \vee_{s=1,2,\cdots,j} c_s(x_1, x_2, \cdots, x_n), \quad j = 2, \cdots, m$$

$$\psi_1(1) = 1$$

$$\psi_i(1) = 1, \quad i = 2, \cdots, n$$

可知其与初始状态完全相同，即初始状态是逻辑值非线性系统的不动点.

反过来，假定

$$(x_1, x_2, \cdots, x_n, c_1, \cdots, c_m, \omega_1, \cdots, \omega_m, \psi_1, \psi_2, \cdots, \psi_n)$$

是所构造的逻辑值非线性系统的一个不动点. 那么，结合状态方程，我们有

$$f(x_1, x_2, \cdots, x_n) = \vee_{j=1,2,\cdots,m} c_j(x_1, x_2, \cdots, x_n) = \omega_m = \psi_1 = \psi_2 = \cdots = \psi_n$$

和

$$x_i = (x_i \wedge \psi_i) \vee (\overline{x}_i \wedge \overline{\psi_i})$$

两者结合，可推出

$$x_i = (x_i \wedge f(x_1, x_2, \cdots, x_n)) \vee (\overline{x}_i \wedge \overline{f(x_1, x_2, \cdots, x_n)}), \quad i = 1, 2, \cdots, n$$

而只有当 $f(x_1, x_2, \cdots, x_n) = 1$ 时，这些等式才可能成立，于是可导出 f 可满足，并且不动点中 $x_1, x_2, \cdots, x_n$ 这些状态变量的赋值就是 3-SAT 实例中使得 f 得到满足的一组布尔变量的赋值.

图 15-3-1 给出了按照我们的构造，$f(x_1, x_2, x_3, x_4, x_5) = c_1 \vee c_2 \vee c_3$，其中，$c_1 = x_1 \wedge x_2$，$c_2 = x_2 \wedge \overline{x}_3$，$c_3 = x_3 \wedge \overline{x}_4 \wedge x_5$ 的实例所对应的逻辑值非线性系统的状态变量之间的依赖关系图.

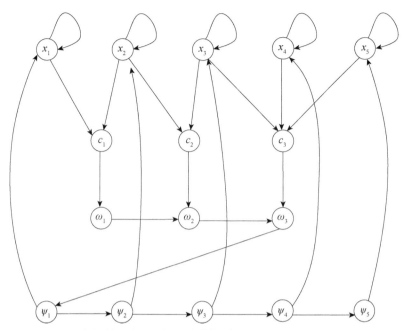

图 15-3-1　实例所对应的逻辑值非线性系统的状态变量之间的依赖关系

我们的上述分析表明,3-SAT 问题的实例可以多项式归约为逻辑值非线性系统的不动点存在性的判定问题. 由于 3-SAT 问题是 NP 完全问题,至此我们就证明了逻辑值非线性系统的不动点存在性判定问题是 NP 难的. 对技术细节感兴趣的读者,可以参考文献 [3].

15.4　随机控制

15.4.1　马尔可夫决策过程

考虑具有有限状态空间 S 的离散时间随机过程,如果对于任意满足 $k_1 < k_2 \cdots < k_m < k$ 的有限个时刻和状态序列 i_1, $i_2 \cdots$, i_m, $i \in S$,该过程的状态都满足

$\text{Prob}\big(X(k)=i \mid X(k_1)=i_1,\ X(k_2)=i_2,\cdots,\ X(k_m)=i_m\big) = \text{Prob}\big(X(k)=i \mid X(k_m)=i_m\big)$,即在已知离 k 时刻最近的时刻 k_m 的状态 $X(k_m)$ 的条件下, k 时刻状态 $X(k)$ 的概率分布不依赖于 k_m 时刻之前该过程的状态取值,就称该过程具有马尔可夫性(Markov property). 满足马尔可夫性的这类过程,称为马尔

可夫链. 可知不同于一般的随机过程, 在给定初始分布 π 的情况下, 马尔可夫链可以由相邻时刻的状态转移矩阵 $\left[p_{ij}(k), i, j \in S\right]$ 完全刻画.

$$\text{Prob}\left(X(k+1) = j\right) = \sum_{i \in S} p_{ij}(k) \text{Prob}\left(X(k) = i\right), \quad j \in S, k=0,1,2,\cdots$$

$$\pi = \left(\text{Prob}\left(X(0) = i\right), i \in S\right)$$

这里

$$p_{ij}(k) = \text{Prob}\left(X(k+1) = j \mid X(k) = i\right), \quad i, j \in S$$

如果状态转移矩阵 $\left[p_{ij}(k), i, j \in S\right] = \left[p_{ij}, i, j \in S\right]$ 与时间无关, 那么这样的马尔可夫链称为是时间齐次的.

马尔可夫链的模型可以通过引入控制来描述具有马尔可夫性的受控随机过程: 在每个状态 $i \in S$, 引入有限的动作集合 A, 并且假定过程的状态转移概率, 受到选取的动作 $a \in A$ 的支配, 等于

$$\text{Prob}\left(X(k+1) = j \mid X(k) = i, a\right) = p_{ij}(a), \quad i, j \in S, \quad a \in A$$

我们把这类受控过程的最优控制问题称为马尔可夫决策过程（Markov decision process, MDP）. 类似于最优控制问题中的控制律选取, 我们希望在每个时刻系统所处的状态上, 选取合适的动作, 以便某种目标函数达到最值（如代价最小）. 具有马尔可夫决策过程的状态反馈形式的控制律, 称为策略（policy）. 通常考虑的是确定性的策略, 即从状态集合到动作集合的映射, $f: S \to A$. 在给定确定性策略 f 后, 受控随机过程将变成闭环系统, 成为一个马尔可夫链, 其状态转移矩阵为

$$p(f) = [p_{ij}\left(f(i)\right), i, j \in S]$$

通常考虑的目标函数形式是无穷长时间期望折扣总代价

$$J_t^f(i) = E\left[\sum_{k=t}^{\infty} \alpha^{k-t} c\left(X(k), f(X(k))\right) \mid X(t) = i\right]$$

其中, $c\left(i, f(i)\right)$ 表示状态 i 下采取行动 $f(i)$ 的一步代价; $\alpha \in (0,1)$ 是折扣因子; $J_t^f(i)$ 表示的是 t 时刻从 i 状态出发, 采取策略 f 的期望折扣总代价. 在此目标函数下, MDP 决策问题即

$$\min_{f \in A^S} J_t^f(i), \quad i \in S$$

15.4.1.1 直接求解 MDP 的时间复杂度

MDP 理论中的主要结论之一是寻找策略 f 使得无穷长时间期望折扣总代价最小化的 MDP 问题的求解，可以归结为如下 Bellman 方程的求解：

$$J^*(i) = \min_{a \in A}\left[c(i,a) + \alpha \sum_{j \in S} p_{ij}(a) J^*(j) \right], \quad i \in S$$

这是一个包含 n（状态集合 S 的大小）个未知变量的非线性方程组. MDP 理论表明，该方程可以通过一个等价的线性规划问题加以求解，并且可以证明该问题存在唯一解. 因为线性规划可以在多项式时间内求解，即可以有效求解，因此 MDP 问题也可以有效求解，即属于 P 类. 不过，需要指出，由于涉及数值解（而非仅仅逻辑值），在具体的 MDP 问题实例中，求得最终解的复杂程度依赖于输入数据的数值. 到目前为止，求解相应的线性规划的最优解所需要进行的算术运算次数是否是 n 和 m（动作集合 A 的大小）的多项式规模仍然是一个开问题（open problem）. 类似的结论对于平均代价函数的 MDP 问题也成立.

值迭代和策略迭代是实际中两种非常常用的 MDP 求解方法. 值迭代方法是通过迭代方式求解 Bellman 方程，即定义迭代式

$$V^{k+1}(i) = T(V^k) = \min_{a \in A}\left[c(i,a) + \alpha \sum_{j \in S} p_{ij}(a) V^k(j) \right]$$

从初始的值函数向量 V^0 出发，产生值函数的迭代向量序列 V^k，$k = 1,2,\cdots$. 经过 k 步迭代，可以保证 $\max_{i \in S}|V^k(i) - J^*(i)| \leqslant \alpha^k \max_{i \in S}|V^0(i) - J^*(i)|$，即 V^k 与最优解 J^* 的误差不超过 $O(\alpha^k)$ 量级. 注意到值迭代的中间结果 V^k 可以用来定义相应的策略：

$$f^k(i) = \arg\min_{a \in A}\left[c(i,a) + \alpha \sum_{j \in S} p_{ij}(a) V^k(j) \right]$$

f^k 对应的代价值与最优解 J^* 的误差也不超过 $O(\alpha^k)$ 量级. 注意到策略集合 A^S 是有限的，可知值迭代所定义的策略序列 f^k 会在有限步内收敛到真实的最优策略. 值迭代精确求解折扣代价 MDP 问题的时间复杂度是 n、m、$1/(1-\alpha)$ 以及模型参数 $c(i,a)$ 和 $p_{ij}(a)$ 的多项式量级[1, 4]. 因此，值迭代方法可以在多

项式时间内求解折扣代价 MDP 问题. 但对于平均代价 MDP 问题, 至今仍不知道值迭代是否能在多项式时间内求解.

策略迭代算法, 通过迭代从初始策略出发, 算法在每一步都产生一个严格改进的策略代价函数的新策略, 直到无法改进为止. 这样, 由于策略空间是有限的, 策略迭代同样会在有限步内收敛到最优策略. 可以证明, 策略迭代的步数不多于值迭代, 与值迭代求解折扣代价 MDP 问题的时间复杂度相同, 同样可以在多项式时间内求解折扣代价 MDP 问题. 当折扣因子趋向于 1 时, 需要的迭代步数会增加, 不过在实际中似乎不是很敏感 [1, 4]. 类似于线性规划求解方式, 求解过程还依赖于问题的规模 (n、m、α 以及模型参数 $c(i,a)$ 和 $p_{ij}(a)$ 的参数的字长). 对于策略迭代, 目前时间复杂度仍是开问题, 该算法的迭代步数是否是这些问题参数规模的多项式量级. 问题分析的难点在于 Bellman 方程的非光滑性 (含有取最小运算), 并且 MDP 问题关心的是策略空间中的全局最优.

15.4.1.2 结构分解

MDP 问题虽然可以用线性规划方法, 在多项式时间内求解, 除提到的依赖参数的描述规模仍然可能极为耗时外, 许多实际问题建模为 MDP 的过程中, 常导致维数灾难的问题. 以多智能体系统 (机器人协作问题) 为例, 如果系统由 s 个智能体组成, 每个智能体都有若干状态, 且它们都可以从若干的动作中选取一个动作来影响群体的整体行为, 那么我们就面临指数量级 n^s 的状态空间, 策略空间将更大.

解决维数灾难问题的思路有很多, 其中包括将问题进行结构分解, 划分成可以分别求解的较小规模的问题. 基本思想是既然我们关注的是无穷时间的过程, 就着重分析在控制策略下闭环过程的稳态 (能够反复出现无穷多次的状态), 而忽略暂态 (在样本轨道中只能出现有限次的状态). 把这些稳态分成彼此可以发生状态转移的不相交的子集, 称为常返类, 就可以把每个常返类上的 MDP 问题作为原问题的一个子问题进行求解. 最后通过筛选和组合不同子问题的解, 得到原问题的最优策略.

以下考虑 MDP 基于状态空间遍历结构 (ergodic structure) 的分解的时间复杂度.

首先考虑较为简单的马尔可夫链问题. 对于状态转移矩阵 $P = [p_{ij}, i, j \in S]$ 的时齐马尔可夫链, 其状态分类问题可以归结为与 P 相关联的有向图 $G(P)$ 属性的研究. 这里图 $G(P) = \langle V, E \rangle$ 的节点集合对应马尔可夫链的状态集合 S, 边的集合定义为 $(i, j) \in E$ 当且仅当 $p_{ij} > 0$. 在图上, 马尔可夫链的状态根据有向边的连接关系, 可以区分为常返或遍历状态（recurrent or ergodic state）和过渡状态（transient state）. 常返状态就是处在封闭的强连通分支中的状态, 特点是从自身出发, 无论沿着哪条通路（path）转移都可以找到通路回到自身. 过渡状态则是图中常返态以外的其他状态. 对于给定的马尔可夫链, 可以基于寻找状态集合中互不相交的强连通分支来实现状态的分类, 找出不同的常返类（相互可达的常返状态构成的集合）和过渡状态. 已知这样的算法是多项式的[5].

接下来考虑 MDP 的结构分解. 我们称 MDP 是完全遍历（或叫作不可简约）的, 如果对于任意的确定性策略 f, 闭环过程所对应的马尔可夫链具有转移矩阵 $P(f)$ 且是完全遍历的, 即状态集合只有一个常返类且没有过渡状态. 如果对与任意的确定性策略 f, 闭环过程的状态集合只有一个常返类和若干过渡状态, 称 MDP 具有单链结构. 如果存在确定性策略 f, 使得在该策略下, 闭环过程的状态集合有不少于两个常返类, 称 MDP 具有多链结构.

为了回答状态分类问题, 引入以状态空间 S 为节点集合的有向图 G^1. (i, j) 是 G^1 的边的条件是 $p_{ij}(a) > 0$ 对 $a \in A$ 都成立, 即 $\min_{a \in A} p_{ij}(a) > 0$. 根据有向图 G^1, 可以构造 MDP 的凝结图(condesened graph): 首先找出 G^1 的全部强连通分支 C_l, 将这些分支作为节点构造新的图 G_c^1, 新添加的边为 (l, l'), 如果 l, l' 满足在任意确定性策略 f 下, 都存在 C_l 的某个节点 i 和 $C_{l'}$ 的某个节点 i' 使得一步转移概率 $p_{ii'}(f(i)) > 0$. 对这样得到的图 G_c^1, 可以反复运用上述凝结的步骤, 直到得到图 $(G_c^1)^*$. 我们判断一个 MDP 为不可简约, 如果 $(G_c^1)^*$ 只包含一个节点. 寻找强连通分支和构造凝结图的 $(G_c^1)^*$ 算法的时间复杂度都是多项式的. 因此 MDP 的不可简约性判定问题属于 P 类[6].

对于 MDP 的单链和多链结构判断, 目前只知道该问题属于 NP 类, 但它是否属于最难的 NP 问题, 即 NP 完全问题, 则仍是一个开问题.

15.4.2 分布式控制

由于直接求解大规模 MDP 比较困难, 人们自然想到了采用分布式控制的思想, 引入多个决策者 (也常称为智能体) 来进行协调控制. 不过, 通过分布式协作达到全局最优策略的问题, 已经被证明无法有效求解[7].

考虑两个智能体的分布式 MDP, 我们把转移概率矩阵推广到 $P = [p_{ij}(a_1, a_2), i, j \in S, a_1, a_2 \in A]$. 根据智能体对状态信息的掌握情况, 可以分为: ① 每个智能体都可以观察到 MDP 的状态, 并根据自己的策略来给出动作. 这种情况, 智能体的策略为 $f_1 : S \rightarrow A$, $f_2 : S \rightarrow A$. 两者的协作体现在 P 与 f_1 和 f_2 都有关系, 另外一步状态转移的代价 $c(i, f_1(i), f_2(i))$ 也和两个智能体选取的动作都有关系. 这种 MDP 称为是多智能体 MDP, 记作 MMDP. ② 每个智能体只观察到状态的部分信息 $(o_1(t), o_2(t)) \in O$, 但两者的信息联合起来可以唯一地确定状态, 即对于任意的联合观测结果 o, 总存在唯一的状态 $i \in S$ 满足

$$\text{Prob}\big(X(t) = i | (o_1(t), o_2(t)) = o\big) = 1$$

该条件称为联合能观测条件, 即两个多智能体的观测信息联合起来可以唯一地确定当前状态. 这种 MDP 称为分布式 MDP, 记作 DEC-MDP. 易知 MMDP 是 DEC-MDP 的特例.

DEC-MDP 的设计是希望两个智能体各自的策略组合起来得到全局的最优解. 由于 t 时刻可用的观察信息分别为 $o_1(t), o_2(t)$, 类似于输出反馈, 两个智能体的策略将分别基于观测的历史 (这不同于状态完全可观测的 MDP 情况), 即策略的一般形式为 $f_1(o_1(0), \cdots, o_1(k))$, $f_2(o_1(0), \cdots, o_1(k))$. 求解有限时间 DEC-MDP 判定问题 (即判定是否存在有限时间段上的策略 (f_1, f_2) 使得目标函数小于给定的阈值) 的时间复杂性是 NEXP 难的[8].

15.4.3 博弈模型

当两个多智能体共同参与决策, 但每个决策者各自有自己的目标函数 (可以是代价或收益, 这里考虑代价函数) 时, 通常用博弈模型来描述和分析. 形式上最简单的博弈过程, 仅有一个阶段, 决策者 1 和 2 分别可以从行动集合中选取行动 $a_i \in A_i$, $i \in \{1, 2\}$. 双方都知道自己和对方在所有行动的组合 (一

个行动的组合 (a_1, a_2) 称为一种局面）下的代价 $c_i(a_1, a_2)$ ，$a_1 \in A_1$ ，$a_2 \in A_2$ ，$i \in \{1,2\}$. 问题是，两个决策者如何确定各自的行动选择？关键点在于对方选取的行动会影响自己在给定行动下将要付出的代价. 为了回答这个问题，我们需要定义决策者行动选择的模式，一般考虑两种，即确定性（常称为纯）策略和随机（常称为混合）策略. 在确定性策略中，决策者从行动集合中明确地选取一个行动，这样纯策略的集合为 $\{(a_1, a_2)|a_i \in A_i, i \in \{1,2\}\}$. 在混合策略中，决策中按概率从行动机会中随机选取行动，这样混合策略是由随机变量的组合 $\{(\sigma_1, \sigma_2)|\sigma_i \text{是} A_i \text{上的概率分布}, i \in \{1,2\}\}$ 构成的.

博弈模型是否有解？这里有解的概念指博弈双方（两个决策者）在追求优化自己的目标函数（最小化代价）的过程中，是否能同时达到某种平衡的局面？纳什均衡解的概念较好地刻画了这样一类平衡解 (a_1, a_2) 应该满足的要求：在对手不改变决策的条件下，自己改变决策不会减少付出的代价，即同时满足

$$c_1(a_1, a_2) = \min_{a \in A_2} c_1(a_1, a)$$

$$c_2(a_1, a_2) = \min_{a \in A_1} c_1(a, a_2)$$

因此一旦决策双方的决策处在纳什均衡解的局面下，那么，两个理性的决策者都没有理由主动改变自己的决策，这使得博弈的结果偏离该纳什均衡解. 这个概念在实际问题中得到了广泛的应用. 纳什证明了对于任意的矩阵博弈，总存在混合策略解是纳什均衡解. 矩阵博弈模型可以推广到多人博弈的场景，纳什均衡解在混合策略集合上仍然存在.

15.4.3.1 纳什均衡解的计算

对于给定的一次性博弈问题，如何构造满足要求的纳什均衡解是一个基本的问题. 文献证明，即使是 2 人对称博弈（在任何一个博弈局面下，代价函数对双方完全相同，即 $c_1(a_1, a_2) = c_2(a_1, a_2)$ ，$a_1 \in A_1$ ，$a_2 \in A_2$ ），要构造出代价不超过给定阈值的纳什均衡解也是 NP 难的. 其他的相关问题也是 NP 难的，如博弈是否存在多于 1 个纳什均衡解？是否存在纳什均衡解中决策者会以一定的概率选取某个行动？证明的基本思路是构造一个 2 人对称矩阵博弈来有效求解 SAT 问题，当且仅当 SAT 问题的实例是可满足的，该博弈问题存在两

个纳什均衡解（其中一个为平凡解），且有一个的代价低于平凡解.

一类特殊的 2 人博弈——2 人零和博弈（顾名思义，在任何一个博弈局面下，双方的代价函数之和为零，即 $c_1(a_1,a_2)+c_2(a_1,a_2)=0$，$a_1 \in A_1$，$a_2 \in A_2$）也称为矩阵博弈，其纳什均衡解可以通过线性规划求得.

纳什均衡解的概念，可以推广到考虑多人参与的多阶段顺序决策过程. 此时一种常用的模型是马尔可夫博弈模型. 在该模型中，过程的状态转移类似于 MDP 问题，在给定了各决策者的行动后，由一个状态转移矩阵 P 决定，即

$$\text{Prob}\big(X(k+1)=j \mid X(k)=i,a\big)=p_{ij}(a), \quad i,j \in S, a=(a_1,a_2), a_i \in A_i, i \in \{1,2\}$$

每一阶段的代价则由代价函数 $c(i,a)$ 决定. 假定决策者的目标函数是使得无穷时间折扣代价最小，马尔可夫博弈模型比 MDP 模型要复杂得多. 原则上两个决策者在多阶段的策略，有可能会依赖于过程（马尔可夫链）的状态，这样描述策略的解本身就是指数量级的. 但是，即使是考虑过程的状态对决策者都不可观察，即决策者都是在不知道状态的情况下进行选择的，马尔可夫博弈模型的求解仍面临计算上的困难. 事实上，对于 2 人对称的马尔可夫博弈问题，判断是否存在纯的纳什均衡解的问题的空间复杂度都是 PSPACE 难的[9].

15.4.3.2 遍历性检验

遍历性分析对博弈问题同样有意义. 遍历性概念的一个重要性体现在过程的长期行为将独立于初始状态分布，因而使得长期行为变得可以预测.

我们考虑一类 2 人零和马尔可夫博弈的遍历性检验问题. 先回顾马尔可夫链的遍历性. 给定状态转移概率矩阵 $P=[p_{ij}, i,j \in S]$ 的时齐马尔可夫链，其为遍历的充要条件是，满足任意

$$P\eta = \eta$$

条件的向量 η 只能是常值向量. 扩展到 2 人零和马尔可夫博弈的情形. 定义受控状态转移矩阵 $P^{a_1 a_2}$，$a_1 \in A_1$，$a_2 \in A_2$，其中 A_1 和 A_2 分别是两个决策者的行动空间. 在状态 $i \in S$，如果两个决策者分别采取行动 a_1 和 a_2，那么一个阶段的代价是 $r_i^{a_1 a_2}$. 两个决策者的目标分别是最小化和最大化代价，他们分别采用与时间无关的马尔可夫策略 f_1 和 f_2. 经过 k 个阶段的期望总代价为

$$J^k\left(f_1, f_2; X(0)\right) = E\left(\sum_{l=0}^{k-1} r_{X(k)}^{f_1(X(k))f_2(X(k))} \mid X(0)\right)$$

该博弈的值函数定义为

$$V^k\left(X(0)\right) = \inf_{f_1} \sup_{f_2} J^k\left(f_1, f_2; X(0)\right)$$

可以证明值函数满足 $V^k = T\left(V^{k-1}\right)$，$V^0 = X(0)$，其中 T 称为 Shapley 算子，由

$$\left[T(x)\right]_i = \inf_{a_1 \in A_1} \sup_{a_2 \in A_2} \left(r_i^{a_1 a_2} + \left(P^{a_1 a_2}\right)_i x\right)$$

给出. 其中，$\left(P^{a_1 a_2}\right)_i$ 为矩阵 $P^{a_1 a_2}$ 的第 i 行. 关注博弈的长期平均值函数

$$\chi(T) = \lim_{k \to \infty} \frac{T^k(x)}{k} = \lim_{k \to \infty} \frac{V^k(x)}{k}$$

平均代价下的博弈遍历性问题在于检验 $\chi(T)$ 是否存在，并且是常值向量. 检验遍历性问题的条件被归结为判定 0 代价 Shapley 算子的结构分析问题，进而被转化为判定博弈对应的单调布尔算子是否存在非平凡不动点的问题[10]. 而该问题已经被证明为 NP 完全问题[11]. 在此基础上可以证明平均代价下的博弈遍历性问题是 NP 完全问题.

15.5　结　束　语

本章讨论了控制系统的分析与设计过程中存在的一个隐性瓶颈问题，即计算复杂性问题，并概述了这方面的一些主要结果. 了解这些结果的意义在于澄清关于问题被"解决"的概念，或许不能简单地停留在弄清解的存在性和收敛性，还需要找到能够有效求解的算法. 这方面的研究，除了弄清特定问题的计算复杂性，对于已知为具有不可解性的难题，通常需要转换求解思路，从实际问题的特点出发，引入适当的限制条件，分析在新的限制下，是否有利于开发针对原问题的有效求解算法. 此外，也可以考虑近似求解算法，以 MDP 为例，近年来发展的近似动态规划和自适应动态规划方法（都简称为 ADP）就是很好的尝试，至少在工程上提供了可扩展性，可以获得近优解的

方法. 有兴趣的读者, 可以参考相关综述文章.

致　　谢

本章得到国家重点研发计划项目（编号 2017YFC0704100）新型建筑智能化系统平台技术和国家自然科学基金项目（编号 61425027）及 111 引智计划项目（编号 BP2018006）的资助.

参 考 文 献

［1］Blondel V D, Tsitsiklis J N. 2000. A survey of computational complexity results in system and control, Automatica. 36:1249-1274.

［2］Encyclopedia of Mathematics. Turing Machine. http://www.encyclopediaofmath.org/index.php/Turing_machine.

［3］Zhao Q C. 2014. Fixed points of Boolean networks with small number of elementary circuits. Control Theory & Applications, 31(7): 915-920.

［4］Bertsekas D P. 2012. Dynamic Programming and Optimal Control. 4th edition.

［5］Markov Processes and Controlled Markov Chains. Hou Z, Filan J A, Chen A. 2002. eds. Kluwer: Kluwer Academic Publishers: 151-165.

［6］Daoui C, Abbad M, Tkiouat M. 2010. Exact decomposition approaches for Markov decision processes: A survey. Advances in Operations Research 2010 (1687-9147): 19.

［7］Melo F S, Veloso M. 2011. Decentralized MDPs with sparse interactions. Artificial Intelligence 175 (11): 1757-1789.

［8］Bernstein D S, Givan R, Immerman N, et al. 2002. The complexity of decentralized control of Markov decision processes. Mathematics of Operations Research, 27(4): 819-840.

［9］Conitzer V, Sandholm T. 2008. New complexity results about Nash equilibria. Games and Economic Behavior, 63 (2): 621-641.

［10］Akian M, Gaubert S, Hochart A. 2015. Ergodicity conditions for zero-sum games. Dynamical Systems, 35(9): 3901-3931.

［11］Yang K, Zhao Q. 2004. The balance problem of min-max systems is co-NP hard. Systems & Control Letters, 53 (3-4): 303-310.

第 16 章　鲁棒控制的瓶颈问题

周克敏

（山东科技大学）

摘　要：现代鲁棒控制发展和应用最关键的是要解决适应鲁棒控制方法的系统建模、控制器简化实现、分散鲁棒控制器设计以及系统的鲁棒性能和系统动态过程品质的一体化设计. 本篇试图从这几个方面提出一些要解决的关键问题.

关键词：鲁棒建模，控制器简化，分散控制，鲁棒动态品质一体化

16.1　引　言

保证控制系统某些关键特性对外部扰动的鲁棒性和对由于系统设计模型不确定性的鲁棒性是反馈控制设计的根本目标，因此可以说鲁棒控制是反馈控制的核心，也是古典控制中频率响应和根轨迹方法设计的核心目标. 但是古典的控制方法对处理多输入多输出的多变量系统的鲁棒设计就力不从心了，甚至有可能导致错误. 因此在过去三十多年中针对多变量系统的现代鲁棒控制（包括其核心 H_∞ 控制）受到了广泛重视，发展了一系列控制系统的鲁棒分析和设计方法，并在一些实际系统中得到了验证和应用. 现代鲁棒控制是反馈控制发展的一个重要的里程碑. 它正在和将要在很多科学与工程领域开花结果，包括复杂互联系统、混合系统、多智能体系统、信号处理、通信系统、智能电网、生物系统等. 关于反馈控制的历史展望，我们特别推荐读者参考关于控制发展的综述文章（Astrom and Kumar，2014），以及关于鲁棒控制的综述文章（Safonov，2012；Petersen and Tempo，2014）.

在黄琳院士主编的《中国学科发展战略：控制科学》第十二章"鲁棒控

制：回顾与展望"中，我们介绍了现代鲁棒控制发展的一些主要成果和存在的一些技术难题. 很显然，鲁棒控制还有众多的问题有待解决. 但很多这些理论与技术上的难题，并不是阻碍鲁棒控制应用的关键瓶颈问题. 真正阻碍现代鲁棒控制理论与方法在实际工程中应用的关键问题有几个方面：现代鲁棒控制教学、鲁棒控制系统的建模与鲁棒控制算法的实现. 下面我们将从这几个方面提出几个关键问题.

16.2　现代鲁棒控制教学

为什么说现代鲁棒控制教学阻碍了其在实际工程中的应用呢？因为我们的现代鲁棒控制教学过于注重抽象的、严格的数学描述，以及鲁棒控制问题数学解的公式形式和推导，而忽视了这些数学描述和公式如何与实际工程应用问题相联系. 工程人员无法直观地理解现代鲁棒控制方法的数学表示与工程现象的关系. 这与古典的频率响应和根轨迹方法设计形成了鲜明的对比，从而使得现代鲁棒控制远远没有被广泛地应用于一般的工业控制，即使在一些高精尖技术领域的应用也很有限. 在很大的程度上，现代鲁棒控制只是少数大学与高级研究机构这样的象牙塔中研究人员显摆的手段. 如何改变这种现状是值得我们深入思考的问题. 也许我们可以在鲁棒控制的推广和教学上更多地采用古典控制频域方法来表述鲁棒问题，也就是回归到 Zames 最初提出鲁棒 H 无穷控制的原始思想上去（Zames，1981），而把状态空间、泛函分析、算子理论、代数 Riccati 方程、线性矩阵不等式等仅仅用来作为计算和分析的工具. 当然我们也期待有更好的、更接地气的鲁棒控制教材.

我们现在用一个简单的问题来说明. 例如，我们希望系统对外部干扰的响应越小越好. 很显然，对一个给定的控制问题，有很多种定义所谓的"小"的方式. 在过去几十年的控制实践中，人们认识到由 H_∞ 范数定义的大小测度有着广泛的实际应用和明显的物理意义. 为了方便，我们定义 RH_∞ 为正则实有理稳定传递函数矩阵集. 那么一个传递函数矩阵 $G(s) \in RH_\infty$ 的 H_∞ 范数则定义为

$$\left\| G(s) \right\|_\infty = \sup_\omega \bar{\sigma}\left(G(j\omega)\right)$$

其中，$\bar{\sigma}(\cdot)$ 表示矩阵的最大奇异值. 而数学上 $G(s) \in RH_\infty$ 的 H_∞ 范数也可定义为

$$\left\|G(s)\right\|_\infty = \sup_{f \in L_2} \frac{\left\|G(s)f\right\|_2}{\left\|f\right\|_2}$$

即输入输出信号的放大倍数（在很多分析和推导中，我们更喜欢用这样的描述）.

当 $G(s)$ 是个标量传递函数时，$G(s)$ 的 H_∞ 范数就是系统在所有可能频率激励下的稳态响应放大倍数. 例如，当系统 $G(s)$ 的输入是 $u(t) = U\sin(\omega_0 t + \phi)$ 时，它的稳态响应则为 $y(t) = U\left|G(j\omega_0)\right|\sin(\omega_0 t + \phi + \angle G(j\omega_0))$. 因此其最大可能的放大倍数就是 $\sup_{\omega_0 \in R}\left|G(j\omega_0)\right|$，也就是 $G(s)$ 的 H_∞ 范数. 如果 $G(s)$ 描述的是一个桥梁的动态，$u(t) = U\sin(\omega_0 t + \phi)$ 是作用在桥梁上的扰动，$y(t)$ 是桥梁的变形，那么桥梁的稳态最大可能变形就是 $G(s)$ 的 H_∞ 范数. 因此一个好的桥梁控制系统就可以描述为使得这样的变形最小的系统. 这种描述是很容易为工程师所接受的. 同样地，数学上我们可以把这个问题描述为设计控制系统，使得扰动信号的能量放大倍数尽可能小，然而这对工程师来说不是很直观.

16.3 鲁棒控制系统的建模

在现有的控制系统设计方法中，模型是关键. 但是，通过物理原理以及系统辨识等方法获得的数学模型并不能将实际系统的动态特性完整地表现出来，只能表现系统的局部特性. 另外，由于实际系统基本上都是无限维时变非线性的，对它们进行的有限维时不变线性近似仅在特征点周围成立. 当工作范围扩大，或者特征点发生变化时，无限维时变非线性的影响就会表露出来. 因此，如果在控制系统设计时不考虑模型与实际系统之间的差异，就不可能设计出最合适的控制系统. 由于不可能准确地建立实际系统模型，所以不能用单一的模型来表示实际系统. 一般的做法是先选取一个可供实际使用的标称模型，然后对实际系统和此模型之间的差异，即对不确定性的范围进行估算. 这样就可以建立起一个包含实际系统模型的集合. 因此，如果在设计控制器时，如果能保证整个系统模型集合的稳定性和控制性能，那么实际系统的稳定性

和控制性能也能得到保障.

尽管控制对象的不确定性的表现形式千差万别，一般地都可以表示为下列线性分式变换形式如图 16-3-1 所示：

$$z = F_u(M(s), \Delta)w, \quad \Delta \in \boldsymbol{\Delta}$$

$$F_u(M(s), \Delta) := M_{22}(s) + M_{21}(s)\Delta(I - M_{11}(s)\Delta)^{-1}M_{12}(s)$$

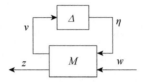

图 16-3-1 不确定系统的一般形式

其中，$M(s)$ 是一个 $(p_1 + p_2) \times (q_1 + q_2)$ 描述控制对象不确定性关系的闭环传递函数矩阵；$\boldsymbol{\Delta}$ 是描述模型不确定性的集合. 特别地，由 $\Delta = 0$ 可导出 $z = M_{22}(s)w$，故称 $M_{22}(s)$ 为控制对象的标称模型. 不失一般性，我们假设不确定性 $\Delta \in \boldsymbol{\Delta}$ 满足 $\|\Delta\|_\infty \leqslant 1$. 当 $M_{11}(s) = 0$ 时，这种不确定性描述包含了常见的加性和乘性不确定性为其中的特例. 当系统的不确定性包含实参数和动态不确定性时，由于动态不确定性在每个频率的响应是个复数，因此系统的不确定性可以一般地表示为下列形式：

$$\boldsymbol{\Delta} = \left\{ \begin{array}{l} \text{diag}[\phi_1 I_{m_1}, \phi_2 I_{n_2}, \cdots, \phi_{r_1} I_{n_{r1}}, \delta_1 I_{k_1}, \delta_2 I_{k_2}, \cdots, \\ \delta_{c_1} I_{k_{c1}}, \Delta_1, \Delta_2, \cdots \Delta_F] : \phi_i \in R, \delta_j \in C, \Delta_l \in C^{m_l \times m_l} \end{array} \right\}$$

其中，ϕ_i 是实数；δ_j 是复数；Δ_l 是复数矩阵.

假设 $M(s)$ 是一个稳定的传递函数矩阵. 如果对所有满足 $\|\Delta\|_\infty \leqslant 1$ 的 $\Delta \in \boldsymbol{\Delta}$，闭环系统都稳定，则称系统鲁棒稳定. 很显然此系统是鲁棒稳定的，当且仅当对所有满足 $\|\Delta\|_\infty \leqslant 1$ 的 $\Delta \in \boldsymbol{\Delta}$，$(I - M_{11}(s)\Delta)^{-1}$ 都稳定.

假设 N 是一个适当维数的复矩阵. 定义

$$\mu_\Delta(N) = \left\{ \min\{\bar{\sigma}(\Delta) : \Delta \in \boldsymbol{\Delta}, \det(I - N\Delta) = 0\} \right\}^{-1}$$

则闭环控制系统对所有不确定性 Δ 满足 $\Delta(j\omega) \in \boldsymbol{\Delta}$ 且 $\|\Delta\|_\infty \leqslant 1$ 是稳定的，当且仅当 $\sup_{\omega \in R} \mu_\Delta(M_{11}(j\omega)) < 1$（Doyle，1982）.

一般情况下，μ_Δ 并不容易计算. 通常可用它的某些上下界来保证. 为了计算它的上下界，定义三个矩阵集

$$\Phi = \left\{ \Delta \in \Delta : \phi_i \in [-1,1], \left| \delta_j \right| = 1, \Delta_l^* \Delta_l = I_{m_l} \right\}$$

$$\Gamma = \left\{ \begin{array}{l} \mathrm{diag}[\tilde{D}_1, \cdots, \tilde{D}_{r_1}, D_1, \cdots, D_{c_1}, d_1 I_{m_1}, \cdots d_{F-1} I_{m_{F-1}}, I_{m_F}] : \\ \tilde{D}_i \in C^{n_i x n_i}, \tilde{D}_i = \tilde{D}_i^* > 0, D_j \in C^{k_j x k_j}, D_j = D_j^* > 0, d_l \in R, d_l > 0 \end{array} \right\}$$

$$\Omega = \left\{ \mathrm{diag}[G_1, \cdots, G_{r_1}, 0, \cdots, 0] : G_i = G_i^* \in C^{n_i x n_i} \right\}$$

我们有

$$\max_{Q \in \Phi} \rho_R(QN) = \mu_\Delta(N) \leqslant \inf_{D \in \Gamma, G \in \Omega} \min \left\{ \beta : N^* DN + j(GN - N^*G) - \beta^2 D \leqslant 0 \right\}$$

$$\leqslant \inf_{D \in \Gamma} \bar{\sigma}(DND^{-1})$$

其中，$\rho_R(\bullet)$ 是矩阵的实谱半径. 如果 N 是一个传递函数矩阵，则有

$$\sup_{\omega \in R} \mu_\Delta(N(j\omega)) \leqslant \inf_{D(s), D^{-1}(s) \in H_\infty, D(j\omega) \in \Gamma} \left\| D(s)N(s)D^{-1}(s) \right\|_\infty$$

为了判定系统的鲁棒性能，定义

$$\Delta_P := \left\{ \Delta_P = \begin{bmatrix} \Delta & \\ & \Delta_f \end{bmatrix} : \Delta \in \Delta, \Delta_f \in C^{q_2 \times p_2} \right\}$$

那么对所有满足 $\left\| \Delta \right\|_\infty \leqslant 1$ 的 $\Delta \in \Delta$，闭环系统都鲁棒稳定并且 $\left\| F_u(M(s), \Delta) \right\|_\infty < 1$ 当且仅当 $\sup_{\omega \in R} \mu_{\Delta_P}(M(j\omega)) < 1$. 要判断系统的鲁棒性能，即计算 $\sup_{\omega \in R} \mu_{\Delta_P}(M(j\omega))$，最合适的方法是利用它的上界

$$\sup_{\omega \in R} \mu_{\Delta_P}(M(j\omega)) \leqslant \inf_{D_f(s), D_f^{-1}(s) \in H_\infty, D_f(j\omega) \in \Gamma_f} \left\| D_f(s)M(s)D_f^{-1}(s) \right\|_\infty$$

其中

$$\Gamma_f := \left\{ D_f = \begin{bmatrix} D & \\ & d_f I \end{bmatrix} : D \in \Gamma, d_f > 0 \right\}$$

综上所述，很多鲁棒稳定性和鲁棒性能分析问题都可以归结为某个（加权的）闭环传递函数 H_∞ 范数的优化问题. 更一般地，闭环传递函数 $M(s)$ 是镇定控制器 $K(s)$ 的函数. 因此，鲁棒控制问题就变成了要找一个镇定控制器 $K(s)$，使得

$$\min_K \sup_{\omega \in R} \mu_{\Delta_P}(M(j\omega)) < 1.$$

这个问题现在还没有完全解决，首先是 $\mu_\Delta(M)$ 本身不好计算，因此一种合理的方法是利用它的一个上界找到合适的镇定控制器，使得

$$\min_{K} \sup_{\omega \in R} \mu_{\Delta_P}(M(j\omega)) \leqslant \min_{K} \inf_{D_f(s), D_f^{-1}(s) \in H_\infty, D_f(j\omega) \in \Gamma_f} \left\| D_f(s) M(s) D_f^{-1}(s) \right\|_\infty < 1$$

在上面的优化设计中,没有办法同时求解定标传递函数阵 $D_f(s)$ 和控制器 $K(s)$,常用的方法是所谓的 D-K 迭代算法. 其思想是:当控制器 $K(s)$ 给定时,闭环传递函数矩阵 $M(s)$ 也就给定了. 所以,定标阵 $D_f(s)$ 可以逐点计算. 而当定标阵 $D_f(s)$ 给定时,控制器 $K(s)$ 可以通过解标准的 H_∞ 控制问题来求解. 重复这样的迭代过程,直到找到合适的控制器.

以上的鲁棒解中,我们面临着几个计算上的难题:首先,一般情况下,精确计算 $\sup_{\omega \in R} \mu_{\Delta_P}(M(j\omega))$ 还不可能;其次,精确计算 $\min_{K} \sup_{\omega \in R} \mu_{\Delta_P}(M(j\omega))$ 更不可能;最后,D-K 迭代算法不能完全求解 $\min_{K} \inf_{D_f(s), D_f^{-1}(s) \in H_\infty, D_f(j\omega) \in \Gamma_f} \left\| D_f(s) M(s) D_f^{-1}(s) \right\|_\infty$.

这些问题显然值得研究. 但是从实际应用来说,并非是最关键的. 因为实践证明它们的上下界在大多数情况下是足够满足实际需求的.

问题的真正关键是如何得到不确定系统模型的 $(M(s), \Delta)$ 描述,并且确认是否是最合适的. 更重要的是,即使我们有了一个 $(M(s), \Delta)$ 的描述,这样的不确定系统描述并不一定是最好的描述. 例如,系统 $P_1(s) = \dfrac{10}{s-1}$ 和 $P_2(s) = \dfrac{10}{s}$ 之间的距离如果用 $\Delta(s) = P_1(s) - P_2(s)$ 来描述,那么 $\left\| \Delta(s) \right\|_\infty = \infty$. 这似乎表明这两个系统有很大差距,要控制这两个系统需要用完全不同的控制器,但是任何一个控制工程师都知道这两个系统很容易用一个足够大的增益控制来调节. 因此从反馈控制的角度,这个系统距离描述并不一定合适,也许用系统之间的 υ-间隙测度来描述更合适(Vinnicombe,1993,2000 年). 粗略来说(在系统满足某些较弱的条件下),两个系统 $P_1(s)$ 和 $P_2(s)$ 之间的 υ-间隙测度可由下列公式来计算

$$\delta_\upsilon(P_1, P_2) = \sup_{\omega \in \mathbb{R}} \delta_\upsilon(P_1(j\omega), P_2(j\omega))$$

其中,当 $P_1(s)$ 和 $P_2(s)$ 是标量传递函数时,$\delta_\upsilon(P_1, P_2)$ 可表示为

$$\delta_\upsilon(P_1, P_2) = \sup_{\omega \in \mathbb{R}} \frac{|P_1(j\omega) - P_2(j\omega)|}{\sqrt{1 + |P_1(j\omega)|^2}\sqrt{1 + |P_2(j\omega)|^2}}$$

例如，$\delta_\upsilon\left(\dfrac{10}{s-1},\dfrac{10}{s}\right)=\dfrac{1}{\sqrt{101}}$ 是个相对很小的数. 因此这两个系统的闭环特性很

相近.

那么如何将这种系统距离度量和上面的结构不确定性鲁棒综合联系起来

就是个值得研究的问题了.

16.4　鲁棒控制算法的实现

一般来说由 D-K 迭代算法计算出的控制器的阶数是比较高的. 由于最后

的控制器是在固定的传递函数阵 $D_f(s)$ 下求出的 H_∞ 控制器 $K(s)$. 我们只需

要考虑在标准的 H_∞ 控制框架下如何简化 H_∞ 控制器. 假设

$$G=\begin{bmatrix} G_{11} & G_{12} \\ G_{21} & G_{22} \end{bmatrix}$$

并定义图 16-4-1 中从 w 到 z 的传递函数

$$T_{zw}(s)=F_\ell(G(s),K(s)):=G_{11}(s)+G_{12}(s)K(s)(I-G_{22}(s)K(s))^{-1}G_{21}(s)$$

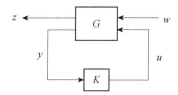

图 16-4-1　反馈系统的一般结构

则所有满足 $\left\|F_\ell(G,K)\right\|_\infty<\gamma$ 的镇定控制器可以参数化为

$$K_\infty=F_\ell(\hat{M}_\infty,Q):=\hat{M}_{11}(s)+\hat{M}_{12}(s)Q(s)(I-\hat{M}_{22}(s)Q(s))^{-1}\hat{M}_{21}(s)$$

其中，$Q\in RH_\infty$ 为任意传递函数矩阵满足 $\left\|Q\right\|_\infty<\gamma$

$$\hat{M}_\infty=\begin{bmatrix} \hat{M}_{11}(s) & \hat{M}_{12}(s) \\ \hat{M}_{21}(s) & \hat{M}_{22}(s) \end{bmatrix}=\left[\begin{array}{c|cc} \hat{A} & \hat{B}_1 & \hat{B}_2 \\ \hline \hat{C}_1 & \hat{D}_{11} & \hat{D}_{12} \\ \hat{C}_2 & \hat{D}_{21} & \hat{D}_{22} \end{array}\right]$$

其中，$\hat{M}_{12}^{-1}$ 和 $\hat{M}_{21}^{-1}$ 都是稳定传递函数矩阵. 当 $Q=0$ 时的控制器，$K_\infty=\hat{M}_{11}$，

叫作中心控制器. 一种控制器简化的方法是找到一个低阶的 K_r 使得下式成立

$$\left\|\hat{M}_{12}^{-1}(K_r - \hat{M}_{11})\hat{M}_{21}^{-1}\right\|_\infty < \frac{\gamma}{1 + \gamma\left\|\hat{M}_{22}\right\|_\infty}$$

那么这个低阶的 K_r 也满足 $\left\|F_\ell(G, K_r)\right\|_\infty < \gamma$.

因此，一般给定 W_1、W_2 以及 K ，求解 $\min_{K_r}\left\|W_1(K_r - K)W_2\right\|_\infty$ 是问题的关键. 很多控制器简化方法也都归结到这样的问题上（Zhou et al，1996；Goddard 和 Glover，1998）. 试图解决这个加权逼近问题的一些方法，包括频域加权平衡模型降阶和频域加权 Hankel 范数模型降阶（Enns，1984；Zhou，1995），实际效果并非总是满意的.

另一种设计简单控制器的方法就是固定控制器的结构，如 PID 控制器，然后进行数值优化. 在这方面已经有了很多工作，比较有影响的是 Overton 的 HIFOO（H-infinity fixed-order optimization）MATLAB 软件包（Overton，2006；Gumussoy et al，2009）. 这种方法的一个优点是很容易被工程人员接受，另一个优点是可以解决结构受限制的控制问题，如分散鲁棒控制. 然而一般我们无法判断一个数值优化解是否为全局最优化，因此这种固定控制器结构的设计方法也许会成为工程实际应用的重要手段.

16.5 分散鲁棒控制

在工程实践中，由于时间和空间尺度的限制，许多系统必须采用分散控制，如电网系统. 但是鲁棒控制的理论研究几乎都聚集在集中控制，而分散鲁棒控制的研究还处在初级阶段，没有比较满意的结果. 因此发展分散（或者结构受限制的）鲁棒控制理论很有必要. 因为任何线性结构化的控制都可以转化为对角形式，例如

$$\begin{bmatrix} K_{11} & K_{12} \\ 0 & K_{22} \end{bmatrix} = \begin{bmatrix} I & I & 0 \\ 0 & 0 & I \end{bmatrix}\begin{bmatrix} K_{11} & & \\ & K_{12} & \\ & & K_{22} \end{bmatrix}\begin{bmatrix} I & 0 \\ 0 & I \\ 0 & I \end{bmatrix}$$

作为第一步，可以考虑当控制器为两个对角方块，即

$$K(s) = \begin{bmatrix} K_1(s) & 0 \\ 0 & K_2(s) \end{bmatrix}$$

时的 H_∞ 控制问题. 很显然分散 H_∞ 控制器 $K_{dc\infty}$ 必然是集中 H_∞ 控制器的一个子集，即

$$K_{dc\infty} \subset \left\{ K_\infty = F_\ell(\hat{M}_\infty, Q),\ Q \in H_\infty \right\}$$

因此解决这个问题可以从几个方向入手：①找到使得 $K_{dc\infty}$ 为对角的、可计算的 Q 约束条件；②把分散 H_∞ 控制问题转换（或者放松）成某个凸优化问题；③转换成本章 16.4 中控制器结构有约束的逼近问题，即假设 K_r 为对角但没有限制阶数；④进行固定控制器结构的数值优化.

16.6　鲁棒控制的一般结构

一般来说，对一个系统的鲁棒性能和标称系统动态过程的品质要求是矛盾的. 一个控制系统越鲁棒，它的标称系统动态性能就可能会越差. 要解决这样的问题，我们需要改变控制器的结构. 下面的控制器参数化提供了一种可能.

令 $G = M^{-1}N$ 为一个标称模型传递函数的左互质稳定分解. 设 K_0 为 G 的一个镇定控制器（$u = K_0 y$）且 $K_0 = -V^{-1}U$ 为一个左互质稳定分解，则所有两个自由度的镇定控制器

$u = K_1 r + K_2 y$ 都可以表示为

$$K = [K_1, K_2] = (V - QN)^{-1}[Q_1,\ -(U + QM)]$$

其中，Q_1 和 Q 可为任意的正则稳定传递函数矩阵（Youla and Bongiorno, 1985）. 这个参数化的意义在于，给定任意稳定的 Q_1 和 Q，这个控制器可使系统稳定. 另外，任何镇定控制器都可以表示为这样的形式.

由于 U 和 V 是左互质稳定分解，不失一般性，我们可取 $Q_1 = UW + VF$ 即 $K = (V - QN)^{-1}[UW + VF, -(U + QM)]$，其中 W 和 F 为任意选择的正则稳定传递函数矩阵.（我们说不失一般性，是因为给定任意正则稳定 Q_1 都可以找到正则稳定 W 和 F 使得 $Q_1 = UW + VF$.）则这个二自由度参数化镇定控制器可以用图 16-6-1 表示.

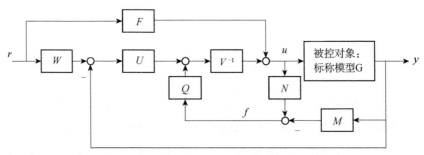

图 16-6-1　高性能鲁棒控制结构

　　这个控制结构虽然表面上看起来复杂，但每一部分控制器都有明确的分工和目标. 这个控制器可以这样来设计： 设计 $K_0 = -V^{-1}U$，F 和 W 以达到最好的标称性能，设计 Q 来达到鲁棒性. 为了更容易解释其中的原理，假设系统 G 是稳定的，则 M 可取为 I，$N = G$. 因此 f 就是测量输出与模型估计输出的残差，既可以用于检测系统的故障，也可以用于识别实际模型和标称模型的差距. 当实际模型和标称模型差距很小时，f 也很小，因此系统基本上由 $K_0 = -V^{-1}U$ 控制并具有最优的性能. 当实际模型和标称模型差距较大时，Q 可以用来进行补偿而达到鲁棒性. 控制器 Q 还可以根据对信号 f 的评价结果进行自适应调整或者预测控制. 因此这种控制结构提供了解决故障诊断、自适应控制、分离性能和鲁棒性矛盾的可能性. 如何设计这个控制结构中的每一块以达到理想的效果还有待于进一步开发（Zhou 和 Ren，2001；Zhou，2005 年）. 在一些控制应用中的扰动观测器（DOB）控制和自抗扰控制（ADRC）可以认为是这个控制结构的特例（Guo 和 Cao，2014）.

16.7　结　束　语

　　很显然，我们这里提出的问题不可避免地反映了作者个人的偏见和有限的认知，但我们仍然希望能以此激起控制理论与工程应用的同行们更加深入的讨论与思考.

致　　谢

　　此工作是部分在国家自然基金重点项目（60933006 和 61433011）支持下完成的.

参 考 文 献

黄琳, 等. 2015. 中国学科发展战略·控制科学. 北京: 科学出版社.

Åström K, Kumar P R. 2014. Control: A perspective. Automatica, 50: 3-43.

Doyle J C. 1982. Analysis of feedback systems with structured uncertainties. IEE Proceedings, Part D, 129 (6): 242-250.

Doyle J C, Glover K, Khargonekar P P, et al. 1989. State-space solutions to standard H_2 and H_∞ control problems. IEEE Transactions on Automatic Control, 34(8): 831-847.

Enns D. 1984. Model reduction with balanced realizations: An error bound and a frequency weighted generalization//Proc. 23rd IEEE Conference on Decision and Control. Las Vegas, NV, 23 :127-132.

Goddard P J, Glover K. 1998. Controller approximation: Approaches for preserving H_∞ performance. IEEE Transactions on Automatic Control, 43(7): 858-871.

Gumussoy S, Henrion D, Millstone M, et al. 2009. Multiobjective robust control with HIFOO 2.0. IFAC Symposium on Robust Control Design, Haifa, Israel.

Guo L, Cao S. 2014. Anti-disturbance control theory for systems with multiple disturbances: A survey. ISA Transactions, 53: 846-849.

Overton M L. 2006. HIFOO: H_∞ fixed order optimization: A matlab package for fixed-order controller design, http://www.cs.nyu.edu/overton/software/hifoo.

Petersen I, Tempo R. 2014. Robust control of uncertain systems: Classical results and recent developments. Automatica, 50: 1315-1335.

Safonov M G. 2012. Origins of robust control: Early history and future speculations. Annual Reviews in Control, 36:173-181.

Vinnicombe G. 1993. Frequency domain uncertainty and the graph topology. IEEE Transactions on Automatic Control, 38(9): 1371-1383.

Vinnicombe G. 2000. Uncertainty and Feedback: H_∞ Loop-Shaping and the υ -Gap Metric. UK: Imperil College Press.

Youla D C, Bongiorno J J, Jr. 1985. A feedback theory of two-degree-of freedom optimal Wiener-Hopf design. IEEE Transactions on Automatic Control, 30(7): 652-665.

Zames G. 1981. Feedback and optimal sensitivity: Model reference transformations, multiplicative seminorms, and approximate inverses. IEEE Transactions on Automatic Control, 26(2): 301-320.

Zhou K. 1995. Frequency weighted L_∞ norm and optimal Hankel norm model reduction. IEEE Transactions on Automatic Control, 40(10): 1687-1699.

Zhou K. 2005. A new approach to robust and fault tolerant control. ACTA Automatica Sinca, 31(1): 43-55.

Zhou K, Ren Z. 2001. A new controller architecture for high performance, robust, adaptive, and fault tolerant control. IEEE Transactions on Automatic Control, 46(10): 1613-1618.

Zhou K, Doyle J C, Glover K. 2001. Robust and Optimal Control. New Jersey: Upper Saddle River.

Zhou K, Doyle J C, Glover K, Robust and Optimal Control, Upper Soddle River, New Jersey: Prentice Hall, 1996.

第17章 怎样的受控对象更好控制

邹　云

（南京理工大学自动化学院）

摘　要： 随着系统规模、复杂度与控制要求的日益增高，受控对象参数对控制器性能的影响越来越严重. 而受控对象总体设计涉及学科众多，要求它与具体控制器一体化设计与调整并不现实. 这就要求控制环节回答：一般来说，满足怎样指标的受控对象更利于控制器设计？这是一个控制科学的新问题.

17.1 引　言

控制器的控制能力是存在极限的[1-3]. 许多情形下，它受到受控对象结构的明显制约[4,5]. 有时，其影响是非常严重的[6,7]. 在受控对象的系统总体设计中，如何考虑控制器设计的要求[8]？亦即控制如何参与系统的总体设计？这是控制科学进一步发展所必须解决的一个重大问题. 一直以来，它面临的主要挑战如下.

17.1.1 系统总体设计与控制器设计难以集成：传统的分离设计原则

受控对象结构设计是一个首要且基本的底层设计环节的设计任务，主要目标是多学科交叉地实现系统必需的基本功能. 在此基础上，是可靠性、维修性和安全性设计等更高层次的设计任务，以实现系统的基本功能在复杂工况下得以可靠运行与有效维护. 最后，才是针对给定受控对象设计控制器的设计任务，主要目的是通过给定对象的基本功能精准地实现预定行为目标. 因此，控制器设计实际上是一个处于整个设计过程末端的设计环节.

底层环节的对象设计及其后续可靠性等部分设计任务在实践中很难分割，合称为"系统总体设计"．处于末端设计环节的控制器设计则专属控制学科，比较专门、也比较复杂．不同控制工程师的设计偏好不同，因此，要求在底层设计环节就考虑位于末端设计环节的具体控制器设计的要求，仅就建模而言就已经十分困难[9]．从逻辑上来说，若能将底层设计环节与末端设计环节一体化建模，则意味着多学科协同的系统总体设计已基本成型．此时，仅为提高控制器性能而要求系统总体设计配合迭代调整对象结构设计参数的代价很高，得不偿失、可行性不高．对此，一位风电系统总体设计师是这样评注的：如果控制不能实现功能，会改总体设计；如果只是为了提升控制性能，总体设计一般不会动．

因此，长期以来控制理论与控制工程的主流设计思想都是将控制器设计与系统总体设计分离，进行独立设计，即针对业已成型的（给定的）受控对象，进行相应控制器的设计与优化（图 17-1-1）．

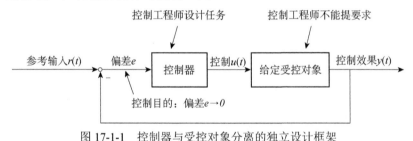

图 17-1-1　控制器与受控对象分离的独立设计框架

17.1.2　控制系统传统设计着眼点的局限性：单纯提高控制策略有效性

关于反馈控制能力的局限性，控制界一直有着深刻的认识．其中，以郭雷院士于 2002 年提出了"反馈控制能力的极限"问题[2]最为深刻．这一课题的研究给出了对象结构一经给定、反馈控制究竟能走多远的精确解析，从而非常本质地揭示出传统控制设计思维的极限所在．

20 世纪末至今，更多的学者从日益复杂的工业控制工程里遇到的问题和挑战[5-9]中，意识到在日益复杂的控制任务中，受控对象的结构对控制器设计的制约日益严重[5]，有时甚至必须重新设计结构才能满足最低的控制设计要求[6,7]，进而发展出受控对象-控制器设计参数联立求解的一体化设计方法[9-12]（图 17-1-2）．

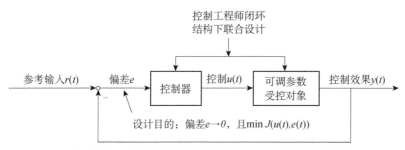

图 17-1-2　受控对象-控制器一体化设计的原理示意图

其中，$J\big(u(t),e(t)\big)$ 为相关最优控制设计性能指标. 然而，或许受到受控对象与控制器分离设计这一既往历史的长期影响，控制工程师和控制理论学者的着眼点被局限于关注控制器的设计艺术本身：针对受控对象，设计出巧妙的控制策略，以优化的效果实现既定控制目标. 因此，一体化设计并没有从实际占据主导地位的系统总体设计出发看问题，而是本着"提高控制器控制效果"的控制设计视角，从具体的控制器设计出发，要求系统总体设计给出更适合其具体控制器设计中所需要的受控对象的具体结构参数.

这在许多系统总体设计师看来，未免有些本末倒置了，尤其在量产的工业化设计中可行性不高. 在他们看来：控制服务于对象，而非相反. 因而控制工程师介入总体设计，必须从总体的角度出发来考虑整个过程，而非单纯地从控制效果出发对众多学科、部门、各种设计标准及协调审定程序的总体设计提出要求. 既然介入总体设计，那么就首先应该是总体设计师，其次才是控制工程师. 应该说这个观点是有其合理之处的.

事实上，系统总体设计师更希望控制工程师像可靠性工程师一样，能够提出如图 17-1-3 所示的给出仅与受控对象结构有关的设计指标供底层设计环节设计时参考[13]，而非如图 17-1-2 所示的将具体控制器设计过程与系统总体设计进行交互联动，并直接对总体参数提出出于控制视角考虑的要求[10-12].

事实上，只要控制器设计的要求被反映到了总体设计环节中，就是受控对象-控制器一体化设计，而并非一定要将具体的控制器参数与受控对象参数进行联立一体优化设计. 后者只是控制工程师从单纯的控制视角出发提出的一种实现控制环节介入总体设计的可能方案，并不是唯一的手段. 就如可靠性工程师所做的那样，将具体控制器设计与总体设计环节剥离、一样也可以对总体设计环节提出控制设计的要求. 从控制工程师设计角度来说，这就相当于回答：他们更希望获得满足怎样指标的受控对象？对此，控制界似乎至今并未做出足够积极的响应. 这或许正是控制如何参与系统总体设计一直未得到较好解决的主要原因.

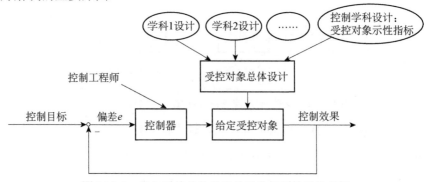

图 17-1-3　参与系统总体设计的对象控制性设计指标

本章就这一背景，给出了"怎样的受控对象更好控制"的一种可能的数学描述. 在此基础上，进一步提出了两个控制学猜想及可行的研究框架. 同时，对这一领域的相关研究动态和进展也给予了简要的回顾与综述.

17.2　问题的一般描述

发展与提高控制器的设计技术与水准只是控制理论与技术的一个至关重要的手段，因此理论上来说：提高闭环系统的调控质量（而非多学科交叉的总体设计综合水准），才是它所关心的唯一的和最终的目标. 这就使得控制学科参与系统总体设计时，首先必须克服以控制器设计为核心的单纯控制设计思维. 于是，如何基于系统总体设计的角度、提出控制参与系统总体设计的有效途径与方法以克服第 1 章所指出的困难？就成为控制科学必须解决的瓶颈问题.

显然，基于 17.2 的分析，这就需要控制界针对常用的控制策略和控制任务，分析并提出具有一般意义的受控对象的共性特性，归纳成设计指标供系统总体设计环节设计对象时参考，以更好地传承"控制，服务于对象，而非相反"的控制器经典设计宗旨.

这个问题可以更为形象的表达为：**一般而言，怎样的受控对象更好控制？**[①]事实上，这个问题在社会系统中广泛存在，如学校招生、球队遴选、

———————————

① 当然，针对特别的任务或特别的情况也可特别地提问: 这种情形下怎样的对象更好控制? 以形成特别指标.

公司招工、政治选举等，相关概念和方法非常具体、系统. 这与工程系统的现状形成鲜明对比. 它们都具有一个共同的特点：不可能一边教学、工作、比赛和施政，一边录用、聘用地"选才教学、训练成管理的方法一体化优化进行"，而是必须与后续的具体学习工作经历剥离，就某些参考测试指标的高低好坏的综合分析对录取和聘用做出决断.

"怎样的受控对象更好控制？"从专业角度分析，包含以下几个方面的子问题：

（1）对给定的控制策略、给定的控制任务，一个对象是"更好控制"的确切定义是什么？

（2）上述定义下，怎样的指标、在怎样的意义下可以描述受控对象"更好控制的程度"？为方便计，称之为受控对象的控制性设计指标[13]. 该指标仅与受控对象的结构参数有关.

（3）是否存在能够针对一大类常用控制策略和常见控制任务都成立的控制性设计指标？若存在，是什么？

17.3　问题的两个猜想

这里，介绍一种可能的描述框架[14, 15]，以作抛砖引玉之用.

在日常生活中，"更好控制"对象的意义是非常明确的，如高等学位教育中，怎样的学生更好培养？通常，这意味着针对该对象，采用同样控制方法、在同样性能准则下：

（1）培养效果更好，亦即闭环控制的性能指标更佳.

（2）耗能或消耗资源更少，亦即所需控制能量更小.

至于刻画"更好控制的对象"的示性指标，在日常生活的案例中已经存在，如招收"更好培养"的研究生，最常见的有两种：①反应灵活、理解迅速、举一反三，反映到控制理论的既有概念，首选能控度[16-22]；②记忆力强、过目不忘、旁征博引，反映到信息理论的既有概念，首选信息熵[23, 24].

相应地，可启发性地提出如下两个可能的候选指标.

猜想 17-3-1：能控度或可作为控制性设计指标，即某种前提下，能控度较高的受控对象更好控制.

猜想 17-3-2：信息熵或可作为控制性设计指标，即某种前提下，信息熵较低的受控对象更好控制.

为清晰起见，下面对相关猜想给出更为严谨合理的提法[14, 15].

设线性定常系统为 $\Sigma(A,B)$：$\dot{x}=Ax+Bu$，其中 $A\in\mathbb{R}^{n\times n}$ 为系统的状态矩阵，$B\in\mathbb{R}^{n\times m}$ 为输入矩阵. $\mu=\mu(A,B)$ 为其某类结构特性，控制策略优化设计方法为 K，控制器设计闭环性能指标为 $\min J$. 记 Ξ 为控制策略优化设计方法组成的集合.

定义 17-3-1 对给定的控制策略设计方法 K，称 $\mu(A,B)$ 为"更好控制的对象"的全局度量，系指若 $\mu(A_2,B_2)>\mu(A_1,B_1)$，则 $J_2<J_1$. 亦即 $\Sigma(A_2,B_2)$ 比 $\Sigma(A_1,B_1)$ 更好控制. 若对于任意的 $K\in\Xi$，$\mu(A,B)$ 均为"更好控制的对象"的全局度量，则称 $\mu(A,B)$ 为 Ξ 上的一个全局控制性设计指标.

一般而言，未必 (A,B) 的全体分量都对 μ 有影响. 设 Ω 为 (A,B) 的对 μ 有影响的分量构成的集合，则 $\mu=\mu(\theta),\theta\in\Omega$.

定义 17-3-2 对给定的控制策略设计方法 K，称 μ 为"更好控制的对象"的局部度量，系指对 Ω 以外的分量都相同的 (A_1,B_1) 和 (A_2,B_2)，若 $\mu(A_2,B_2)>\mu(A_1,B_1)$，则 $J_2<J_1$. 亦即就影响 μ 的因素来说，在其余参数均相等的情况下，$\Sigma(A_2,B_2)$ 比 $\Sigma(A_1,B_1)$ 更好控制. 若对于任意的 $K\in\Xi$，$\mu(A,B)$ 均为"更好控制的对象"的局部度量，则称 $\mu(A,B)$ 为 Ξ 上的一个局部控制性设计指标.

定义 17-3-1 和定义 17-3-2 的控制学意义是明确的. (A,B) 中对 μ 有影响的分量未必涵盖对 J 有影响的分量. 这样一来，同样的 μ 就会有不同的 J. 于是在 μ 是连续的情形下，逻辑上必将导致存在一个相对小的 μ，却反而对应更好的 J. 因此，μ-度量下来的"更好控制"一般而言只是局部的，它在"不影响 μ 的分量"都相等的前提下才成立.

这与实际情况是吻合的. 例如，遴选研究生时，某些非智力因素在遴选标准中没有得以体现，但就许多个案而言，这些非智力因素在培养质量上起着至关重要的作用. 文献 [25] 针对低速风力发电系统伺服控制的研究同样揭示了这一点：尽管参数摄动裕度能控度[19]与能量能控度[18]都可被采纳，但能量能控度更具工程意义，涉及更多的对象参数，优化空间更大，因此效果更佳. 在其他控制问题中，或许参数裕度能控度更具优势. 可以预期，控制性设计指标一般都会是局部的.

此外作为常识, 可以预期对本质非线性对象、需要在大范围偏离平衡点处实施控制的非线性对象、强时变的对象以及非线性控制策略, 本节的能控度猜想一般不再成立. 实际生活中, 所谓的"偏才""怪才"以及"严重扭曲的教育模式下的选材"等皆属此类对象和策略的极端典型. 通常的遴选标准和程序对他们将失去作用.

结合定义 1 和定义 2, 这里将前述猜想 1 和猜想 2 更为严谨地叙述如下:

控制性设计指标的能控度与信息熵猜想: 针对线性定常系统的一大类常用线性控制策略和常见控制任务, 恰当定义的能控度及信息熵的倒数或可作为控制性设计指标.

17.4　猜想的研究框架

17.3 的猜想中, 关于"一大类常用控制策略和常见控制任务"意义下的控制性设计指标的普适性验证是一件十分繁复和困难的任务. 必须针对大多数常见控制任务与控制策略, 逐一验证 (图 17-4-1): 同等情形下, 示性指标越高的受控对象, 控制效果更好、控制损耗更小.

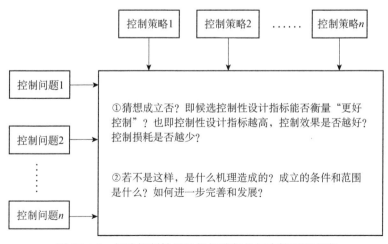

图 17-4-1　候选控制性设计指标猜想的探索性研究方案

17.5 猜想的研究进展与展望

目前已开展的工作主要针对猜想 1——能控度猜想展开. 关于猜想 2——信息熵猜想则尚未见有文献报道.

能控度作为受控对象能控程度的度量, 是反映对象能控性程度的一种定量描述, 已被广泛应用于实际系统的研究中[19, 26-32]. 从控制工程意义上来说, 它试图定量反映一个受控对象能够完成给定控制任务的能力大小. 同时, 能控度是受控对象的开环结构特性, 与具体控制器参数无关. 这从能控性判据只与受控对象的结构参数 A, B 有关即可知.

能控度最早由 Kalman 于 1962 年提出[20]. 随后, Muller 和 Weber 从最小能量的角度提出了以线性系统可控性克莱姆矩阵的三种标量值作为能控度的定义[18]. Paige 将可控集到不可控集的距离定义为能控度[19, 21]. Viswanathan 等在控制输入量的绝对值不大于 1 的约束下, 将一定时间内不能被控制到原点的初始状态的最小模值定义为能控度[16, 22]. 此外, Roh 和 Park 提出了模态能控度的概念[17].

能控度指标[18]提出不久即被应用于优化以弹性连杆机构为代表的对象参数优化设计中, 获得了丰硕的研究成果. 文献 [26] 将能控度指标用于优化振动控制中作动器和传感器的位置. 在文献 [27] 中, 能控度指标被用于确定能够综合反映主动控制器作动、检测能力及避免"溢出"的性能指标函数. 何程[28]等提出用能控度指标来判断结构控制系统中作动器配置方案的优劣.

能控度还广泛用于卫星、飞行器的姿态控制的优化设计中. 文献 [5]、[29] ～ [32] 为了消除三轴稳定卫星的姿态偏差, 引入能控度作为优化指标. 这些研究结果均表明, 使得系统能控度较高的对象结构参数可使相应的闭环控制效果和代价都明显改善, 亦即能控度较高的受控对象相对好控制.

相关的进展还可见文献 [15]、[25]、[33] ～ [35]. 其中文献 [33] 和 [35] 针对 LQR 冗余控制输入问题的研究结果表明, 就所研究的具体控制问题而言, 能控度更高的受控对象控制效果更好. 文献 [25] 和 [34] 针对风电机组的最大功率点跟踪控制的研究结果表明, 在相同的控制器设计方法下, 对部分参数进行优化后, 能控度更高的风力机能获得更高的风能捕获效率.

这些研究从理论和工程两个方面一再地加强了前述能控度猜想成立的可

能性. 然而, 现有的进展是非常初步的. 许多常用的控制策略, 如 PID 控制尚未进行分析检验. 应该说如果能控度猜想能够在 PID 控制设计中获得验证, 那么将能控度作为局部控制性设计指标的接受度就大为提升了. 然而, 作为时间域概念的能控度, 在频率域上的物理意义是什么? 如何定义? 这亟待深入发掘和探索. 此外, 针对线性有干扰系统提出的能控度指标, 目前的工作只针对风电机组 [25], 还有待进一步深入研究.

17.6　结　束　语

本章就当前控制理论与技术亟待介入系统总体设计的挑战, 从控制科学发展历史简要地分析了位于底层设计环节的系统总体设计与位于末端设计环节的控制器设计的不同视角与特点, 归纳提出了控制环节介入总体设计的难点所在 [14, 36]: 必须从系统总体视角出发, 在不与具体控制器设计联系的前提下, 需要回答 "一般而言, 满足怎样指标的受控对象更有利于控制器的设计?" 这是一个新的控制科学问题. 本篇对这一问题的数学描述做了尽可能严谨的尝试. 在此基础上, 基于人类社会处理相关问题的常识提出了两个猜想: 能控度更高的对象更好控制, 以及信息熵越低的对象越好控制. 同时, 提出了一个验证与分析猜想的解决框架, 并对与之相关的研究动态做了简要综述. 本篇提出的问题是开放的, 并且无论从数学描述、指标猜想还是研究框架都还很初步. 这些猜想是否成立? 多大程度与什么范围内成立? 都还需要进一步深入的工作.

致　谢

本章部分文字及全部图表引自文献 [14]. 在此, 非常感谢我的学生夏亚平博士、我的同事蔡晨晓教授和殷明慧副教授. 没有他们从始到终的不懈努力与深入的研究工作, 对这个领域的探索是不可能有所进展的. 感谢黄琳院士主持的控制科学发展战略论坛, 正是这一意在探究控制科学内涵及其未来发展趋势的深刻研讨, 促使了相关问题的深入思考. 感谢张纪峰教授对相关科学问题研讨的组织、鼓励与推进, 以及提供全面技术支持的北京大学控制研究团队的各位同仁. 感谢一起研讨的各位控制同行, 与他们一起讨论, 让我的眼界和学识获得了长足的进步, 是我人生中非常重要的经历.

参 考 文 献

［1］郭雷. 2003. 关于反馈的作用及能力的认识. 自动化博览, 1(1): 1-3.

［2］Zhang Y, Guo L. 2002. A limit to the capability of feedback. IEEE Transactions on Automatic Control, 47(4): 687-692.

［3］Ma H B. 2008. Further results on limitations to the capability of feedback. International Journal of Control, 81(1): 21-42.

［4］Haftka R T, Martinovic Z N, Hallauer W L, et al. 1985. Sensitivity of optimized control systems to minor structural modifications. Proceedings of the 26th Structures, Structural Dynamics and Material Conference: 15-17.

［5］李宝缓. 1984. 姿控系统的能控度. 航天控制, 2: 1-8.

［6］Soloway D I, Ouzts P J, Wolpert D H, et al. 2009. The role of guidance, navigation, and control in hypersonic vehicle multidisciplinary design and optimization. AIAA Paper: 7329.

［7］张勇, 陆宇平, 刘燕斌, 等. 2012. 高超声速飞行器控制一体化设计. 航空动力学报, 12: 2724-2732.

［8］Grigoriadis K M, Zhu G, Skelton R E. 1996. Optimal redesign of linear systems. Journal of Dynamic Systems, Measurement, and Control, 118: 598-605.

［9］Karcanias N. 2008. Structure evolving systems and control in integrated design. Annual reviews in Control, 32(2): 161-182.

［10］Yang Z, Yin M, Xu Y, et al. 2016. A multi-point method considering the maximum power point tracking dynamic processfor aerodynamic optimization of variable-Speed wind turbine blades. Energies, 9(6): 425.

［11］Zhou P, Wang F, Chen W, et al. 2001. Optimal construction and control of flexible manipulators: A case study based on LQR output feedback. Mechatronics, 11(1): 59-77.

［12］Haftka R T, Hallauer W L, Martinovic Z N. 1985. Enhanced vibration controllability by minor structural modifications. AIAA Journal, 23(8): 1260-1266.

［13］邹云, 蔡晨晓. 2011. 一体化设计新视角:系统的控制性设计概念与方法. 南京理工大学学报, 35(4): 427-430.

［14］邹云, 夏亚平, 殷明慧, 等. 2017. 怎样的受控对象更好控制? ——一个基于能控度的分析与猜想, 中国科学: 信息科学, 47(1): 47-57.

［15］夏亚平. 2016. 怎样的受控对象更好控制? ——基于能控度视角的探索. 南京理工大学博士学位论文.

［16］Viswanathan C N, Longman R W, Likins P W. 1984. A degree of controllability definition: Fundamental concepts and application to modal systems. Journal of Guidance, Control, and Dynamics, 7(2): 222-230.

［17］Hyounsurk R, Youngjin P. 1997. Actuator and exciter placement for flexible structures. Journal of Guidance, Control, and Dynamics, 20(5): 850-856.

[18] Muller P C, Weber H I. 1972. Analysis and optimization of certain qualities of controllability and observability for linear dynamical systems. Automatica, 8(3): 237-246.

[19] Eising R. 1984. Between controllable and uncontrollable. Systems & Control Letters, 4(5): 263-264.

[20] Kalman R E. 1962. Canonical structure of linear dynamical systems. Proceedings of the National Academy of Sciences of the United States of America, 48(4): 596-600.

[21] Paige C C. 1981. Properties of numerical algorithms related to computing controllability. IEEE Transactions on Automatic Control, AC-26(1): 130-138.

[22] Nguyen K S, Do D T. 2012. The structured distance to non-surjectivity and its application to calculating the controllability radius of descriptor systems. Journal of Mathematical Analysis and Applications, 388(1): 272-281.

[23] Zhang H, Sun Y X. 2003. Bode integrals and laws of variety in linear control systems. Proceedings of the American Control Conference, 1: 66-70.

[24] 章辉. 2003. 控制系统中的信息描述与方法. 浙江大学博士学位论文.

[25] 夏亚平, 殷明慧, 杨志强, 等. 2014. 关于最大功率点跟踪的风力机的能控度分析. 第33届中国控制大会, 南京.

[26] Longman R W, Alfrined K T. 1981. Actuator placemant from degree of controllability criteria for regular slewing of flexible spacecraft, 8(7): 703-718.

[27] 张宪民, 邵长健, 沈允文. 2001. 弹性连杆机构振动主动控制中作动器与传感器的位置优化. 振动工程学报, 14(2): 211-214.

[28] 何程, 顾松年. 1993. 结构控制系统的模态能控度及其计算方法. 振动工程学报, 6(3): 229-237.

[29] 白拜尔, 林来兴. 1982. 姿态控制系统的相对能控度和执行机构安装参数的选择. 控制工程, 1.

[30] Viswanathan C N, Longman R W, Likins P W. 1979. A Definition of Degree of Controllability: A Criterion for Actuator Placement. Proc., 2nd VPI & SU/AIAA sym p. on Dynamics and Control of Large Flexibl Spacecnaft, Mreirovitoh L. Virginia Polytech Inst. and State Univ., Blacksbuny Va., 369-384.

[31] Laskin R A, Longman R W, Likins P W. 1981. A Definition of the Degree of Controllability for Fuel-Optimal Systems. Proc. 3rd VPI&SU/AIAA Symposium on Dynamics and control of Large Flexible Spacecnaft June 1981, PP1-14.

[32] Klein G, Linberg R E, Longman R W. 1982. Computation of degree of controllability via system discretization. Journal of Guidance, Control. and Dynamics, 5(6): 583-588.

[33] Xia Y P, Cai C X, Yin M H, et al. 2014. The effects of the distance to uncontrollability in redundant optimal control. 33rd Chinese Control Conference: 9016-9021.

[34] Xia Y P, Yin M H, Cai C X, et al. 2016. A new measure of the degree of controllability for linear system with external disturbance and its application to wind turbines. Journal of

Vibration and Control: 1077546316651558.

［35］Xia Y P, Cai C X, Yin M H, et al. 2016. The effects of redundant control inputs in finite-time optimal control. Journal of Systems Science and Complexity, 29 (6): 1553-1564.

［36］云中散人（邹云）. 2017. 捏柿子："更好控制的对象？"与"控制系统一体化设计"，系统与控制纵横，1：59-64.

附录 开问题

1. 控制系统安全问题

陈积明

网络化控制系统是包括物联网、智能电网等大规模控制应用的本质抽象，其应用已经覆盖能源、交通、基础设施等众多国民经济重大关键领域. 通过合理的反馈设计，网络化控制系统能实现物理空间与信息空间的深度融合. 但系统的开放性不断增强、攻击技术不断提升，导致系统安全威胁日益升级，严重影响经济健康发展和社会繁荣稳定. 安全理论及其关键技术已成为网络化控制系统发展与应用亟待克服的重大研究课题.

网络化控制系统安全理论和关键技术研究是网络化控制领域和安全领域的交叉融合，其两大核心问题为攻击行为精确认知和系统安全控制优化. 攻击行为精确认知理论主要研究攻击行为与系统状态相互作用机理，建立攻击事件实时监测与攻击模态快速辨识的认知体系. 系统安全控制优化理论研究面向复杂攻击的安全估计与控制理论，构建基于感知的安全估计方法，设计弹性闭环控制技术，形成分布式协同的弹性估计与安全控制有机结合的安全防御体系.

目前相关研究主要针对单一模态网络攻击下的系统安全问题. 例如，文献 [1] 对能量受限的拒绝服务攻击行为建模，并评估其对远程状态估计性能的影响. 文献 [2] 研究了互联的同构网络化控制系统在拒绝服务攻击下的安全问题，利用非合作的博弈模型构建了系统各个控制器的安全策略. 然而面对更加复杂的多模态攻击行为，建立复杂攻击认知理论、构建安全控制技术依然具有极大的挑战.

参 考 文 献

[1] Zhang H, Cheng P, Shi L, et al. 2013. Optimal denial-of-service attack scheduling with

energy constraint. IEEE Transactions on Automatic Control, 60(11): 3023-3028.

［2］Amin S, Schwartz G, Sastry S. Security of interdependent and identical networked control
systems. Automatica, 2013, 49(1): 186-192.

2. 隐私保护与系统性能问题

陈积明

　　先进的计算、通信、控制等信息技术深度融合孕育出的信息物理系统，在民生和国防的各个领域中发挥着至关重要的作用. 但不断发生的信息物理系统隐私泄漏事件，造成了严重的经济损失，甚至威胁到百姓的人身安全，因而隐私保护日益受到政府和社会的高度重视，并已成为信息物理系统研究领域中亟待解决的关键问题之一.

　　信息物理系统隐私包括系统关键参数、系统中用户敏感信息等. 隐私保护方法和隐私保护——性能优化权衡理论是信息物理系统中关于隐私保护问题研究的两个关键问题. 隐私保护方法设计主要包括用户隐私保护机制、数据内容可信验证机制、访问控制方法等. 隐私保护——性能优化权衡理论研究主要揭示隐私保护机制与系统性能之间的内在联系，并构建二者之间权衡的理论与方法.

　　面向信息物理系统的隐私保护方法主要有 K-匿名算法及其衍生技术、数据加密技术和扰动技术等[1]. 这些技术都着眼于数据本身的属性，而缺乏针对时空深度耦合的复杂动态系统构建计算复杂度低、隐私保护水平高的方法. 隐私保护——性能优化权衡问题研究目前主要利用信息论、概率论等工具抽象刻画隐私保护水平，并针对智能电网等特定系统的性能构建权衡问题[2]. 直观刻画隐私保护水平，揭示信息物理系统时空动态与隐私保护的内在作用规律，权衡隐私保护与系统性能优化，依然是具有极大挑战的科学问题.

参 考 文 献

［1］Le N J, Pappas G J. Differentially private filtering. IEEE Transactions on Automatic Control,
2014, 59(2): 341-354.

［2］Yang L, Chen X, Zhang J, et al. Optimal privacy-preserving energy management for smart
meters//Proceedings of IEEE INFOCOM. 2014: 513-521.

3. 仿人思维控制论

王培进

生命的产生、宇宙的起源以及人脑是如何工作的是目前世界上尚未解决的三大难题. 仿人思维控制研究的内容是与第三个问题相关的, 研究人脑的控制思维机理, 描述人脑的控制思维过程, 揭示人对复杂系统进行控制的思维密码, 并用计算机加以模拟和实现. 将它应用到实际系统的控制中去, 为复杂系统的控制提供简单、快速、有效的控制方法.

著名控制论和计算机理论家 J.Von.Neuman 指出: "脑的语言不是数学的语言, 要模拟人的智能行为, 还得学习脑在控制过程中用什么语言来表达它的控制算法."[1] 事实上, 所有控制理论和技术研究的出发点都是在仿人的控制思维和控制智慧. 自动控制技术从模仿人的控制行为开始, 以反馈理论为基础的自动调节原理起源于对人的手动控制的模仿. 美国著名控制专家乔治教授在《控制论基础》一书中指出: "控制论的基本问题之一就是模拟和综合人类智能问题, 这是控制论的焦点." 在国际自动控制界享有盛誉的瑞典的奥斯特隆姆教授指出[2]: "控制论是维纳在研究动物和机器内部的通信与控制时创立的, 当时提出了许多概念, 目前, 这一领域似乎又回到了发现新概念的时代." 他同时在《专家控制》一书中指出: "事实上任何一种有效的工业控制设计, 人的直觉推理逻辑在其中扮演了十分重要的角色." 美国著名学者 Saridis 在他的题为 "论智能控制的实现" 一篇长文中提出[3-4]: "向人脑（或生物的脑）学习是唯一的捷径."

笔者经过多年研究[14], 认为人的控制智慧实现的基本机理是依赖于人脑的形象直觉推理控制思维和抽象逻辑推理控制思维, 核心是思维智能和视觉智能、动觉智能的融合. 在四个山东省自然科学基金的资助下, 笔者前期对人的控制思维机理、仿人形象直觉推理控制思维、抽象逻辑推理控制思维的机理、方式、方法、表述, 仿人思维控制器结构及其实现等进行了研究, 获得了一些研究成果, 撰写了学术专著《仿人思维控制》. 将此研究内容应用于智能小车控制中, 获得了全国智能小车比赛二等奖、山东省智能小车比赛一等奖多次, 山东省电子设计大赛小车比赛一等奖等. 前期的研究成果已经成功地应用于孵化机的孵化过程控制、液位定值控制、嵌入式仿人智能控制仪表等.

目前国内外其他学者尚未对仿人思维控制进行研究[4-13]，在科学研究的大道上没有平坦之路，尤其是一些创新性研究，需要在起步时需要给予支持与鼓励. 笔者相信，全面揭开人类控制思维的神秘面纱或许还需要很多人为之不懈的努力研究和探索，但只要我们去研究，这一天终究会到来的.

参 考 文 献

［1］Watanabe S. Pattern Recognition: Human and Mechanical. New York: John &Sons, 1985.

［2］Åström K J, Auton J J, Arzen K E. Expert control. Automatica, 1986, 22(3), 227-286.

［3］Saridis G N . Knowledge, Implementation, Structure of Intelligent Control System. Proc.of IEEE int. Symp. On intelligent Control , 1987.

［4］Saridis G N, Vala vanis K P. Analytical design of intelligent machines. Automation, 1998, 24(2), 123-133.

［5］Richard J. Control Theory for Humans Quantitative Approaches to Modeling Performance, London: *Lawrence Erlbuam Associations publisher*, 2003.

［6］Zadeh L A. 1965. Fuzzy Sets Information and Control. Inpormation&control, (8): 338-353

［7］Zadeh L A. Fuzzy Sets and Their Application. New York: Academic Press, 1975.

［8］Hollnagel E. Human reliability Analysis Context and Control. New York: Academic Press, 1993.

［9］［美］维纳 N.控制论.郝季仁，译.北京：科学出版社，1995.

［10］李德毅，杜鹢. 不确定性人工智能. 北京：国防工业出版社，2005.

［11］李祖枢，涂亚庆. 仿人智能控制. 北京：国防工业出版社，2003 年 1 月.

［12］盛万兴，戴汝为. 关于智能控制. 电子学报，1999，l27 (5).

［13］李士勇.模糊控制、神经控制和智能控制论. 哈尔滨：哈尔滨工业大学出版社，1998.

［14］王培进.仿人思维控制.东营：石油大学出版社，2011.

4. 基于信息的控制系统建模

程代展

钱学森、宋健指出："（经典的动力学控制理论）仅限于如何去影响或控制某些物理过程。""随着科学技术的飞速发展，动力学控制理论已不能完全满足客观实践的需要。……现代控制系统的一个新的特点是它必须具有逻辑判断的能力……随着计算机技术和理论研究的发展，现已初步形成一门逻辑控制理论······逻辑控制系统的任务概括说来是信息交换."[1]

文献［2］给出了逻辑控制系统的理论框架,此后,对逻辑控制系统（或称布尔控制系统）的研究成为一个控制理论研究的新热点. 正如 IEEE CSS 主席指出的:"程等的工作激发了这一领域瞄准更深刻控制问题的进一步研究."[3]

基于信息的控制理论应当是动力学控制理论与逻辑控制理论的综合. 它有大量应用背景,如多导弹协同对运动目标的制导. 但目前尚缺乏能够让信息、决策与运动控制融为一体的有效模型. 这既是控制理论的一个前沿方向,又是一个极具挑战性的瓶颈问题.

参 考 文 献

［1］钱学森,宋健. 工程控制论. 2 版. 北京:科学出版社,1980.

［2］Cheng D, Qi H, Li Z. Analysis and Control of Boolean Networks, A Semi-tensor Product Approach. London: Springer, 2011.

［3］Fornasini E, Valcher M E. Observability, reconstructubility and state observers of Boolean control networks. IEEE Trans. Aut. Contr., 201358(6): 1390-1401.

5. 如何借鉴生物群体智能解决无人机集群紧密编队自主协调控制难题

段海滨

生物群体智能是指启发于昆虫群体和其他动物群体集体行为而设计的算法和分布式问题解决装置,是一个前沿的热点研究领域.

多无人机集群紧密编队可有效提高飞行时的气动效率以及任务执行的有效性,大数据信息时代的环境不确定、信息不完全、高动态和任务复杂对多无人机集群紧密编队的自主协调能力提出了新的挑战. 通常情况下,多无人机集群紧密编队飞行中相邻无人机之间的距离小于翼展,翼尖涡流场会对其他无人机气动性能产生极大影响. 目前国际上在多无人机集群紧密编队协调方面所遇到的瓶颈问题就是:较少考虑时变拓扑、强耦合性、通信时滞和异步更新,集群紧密编队队形和交互机制缺乏适应性,难以适应信息不完全、高动态和执行任务复杂所涌现出的诸多问题[1]. 这些问题与无人机集群紧密编队的本身特性有很大关系，如何发展新的无人机集群紧密编队自主协调控制方法已成为这个领域具有挑战性和重要性的一个前沿科学问题.

本质上，生物群体智能自组织、协调性、动态性、并行性、强鲁棒特点[2]与复杂态势环境下多无人机自主协调控制的许多要求相符. 因此，如何跨学科将自然界中的生物群体智能应用于无人机集群紧密编队自主协调控制是一个重要的科学问题. 该问题的核心点包括生物群体智能行为建模、动力学与稳定性分析、基于生物群体行为的多无人机集群紧密编队构型设计、队形保持协调控制与通信拓扑等.

参 考 文 献

[1] Richert D, Cortés J. 2013. Optimal leader allocation in UAV formation pairs ensuring cooperation. Automatica, 49(11): 3189-3198.

[2] Portugal S J, Hubel T Y, Fritz J, et al., Upwash exploitation and downwash avoidance by flap phasing in ibis formation flight. Nature, 2014, 505(7483): 399-402.

6. 与状态相关的参数的闭环辨识

吴宏鑫

在实际应用中，一般需要采用低阶控制律控制高阶被控对象. 其中，特征模型理论是一种重要的设计方法，它是吴宏鑫院士 20 世纪 80 年代提出的，经过 30 多年的研究，在理论和工程方面取得了重要进展[1]. 特征建模的思想是把高阶动力学压缩到特征模型的系数中，而并不丢失系统信息，因此与模型截断是不同的（吴宏鑫等，2009）. 这导致特征模型的参数是与状态相关的. 从参数辨识的经典算法原理可知，例如，从最小二乘辨识方法和梯度辨识方法的原理可知，这些方法不适用于与状态相关的参数辨识. 在系统辨识领域，从未提出并开展过与状态相关的参数辨识问题的研究，因此这属于参数辨识领域的新的研究方向，难度较大. 目前，特征模型的参数辨识问题仅在开环框架下开展了一定的研究[2].

参 考 文 献

［1］周振威，方海涛. 2010. 线性定常系统特征模型的特征参量辨识. 系统科学与数学，30(6): 768-781.

［2］吴宏鑫，胡军，解永春. 2009. 基于特征模型的智能自适应控制. 北京：中国科学技术出版社.

7. 快变参数系统的自适应控制

吴宏鑫

高超声速飞行器是一类典型的快变参数被控对象[1]. 由于高超声速飞行器空气动力学研究的局限性，以及技术的限制，地面风洞难以模拟高马赫飞行环境，使得高超声速飞行器动力学具有强不确定性[1]. 美国高超声速飞行器 HTV-2 于 2011 年和 2012 年两次试飞失败，据 DARPA 报道，其原因与高超声速飞行器空气动力学的强不确定性有直接关系[2]. 因此，对于高超声速飞行器控制问题，需要引入自适应控制方法. 通过研究可知，由于高超声速飞行器不确定性大，仅采用鲁棒控制，难以实现有效控制，需要采用自适应控制以提高其鲁棒性能[3]. 因此，需要切实研究快变参数系统的自适应控制问题. 目前，针对快变参数系统的自适应控制是通过辨识参数的界进行控制[4]，实质上仍是鲁棒控制方法，具有保守性.

参 考 文 献

［1］黄琳，段志生，杨剑影. 2011. 近空间高超声速飞行器对控制科学的挑战. 控制理论与应用. 28(10): 1496-1505.

［2］DARPA. 2012.Engineering review board concludes review of HTV-2 secondtest flight. www.darpa.mil/NewsEvents/Releases/2012/04/20.aspx.

［3］Gregory M, Chowdhry R S, Mc Minn J D, et al. 1994. Hypersonic vehicle model and control law development usingH infinity and mu synthesis. NASA TM-4562.

［4］Wang C L, Lin Y. 2015. Decentralize adaptive tracking control for a class of interconnected nonlinear time varying systems. Automatica, 54: 16-24.

8. 控制理论中的开问题三则

陈彭年，秦化淑

问题 1：周期干扰的抑制

周期干扰抑制一直是控制理论研究的重要问题. 正弦型干扰的抑制问题已得到较好的解决，例如，在线性调节理论中，借助内模原理已很好地解决了正弦型干扰的抑制问题.正弦型的周期干扰抑制仅是一般周期干扰的近似表达，因此，最近十多年来，一般周期干扰的抑制问题日益受到重视（见文献［1］和［2］）. 考虑控制系统

$$\dot{x}=Ax+bu+\varphi(y)+g\omega(t) \tag{1}$$

$$y=c^{\mathrm{T}}x$$

其中，$x\in\mathbb{R}^n$ 是系统的状态向量；$u\in\mathbb{R}$ 是系统的控制变量；$y\in\mathbb{R}$ 是系统输出；$\omega(t)$ 是系统的周期干扰；$A\in\mathbb{R}^{n\times n}$，$b$，$g$，$c\in\mathbb{R}^n$；$\varphi(y)$ 是已知的函数向量. 假设：①$\omega(t)$ 的周期为 T 并足够光滑；②$\Sigma(c,A,b)$ 是可观的，相对阶为 r 的最小相位系统. 要解决的问题是在 T 未知或近似知道的条件下，对系统（1）设计一个基于输出 y 的动态补偿器，使得在闭环系统中，所有信号有界，并且 $\lim_{t\to+\infty} y(t)=0$.

文献［1］和［2］在 T 已知的情况下，研究了自适应输出反馈周期干扰抑制问题. 因为实际系统中的干扰周期一般不可能精确知道，所以要求 T 未知或近似知道是有实际意义的.

参 考 文 献

［1］Ding Z. Asymptotic rejection of general periodic disturbances in output-feed back-nonlinearsystems. IEEETrans.Automat.Contr., 2006, 51(2): 303-308.

［2］Chen P, Sun M, Yan Q, et al. Adaptive asymptotic rejection of unmatched general periodicdisturbamces in out-feedback nonlinear systems. IEEE Trans. Autom. Control, 2012, 57(4): 1056-1061.

问题 2：部分可线性化系统的重复学习控制

重复学习控制在处理周期干扰的抑制问题上是非常有效的，周期信号的

跟踪问题也可转化为周期干扰的抑制问题（见文献［1］和［2］）. 考虑部分可线性化控制系统

$$\dot{x}_i = x_{i+1}, \quad 1 \leqslant i \leqslant \rho-1$$

$$\dot{x}_\rho = f(x) + g(x)u \qquad\qquad (2)$$

$$\dot{x}_{II} = Bx_{II} + \varphi(x_1), \quad y = x_1$$

其中，$x=(x_1, x_2, \cdots, x_n)^T \in \mathbb{R}^n$ 是系统的状态向量；$x_{II}=(x_{\rho+1}, x_{\rho+2}, \cdots, x_n)$，$u \in \mathbb{R}$ 和 $y \in R$ 分别是系统的输入和输出；$f(x)$ 和 $g(x)$ 是未知的光滑函数；$B \in R^{(n-\rho)\times(n-\rho)}$ 是已知的 Hurwitz 矩阵；$\varphi(x_1)$ 是已知的光滑向量函数. 假设：① 存在光滑函数 $\alpha(x', x'')$ 使得 $|f(x')-f(x'')| \leqslant \alpha(x', x'')\|x'-x''\|$，$x', x'' \in \mathbb{R}^n$；② 存在正常数 g_1, g_2，使得 $g_2 \geqslant g(x) \geqslant g_1$，$x \in \mathbb{R}^n$.

设 $y_d(t), t \in [0, \infty)$ 是以 T 为周期的光滑的期望输出. 要解的问题是设计一个重复学习控制律，使得闭环系统的所有信号有界，并且 $\lim_{t\to\infty}(y(t)-y_d(t))=0$.

部分可线性化系统可以描述包含力学系统在内的一大类控制系统. 由于许多力学系统中的惯性矩阵不可能精确知道，因此要求 $g(x)$ 是未知函数是有实际意义的. 文献［2］在 $g(x)$ 为未知常数时，采用截尾控制方法，研究了系统（2）的重复学习控制，但在目前的条件下，问题还没有解决.

参 考 文 献

［1］Xu J J, Yan R. Onrepetitive learning control for periodic tracking tasks. IEEETrans Autom Control, 2006, 51(11): 1842-1848.

［2］Marinoand R, Tomei P. An iterative learning control for a class of partially. Feedback linearizable systems. IEEE Trans Autom Control, 2009, 54(8): 1991-1996.

问题 3：Moore 和 Greitzer 的轴流式压缩器模型的分歧抑制

Moore 和 Greitzer 的燃气轮机的轴流式压缩器的数学模型是一个典型的非线性系统，其表达式为（见文献［1］和［2］）：

$$\dot{A} = \sigma A\ (-2\varphi - \varphi^2 - A^2)$$

$$\dot{\varphi} = -\psi - \frac{3}{2}\varphi^2 - \varphi^3 - 3A^2 - 3\varphi A^2, \quad \dot{\psi} = \varphi + 2 - \sqrt{\psi + \psi_0}\left(\frac{2}{\sqrt{\psi_0}} + \mu + u\right) \quad (3)$$

其中, A, φ 和 ψ 是系统状态变量(其物理含义见文献［1］); $\sigma>0$ 和 $\psi_0>0$ 是常数; μ 是分歧参数; u 是控制变量. 容易知道 $\mu=0$ 是临界值, 在 $\mu=0$ 附近会发生平稳分歧现象. 在实际系统中, ψ (压力提升)是一个可以测量的量. 我们称系统（3）是可局部分歧抑制的, 如果存在一个基于 ψ 的动态补偿器, 以及 $\delta>0$, 使得当 $\psi \in (-\delta, \delta)$ 时, 闭环系统只有唯一的平衡点, 并且该平衡点是渐近稳定的. 要解决的问题是系统（3）能否局部分歧抑制? 如果能够分歧抑制, 则给出动态补偿器.

系统（3）基于 ψ 的控制器的设计曾被认为是分歧控制中一个具有挑战性的难题. 发生分歧后, 系统产生两个或多个平衡点, 不利于稳定性. 而分歧抑制能保闭环系统的平衡点唯一且稳定. 文献［2］研究了基于 φ （质量流）的分歧抑制, 但 φ 在工程实际中不易测量.

参 考 文 献

［1］Gu G, Chen X, Sparksetal A G. Bifurcation stabilization with local output feedback. SIAM J.Control Optim.,1999, 37(3): 934-956.

［2］Chen P, Qin H, Mei S. Bifurcation suppression of nonlinear systems via dynamic out put feedback and, its applications to rotating stall control. Journal of Control Theory and Applications, 2005, 3(4): 334-340.

9. 微小渐变故障诊断与预测问题

姜 斌

动态系统的内部结构和外部环境日益复杂, 故障更加多样化, 给系统安全性和可靠性提出了更高要求. 现阶段, 针对突变类型故障的诊断方法, 技术基础扎实, 工程应用广泛; 安全性与可靠性领域的研究热点逐渐转向微小渐变、复合、间歇等复杂类型故障的诊断与预测问题[1, 2].

微小渐变故障是指故障特性不明显、很容易被噪声信号掩盖的故障, 或故障初期对系统性能的影响很小，经过时间的积累，会发展为可造成系统性能破坏性影响的故障。微小渐变故障通常具有早期的隐蔽性和随机性、中期的渐变性和晚期的突变性。故障在发生初期特征为极其不明显，经过演变和传播却可能在短时间内造成系统异常，后期可利用的故障处理时间比较短。如果在渐变微小故障的早期就能够对其进行诊断，提早报警，并采取恰当措施抑制其进一步的变化或隔离出现的渐变微小故障，这对于避免系统可能出现的灾难性后果，提升系统的安全性具有非常重要的作用. 微小渐变故障诊断的研究还处于初级阶段，成果较少。在基于模型的方法方面，大部分故障采用指数函数描述建模，仅对常量部分进行估计实现诊断.若考虑干扰噪声等不确定，则通过干扰与微小渐变故障解耦实现早期诊断，或通过引入干扰补偿及鲁棒控制的思想来提高微小故障诊断准确性。在数据驱动方面，由于历史数据极少，多采用实验或仿真数据，样本有限，且无法模拟出真实的噪声环境，故障数据较为理想，针对的故障类型也有限.

故障预测是在故障诊断的基础上提出的先进理念，其主要目标是对控制系统中可能发生的故障做出早期预报，对已检测到的微小故障进行趋势推演和评估，以便及早采取安全保障措施，从根本上避免重大事故的发生. 故障预测问题集中在两类[3]：第一类是预测系统在未来时段内是否发生故障或发生故障的概率；第二类是预测系统或关键部件的剩余使用寿命. 国内外在故障预测研究领域的成果主要集中于单一失效模式下、部件级渐变失效类型故障的预测方法，如基于失效物理模型的方法、基于失效寿命数据统计推断的方法、基于在线状态数据的智能预测方法等；而对具有多种失效模式的系统级故障预测的研究非常少见，多部件退化机理、多失效模式耦合关系、系统级故障传播机理、故障知识自动提取等方面的研究进展缓慢，故障预测模型的可信度和适用范围有待提升.

参 考 文 献

［1］姜斌，冒泽慧，张友民等，控制系统的故障诊断与故障调节，国防工业出版社，2009.

［2］李娟，周东华，司小胜，陈茂银，徐春红，微小故障诊断方法综述，控制理论与应用，29(12)：1517-1529，2012.

［3］姜斌，吴云凯，陆宁云,冒泽慧. 高速列车牵引系统故障诊断与预测技术综述. 控制与决策, 2018, 33(5):15.

10. 随机系统之间解的比较

邓飞其

随机系统是对现实世界一类重要的系统的模拟. 这类系统在工程、金融、生态等领域都具有重要的应用, 因此成为重要的研究对象, 取得了大量的研究成果.

这类系统有着其自身的特点, 如系统由噪声驱动. 对这类系统需要研究的问题很多, 如解作为随机过程的性质、解的渐近性态 (如稳定性)、系统控制、数值计算与仿真等. 其中, 随机系统的数值计算与仿真对金融、生态与工程问题都具有重要的参考价值.

熟知, 若对一个 Itô 随机系统采用 Euler-Maruyama 格式进行数值逼近, 其逼近度是二分之一阶. 但是, 分析可知这种估计基于一个前提, 即数值格式的噪声与原系统的噪声相同, 否则, 二分之一阶的逼近度毫无依据. 另外, 原系统的噪声来源于现实环境, 难以采样; 即便可以采样, 这样做数值计算也违背了数值计算与仿真的初衷. 应该说, 若研究随机系统的稳定性等定性性质, 我们可以不顾其噪声的来源; 但做数值计算与仿真时, 就要考虑其噪声的来源. 这样, 产生了一个问题: 采用计算机模拟的噪声做数值计算与仿真, 在一定条件下是否也有一定的逼近度呢? 将此问题再做提炼, 就有如下的科学问题: 由不同噪声驱动、模型结构相同、其他参数相同的随机系统解的比较.

对此问题的研究, 可以考虑两种情况: ①噪声定义在同一概率空间; ②噪声定义在不同的概率空间. 解决了这个问题, 就可以为随机系统的数值计算与仿真的现实意义提供参考.

11. 非线性系统控制：基于离散多项式和状态空间的 U 模型方法

朱全民，赵东亚，李少远，那　靖

一类普通的非线性动态系统 $y(t) = f(y(t-*), u(t-*), \theta)$（如可以表达为 NARMAX（non-linear auto regressive moving average with e-xogenous inputs）模型的系统）可以用如下的 U 模型结构进行表达：

$$y(t) = \sum_{j=0}^{M} \lambda_j(t) u^j(t-1)$$

上述模型中 $y(t)$ 是系统在时刻 $t(1, 2, \cdots)$ 的输出，M 是系统输入 $u(t-1)$ 的阶次，时变向量 $\lambda(t) = [\lambda_0(t) \cdots \lambda_M(t)] \in R^{M+1}$ 是系统之前时刻的输入、输出 $(u(t-2), \cdots, u(t-n), y(t-1), \cdots, y(t-n))$ 和系统参数 $(\theta_0 \cdots \theta_L)$ 的函数 [1,2].

研究猜想和目的：通过采用上述 U 模型系统表达，可以将针对线性系统提出的控制器设计方法直接推广到普适性的非线性动态系统，从而简化非线性系统控制器的设计过程，并且扩大了该理论的普适性 [3].

研究课题性质：

（1）针对非线性系统提出的关于结构表达、控制器设计和分析方法、理论的一种全新性"Blue sky"类型的学术研究 [4,5].

（2）可直接将线性系统理论和方法扩展到非线性系统，从而极大地简化非线性控制系统的设计过程 [6].

（3）即使对于线性系统，U 模型方法也提供了对于系统性质、表达和控制器设计理念的全新认识.

（4）针对石油化工、有色冶金、生物工程和其他过程控制工业具有极大的潜在应用价值 [7].

亟待解决的问题和未来的研究方向：

（1）完备的理论分析框架和体系（目前还未有完备的理论分析结果发表于业内顶级期刊）.

（2）基于 U 模型的非线性有理模型系统控制器设计（有理模型：由两个非线性多项式构建的系统模型）（目前尚未有针对该对象的理论分析结果发表）.

（3）基于 U 模型的分数阶多项式系统控制（目前还未有针对该类系统的结果发表）.

（4）实际工业应用（目前发表的结果均只依赖于仿真，而未有实际应用）.

对于 U-模型方法的解读：

（1）在过去三十年中，NARMAX 模型被广泛用于系统描述和系统辨识. 该模型十分吸引人之处在于用线性方法（如最小二乘法）实现了对于非线性模型的辨识[8,9]. 但该类系统中，未知参数线性化是一个基本的假设. 因此，目前广泛使用的 NARMAX 模型在非线性系统控制器设计中难以直接使用，因为其输入的 $u(t)$ 中可能存在着非线性耦合项 $u(t-1)y(t-1)y(t-2)$，$u^3(t-1)y(t-1)$.

（2）U 模型——可用于控制器设计的 NARMAX 模型表达：针对原始的 NARMAX 模型表达，U 模型在系统稳定性、输入和输出关系等系统性质上并未做任何改变. 但是通过对于模型表达形式的重构，U 模型可为采用线性系统方法设计控制器提供一种基准的模型表达结构形式. 从模型的性质来看，U 模型和 NARMAX 模型是等价的；而从模型的表达来看，U 模型是参数时变的一种便于控制器设计的结构表达形式，而 NARMAX 模型则是参数时不变型的系统，仅指便于系统辨识.

（3）作者和合作团队近年来提出一种统一的 U 模型系统控制设计体系：①将非线性系统模型重构表达为便于采用线性系统方法的合理结构；②从模型重构和转换中提炼出非线性控制器设计的问题；③针对提出的模型表达，选择并修改线性化方法设计非线性系统控制器，实现控制目标.

参 考 文 献

[1] Zhu Q M，1989. Identification and control of nonlinear systems. PhD thesis，University of Warwick，UK.

[2] Zhu Q M, Guo L Z.2002. A pole placement controller for nonlinear dynamic plants，Journal of Systems and Control Engineering，Proceedings of the Institution of Mechanical Engineers Part I，216（6）：467-476.

[3] Du W X, Wu X L, Zhu Q M. 2012. Direct design of U-Model based generalized predictive controller（UMGPC）for a class of nonlinear（polynomial）dynamic plants. Proc. Instn. Mech. Enger，Part I：Journal of Systems and Control Engineering，226：27-42.

［4］Xu F X，Zhu Q M，Zhao D Y，et al. 2013. U-Model based design methods for nonlinear control systems—A survey of the development in the 1st decade. Control and Decision，28（7）：961-971.

［5］Zhu Q M，Zhao D Y，Li S Y. A universal U-model based control system design，Proceedings of the 33th Chinese Control Conference（CCC 2014），2014，Nanjing，China，1839-1844.

［6］Zhu Q M，Wang Y J，Zhao D Y，et al. 2015. Review of rational(total)nonlinear dynamic system modelling，identification and control. Int. J. of Systems Science，46（12）：122-133.（Survey for using linear approaches（NB：not linear approximation）in nonlinear model identification and control system design）.

［7］Zhu Q M，Zhao D Y，Zhang J H. 2016. A general U-Block model based design procedure for nonlinear polynomial control systems. Int. J. of Systems Science，47（14）：3465-3475.

［8］Zhu Q M，Yu D L，Zhao D Y. 2017. An enhanced linear Kalman filter（EnLKF）algorithm for parameter estimation of nonlinear rational models. Int. J. of Systems Science，48（3）：451-461.

［9］Mu B Q，Bai E W，Zheng W X，et al. 2017. Globally consistent and asymptotically efficient algorithms for identification of nonlinear rational systems. Automatica，77：322-335.

12. 控制系统设计中的权函数选择问题

张卫东

在过去的上百年时间里，研究人员提出了许多种控制系统设计理论. 从理论的完备性方面看，影响最大的设计理论应该是线性二次最优控制理论（LQ或 LQG 控制）和 H 无穷最优控制理论，前者是控制专业学生在必修课——现代控制理论的核心内容，后者是高级控制理论课或鲁棒控制理论课的核心内容. 然而，迄今为止，在工业实际中几乎没有设计人员采用这两类方法. 一个关键的原因是二者均没有很好地解决权函数的选择问题. LQ 控制器和 H 无穷控制器设计的第一步是选择权函数：在 LQ 控制中需要选择两个常数矩阵，在 H 无穷控制中需要选择两个到三个传递函数矩阵. 二者的设计结果高度依赖权函数. 遗憾的是，直到目前为止还没有明确的权函数选择规则，设计人员只能依赖经验反复试凑权函数. 这意味着貌似严谨的 LQ 控制理论和 H 无穷控制理论得到的却是一个非常不严谨的结果，不同的设计者在使用相同的设计方法时，由于选择的权函数不同会得到不同的控制器，却又不知哪种选择是更好的，怎样选择权函数才能得到期望的控制器.

13. 按定量的性能要求设计控制系统

张卫东

基于现代控制理论提出的各类方法的主要优点是能通过最优方法设计控制器. 这种方法未能广泛地用于控制实际，在某种程度上是由于其性能指标和工程设计要求之间没有联系造成的. 在工程上通常是通过超调、上升时间、稳定裕度、耦合响应的幅值等指标来提出设计要求. 譬如，在 1991 年的 IEEE CDC Benchmark 问题中[1]，对精馏控制系统的性能要求包括不确定性、超调、耦合通道峰值、稳态误差、增益和带宽等，而在导弹自动驾驶仪的设计中，对系统的性能要求则通常是以上升时间、幅值和相位稳定裕度以及控制变量限幅的形式提出. 由于现代控制理论给出的方法很难定量地刻画这些指标，这使得控制系统的设计更多地依赖试凑. 当试凑未得到需要的结果时，难以判断究竟是运气不好还是根本就不可能得到.

参 考 文 献

[1] Limebeer D J N. The specification and purpose of a controller design case study//Proc. IEEE Conf. Decision Contr. Brighton, U.K., 1991, 2: 1579-1580.

14. 非线性系统的线性化控制问题

张卫东

大多数的实际对象都包含非线性. 对非线性对象控制，理论研究人员和工程技术人员的解决思路可能有很大不同. 理论研究人员更多地是尝试给出严谨的非线性控制方法. 显而易见, 这个思路不但建模困难, 而且结果会非常复杂. 实际上, 由于这类方法在理论成熟性和设计复杂度方面还存在诸多问题, 很少有工程技术人员在实际中采用. 工程技术人员更多地是采用线性化方法解决非线性对象的控制问题. 这种方法是一种折衷, 通过在理论精确性上的让步, 得到了工程上可行的低复杂度控制方案. 迄今为止, 在控制实践中大都是采用这一方法解决非线性对象的控制问题. 但是, 现有的线性化方法不是一个严谨的方法, 至少有两个方面的问题需要进一步研究. 首先, 究竟什么样的对象可以采用线性化方法进行控制, 这还是个尚未严格论证的问题. 其次, 当控制对象比较复杂时 (如控制对象是多变量对象), 或者对控制系统性能要求比较高时 (如在飞行器控制中), 如何设计控制器, 这还是个挑战性问题.

15. 平衡状态控制问题

王庆林

问题的提出: 简单地说, 经典控制研究的是控制系统输入与输出的二元关系问题; 现代控制理论研究的是控制系统输入、输出和状态的三元关系问题. 由于状态这一变元的引入, 现代控制理论的研究内容增加了可控性问题 (输入与状态的关系) 和可观测性问题 (状态与输出的关系). 但是控制系统最重要的问题, 即稳定性问题, 在三元关系中没有得到明确的体现. 为此, 引出了基于输入、输出、状态和平衡状态的四元关系问题, 其中状态与平衡状态的关系即稳定性问题.

研究的现状: 在四元关系下的研究表明, 控制系统的输入直接影响 (控制) 的不是系统的状态, 而是系统的平衡状态. 当系统的输入 (控制) 变化时, 将导致系统的平衡状态发生变化, 从而导致系统的状态和输出发生变化. 如果系统的平衡状态是稳定的, 系统的状态将趋于平衡状态, 并随平衡状态的变化而变化; 如果平衡状态是不稳定的, 则系统的状态将发散. 所以对稳定系统, 可以通过控制其平衡状态来控制系统的状态和输出. 这就是平衡状态控制概念.

有待研究的问题：①与输入对应的平衡状态的求解问题. 对线性定常系统，其典型输入下的平衡状态可以方便的求得，但对任意输入下的平衡状态如何求解以及在非线性系统中如何求解还有待解决；②平衡状态控制概念如何更好地用于系统分析与综合.

16. 分布式互联系统的预测控制器的设计与综合

李少远

对于分布式系统，尤其目前网络快速发展的阶段. 对这类系统采用分布式控制已渐渐成为一种共识. 这类控制结构应满足以下几个条件：

（1）各子系统由独立的控制器自主控制.

（2）各控制器的设计不依赖于全局信息.

（3）各控制器之间在一定范围，一点权限约束下能够有效通信.

其优点是灵活性，可靠性，容错性强.

控制器的带约束的保证稳定性的控制器设综合问题一直是预测控制理论的重要问题，无论在集中式控制方式还是分布式控制方法. 目前对于一般的分布式系统（子系统间相互耦合），如果采用分布式预测控制方法：

（1）2006 年 IEEE TCST 和 2010 年 Systems and Control Letter 给出采用协调预测控制方式下迭代算法的保稳定性控制器设计方法. 然而，由于这类方法需要全局信息，也就是说，对于维度较大的系统，该方法会产生大量的通信负荷，需要每个系统拥有获得其他所有子系统信息的权限，因此该方法只适合规模较小的系统.

（2)对于只采用局部通信的分布式预测控制,在 2007 年 IEEE TAC 和 2010 年 Automatica 中分别给了一种保证稳定性的耦合系统给的分布式预测控制设计方法. 这两种方法都是非迭代方法. 虽然两种方法在细节上有些不同，其中心思想都是限制前一时刻的最优解与当前时刻的最优解的变化量，从而保证系统的可行性. 同时通加入终端不变集.

这类方法虽然不需要全局信息，但是都假设每个子系统的控制器通过本子系统的状态反馈使得闭环系统稳定. 也就是整个系统可以通过全分散方式控制. 这个假设是一个比较强的假设. 比如在工业领域广泛存在的串级系统, 这两种方法都不适用. 同时其可行性约束也相对较强会直接影响控制性能. 这两种方法只适合若耦合的分布式系统.

因此, 对于一般的子系统耦合的分布式系统的预测控制的保稳定性控制器的综合问题这一基本的控制理论问题仍没有解决. 也是目前分布式预测控制设计的难点问题.

17. Aizerman 猜想及 Kalman 猜想

王金枝

考虑非线性反馈系统:

$$\dot{x} = Ax + bu, \quad u = -\varphi(\sigma), \tag{1}$$

其中, $A \in \mathbb{R}^{n \times n}$; $b \in \mathbb{R}^n$; $c \in \mathbb{R}^n$; $\varphi(\sigma)$ 是一未必确知的非线性特性, 一般为一类连续的非线性函数, 其集合记为 $F(\mu_1, \mu_2)$, 满足

$$\mu_1 \sigma^2 < \sigma\varphi(\sigma) < \mu_2 \sigma^2, \forall \sigma \neq 0, \quad \varphi(0) = 0$$

如果对任意 $\varphi(\sigma) \in F(\mu_1, \mu_2)$, 系统 (1) 都是全局渐近稳定的, 则称系统 (1) 关于 $\varphi(\sigma) \in F(\mu_1, \mu_2)$ 是绝对稳定的.

1. Aizerman 猜想

系统 (1) 关于 $\varphi(\sigma) \in F(\mu_1, \mu_2)$ 绝对稳定是否等价于当 $\varphi(\sigma) = \in \sigma$, $\mu_1 < \in < \mu_2$ 时, 线性系统族 $\dot{x} = (A - \in bc^T)x$, $\mu_1 < \in < \mu_2$ 渐近稳定?

Aizerman 猜想是不成立的, N. N. Krasovsky (文献 [1]) 就 $n = 2$ 时给出了反例, 这一结果被 V. A. Pliss 和 V. A. Yakubovich (文献 [2]) 推广到了多维的情形. Aizerman 猜想虽然已有否定答案, 但它是否能有条件地成立仍然是一没有解决的问题 (文献 [3]).

2. Kalman 猜想

假设系统 (1) 的非线性函数 $\varphi(\sigma)$ 是连续可微的, 当 $\varphi(\sigma) = k\sigma$, $\alpha < k < \beta$ 时, 对应的闭环线性系统渐近稳定, 则当 $\alpha < \varphi'(\sigma) < \beta$ 时对应的非线性闭环

系统必为全局渐近稳定.

对于 Kalman 猜想，文献［4］证明了 $n=3$ 时成立，而 $n \geqslant 4$ 时有反例可说明其不成立，相应结果亦可参见文献［5］. Kalman 猜想是否能有条件地成立依然是一个没有解决的问题.

参 考 文 献

［1］Krasovsky N N. Theorems on the stability of motions, defined by a system of two equations, Prikl. Matem. I. Mekh., 1952, 16(5): 547-554.

［2］Yakubovich V A. On the boundedness and global stability of solutions of certain nonlinear differential equations. Doklady Akad. Nauk SSSR, 1958, 121 (6): 984-986.

［3］黄琳. 2003. 稳定性与鲁棒性的理论基础. 北京：科学出版社.

［4］Barabanov N E. On the Kalman conjecture. Sibirsk. Mat. Zh., 1988, 29(3): 3-11.

［5］Leonov G A, Ponomarenko D V, smirnova V B. Frequency-Domain Methods for Nonlinear Analysis. Singapore: World Scientific, 1996.

18. 线性矩阵不等式问题

杨 莹

线性矩阵不等式的一般形式可表示为

$$Q + UGV^{\mathrm{T}} + VG^{\mathrm{T}}U^{\mathrm{T}} < 0, \tag{1}$$

其中，$G \in \mathbb{R}^{m \times k}$ 为矩阵变量；$Q = Q^{\mathrm{T}} \in \mathbb{R}^{n \times n}, U \in \mathbb{R}^{n \times m}, V^{\mathrm{T}} \in \mathbb{R}^{n \times k}$ 为给定矩阵.

投影引理给出了在一定条件下线性矩阵不等式（1）有解的充分必要条件.

引理 1（投影引理）[1]　　U, V, Q 为给定矩阵，若 $\mathrm{rank}(U) < n, \mathrm{rank}(V) < n$，则（1）成立，当且仅当

$$U^{\perp} G V^{\perp \mathrm{T}} < 0, V^{\perp} Q V^{\perp \mathrm{T}} < 0, \tag{2}$$

其中，$U^{\perp}$ 满足 $N(U) = R(U)$ 且 $U^{\perp} U^{\perp \mathrm{T}} > 0$；$N(U), R(U)$ 分别为 U 的零空间和列空间；$V^{\perp}$ 定义相同.

另外，对于一些具有特殊形式的线性矩阵不等式，也可以给出有解的充

分必要条件.

引理 2[2]　给定 $Q \in R^{n \times n}, U \in R^{n \times m}$，设 $\text{rank}(U) < n, Q = Q^T, (N_R, N_L)$ 为满足 $N = N_R N_L$ 的任意满秩矩阵，定义 $D := (N_R N_R^T)^{-\frac{1}{2}} N_L^+$，则

$$Q - \mu N N^T < 0 \tag{3}$$

对于 $\mu \in R$ 成立，当且仅当

$$P := N^\perp Q N^{\perp T} < 0$$

值得注意的是，除某些满足特定条件和特殊形式的线性矩阵不等式外，对于一般形式的线性矩阵不等式，如何通过合同变换对线性矩阵不等式进行分类，给出同类线性矩阵不等式解存在性的充分必要条件，至今仍是系统与控制领域的开问题，而对此类问题的研究，无论对系统分析还是控制器综合都是有意义的.

参 考 文 献

[1] Gahinet P. A convex parameterization of H_∞ suboptimal controllers//Prof. IEEE Conf. on Decision and Control, 1992, 1: 937-942.

[2] Iwasaki T, Skelton R E. All controllers for the general H_∞ control problem: LMI existence conditions and states space formulas. Automatica, 1994, 30(8): 1307-1317.

19. 集值输出系统的递推参数辨识

张纪峰

考虑线性定常离散时间系统：

$$\begin{cases} A(z)y_k = B(z)u_k + C(z)w_k \\ s_k = I_{\{y_k \leq L\}} \end{cases} \tag{1}$$

其中，k 是非负整数表示采样时刻 k；L 是一个给定的正常数；$y_k \in \mathbb{R}$, $u_k \in \mathbb{R}$ 和 $w_k \in \mathbb{R}$；$I_{\{\cdot\}}$ 是示性函数；s_k, u_k 和 w_k 分别是系统的输出、输入和噪声；A（z）、B（z）和 C（z）是后移算子 z 的多项式：

$$\begin{cases} A(z) = 1 + a_1 z + \cdots + a_p z^p, & p \text{为非负整数} \\ B(z) = b_d z^d + \cdots + b_q z^q, & q \geqslant d \geqslant 1, q, d \text{均为正整数}; \ b_d \neq 0 \\ C(z) = 1 + c_1 z + \cdots + c_r z^r, & r \text{为非负整数} \end{cases}$$

对这类系统，在时刻 k 我们只能得到数据 s_k 和 u_k. 其中的 s_k 是个示性函数，它只能告诉我们 y_k 是否小于或等于 L，不能告诉我们 y_k 的精确值. 所以，我们称这类系统为集值输出系统.

文献 [1] 提出了集值输出系统的参数辨识问题，并对 $C(z) = 1$、$A(z) = 1$ 或 $A(z)$ 为稳定多项式情形给出了参数辨识算法，分析了算法的收敛性、鲁棒性及复杂性等. 文献[2]和[3]将有关结果分别推广到了 Wiener 系统和 Hammerstein 系统等非线性情形. 文献 [4] 给出了优化输入的设计方法. 文献 [5] 给出了基于极大似然估计的辨识算法. 但对开环不稳定情形（即 $A(z) = 0$ 在单位圆内有根时），这类系统是否仍然可辨识，是否仍然能找到强一致的递推辨识算法，至今没有解决. 特别地，是否可以在 $A(z)$、$B(z)$、$C(z)$ 互质的条件下设计出强一致的递推参数辨识算法，这是该方向进一步发展及解决一般量化系统自适应控制问题的瓶颈问题.

参 考 文 献

[1] Wang L Y, Zhang J F, Yin G G. System identification using binary sensors. IEEE Trans. on Automatic Control, 2003, 48(11): 1892-1907.

[2] Zhao Y L, Wang L Y, Yin G G, et al. Identification of Wiener systems with binary-valued output observations. *Automatica*, 2007, 43(10): 1752-1765.

[3] Zhao Y L, Zhang J F, Wang L Y, et al. Identification of Hammerstein systems with quantized observations. *SIAM Journal on Control and Optimization*, 2010, 48(7): 4352-4376, 2010.

[4] Casini M, Garulli A, Vicino A. Input design in worst-case system identification using binary sensors, *IEEE Trans. on Automatic Control*, 2011, 56(5): 1186-1191.

[5] Godoy B I, Goodwin G C, Agüero J C, et al. On identification of FIR systems having quantized output data. 2011, 47(9): 1905-1915.

后　记

　　2011 年中国科学院信息技术科学部常委会决定依托北京大学由黄琳院士牵头进行控制科学发展战略研究，历时三年，研究完成后的正式报告由科学出版社于 2015 年正式出版. 考虑到控制科学的学科进展与意义，2014 年国家自然科学基金委员会和中国科学院联合立项了"中国控制科学学科发展战略研究"资助项目的后续研究，仍由黄琳院士主持，项目为期两年. 为了项目能有序地进行，组织了由控制学科各方向部分专家参加的工作会议，经过讨论决定：将根据项目进展情况在战略研究工作的基础上就控制学科中的一些专门方向分期出版系列图书. 系列图书的选题应从控制科学学科战略发展的角度出发，根据当今信息丰富时代的特征并结合国家安全和国民经济的战略需求，归纳总结重大需求和学科的逻辑发展带来的关键科学问题，新的科技进展对控制科学发展提供的机遇和条件，以及控制学科发展的瓶颈和新的可能的学科生长点等，凝练控制科学基础理论和应用的重点研究方向和问题. 基于以上考虑成立了系列图书编辑工作组，对系列图书的出版提供必要的服务，包括审核内容、联系出版社以及协助校对等事宜。工作组成员有：黄琳、陈杰、张纪峰、周东华、洪奕光、邹云、段志生、王金枝、杨莹、杨剑影、李忠奎.

　　系列图书出版的宗旨是成熟一本出版一本. 这本《控制理论若干瓶颈问题》由张纪峰研究员组织有关专家完成的. 本书的完成得到了黄琳院士、系列图书工作组和其他专家的支持，以及国家自然科学基金委员会和中国科学院关于学科发展战略研究项目（L1422044）的联合资助，在此一并表示感谢.